# 智能气候预测技术及系统研发

向　波　著

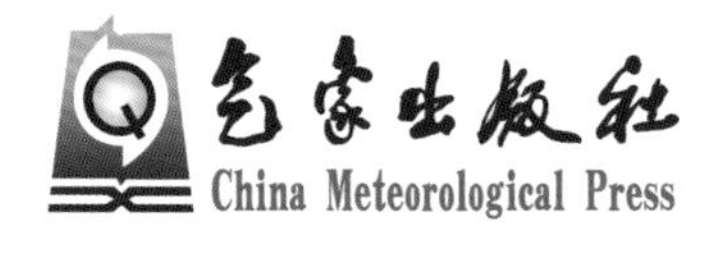

**图书在版编目(CIP)数据**

智能气候预测技术及系统研发/向波著. --北京：气象出版社,2020.8(2021.8 重印)
ISBN 978-7-5029-7083-3

Ⅰ.①智… Ⅱ.①向… Ⅲ.①人工智能-应用-气候预测-系统开发 Ⅳ.①P46-39

中国版本图书馆 CIP 数据核字(2019)第 244511 号

Zhineng Qihou Yuce Jishu ji Xitong Yanfa

**智能气候预测技术及系统研发**

向波 著

---

**出版发行**：气象出版社
**地　　址**：北京市海淀区中关村南大街 46 号　　**邮政编码**：100081
**电　　话**：010-68407112(总编室)　010-68408042(发行部)
**网　　址**：http://www.qxcbs.com　　**E-mail**：qxcbs@cma.gov.cn
**责任编辑**：邵　华　柴　霞　　**终　　审**：吴晓鹏
**责任校对**：王丽梅　　**责任技编**：赵相宁
**封面设计**：博雅锦
**印　　刷**：北京建宏印刷有限公司
**开　　本**：787 mm×1092 mm　1/16　　**印　　张**：13.75
**字　　数**：333 千字
**版　　次**：2020 年 8 月第 1 版　　**印　　次**：2021 年 8 月第 2 次印刷
**定　　价**：78.00 元

---

# 序　言

在信息化带来的大数据时代，运用大数据推动经济发展、完善社会治理、提升政府服务和监管能力正成为趋势。由于气象的发展早已融入经济、民生、防灾减灾等许多行业领域发展中，随着现代信息技术快速发展，传统的科技水平和业务能力越来越无法满足日益增长的气象服务需求，越来越不适应气象业务现代化发展的要求。

从2018年以来，重庆市气象局组建气候预测智能技术研发团队，开展了基于气象大数据和智能技术的气候异常诊断分析、气候预测技术研发、系统与平台建设、业务应用试验等工作。气候中心业务人员坚持以需求为牵引，把科技创新摆在核心位置，发展研究型业务，基于气象大数据的应用，融合人工智能、气候以及等多领域知识，梳理了气候预测的智能化方案、构建了智能气候预测技术体系和业务流程，自主开发了智能气候预测系统，目前已初显成效：2018年1—12月独立回报检验中，气温和降水的得分为88.5和85.3分，分别比发布预报高出4.2分和11.5分；2019年1—12月实际的业务应用中，气温和降水的得分为83.9和85.9分，分别比发布预报高7.1分和5.5分。

《智能气候预测技术及系统研发》一书较为详细地阐述了包括气象大数据、原创的统计降尺度方法、机器学习算法、智能推荐算法以及智能预测业务流程在内的智能气候预测的技术体系，详尽介绍了作者自主开发的智能气候预测系统及数据库的设计思路、功能架构及应用案例。我相信，该书的出版，不仅会开拓气候预测相关人员的思路、推动智能气候预测的创新发展，也能提高气象专业软件公司的从业人员对气候预测业务的理解，为各省开发操作更为便捷、预测更为准确、服务更为精准的智能气候预测系统提供参考。我更相信，重庆市气象局的业务科研人员将更深入结合气象大数据和人工智能开展研究型业务，做到百尺竿头更进一步，提高重庆气候预测服务的综合能力，助力重庆推动高质量发展、创造高品质生活。

重庆市气象局局长：顾建峰

# 前　　言

气候预测费思量，默默无语数图忙。
墨守成规进步难，报准当是最考量。
建个仓库挖数据，漫步云端眼界广。
传统创新非矛盾，取长补短有曙光。
客观定量为基础，智能推荐前景长。

这首打油诗是作者作为一名普通的气候预测业务人员从事预测业务服务工作的一些感触和思考。犹记得刚开始做气候预测工作时的窘态，疲于下载处理不同来源、不同格式的气象数据，然后对照单位前辈以及国家气候中心专家们的 PPT 照葫芦画瓢地进行图形绘制和分析，每次预报图做了成百上千张，但是有效分析，特别是对症下药的分析很少。当时最期待的就是有这么一个预测系统，能够集成气候预测所需要的所有资料和算法，能够“一键出图”，“想看什么有什么”。当然，更希望的是有一种好的模式、方法或者资料能够一直预测得好，这样就不至于每次预测都绞尽脑汁而无从抉择。而实际上，虽然各种气候模式产品、预测方法和业务系统已在省级短期气候预测业务中得到广泛应用，但预测准确率并不稳定，预测人员大多“不知如何选择”。

随着气象科技的进步和社会对气候预测的需要，人们对气候预测的准确性和精细化都提出了更高的要求。气候预测不但需要在更精细的时空维度上有更高的准确度，同时，对于极端天气气候事件和影响日常的气候预测需求也同样强烈。气候预测人员迫切需要为“人民日益增长的美好生活需要”提供更精准的气候预测。作者对各级气候预测业务的“不完全了解”后，感受到“国家级和省级预测的区别度不高”，对于预测资料和方法的选择是“重点不重面”，预测人员比较看重的是单一资料、单一方法或者单一模式产品的应用。但在实际的预测分析及预测对象上是“重面不重点”，大多省级气候中心考虑的影响系统都是参考国家气候中心所分析采用的大系统，不太关注影响本地的系统，存在“取轻略重”的问题，这或许也是预测准确率出现“天花板”的原因之一。有鉴于此，作者一直在思考预测能否跳出现有的框架，是否能够增加一些角度来做，或者上升到方法论而不是纠结于方法层面来解决问题。

结合气候预测业务，作者从 2008 年开始陆续尝试将数据挖掘、机器学习、智能推荐等应用于实际业务，并根据预测需求的增加、使用者的反馈和作者对气候预测业务的理解，逐步开发和完善气候预测业务系统，使其更符合预测人员的习惯、更能满足预测业务的需要。在智能预测技术及系统的研发过程中，作者也获得了一些有益的经验，就是在大数据加算法的智能预测技术体系中，数据重于算法，只要找准了影响本地的数据，再简单的算法都可以有较好的预测结果，一旦数据不对，再先进的算法可能都会折戟沉沙。而不同的时空背景，数据不尽相同，这也是作者在书中强调动态预测和智能推荐的原因所在。当然，作者并不否定算法的研究。在当前把“深度学习”当成实现智能气候预测重要途径的大背景下，用什么数据来“深度学习”将会是智能预测的关键。

近两年来，智能气候预测已在重庆投入业务实践，在其他地区也被引进使用，作者虽然以无知者无畏的勇气，将自己在气候预测中的思考以及做过的工作进行一些梳理，但有些观点难免偏颇，只是希望以自己浅显的思考给从事气候预测的专家和业务工作者们提供不一样的思考角度。书中不足之处恳请大家批评指正。

智能预测技术及系统研发和本书的编写获得了重庆市气象局各级领导的支持和鼓励，尤其是来自重庆市气候中心领导和同事的支持和帮助，在这里表示由衷的感谢。另外，也特别感谢贵州、四川、新疆、西藏、河南、河北、湖北、湖南、江西、内蒙古气候中心等在使用智能气候预测系统中反馈的诸多问题以及提出的宝贵建议，并期待在未来的使用过程中能够共同探讨，继续完善智能气候预测技术的发展和系统。

最后感谢重庆市技术创新与应用示范一般项目（cstc2018jscx-msybX0165）、国家自然科学基金项目（41875111）以及中国气象局气象预报业务关键技术发展专项（YBGJXM（2018）04-08）对本书出版的支持和资助。

向波<br>2020 年 03 月

# 目　　录

# 第1章　智能气候预测概念及说明

## 1.1　现状及需求

由于气候系统的非线性和混沌性，不同的时空背景对气候的影响各不相同，因而在预测方法以及预测资料上存在动态差异。当前实际气候预测业务中，无论是依赖经验统计方法、气候预测模式，还是通过动力或统计降尺度，都不能较好地进行动态判别，这是预报效果不够稳定的原因之一。此外，由于预测所需要分析的海洋、大气等气象大数据所蕴含的信息超载及其无结构化的特征，使得数据处理和分析成为制约因素。大多数预测人员"本末倒置"，耗费大量时间在基础的数据处理和绘图上，预测和机理分析大多从局部入手，使得在气候系统变化的物理过程和研究都尚存在许多的"盲点"。目前的预测方法尚不能充分利用这些庞大的数据资源，仅能使用其中的一小部分。对于不同地区复杂的气候系统而言，这一小部分的资料，对于其他区域或是重要因子，而对于局地的气候特征却不然，这就会造成预测分析中"取轻略重"，从而导致预测中不确定性增加而准确率不稳定的情况出现。

近年来，由于现代气候业务发展与改革，国家级单位的牵头带动和业务指导能力明显增强，省级气候业务能力逐步提高，国家—省级两级的气候监测预测业务布局逐步完善，整体业务质量和服务能力明显提升。

在省级气候预测业务方面，近年来客观化预测业务技术研发取得明显进展，国家气候中心组织研发的月内重要天气过程预测(MAPFS)、多模式解释应用集成(MODES)、动力与统计相结合(FODAS)等客观化预测方法和系统已在省级短期气候预测业务中广泛应用，表现出较好的预测能力。省级气候预测业务正逐步实现由概念模型和统计方法为主的定性预测向以模式为基础、动力与统计相结合的客观化预测的转变，最终将有步骤地实现以客观预测方法为主的预测业务流程。

随着气象科技的进步和社会对气候预测的需要，人们对气候预测的准确性和精细化都提出了更高的要求，气候预测人员迫切需要为"人民日益增长的美好生活需要"提供更精准的气候预测。而精准气候预测以高时空密度、高质量的气象大数据为前提和基础，现有的丰富的观测数据如海洋、冰雪以及模式数据等气象大数据资源均能极大拓展短期气候预测的原始数据来源。同时，在以云计算、超级计算机为代表的大数据分析计算技术所提供的高速计算能力和存储管理能力条件下，我们不但需要分别研究系统中各个部分的特征与循环，还必须考虑整个系统的集成行为及各分系统的相互作用，把诸多海温变化相关事件(如ENSO、黑潮等)、高原积雪、陆面温度、火山活动、天文因子、季风、副热带高压(以下简称副高)、阻塞高压(以下简称阻高)、高原大地形等影响气候预测的因素通过大数据的梳理统计、分析处理、机器学习，从中挖掘出影响本地气候的关键性环流系统。对于不同环流系统的关键性区域以及影响本地的关键性时段，若能够分辨出哪些因子是优秀预报因子，以及这些因子究竟能提供多大程度的预报信息(黄瑞芳等,2017),则可以显著改善气候预测的统计分析、大规模数值计算时效和计算密度,从而提高气候预测的时效性与针对性,更能对气候预测和成因诊断等关键问题的业务研究提供技术支撑和科学依据,从而为各种气候敏感活动和企事业单位的决策服务提供准确率更高的预测。

近几年关于人工智能、机器学习、数据挖掘的新闻数不胜数,其中包含多少媒体炒作,又存在多大的泡沫尚不可知。抛开这些,各个领域都在试图利用人工智能、机器学习、数据挖掘技术拓展业务,气候预测是否也可以利用人工智能技术,来大力开展动力气候模式的解释及应用、多模式集合预测以及动力与统计相结合的气候预测新技术、新方法的研发,不断完善气候预测业务系统,从而提高气候预测的客观化水平。

先来说说究竟什么是人工智能、机器学习、数据挖掘。

## 1.2 人工智能的定义

**人工智能**(Artificial Intelligence,AI)是研究开发用于模拟、延伸和扩展人的智能的理论、方法、技术及应用系统的一门新的技术科学,是计算机科学的一个分支。“人工智能”一词最初是在1956年达特茅斯(Dartmouth)学会上提出的。从此以后,研究者们发展了众多理论,人工智能的概念也随之扩展,它在计算机领域也随之得到了愈来愈广泛的重视,并在机器人、经济政治决策、控制系统、仿真系统中得到应用。

**机器学习**(Machine Learning)是一种实现人工智能的方法,其最基本的做法,是使用算法来解析数据并从中学习,然后对真实世界中的事件做出决策和预测。与传统的、为解决特定任务而硬编码的软件程序不同,机器学习是用大量的数据来“训练”,通过各种算法从数据中学习如何完成任务。机器学习的思想并不复杂,它仅仅是对人类学习过程的一个模拟。而在这整个过程中,最关键的是数据。任何通过数据训练来学习的算法研究都属于机器学习,包括很多已经发展多年的技术,比如线性回归(Linear Regression)、K-均值(K-Means,基于原型的目标函数聚类方法)、决策树(Decision Trees,运用概率分析的一种图解法)、随机森林(Random Forest,运用概率分析的一种图解法)、主成分分析(Principal Components Analysis,PCA)、支持向量机(Support Vector Machine,SVM)以及人工神经网络(Artificial Neural Networks,ANN)。

**深度学习**(Deep Learning)的概念源于人工神经网络的研究,是神经网络的延伸。严格来说,深度学习是机器学习的一种,而且是一种分类方法,与决策树、支持向量机这些方法相似。不过因为其结构模拟了人的神经系统,在很多认知问题上有着非常好的效果,并且能够很容易地在GPU上实现并行计算,所以经常被单独拿出来当作一个大的分析门类。

**数据挖掘**(Data Mining)顾名思义就是从海量数据中“挖掘”隐藏信息,按照教科书的说法,这里的数据是“大量的、不完全的、有噪音的、随机的实际应用数据”,信息值是“隐含的、规律性的、人们事先未知的、但是有潜在有用的并且最终可理解的信息和知识”。其于20世纪90年代开始流行,世纪之交时伴随人们对知识爆炸的预期增加而变得很“火”,一开始是为解决行业中大量数据的问题而生,其风格也比较专业化,尤其是结合了很多数据库管理的技术。其中一些重要的挖掘方法,在互联网时代也被称为机器学习,后来融入了很多统计学的思想和方法,并在计算机算法方面取得了很大的进展。在行业里可以简单地认为“使用机器学习方法、遵循数据挖掘流程”来进行数据分析。两者在很多方面上都是共通的,现在很少有人去区分数据挖掘和机器学习,很多时候两个词可以通用。

关于人工智能、机器学习和深度学习的关系，图1.2.1提供了一个直观的描述。人工智能方法包括机器学习和其他方法(比如专家系统，在20世纪70年代甚至是人工智能的主流)。但随着人类进入大数据时代，基于归纳的机器学习方法逐渐成了主流。机器学习中包含了特征学习和非特征学习，诸如逻辑回归、决策树等都是非特征学习，需要筛选并指定特征，然后构建模型；所谓特征学习是指可以自动学习特征并进行筛选方法的，只需将所有的特征输入即可。在特征学习中又包含深度学习和浅度学习。简单来说，机器学习是实现人工智能的方法，深度学习是机器学习中的一种算法(史蒂芬·卢奇等，2018)。

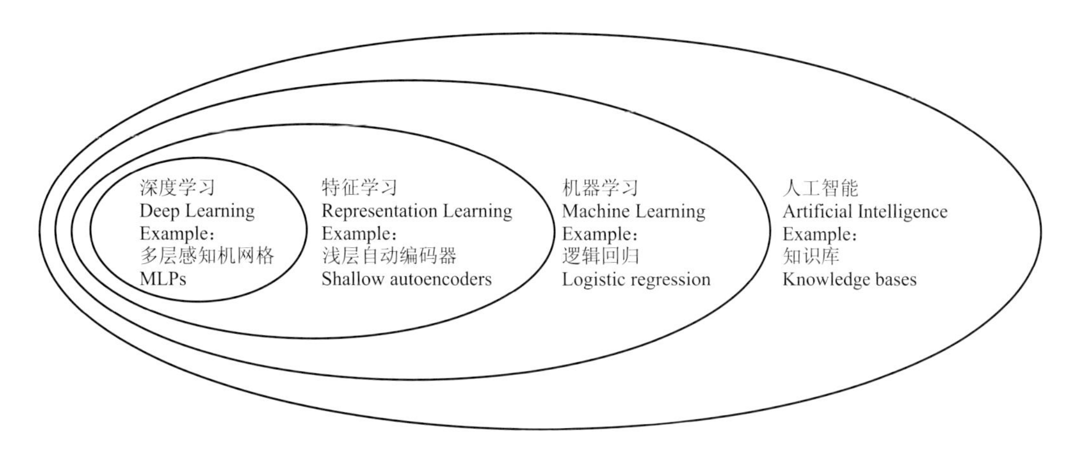


图1.2.1　人工智能、机器学习和深度学习之间的关系

在了解了人工智能、机器学习、深度学习等概念后，我们会有一个疑问，就是为什么人工智能这个概念从提出来到现在已经经历了好几十年，它为什么在十年前不爆发，而在现在这个时间点爆发？

这是因为数据。在大数据这个概念出现之前，计算机并不能很好地解决需要人去做判别的一些问题。所以如今的人工智能不如说是数据智能。人工智能其实就是用大量的数据作导向，让需要机器来做判别的问题最终转化为数据问题。这就是今天我们所说的人工智能的本质。基于此，又涉及到一个什么是大数据的问题。

**大数据**(Big Data)这个词从20世纪90年代就开始出现。2012年《纽约时报》有篇专栏写到"大数据时代已经降临"，从此掀起了大数据的热潮。中国也称2013年为"大数据元年"，这一年里官方媒体和各种民间的声音都开始热议大数据的未来，一致持续"火"到现在。

大数据字面意义就是大量的数据，这和之前的海量数据看上去没多大区别。但是人们对大数据赋予了更多内涵，比如现在一提到大数据都要说5个V：量大(Volume)、多样化(Variety)、分析快速(Velocity)、价值大(Value)、可信度高(Veracity)。海量数据时代主要特征是数据量大，并关注大量数据的高性能处理。而大数据时代下，数据的"大"还包括数据源的多样化，除了传统的数据库中的结构化数据以外，各种文本、图像、声音等数据也变成了分析对象。快速分析也成了重要的目标，尤其是在互联网的推动下，各种实时计算、实时分析都成了大数据时代的标配。此外，数据的大除了量"大"以外，最主要的是产生重大的价值，大数据成了一种重要的资源。还有一个关键特征就是可信度高，因为很多环节的数据都可被如实记录下来，解决了之前受技术所限存储的数据不全的问题。综合这几个特征，大数据时代下的数据具有了不一样的地位。

人们通常提到的大数据除了指数据本身以外，还包括一整套大数据的解决方案。但是对于这个解决方案范围的界定,似乎没有一个明确的说法。很多人认为大数据就是"灵丹妙药",什么事都能干,把数据扔进去就能自动出来各种有用的知识。事实上,有这种想法的人不一定很了解数据的应用,因为很多时候即使数据多了也不一定能产生价值。这是由于目前并不存在一套通用的大数据解决方案可以自动做所有的分析。任何行业、任何领域的大数据的成功应用,都要针对具体的数据、具体的场景进行不同的分析和建模。

无论是哪种分析方法,首先需要一套软硬件平台。当数据量巨大时,对平台的性能要求则非常高。传统的方式是使用大型机甚至超级计算机,但是从 2006 年开始,**云计算**这个词逐渐进入了人们的视线,随着谷歌公司发布了 MapRedure 框架,Apache 软件基金会发起并实现了 Hadoop 项目之后,基于普通个人电脑服务器的集群方案成了主流。在这样的平台下,数据可以被很方便地进行存储和分析,并且不怕数据量激增,只需要简单地添加硬件即可。

有了软硬件的系统架构之后,关键就是具体的分析能力了,**数据科学**开始流行。关于数据科学这个词的起源,可以追溯到 20 世纪 40 到 60 年代之间。Jeff Wu 于 1997 年旗帜鲜明地提出来"Statistics=Data Science?",那个时期正是数据科学逐渐变得广为人知的开端。人们通常认为,从 2008 年 Patil 和 Hammerbacher 把他们在 LinkedIn 和 Facebook 的工作职责定义为"数据科学家"的那个时期开始,数据科学真正开始在业界流行起来。

具体到数据科学的内涵,图 1.2.2 做了一个很好的描述。数据科学是统计学、计算机科学和领域知识的融合。如果仅有统计学和领域知识,那就是传统的数据分析,通常只是用简单的工具处理小样本的问题。如果只有计算机科学和领域知识,就是业界常用的商业智能,如果没有数学和统计学背景,直接使用工具很容易犯错,各种关于大数据误区的例子实际上都是因为没有深刻理解数据和方法造成的。如果只是把统计学和计算机科学结合起来,就是研究方法本身,对应现在很热门的机器学习。只有把三者集合起来才是数据科学,才是针对大数据的真正解决方案(吕晓玲等,2016)。

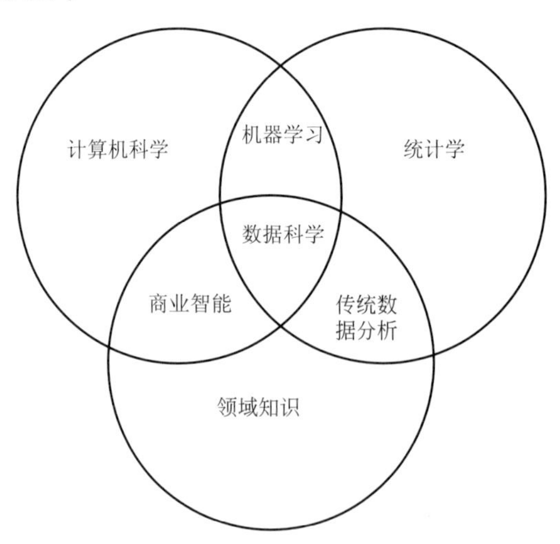


图 1.2.2　数据科学

数据科学主要从人的角度出发,重点在数据科学家,强调的是融合多种理论与技术手段,基于大数据并使用科学方法从中获取知识。在数据的存取方面,可以利用计算机技术搭建云计算平台。在数据分析领域,可以融合统计和计算技术实现各种高性能的分析模型。在数据应用领域,针对具体领域的需求、规则、数据特征,设计不同的软硬件架构和分析模型,从而实现数据的价值。这是数据科学家的职责，也是人们对大数据的期待。

相比传统统计分析最关心的是模型的有效性和拟合出的参数的准确性，预测几乎是机器学习唯一关心的内容，建模预测模型是机器学习的明确目标。以本书所关心的气候预测为例，我们简单地回顾一下完成一个机器学习项目的过程。首先拥有一个由历史样本组成的训练集，训练集中的每个样本都带有标记，这个标记可能是该样本所属于的类别，也可能是一个连续的数值。前者对应于分类问题，后者对应于回归问题。之后假设训练集中样本的分布与样本产生过程的分布一致，并在训练集上建立模型。该模型主要用于对训练集之外新产生样本的标记进行预测。通常一个独立训练集的测试集会用于衡量模型的预测能力，模型在测试集上的表现作为模型优劣的唯一评价标准。可以看到，对于机器学习，“实践是检验真理的唯一标准”，换做气候预测业务，预测准确与否是检验方法是否合理的唯一标准。

## 1.3　人工智能在气象上的应用

近年来人工智能技术也开始应用于数据同化、强对流天气预报和气候预测等大气科学领域。在数据同化方面，Kuzin 等(2018)对机器学习算法和集合卡尔曼滤波的同化效果进行了对比，结果表明，当集合卡尔曼滤波使用较少的集合成员(ensembles)时(如 20 个)，机器学习算法的效果要优于集合卡尔曼滤波，但当集合卡尔曼滤波使用大量的集合成员时(如 100 个)机器学习方法的效果则相对较差。数据同化技术先进的欧洲中期天气预报中心目前仍在使用四维变分数据同化技术。短时间内机器学习方法还无法替代已经业务化应用的现有数据同化技术，机器学习在数据同化方面的应用还需要更多的探索。

机器学习在强对流天气预报方面的应用相对比较多：2017 年深圳市气象局和阿里巴巴联合承办了以“智慧城市，智慧型国家”为主题的 CIKM(International Conference on Information and Knowledge Management)数据科学竞赛，主要是利用雷达图像进行了短时降水预报；俄克拉荷马(Oklahoma)大学气象学院和计算机科学学院联合成立了一个实验室(IDEAL)，专门研究数据科学及其人工智能和机器学习在气象领域中的应用。该实验室的主要研究内容就包括高影响的天气预报和天气分析，如利用机器学习算法进行雷暴生命周期的实时预报，对雷暴进行分类，等等。修媛媛等(2016)用机器学习中监督学习模型支持向量机(SVM)来进行强对流天气的识别和预报，提高了强对流天气识别的准确度。孙全德等(2019)基于机器学习的数值天气预报风速订正研究，显示了机器学习方法在改善局地精准气象预报方面的潜力。李文娟等(2018)进行了基于数值预报和随机森林算法的强对流天气分类预报技术的研究，结果表明，随机森林算法筛选的因子物理意义较为明确，和主观预报经验基本相符，模型准确率高，可用于日常业务。

在气候领域，随着地球观测数据的不断增加和气候模式的不断发展，全球气候领域的研究者需要处理海量数据，一些研究者已转而利用最新的人工智能处理所有信息，希望能够借此发展新的气候模型，从而改进预报。在过去几年，研究人员已经利用人工智能系统帮助他们排列气候模型，在现实和模拟气候数据中发现飓风以及其他极端天气事件，从而找到新的气候模式。Stephan 等(2018)在《地球物理研究快报》发表的一篇论文，提出了基于机器学习所做的对流参数化新方法，并且在装置中训练深度神经网络，使其在一个明确代表云层的模拟中进行学习。专家将他们的算法称为“云脑”(CBRAIN)。这种新方法能够有效地预测对气候模拟至关重要的云层变暖、湿润以及散热等特征。此外，Mcginnis 等(2015)研究了一种新的气候模型偏差校正分布映射技术。Arthur 等(2015)结合 GLM-NHMM 方法，提出了基于站网日降水量预测的降尺度贝叶斯方法，方法具备相当大的灵活性，也适用于最高和最低温度。Imme 等(2015)将大尺度大气动力学过程解释为全球的信息流，并利用机器学习确定这一信息流的路径，继而跟踪全球的相互作用。

乔治华盛顿大学计算机科学专家克莱尔·蒙特利尼在机器学习和气候科学结合领域进行了许多有益探索，结合气候模型，蒙特利尼发展了机器学习算法，计算出约 30 个 IPCC 气候模型的加权平均数，通过学习气候模式的强项和弱项，产生了比传统方法更好的效果。他表示，"如今，气候是一个数据问题。"①

从前面国内外人工智能在气象上的应用来看，人工智能在气象应用上已经有比较大的发展，也取得了相当好的应用效果。对于人工智能在气候上的应用，采用人工智能算法，将气候模型作为一种帮助改进预测的方法是当前应用的主流。除此之外，基本都是研究特定人工智能算法针对特定资料的降尺度应用。

## 1.4 如何做智能气候预测

从数据本身的角度出发考察大数据，是大数据浪潮发端时最初的公认视角。其最具代表性的理念更新当属《大数据时代》一书的作者维克托·迈尔·舍恩伯格(2012)。该书作者将大数据理念的精髓概括为三点：不是随机样本，而是全体数据；不是精确性，而是混杂性；不是因果关系，而是相关关系。作者在书中论述的此"三昧真火"的背后，有其内心深处对世界本质的认知做支撑。但无论如何，作者对大数据应用归纳的新理念，对于利用大数据资源获取信息的应用提供了一种新思路，其新颖的大数据思维也为科技探索提供了一种新的模式(沈文海，2017)。

对于气候预测业务而言，借鉴这样大数据思维，基于气象大数据的应用，融合计算机、统计以及气候三领域的知识，我们对智能气候预测做了如下的定义：

**智能气候预测＝气候大数据 ＋ 常规方法 ＋ 机器学习**

具体来讲，智能气候预测就是利用传统方法和机器学习技术(图 1.4.1)，对前期气候背景、环流指数、再分析场、多模式预测产品等气候大数据进行客观定量化预测，再基于对方法、资料、起报时间和客观化结果进行动态评估，利用机器学习对预测结果进行再分析得到定量化结果，继而智能推荐相对最好的客观化预测结果。业务流程如图 1.4.2 所示，包括以下的五个步骤。

(1)气象大数据的预处理：对全球大气再分析资料、全球海洋再分析资料等全球资料进行距平场提取；对经向场、纬向场以及时间演变场进行扩展；对 ECMWF、CFS2、CSM、DERF2 等模式预测资料提取基于不同起报时间的大气和地面预报场资料；对环流指数距平和时间变化的处理；对全国地面台站观测资料基本气象要素和气候事件的统计。

(2)利用常规和机器学习算法得到定量客观化预测结果：根据所述包括针对不同时间的地面气象要素、环流指数、大气和海洋观测数据、多模式预测数据等气象大数据及其扩展数据与预测区域的预测对象单独以及多模式、多要素、多时间尺度等融合方式建立模型，并采用区域匹配域投影、EOF 重构、相似年替代等经验方法以及随机森林、支持向量机等机器学习算法预测得到客观化预测结果。

---

① 来源于《科学美国人》，转自 http://www.cma.gov.cn

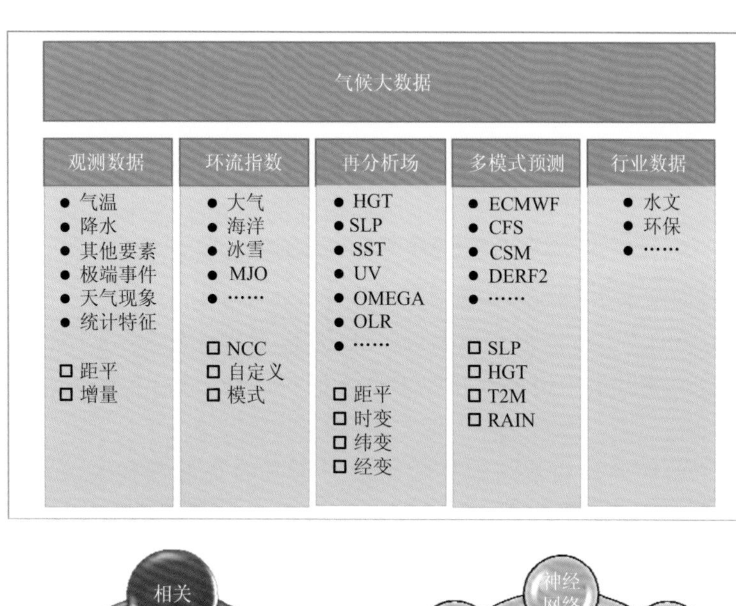


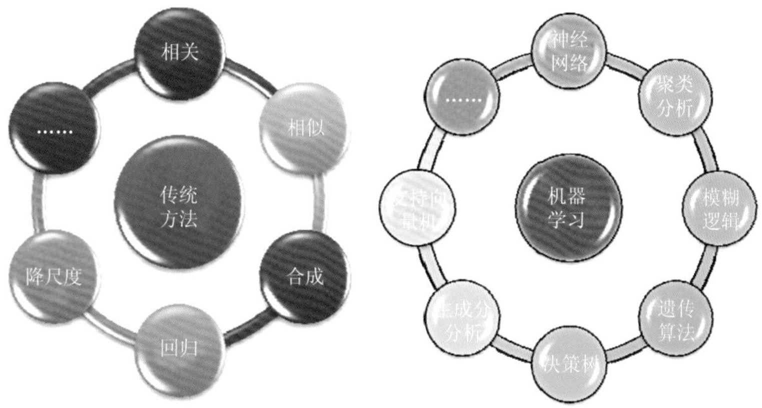


图 1.4.1 智能气候预测的构成

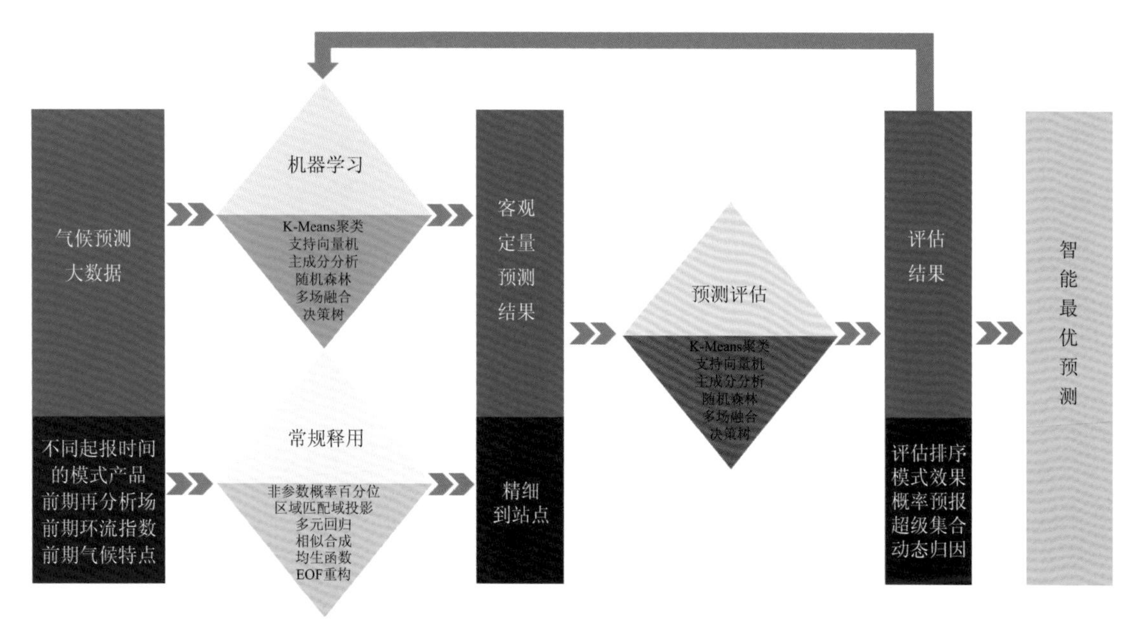


图 1.4.2 智能气候预测流程

(3)基于多个评估规则对客观化结果进行评估:根据一致率评分($PC$)、趋势异常综合评分($Ps$)、相关系数($Cc$)以及标准误差($RMSE$)和标准差($Stdev$)对客观定量预测结果采用单独和权重组合进行评估。

(4)基于评估结果利用机器学习对预测结果进行再分析得到定量化结果:对评估得到的优势定量预测方法和数据集成学习,得到基于不同情况的集合预报、概率预报等再分析定量化预测。

(5)从近期、同期等多个角度智能推荐客观化预测:从近期时段、同期时段的一致率评分($PC$)、趋势异常综合评分($Ps$)、相关系数($Cc$)以及标准误差($RMSE$)和标准差($Stdev$)对再分析的客观定量预测结果采用单独和权重组合进行评估,最后智能推荐最优的客观化预测结果。

图 1.4.2 所示的业务流程清晰地反映出我们定义的智能气候预测体系中,人工智能技术的作用主要表现在预测的两端,一是在得到客观定量预测的过程中采用机器学习算法,二是利用机器学习算法应用于客观定量预测评估结果,继而推荐相对最优的预测结果。

有观点表明,机器智能革命起源于大数据量的积累达到质变的奇点。从这个角度来看,气候预测准确度的提高也必定需要预测数量的积累。而整个智能气候预测的基础也正是在于客观定量化的预测,如式(1-1):

$$G=f(x) \tag{1-1}$$

式中,$G$ 表示客观化预测结果,$f$ 表示客观化方法,$x$ 表示选用的资料。也就是说,用尽可能多的资料,采用尽可能多的方法得到尽可能多的客观化结果,从而能透过更多现象得到本质,期待达到以"量变到质变"的预测效果。

数据的价值在于分析,技术只是手段,分析的境界达到了以后,将能"不滞于物,草木竹石皆可谓剑"。我们虽不能太执着于具体的工具,但也不能不了解它们。俗话说"工欲善其事,必先利其器",俗话还说"纸上得来终觉浅"。任何知识和方法只有真正应用于预测中才有意义,下面我们就智能气候预测中具体应用到的数据、技术和方法做一个简单的介绍。当然,由于我们所定义的智能气候预测是一个可不断扩展的体系,因此其组成的数据、技术和方法包括但不局限于此。

### 1.4.1 气候大数据

**数据扩展**:对于大气和海洋的再分析资料,$X(i,j,t)$是格点$(i,j)$上的大尺度变量(其中 $t$ 代表时间),即预报因子,通过 $X(i,j,t)-X(i-1,j,t)$、$X(i,j,t)-X(i,j-1,t)$、$X(i,j,t)-X(i,j,t-1)$扩展经向变化、纬向变化和时间变化作为预报因子;对于国家气候中心提供以及自定义的环流指数,$X(i,t)$通过 $X(i,t)-X(i,t-1)$扩展指数变化和 $Xa(i,t)-Xa(i,t-1)$指数的距平变化作为预报因子。

**自定义指数**:提取西太平副热带高压、高原高度场、东亚槽、印缅槽等逐日环流指数的逐月最大值、最小值、标准差和中位值作为新的预报因子;从业务和研究出发,自主选择单个或者多个格点资料的单个或者多个区域,按照现有的指数规则建立更适用于本地的指数作为预报因子。

### 1.4.2 常规方法

**均生函数**：均生函数模型基于系统状态前后记忆的基本思想，构造一组周期函数及其延拓序列（包括原序列、一阶差分、二阶差分序列的均生函数延拓序列及累加延拓序列），通过建立原时间序列与这组函数延拓序列间的回归，建立预测方程。

**非参数概率百分位映射**：基于非参数百分位映射的概率误差订正方法对模式预报进行订正方法的原理（Panofsky 等，1965；Glahn and Lowry，1972；章大全等，2016），在模式集合平均给出的确定性预报，结合模式回算数据集合成员计算得到的模式概率密度分布，给出确定性预报在模式概率密度分布中的百分位值，并将百分位值投影到观测资料的概率密度分布中，得到模式确定性预报的概率订正值。

**区域匹配域投影**：$Y(t)$是预测对象，$X(k,t)$是格点$k(i,j)$上的或者第$k$个大尺度变量及扩展变量，即预报因子，则$Y(t)$可表示为$Y(t)=\alpha X_p(t)+\beta$。式中，$X_p(t)$为预报因子在一个优化窗口的投影，其中$X_p(t)=\sum_{k=1}^{p}R(k)X(k,t)$。此优化窗口是指预报因子在某一个区域上与预报对象在回报期的相关性满足一定条件的区域。根据$R(k)$的取值和区域$p$的不同，区域匹配域投影有15个不同的变型。分别是：

(1) $R(k)$为建模时段相关系数，区域$p$为所有预报因子。

(2) $R(k)$为建模时段相关系数，区域$p$为相关系数通过99%显著性检验的区域。

(3) $R(k)$为建模时段相关系数，区域$p$为相关系数最好的区域。

(4) $R(k)$为建模时段相关系数，区域$p$为正相关和负相关最好的区域。

(5) $R(k)$为建模时段相关系数，区域$p$为$X(k,t)$异常的区域。

(6) $R(k)=PC(k)-50$，区域$p$为所有预报因子。

(7) $R(k)=PC(k)-50$，$PC(k)$为建模时段符号一致率，区域$p$为$R(k)$的绝对值大于15的区域。

(8) $R(k)=PC(k)-50$，$PC(k)$为建模时段符号一致率，区域$p$为$R(k)$的绝对值最大的区域。

(9) $R(k)=PC(k)-50$，$PC(k)$为建模时段符号一致率，区域$p$为$R(k)$正值和负值最大的区域。

(10) $R(k)=PC(k)-50$，$PC(k)$为建模时段符号一致率，区域$p$为$(k,t)$异常的区域。

(11) $R(k)=r(k)\times abs(PC(k))/15$，$r(k)$为建模时段相关系数，$PC(k)$为建模时段符号一致率，区域$p$为所有预报因子。

(12) $R(k)=r(k)\times abs(PC(k))/15$，$r(k)$为建模时段相关系数，$PC(k)$为建模时段符号一致率，区域$p$为相关系数通过95%显著性检验且$R(k)$的绝对值大于10的区域。

(13) $R(k)=r(k)\times abs(PC(k))/15$，$r(k)$为建模时段相关系数，$PC(k)$为建模时段符号一致率，区域$p$为$r(k)\times 100+PC(k)$的最大的区域。

(14) $R(k)=r(k)\times abs(PC(k))/15$，$r(k)$为建模时段相关系数，$PC(k)$为建模时段符号一致率，区域$p$为$r(k)\times 100+PC(k)$的最大的区域和最小的区域。

(15) $R(k)=r(k)\times abs(PC(k))/100$，$r(k)$为建模时段相关系数，$PC(k)$为建模时段

符号一致率，区域 $p$ 为 $(k,t)$ 异常的区域。

**融合技术**：$Y(t)$ 是预测对象，$X_1(k,t)$，$X_2(k,t)$，…，$X_n(k,t)$ 分别是格点 $k(i,j)$ 或第 $k$ 个大尺度变量及扩展变量，即预报因子。分别对 $X_1(k,t)$，$X_2(k,t)$，…，$X_n(k,t)$ 进行标准化处理得到 $x_1(k,t)$，$x_2(k,t)$，…，$x_n(k,t)$，通过 $x(k_x,t)=x_1(k_1,t)\cup x_2(k_2,t)\cup\cdots\cup x_n(k_n,t)$ 以及 $x(k_x,t)=x_1(k_1,t)\cap x_2(k_2,t)\cap\cdots\cap x_n(k_n,t)$，$(k_1,k_2,\cdots,k_n)$ 表示满足上一条的 9 个条件的预测因子。在融合和优势因子提取后，再基于 $x(k_x,t)$ 与 $Y(t)$ 建立模型。

### 1.4.3 机器学习算法

**K-均值**：K-均值(K-Means)算法是一种广泛使用的聚类算法，是基于数据划分的无监督聚类算法。首先是定义常数 $k$，常数 $k$ 表示的是最终的聚类的类别数，在确定了类别数 $k$ 后，随即初始化 $k$ 个类的聚类中心，通过计算每一个样本与聚类中心之间的相似度，将样本点划分到最相似的类别中。

对于 K-均值算法，假设有 $m$ 个样本 $\{X_1,X_2,\cdots,X_m\}$，其中，$X_i$ 表示第 $i$ 个样本，每一个样本中包含 $n$ 个特征 $X_i=\{x_{1i},x_{2i},\cdots,x_{ni}\}$。首先随机初始化 $k$ 个聚类中心，通过每个样本与 $k$ 个聚类中心之间的相似度，确定每个样本所属的类别，再通过每个类别中的样本重新计算每个类的聚类中心，重复组合场的过程，知道聚类中心不再改变，最终确定每个样本所属的类别以及每个类的聚类中心。

**相似年智能查找**：(1)$X(k,t_0)$ 是可任意选择范围 $k$ 的大尺度变量及扩展变量，即需要比较的相似因子，$X(k,t)$ 是要该变量的历史序列。通过 $Sim=S_{Eu}+S_R+S_X$，智能查找相似年，并以相似年的相应对象作为预测值，式中，$S_{Eu}$ 是欧式相似度，$S_R$ 是相关系数，$S_X$ 是汉明相似度的改进版。其表达式如下：

$$S_{Eu_j}=1/(1+\sqrt{\sum\nolimits_{i=1}^{k}(X(i,t_0)-X(i,t_j))^2}) \tag{1-2}$$

$$S_{X_j}=1/(1+\sum_{i=1}^{k}|X(i,t_0)-X(i,t_j)|) \tag{1-3}$$

式中，$k$ 表示 $|X(i,t_0)-X(i,t_j)|>0.5\times Std$ 的范围，$Std$ 为 $X(k,t_0)$ 的标准差。

(2)$X(k,t_0)$ 是可任意选择范围 $k$ 的大尺度变量及扩展变量，即需要比较的相似因子，$X(k,t)$ 是要包含 $X(k,t_0)$ 的历史序列，通过基于数据划分的无监督聚类算法 K-Means，得到包含 $X(k,t_0)$ 所属的类别，并以此类别的要素合成作为预测值。

**决策树**：决策树(Decision Tree)是在已知各种情况发生概率的基础上，通过构成决策树来求取净现值的期望值大于等于零的概率，可用于评价项目风险，判断其可行性，是直观运用概率分析的一种图解法。由于这种决策分支画成图形很像一棵树的枝干，故称决策树。在机器学习中，决策树是一个预测模型，代表的是对象属性与对象值之间的一种映射关系。Entropy 为熵，可用于表示系统的混乱程度，使用算法 ID3、C4.5 和 C5.0 生成树算法的过程中使用到熵。这一度量是基于信息学理论中熵的概念(赵志勇，2017)。

决策树是一种树形结构，其中每个内部节点表示一个属性上的测试，每个分支代表一个测试输出，每个叶节点代表一种类别。

决策树是一种十分常用的分类方法，是一种监督学习。所谓监督学习就是给定一堆样本，每个样本都有一组属性和一个类别。这些类别是事先确定的，通过学习得到一个分类器，这个分类器能够对新出现的对象给出正确的分类。这样的机器学习就被称之为监督学习。

**随机森林**：随机森林（Random Forest）是一种多功能的机器学习算法，由美国加州大学伯克利分校统计学教授 Breiman 于 2001 年首次提出，能够进行回归和分类计算。随机森林的基本组成是 Breiman 等发明的分类和回归树（Classification and Regression Tree，简称 CART，又称为决策树），对比神经网络等机器学习算法。这种通过反复二分数据进行分类和回归的算法有效降低了计算量，而随机森林正是对这些分类树的组合和再汇总。随机森林在计算量变化较小的前提下提高了估算精度，而且它对缺失值和多元共线性不敏感，可以估算多达几千个解释变量，被誉为当前最好的算法之一（Iverson 等，2008；Breiman，1996）。

随机森林采用 Bagging 的方法组合决策树，即利用 Bootstrap 重抽样方法（自举法）从原始样本中抽取 $N$ 个样本进行决策树的建模，一般情况下，随机森林会随机生成几百至几千个决策树，森林中的每棵树都是独立的，然后再选择重复程度最高的树作为最终的结果。由于不需要考虑变量的分布条件、交互作用、非线性作用，甚至没有缺失值等约束，因此，虽然随机森林的结构复杂，但却表现稳健，容易使用。

随机森林的具体构造过程如下：

（1）如果训练集大小为 $N$（系统取值为 50，即 1961—2010 年），对于每棵树而言，随机且有放回地从训练集中的抽取 $N$ 个训练样本（这种采样方式称为 bootstrap sample 方法），作为该树的训练集；

（2）如果每个样本的特征维度为 $M$，指定一个常数 $m \ll M$，随机地从 $M$ 个特征中选取 $m$（预测试验及系统设计中的均默认为 20）个特征子集，每次树进行分裂时，从这 $m$ 个特征中选择最优的；

（3）每棵树都尽最大程度地生长，并且没有剪枝过程；

（4）按照步骤（1）～（3）建立大量的决策树，这样就构成了随机森林，分类结果按树分类器的投票多少而定。

构建随机森林的过程中有两个参数需要使用则视具体情况而设置，大多数情况下，模型的默认参数即可出最优模拟结果，无需进行调整。随机森林中的“随机”就是指的这里的两个随机性参数。这两个随机性的引入对随机森林的分类性能至关重要。由于它们的引入，使得随机森林不容易陷入过拟合，并且具有很好的抗噪能力（比如，对缺省值不敏感）。

**支持向量机**：在机器学习中，支持向量机（SVM）是与学习算法有关的监督学习模型，可以分析数据、识别模式，可用于分类和回归分析。

除了进行线性分类，SVM 机可以使用所谓的核技巧，将其输入隐含映射到高维特征空间中，并有效地进行非线性分类。

**朴素贝叶斯**：朴素贝叶斯法是基于贝叶斯定理与特征条件独立假设的分类方法。在众多的分类模型中，应用最为广泛的两种分类模型是决策树模型（Decision Tree Model）和朴素贝叶斯模型（Naive Bayesian Model）。决策树模型通过构造树来解决分类问题。首先利用训练数据集来构造一棵决策树，一旦树建立起来，它就可为未知样本产生一个分类。在分类问题中使用决策树模型有很多的优点：便于使用而且高效；可以很容易地根据决策树构造出规则，而规则通常易于解释和理解；决策树可很好地扩展到大型数据库中，同时它的大小独立于数据库的大小;可以对有许多属性的数据集构造决策树。决策树模型也有一些缺点,比如处理缺失数据时的困难、过度拟合问题,以及忽略数据集中属性之间的相关性等(周志华,2015)。

**主成分分析:**主成分分析(Principal Components Analysis,PCA)或称主元分析,是一种掌握事物主要矛盾的统计分析方法,它可以从多元事物中解析出主要影响因素,揭示事物的本质,简化复杂的问题。计算主成分的目的是将高维数据投影到较低维空间。给定 $n$ 个变量的 $m$ 个观察值,形成一个 $n \times m$ 的数据矩阵,其中 $n$ 通常比较大。对于一个由多个变量描述的复杂事物,人们难以认识;那么是否可以抓住事物主要方面进行重点分析呢?如果事物的主要方面刚好体现在几个主要变量上,我们只需要将这几个变量分离出来,进行详细分析。但是在一般情况下,并不能直接找出这样的关键变量。这时我们可以用原有变量的线性组合来得到事物的主要影响因素,PCA 就是这样一种分析方法。

PCA 主要用于数据降维,对于一系列例子的特征组成的多维向量,其中的某些元素本身没有区分性。比如某个元素在所有的例子中都为 1,或者与 1 差距不大,如果用它做特征来区分,贡献会非常小。我们的目的是找那些变化大的元素,即方差大的那些维,而去除掉那些变化不大的维,从而使特征留下的都是"精品",而且计算量也变小了。对于一个 $k$ 维的特征来说,相当于它的每一维特征与其他维都是正交的(相当于在多维坐标系中,坐标轴都是垂直的),那么我们可以对这些维的坐标系变换,从而使这个特征在某些维上方差大,而在某些维上方差很小。例如,一个 45°倾斜的椭圆,在第一坐标系,如果按照 $x$,$y$ 坐标来投影,这些点在 $x$ 轴和 $y$ 轴上的属性很难分,因为他们在 $x$,$y$ 轴上坐标变化的方差都差不多,我们无法根据这个点的某个 $x$ 属性来判断这个点是哪个。而如果将坐标轴旋转,以椭圆长轴为 $x$ 轴,则椭圆在长轴上的分布比较长、方差大,而在短轴上的分布短、方差小,所以可以考虑只保留这些点的长轴属性,来区分椭圆上的点,这样,区分性比 $x$,$y$ 轴的方法要好!

我们的做法就是求得一个 $k$ 维特征的投影矩阵。这个投影矩阵可以将特征从高维降到低维。投影矩阵也可以叫做变换矩阵。新的低维必须具有每个维都有正交的特征,特征向量都是正交的。通过求样本矩阵的协方差矩阵,然后求出协方差矩阵的特征向量,这些特征向量就可以构成这个投影矩阵了。特征向量的选择取决于协方差矩阵的特征值的大小。

### 1.4.4 评估推荐

**趋势异常综合评分:**趋势异常综合评分($Ps$)检验方法是针对气候趋势预测和异常级预测结果设不同权重来进行综合检验评分的方法。2013 年,中国气象局预报与网络司的《月季气候预测检验评分》中提到,该检验评分比较直观,在趋势项预测正确得分的基础上,仍可获得异常项预测正确分,相当于对预测异常给予鼓励,其预测评分能相对反映气候预测能力和水平。

趋势预测即为预测对象距平与距平百分率比值正负符号的预测。当预测与实况的符号相同(0 代表正)时,表示趋势预测正确。异常级预测是指对降水距平百分率超过(包含)±20%,气温距平超过(包含)±1℃的预测。

$Ps$ 检验方法的计算公式:

$$Ps=\frac{a \times N_0+b \times N_1+c \times N_2}{(N-N_0)+a \times N_0+b \times N_1+c \times N_2+M} \times 100 \tag{1-4}$$

式中,$N_0$ 为气候趋势预测正确的站数;$N_1$ 为一级异常预测正确的站数;$N_2$ 为二级异常预测正确的站数;$N$ 为实际参加评估站数;$M$ 为没有预报二级异常而实况出现降水距平百分率大于等于100%或等于−100%、气温距平大于等于3℃或小于等于−3℃的站数；$a$、$b$和$c$分别为气候趋势项、一级异常项和二级异常项的权重系数，本办法分别取$a=2$，$b=2$，$c=4$。

**相关系数检验方法：**相关系数检验方法（$Cc$）对气候趋势预测产品的相关性进行检验，其表征了预报场和实况场的相关程度，其相关系数的大小能表征预报场与实况场的高低中心的配置好坏，一定程度上反映了预测结果的准确率和预测方法的好坏，是国际通行的预测评估方法之一。对降水、气温的预测检验评估主要使用降水距平百分率和平均气温距平计算其相关系数。具体计算方法：

$$Cc=\frac{\sum_{i=1}^{N}(\Delta R_{fi}-\overline{\Delta R_f})(\Delta R_{0i}-\overline{\Delta R_0})}{\sqrt{\sum_{i=1}^{N}(\Delta R_{fi}-\overline{\Delta R_f})^2\sum_{i=1}^{N}(\Delta R_{0i}-\overline{\Delta R_0})^2}} \tag{1-5}$$

式中，$\Delta R_{fi}$为各站降水距平百分率（或平均气温距平）的预报值；$\overline{\Delta R_f}$为区域内所有站降水距平百分率（或平均气温距平）预报值的平均值；$\Delta R_{0i}$为各站观测值的降水距平百分率（或平均气温距平）值；$\overline{\Delta R_0}$为区域内所有站观测值的降水距平百分率（或平均气温距平）的平均值；$N$为实际参加评估的总站数。

**一致率评分：**一致率评分（$PC$）以预测和实况的距平符号是否一致为判断依据，采用逐站进行评判。一致率公式定义如下：

$$PC=\frac{N_0}{N}\times 100\% \tag{1-6}$$

式中，$N_0$为气候趋势预测正确的站数；$N$为实际参加评估站数。

**集合预报（概率预报）：**$Y_1(t)$，$Y_2(t)$，…，$Y_n(t)$是权利要求基于模式预报及应用在1.4.2节和1.4.3节的方法得到的所有客观定量化预测结果，$Ps1(t)$，$Ps2(t)$，…，$Psn(t)$分别是基于所有回算客观化预测得到的趋势异常综合评分，$Cc1(t)$，$Cc2(t)$，…，$Ccn(t)$是对应的相关系数，$RMSE1(t)$，$RMSE2(t)$，…，$RMSEn(t)$是标准误差，$Stdev1(t)$，$Stdev2(t)$，…，$Stdevn(t)$是标准差。分别评估预测年$t+1$前3年和前3个月所有回算客观化预测的$Ps$、$Cc$、$RMSE$、$Stdev$，再从评估结果中提取基于不同算法不同资料的前20种和100种预测结果。$MAE_1$，$MAE_2$，…，$MAE_n$是近3年所有客观化定量化结果的平均绝对误差，则

$$Ys(t+1)=\sum_{i=1}^{n}(Y_i(t+1)MAE_i)/n \tag{1-7}$$

为超级集合；

$$Y_p(t+1)=\sum_{i=1}^{n}S_i(t)\times 100\%/n \tag{1-8}$$

其中$S_i(t)=\begin{cases}1,Y_i(t)\geqslant 0\\0,Y_i(t)<0\end{cases}$，得到概率预报的结果。

**智能推荐：**$Ys1(t)$，$Ys2(t)$，…，$Ysn(t)$是超级集合预测结果，$Yp1(t)$，$Yp2(t)$，…，$Ypn(t)$是概率预报结果，评估$t+1$前$n$年和前$n$个月的超级集合和概率预报结果的$Ps$，$Cc$，$RMSE$，$PC$和$Stdev$，再综合其他所有客观化结果的评估结果，分别以评估变量或者组合多个评估变量（默认为$RI=4\times Ps+100\times Cc\text{-}Stdev\text{-}RMSE$）为推荐指数，继而以推荐指数的大小推荐最优客观化预测结果。

需要说明的是，对于预测效果的评估，我们认为需要做到三个兼顾：

（1）兼顾业务和技术，就是说从模型的技术指标和对业务的提升作用两方面来评估，并注

重其中的关联性；

（2）兼顾结果和过程，既要考察模型最终结果在业务和技术上的收效，也要看到模型开发过程中发现的问题和改善的环节；

（3）兼顾绝对提升和相对提升。既要考察预测后技术指标和业务指标的绝对值水准，也要考察指标相对于以前的提升。

# 第2章　智能气候预测系统设计

近年来，由于国家层面规范化运作，气象行业中等以上规模应用软件的研制主要以外包形式完成。承担研制的单位基本上是社会上的专业软件公司，这些公司有很强的软件设计能力和编码能力，但对气象业务的理解基本处于极其低浅的水平。这些公司全部采用软件工程师方法来指导其软件编制。但是如此开发的软件产品的特点之一是，一旦制作完成，其自身的功能和性能便被固定下来，不再变化，用户的使用便会完全局限在产品已有功能范围之内。而对于产品的维护，则只是恢复那些出现故障的原设计功能，而不能进行新增或者修改操作。

气候预测是一个高速发展的、不断被赋予新的工作内容和要求的服务型业务。一个用于实际业务的气候预测系统，身处不断发展的汹涌浪潮之中，将面临着接二连三的新需求：新增资料入库、统计方法；对特定关注区域、类型资料的处理时效的提高等，这些需求都是原系统设计中没有或无法预见，也是已建成系统中所不具备的。现实决定了不可能因不时出现的新需求而频繁更换系统，而工作又要求必须及时实现这些新的功能需求，因此这些新增需求只能通过调整、完善和改进现有系统予以实现。

理想的预测系统，尤其是智能气候预测系统，需要兼顾相关和因果，需要兼顾模型建立和预测结果，换言之就是需要兼顾业务服务和科学研究两个方面。如图2.0.1所示，针对业务服务而言，系统能够让气候预测人员在业务中不再耗费大量时间在数据下载、整理、处理以及图形的绘制，从而解决工作重复、效率低下的问题。数据的处理和预测结果的生成是自动的，且是实时或者近实时的，可用于绘制各类预测相关图形，并尽可能采用贴近实际的有效手段，从而能及时地明确真实需求，或可有效地调整预测系统使之满足真实需求。且预测对象可不受限于固定的时间、区域和要素，因此做到既能够预测趋势，也能够预测过程；既能够预测气温降水，也能够预测大雨开始期、旱涝并存等气候事件。此外，系统能够智能推荐预测结果，并能够提供预测报文、数据和图形等服务产品。针对科学研究而言，系统提供的算法、方法和数据不只局限于预测业务，通过调取或者使用外部数据，可不断扩展算法和资料；预测系统不只是局限于预测，还能够事后自动在众多的客观化预测结果中找到与实况最为接近的预测结果，对成因诊断等关键问题的业务研究提供更广、更深的科学依据。

正是基于这样的需求和目标，笔者作为对整个预测业务流程环节的需求都较为熟悉的基层气候预测业务人员，融合气候、预测以及计算相关方面的知识，并基于上一章提及的智能气候预测技术，开发了智能气候预测系统。实际上，对于需求不断变化的预测系统，不可能做到一步设计到位，有效的调整能力比精确的初始设计更加重要。笔者在开发智能预测系统前后5年里，在不断的开发和应用中逐步梳理对预测系统的真实需求，对系统架构、需求等前后做了不少于10次的大调整。智能气候预测系统不是一个定型的产品，而是活的生命体，它的功能需求是随着业务的发展以及设计者对气候预测的了解而不断增长和调整的。

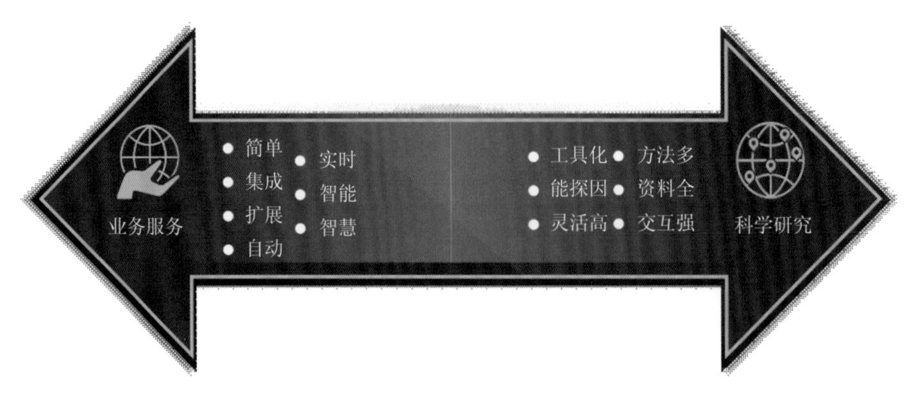


图 2.0.1 理想气候预测系统的功能需求

对于气候预测系统，正如“实践是检验真理的唯一标准”，效益应当是检验其成败的唯一标准。而预测系统效益的体现，则在于该业务系统的实际应用，其中包括对新需求的充分满足以及其预测准确率的提升。

最后，智能气候预测系统是生长起来的，而不是构建起来的。其生长过程，就是新的需求不断被满足和旧有缺陷不断被更正的过程。其生命的旺盛与否，则体现于对新增需求满足、已有缺陷改造的时效和质量。笔者后续将继续根据这样的需求和系统存在的缺陷，不断优化系统功能，增加气候大数据以及人工智能算法的应用，提供操作更为便捷、预测更为准确、服务更为精准的智能气候预测系统。

## 2.1 系统业务流程

系统是将用 NetCDF、GRIB1、GRIB2、二进制等多种格式存储的美国国家环境预报中心（National Centers for Environmental Prediction，简称 NCEP）全球海洋、大气等逐日、逐月的再分析资料以及国家气候中心第二代动力延伸预测模式业务系统（简称 DERF2.0）、欧洲中期天气预报中心（European Centre for Medium-Range Weather Forecasts，简称 ECMWF）集合预报、美国国家环境预报中心气候预测系统（National Center for Environmental Prediction's Climate Forecast System，简称 CFS2）、国家气候中心第二代气候系统（简称 BCC_CSM）等模式资料自动下载，在充分理解数据的基础上，整合、检查数据，进行数据清理，去除错误或不一致的数据后，建立用于智能气候预测的数据库，并对数据进行合理优化和资料重组，以数据库方式存储并加以应用。基于数据库技术，实现再分析资料和模式预报产品的时空扩展，动态实现不同时空尺度的预测，再对上述气候大数据，通过采用多元回归等经验统计以及随机森林等机器学习方法得到客观定量预测结果，经由预测效果评估和机器再学习，不断优化客观化预测方法和评估预测结果，得到基于不同条件下的集合预报和概率预报，继而推荐得到智能最优预测。其总体的业务流程图如图 2.1.1 所示。

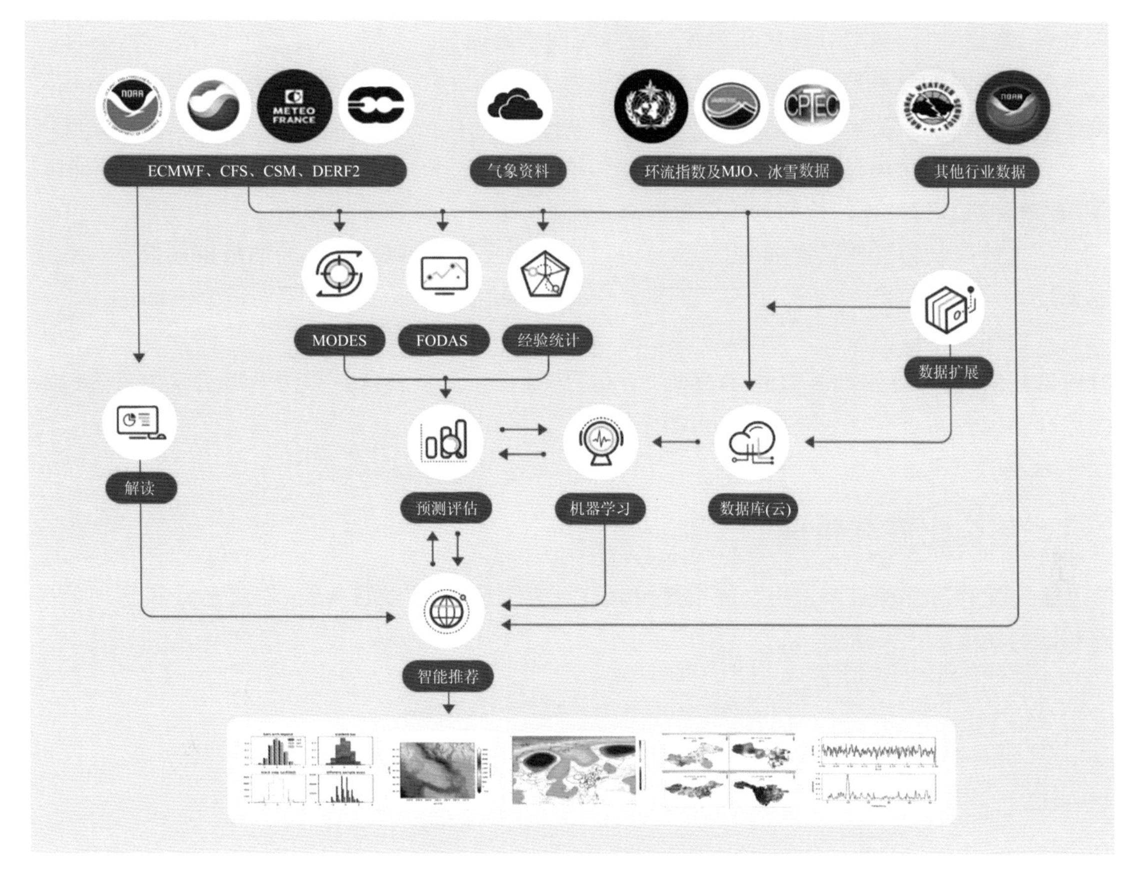


图 2.1.1 系统总体业务流程图

## 2.2 系统总体功能结构

系统功能主要包括数据预处理、气候预测、预测工具、模式链接和其他五个功能模块，系统依托完整可靠的整体设计，实现系统集成与测试，使系统能彼此协调工作，达到整体性能最优。系统总体功能结构如图 2.2.1 所示。

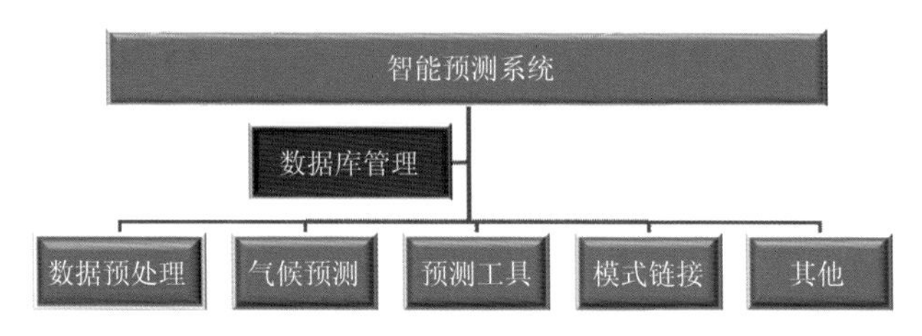


图 2.2.1 系统总体功能结构图

数据预处理部分是系统运行的基础，智能气候系统目前所涵盖的资料包括：NCEP 的逐日、逐周、逐月的再分析资料；ECMWF、CFS2、CSM 三种模式的月预测资料；全国逐日地面气象资料；MJO 实况（采用澳大利亚指数）和模式预测（采用国家气候中心多模式的预测结果）；

国家气候中心提供的142项环流指数以及积雪指数。针对以上数据的处理，系统主要分为数据处理、数据统计、数据可视化和客观化预测等四个方面。

气候预测部分是系统的主体，分为智能推荐、背景、指数、物理（模式）场以及MJO应用等五个部分。

预测工具部分是为预测过程中方便画图，提高工作效率而提供的实用工具，包括重现期计算、批量绘图、定制绘图、绘制预测图以及逐步回归、聚类分析和数据拟合。

模式链接收集整理了常用的月、季节等模式预测及著名组织、机构的网络链接以及一些集成地址。

其他部分包括了预测评分及区域设定。预测评分包括了月、季的 *Ps*、*Cc* 评分以及延伸期时段的强降温、强降水和高温的 *Zs* 和 *Cs* 评分；区域设定可将系统中预测区域设定为省、区域、流域和全国台站。

## 2.3 系统配置与管理

系统配置与管理主要采用系统选择与修改配置文件相结合的方式，需要配置和管理的内容和结构如图2.3.1所示。

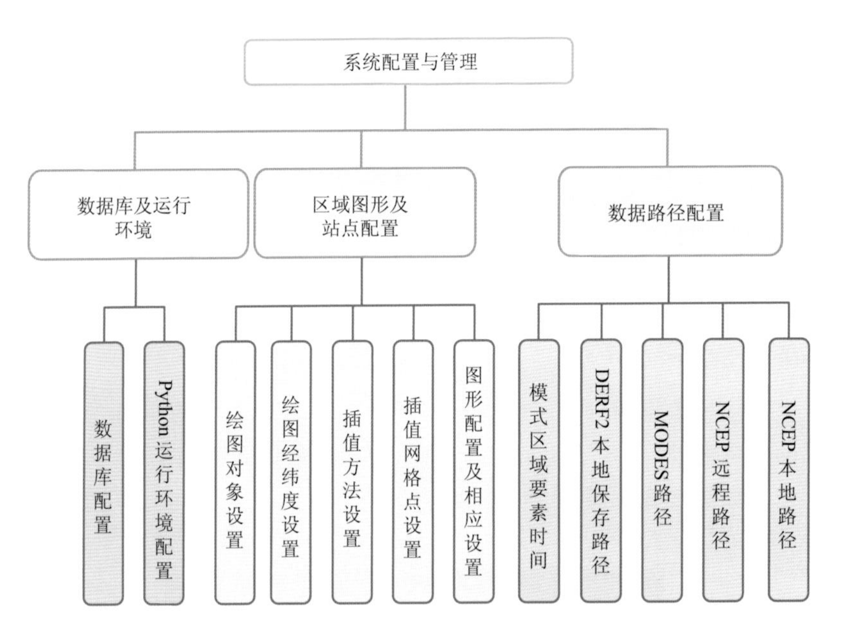


图2.3.1 系统配置和管理的内容和结构图

## 2.4 系统数据结构

系统数据结构包括管理与更新内容，具体包括本系统所需要的气温、降水、环流指数、NCEP再分析场、模式预报场以及各类数据的扩展。数据更新方式包括内外网直接读取以及FTP下载等方式，数据的类型包括了文本、二进制、数据库、NetCDF（图2.4.1）。

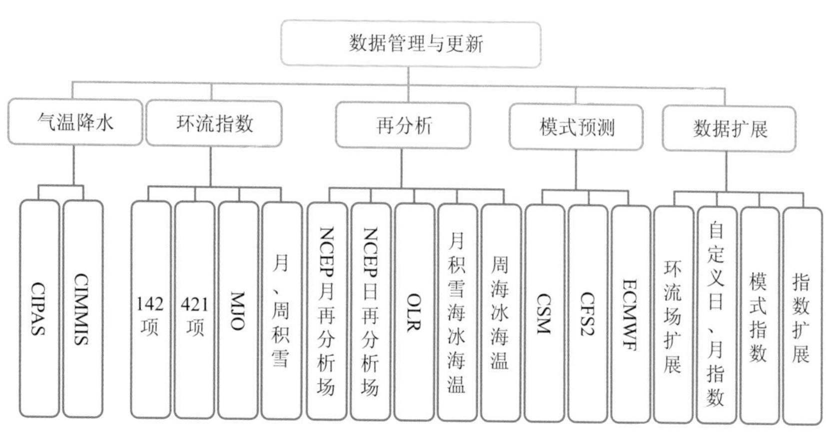


图 2.4.1 系统数据管理与更新结构图

## 2.5 系统主要功能

系统主要功能包括(图 2.5.1)：

(1)实现非固定时空的气象要素(如气温、降水)、气候事件(雨日、高温日以及大雨开始期、旱涝急转、旱涝并存等)与大尺度变量(气象要素、环流指数、再分析资料以及模式预报产品等)及其扩展变量之间预测信息的挖掘建模；

(2)基于相关、相似、合成等"关键场、关键区域、关键指数、关键时段"信息的可视化；

(3)对大尺度变量气象要素、环流指数、再分析资料以及模式预报产品等及其扩展变量采用传统检验统计和机器学习方法得到客观定量预测结果以及相应智能推荐。主要包括以下子系统：

**数据预处理子系统**:用于下载、提取、扩展和可视化全球大气再分析资料、全球海洋再分析资料、ECMWF、CFS2、CSM、DERF2.0 等多模式预测资料、全国地面观测资料、MJO 观测资料和模式资料等;包括而不局限于气温、降水、雨日、有照日、最高气温、最低气温、大雨开始期、旱涝急转等预测对象的建立;用于所有系统内所有客观化预测的批量运行。

**智能相似年查找预测子系统**:用于根据环流指数、大气海洋再分析资料、多模式预测等大尺度变量及其扩展变量和融合变量通过相似度计算、K-Means 聚类智能查找相似年并进行客观定量预测。

**基于时间序列预测子系统**:用于根据预测对象的时间序列进行平滑滤波、小波分析等周期分析以及利用均生函数、自回归进行客观定量预测。

**基于气象要素预测子系统**:用于根据前期气温、降水、日照以及雨日、有照日数等气候特点与预测对象建立模型并采用所述预测方法客观定量预测。

**基于环流指数预测子系统**:用于根据所述环流指数、指数变化和距平变化与预测对象建模模型并采用所述预测方法客观定量预测。

**基于 EOF 重构的预测子系统**:用于根据预测对象进行 EOF 分解,与所述环流指数、再分析场、多模式预测场等大尺度变量即扩展变量建立模型并客观定量化预测。

**基于再分析场和多模式预测产品的预测子系统**:用于根据大气、海洋再分析场、ECMWF、

CFS2、CSM 等多模式预测等大尺度变量及其扩展变量与预测对象建立模型，并采用所述预测方法客观定量预测。

**基于机器学习的趋势预测子系统：**用于根据所述环流指数、地面气象观测站资料以及再分析场、多模式预测产品等与预测对象采用包括决策树、随机森林、逻辑回归、支持向量机、岭回归、KNN 等算法建模并客观定量预测。

**基于 MJO 预测子系统：**用于根据 MJO 观测与模式预测变量与降水、高温过程建立模型并预测降温、降水过程。

**基于机器学习的延伸期预报子系统：**用于根据 DERF2.0 逐日模式预测变量与逐日降水、气温建立模型，并采用岭回归、相似度计算和聚类分析对强降水和强降温进行预测。

**智能推荐子系统：**用于根据评估方法对所述客观定量预测结果和超级集合、概率预报等再分析客观定量预测结果进行评估推荐得到最优预测。

**基于国家气候中心产品的可视化子系统：**用于对国家气候中心提供的气象干旱综合指数(MCI)的实况监测及预测产品；国家气候中心研发的延伸期—月尺度大气污染潜势气候预测系统输出的大气自净能力(ASI)，10 m 风速(WS10)，混合层高度(PBLH)，通风量(Hv)，降水(PRE)等要素从时间和空间两个方面来进行本地的可视化应用。

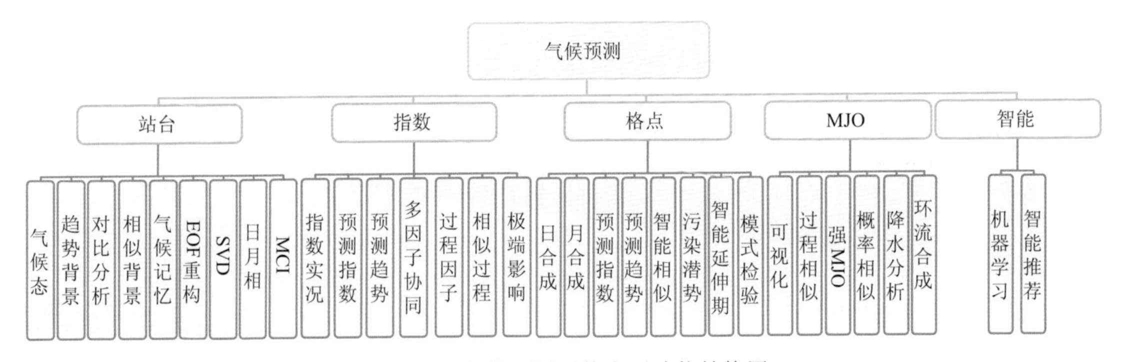


图 2.5.1　智能预测系统主要功能结构图

## 2.6　系统主要技术特点

系统开发采用 C/S 架构进行开发，如图 2.6.1 所示。它交互性强、具有安全的存取模式，同时也具有网络通信量低、响应速度快、利于处理大量数据的特点，每一个客户端均能实现绝大多数的业务逻辑和 UI 展示，具备业务和科研两方面的业务功能。

数据库采用 SQL-Server，系统开发采用 Delphi 和 Python 相结合。相关、合成等主要功能直接采用数据库实现，数据库的主要技术将在下一章进行介绍，下面主要介绍系统开发的主要技术特点。

**一平台多系统：**通过区域切换，系统全功能适配于全国、区域、流域、省级、地区以及县级甚至任意设定区域(只需设置配置文件和增加区域边界文件)，能相对完美地实现一个智能预测系统平台多个预测系统的目的。

**一系统多要素：**有别于大多数预测系统的预测对象局限于气温和降水的特征，系统的预测对象包括了日照、雨日、雾日、高温日、大雨开始期、旱涝急转等极端气候事件以及降温、降水等

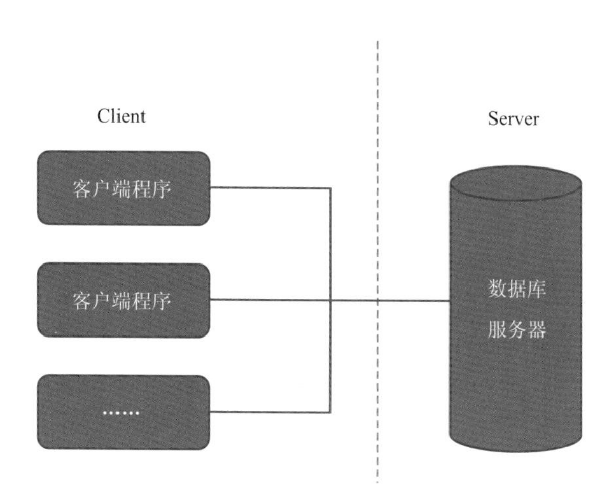


图 2.6.1 智能预测系统系统架构图

过程预报。

**一图形多类型**：实现在一个图形界面上进行柱状图、曲线图、分布图以及矢量图等多类型图形的叠加显示，有利于对预测信息的综合分析。

**一功能多模块**：系统不同模块针对图形的操作，包括标题、图例、色标的调取等，均集成在统一的图形操作功能中。

**一算法多变量**：无论是笔者原创的客观定量方法还是机器学习算法，均适用于系统中台站资料、指数、再分析资料以及多模式预测产品等变量及其扩展变量。

**一执行多结果**：实现客观定量预测的一键生成，将基于台站资料、指数、再分析资料以及多模式预测产品等变量及其扩展变量利用各种算法批量得到上万个客观化预测结果。

**一网格多缩放**：在智能预测推荐中，可自动匹配图形区域，实现最大 5 km 的网格缩放。

**一人用多人享**：系统将预测或分析模型自动保存在数据库中，不同客户端程序计算过的结果，其他客户端计算时均可自动调取，不但实现了成果共享，还极大提高了系统的运行效率。

**一业务多效益**：系统的评估推荐不只是局限于系统所提供的数据和方法，系统提供外接数据与预测结果的导入接口，实现智能评估业务的扩展应用。此外，系统中统计分析以及灾害统计等 SQL 实现的功能均直接将语句输出，实现在业务中融入对数据库的学习。

## 2.7 系统通用说明

目前系统所包括的各类数据的来源、分类方法以及算法等将在本节做统一说明，后面若无特别说明，则以此为准。

**预测区域**：系统默认有 4 个区域选择，分别是本省(区、市)、所在省(区、市)所归属的区域、所在省(区、市)所归属的流域以及全国。所选区域的分析对象除其中的国家地面气象观测站外，还包括其下一级行政区域或气候区域内的国家地面气象观测站的区域平均。后续系统的介绍默认以全国 160 站及各省市区平均为准。

**预测对象**：包括气温、降水、日照、雨日、小雨日、中雨日、大雨日、暴雨日、高温日、有照日、雾日、霾日、雷暴日、最高气温、最低气温、最大雨量、最强日照、大雨开始期、大雨结束期、旱涝急转、旱涝并存等。

环流指数的来源、分类及其具体含义见表 2.7.1。

表 2.7.1 环流指数来源及分类含义

| 来源(种类) | 含义 |
|---|---|
| 所有 | 包括 NCC142 项指数,421 项自建指数和 18 项模式指数 |
| NCC | 只用 NCC142 项指数作为自变量 |
| 非 NCC | 用 421 项自建指数和 18 项模式指数作为自变量 |
| 自建 | 只用 421 项自建指数作为自变量,"逐周"为 40 项海温、海冰和积雪指数 |
| 模式 | 只用月气候模式 ECMWF、CFS2 和 CSM 构建的 18 项模式指数作为自变量 |
| 外强迫 | 所有海温、海冰和积雪的指数 |
| 常规 | 常用的副高、东亚槽、印缅槽等 |
| 不分类 | 在因子筛选时只参照相关(同号)等数值的大小选择 |
| 限制因子数 | 在因子筛选时大气、海洋、冰雪、天气每个种类分别选择 5 项 |
| 异常因子 | 在因子筛选时根据因子标准化的大小进行选择 |
| 大气 | 在因子筛选时只选择大气类指数 |
| 海洋 | 在因子筛选时只选择海洋类指数 |
| 冰雪 | 在因子筛选时只选择冰雪类指数 |
| 天气 | 在因子筛选时只选择天气类指数 |

**再分析场**:月再分析资料包括 H100、H500、SLP、SST、OLR、U850、V850、UV850、U700、V700、UV700、U500、V500、UV500、U200、V200、UV200、ICEC;日再分析资料包括 SLP、H100、H500、U925、V925、U850、V850、U700、V700、U500、V500、U200、V200、U100、V100、U50、V50、U30、V30、OLR;周再分析资料包括 SST、ICEC。

**多模式预测场**:ECMWF、CFS2 和 BCC_CSM 的逐月预测资料包括 H500、T2M 和 RAIN 等变量场;DERF2.0 提供的逐日全要素预测资料。

**MJO**:包括澳大利亚的 MJO 逐日指数以及 ISV/MJO 监测和预测系统(IMPRESS2.1)的 MJO 预测数据。

**环流场扩展场**:系统包括原值场、距平场、时间场、经向场、纬向场,具体为再分析资料的原值、基于 1981—2010 年的距平值和根据 1.5.1 章节所介绍的方法做时间方向、经向、纬向的扩展值。

**预测方法**:方法简写见表 2.7.2,其中 * 表示采用不同的数据,命名规则见表 2.7.3。

表 2.7.2 系统中预测方法的简写及其描述

| 方法 | 描述 |
|---|---|
| TimeSeries_ACTA | 均生函数 |
| TimeSeries_ARMA | 滑动子回归 |
| *_XG_A | 异常因子相关区域匹配 |
| *_XG_B | 相关最好因子匹配预测 |

续表

| 方法 | 描述 |
| --- | --- |
| *_XG_D | 正负相关最好因子匹配预测 |
| *_XG_S | 显著相关因子匹配预测 |
| *_XG_W | 所有因子相关权重预测 |
| *_TH_A | 异常因子同号区域匹配 |
| *_TH_B | 同号率最好因子匹配预测 |
| *_TH_D | 正负同号率最好因子匹配预测 |
| *_TH_S | 同号显著因子匹配预测 |
| *_TH_W | 所有因子同号权重预测 |
| *_SS_A | 异常因子相关同号集成区域匹配 |
| *_SS_B | 相关同号集成最好因子匹配预测 |
| *_SS_D | 正负相关同号集成最好因子匹配预测 |
| *_SS_S | 相关同号集成显著因子匹配预测 |
| *_SS_W | 所有因子相关同号集成权重预测 |
| *_EOF_A | 异常因子的 EOF 重构 |
| *_EOF_S | 相关显著因子的 EOF 重构 |
| *_EOF_W | 所有因子的 EOF 重构 |
| *_Random | 随机森林 |
| *_SVM | 支持向量机(Support Vector Machine,SVM) |
| *_OSR | 最优子集 |
| *_QMNP | 非参数百分位 |
| *_KMeans | K-均值聚类算法(K-Means Clustering Algorithm) |
| *_PCA | 主成分分析(Principal Components Analysis,PCA) |
| *_Bayes *_Tree | 朴素贝叶斯分类(Nave Bayes)<br>决策树(Decision Tree) |
| *_ETree | 极端随机树(Extra Tree) |
| *_Adaboost | Adaboost 分类 |
| *_Bagging | Bagging 聚类 |
| *_GBRT | 渐进梯度回归树(Gradient Boost Regression Tree,GBRT) |
| *_KNN | K 最近邻分类算法(K-Nearest Neighbor,KNN) |
| *_Lasson | Lasson 回归 |
| *_Ridge | Ridge 回归 |
| MIX_* | 优势因子提取 |
| MUL_* | 融合(耦合) |

表 2.7.3 系统中预测方法中资料的简写形式及其命名规则

| 简写形式 | 命名规则 |
| --- | --- |
| CI_aa_b_m_yyyy1yyyy2_i | “aa”:BZ 或 TQ,分别表示标准时间和提前时间;“b”:C 或 T,分别表示合数的原值、变化;“m”:月份或者指数名称;“yyyy1yyyy2”:建模时段;“i”:是否跨年 |
| x_MON_aa_m_yyyy1yyyy2_i | “x”:再分析场物理量,如 H500;“aa”:原值(OV)、距平(JP)、时间变化(TM)、经向变化(IM)、纬向变化(IZ);“m”:月份;“yyyy1yyyy2”:建模时段;“i”:是否跨年 |
| m_x_b_m_yyyy1yyyy2_i | “m”:模式名,包括 ECMWF、CFS2、NCC;“x”:预报量,包括 H500、T2M、RAIN 等;“m”:月份;“yyyy1yyyy2”:建模时段;“i”:是否跨年 |
| C_TR_date1date2_x_yyyy1yyyy2_i | “date1date2”:自变量台站资料的起止时段;“x”:台站资料的要素,如气温距平、降水距平率等;“m”:月份;“yyyy1yyyy2”:建模时段;“i”:是否跨年 |

根据 1.4 节对智能气候预测的定义，系统后续将不断地在资料、算法和预测对象上进行扩充，因而系统将包括但不局限于上面所介绍的数据、预测对象和算法。

## 2.8 系统界面说明

点击系统执行文件，出现启动界面(图 2.8.1)。

图 2.8.1　智能气候预测系统启动界面

系统加载后，出现主界面如图 2.8.2 所示，菜单包括图形编辑、气候预测、预测工具、模式链接和其他五个功能模块以及隐形的数据预处理模块(图 2.8.3)。

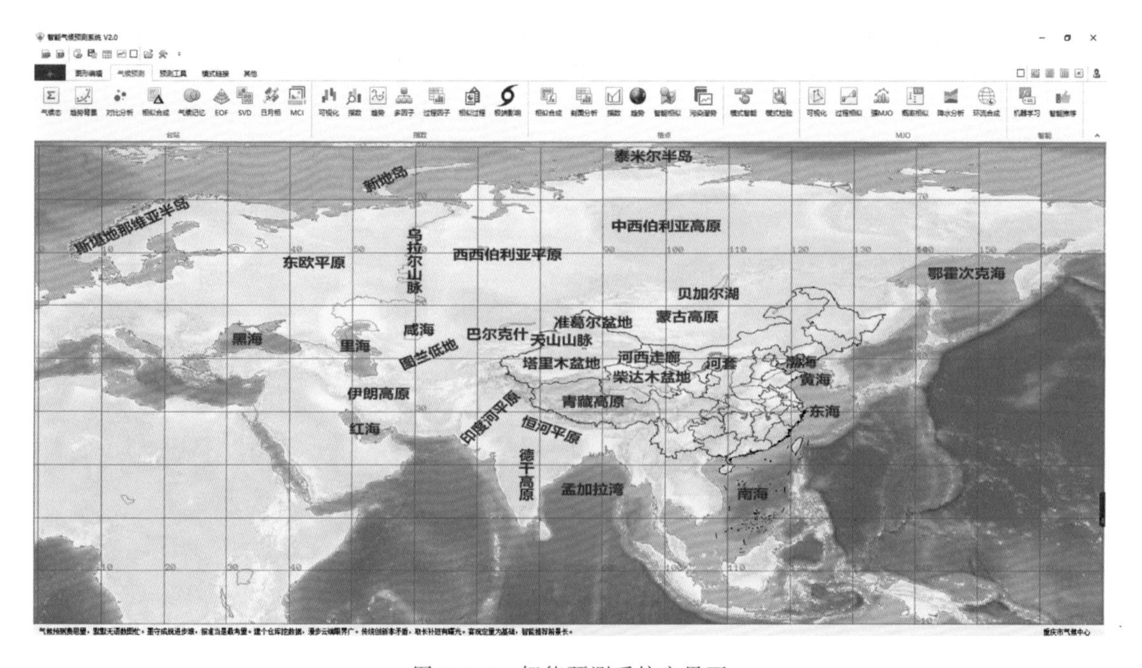


图 2.8.2　智能预测系统主界面

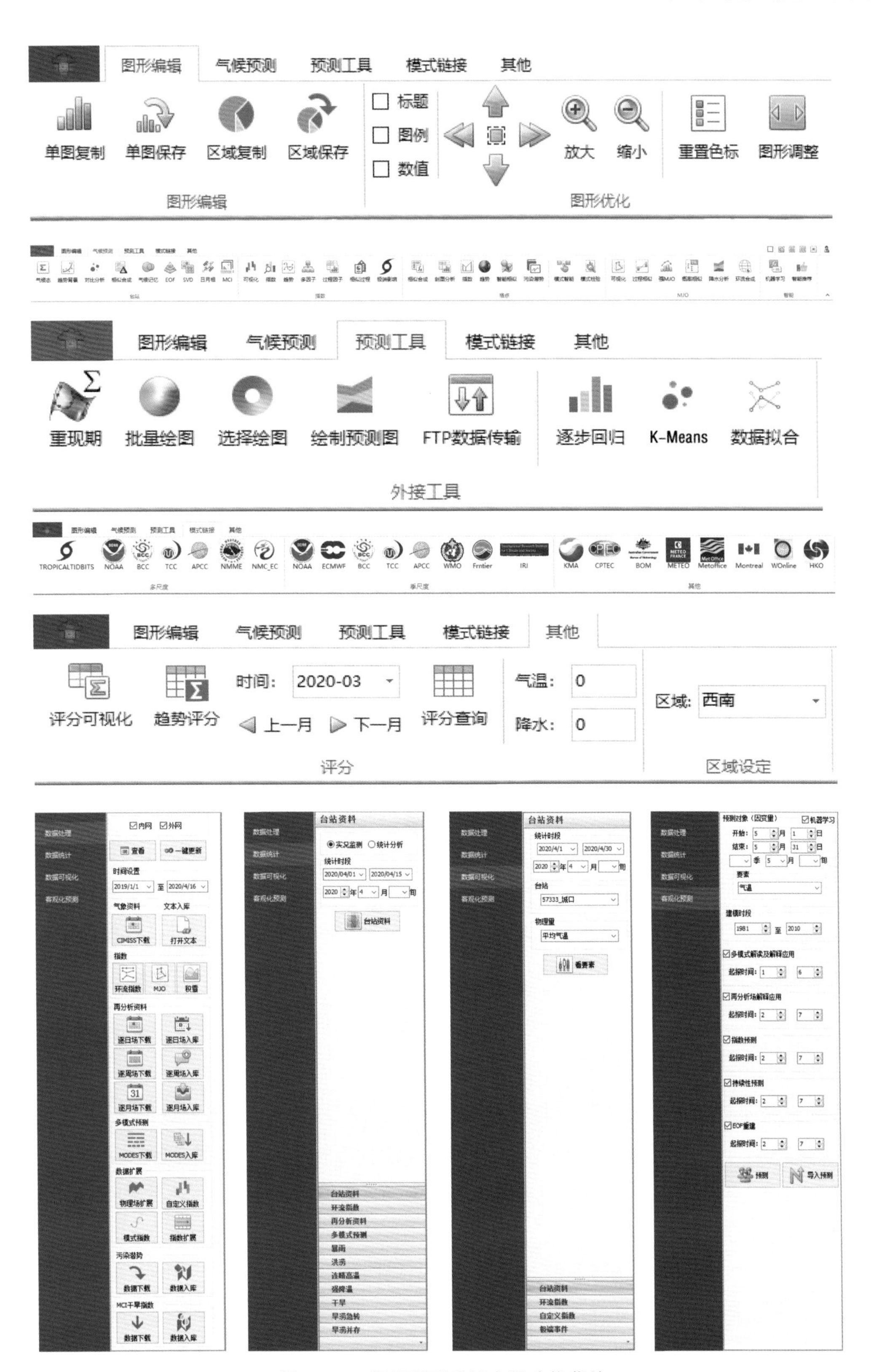


图 2.8.3　智能预测系统主要功能菜单

# 第 3 章　智能气候预测数据库

智能气候预测数据库是系统基础数据环境建设的重要内容，其主要功能是对该系统的基础数据进行存储、维护和管理，实现气候监测、预测、评估以及推荐等业务，是气候预测服务和能力提升的基础。

智能气候预测数据库的业务数据包括全国地面气象要素、指数资料、全球海洋和大气再分析资料、数值分析预报模式资料等原始数据，各类气象要素、气象灾害、气候事件等业务产品及其预测及评分资料，还有基于各类数据与预测对象的模型数据等。

## 3.1　设计策略

关系型数据库与各种系统应用相关的表、视图、序列等数据库的对象设计称为数据库应用设计，其中数据表的设计包括数据表、索引、约束等，以及在数据库中创建、维护这些数据库对象的方式等。数据库的建设主要秉承以下的原则：

(1)确保数据库管理系统的高可用性；

(2)优化数据表、查询语句等，以高效使用数据；

(3)配置数据库管理系统，为应用开发和数据库访问提供易于理解、方便使用的运行环境；

(4)设计数据库通用性强，应该具有一定的冗余性，能够根据业务和应用需求及底层运行环境的变化而灵活变化，避免在表中增加、修改字段名等操作导致原有系统的非正常运行。

系统的相关、相似、合成等主要功能通过视图、函数、存储过程等实现，以方便进行增减修改，也有利于根据需求进行再次开发。

## 3.2　主要数据对象清单

数据库中包括根据需求所定义的存储气候基础数据、环流指数、环流场以及实现相似、相关、合成等功能的数据库表、视图、函数、存储结果，据不完全统计，目前智能预测数据库有原始数据和结果表 33630 个、视图 385 个、存储过程 208 个、表值函数 152 个、标量值函数 27 个，内容众多，这里不一一赘述，仅节选部分对象的清单见表 3.2.1。

表 3.2.1　数据库主要数据对象清单(节选)

| 名称 | 类型 | 简述 |
| --- | --- | --- |
| 台站 | 表 | 台站信息表 |
| SURF_CHN_MUL_DAY | 表 | 全国地面气象要素，其余 MUL_DAY、MUL_DAY_BS、MUL_RG 分别存储本地、流域和区域的地面气象要素 |

续表

| 名称 | 类型 | 简述 |
| --- | --- | --- |
| NCC_INDEX | 表 | NCC 推送的 142 项环流指数，其余 B_INDEX、M_INDEX 分别是根据再分析资料和模式预测产品得到的环流指数 |
| NCEP_DAY | 表 | 逐日的再分析数据，其余 MJO_DAY，OLR_DAY 分别是 MJO、OLR 的逐日数据 |
| NCEP_MON | 表 | 逐月的再分析数据，其余 SST_MON、ICEC_MON、OLR_MON 分别是海温、海冰以及 OLR 的月再分析资料 |
| MDL_ECMWF | 表 | ECMWF 的月预测数据；其余 MDL_JMA_CPS2、MDL_NCC_CSM、MDL_NCEP_CFS2、MDL_UKMO_GLOSEA5 分别是不同模式的预测产品 |
| X_TR_MM1DD1MM2DD2 | 表 | MM1DD1-MM2DD2 时段内的地面要素统计表，X 位置表示区域代码，其中 F 代表本地，C 代表全国，R 代表区域，B 代表流域 |
| X_TR_MM1DD1MM2DD2_FST | 表 | 历年 MM1DD1-MM2DD2 时段内各种方法本地气温降水预测表，X 的意义同上 |
| XSTA_SCORE | 表 | 历年不同时间各种方法的预测评分，XSTA 表示不同区域，包括：台站，全国台站，区域台站，流域台站 |
| BECN_MSCTF | 表 | 历年月季预测报文 |
| X_RAINDATE_250 | 表 | 大雨开始期、结束期等数据，X 的意义同上。同类型的表还包括 X_Dis_Drought、X_Dis_RainStorm、X X_Dis_TMaxContinu、X_Dis_Flood、X_Dis_LDFAI、X_Dis_DFCI，等分别存储不同灾害性天气和气候事件数据 |
| X_RainDate_250_大雨开始期_FST | 表 | 历年各种方法的大雨开始期预测表，X 的意义同上，其余灾害性天气和气候事件的预测表类似命名 |
| X_RainDate_250_大雨开始期_SCORE | 表 | 历年各种方法的大雨开始期预测得分，X 的意义同上，其余灾害性天气和气候事件的预测表类似命名 |
| MName_VName_sMon_fMon_F_TR_MM1DD1MM2DD2_YYYY1YYYY2_i_CORR | 表 | 模式预测预测对象的相关信息，其中 MName 表示模式名称，VName 表示模式预报量的名称，sMon 表示起报月，fMon 表示预报月，MM1DD1 是预测对象的开始时间，MM2DD2 是结束时间，YYYY1 是相关计算的开始年，YYYY2 是相关计算的结束年，i 表示是否跨年 |
| X1_TR_mm1dd1mm2dd2_X2_TR_MM1DD1MM2DD2_YYYY1YYYY2_i_CORR | 表 | X1 区域 mm1dd1-mm2dd2 时段的地面气象要素与 X2 区域 MM1DD1-MM2DD2 时段的地面气象要素的相关信息，其中，X1，X2 同前 X，YYYY1、YYYY2 以及 i 同前相应部分 |
| CI_XX_Y_MM_R_X_TR_MM1DD1MM2DD2_YYYY1YYYY2_i_CORR | 表 | XX 包括“BZ”和“TQ”两种，分别表示标准时间和提前时间；Y 有“C”“T”“A”三种表述，分别表示指数的原值、变化以及距平变化。MM 表示指数的月份，R 表示指数来源和种类，其余代码同上 |
| VName_MON_CSty_MM_X_TR_MM1DD1MM2DD2_YYYY1YYYY2_i_CORR | 表 | VName 表示再分析要素物理量，如：H500、SLP 等；CSty 表示观测值以及扩展值，包括“JP”“OV”“TM”“IM”“IZ”；MM 表示再分析场的时间；其余代码同上 |
| B_CINAME | 视图 | 自动根据再分析资料生成指数，CINAME 表示环流指数名字，英文简写表示 140 项中有的指数，中文名称的表示 140 项中没有的指数。B_CINAME_DA，表示对应日数据 |

续表

| 名称 | 类型 | 简述 |
|---|---|---|
| BECN_SCORE | 视图 | 自动根据报文得到月、季的 $Ps$ 和 $Cc$ 评分 |
| V_大雨期 | 视图 | 自动根据地面资料获取历年大雨开始期和结束期 |
| f_Corr | 函数 | 计算相关系数 |
| F_YCDX_DAY | 函数 | 统计任意时段地面气象要素 |
| F_TMaxContinu | 函数 | 统计连晴高温 |
| F_RainDate | 函数 | 统计连续降水 |
| F_CIR_FIELD_SIMILAR | 函数 | 再分析场的相似度计算 |
| F_CIR_INDEX_TR_CORR | 函数 | 环流指数与地面要素的相关和符号一致率计算 |
| F_MDL2STA | 函数 | 模式数据直接插值到站点 |
| F_概率统计 | 函数 | 日月相、公农历的降温降雨概率统计 |
| F_MJO_RAIN | 函数 | 统计任意时段不同强度 MJO 位相下的降水概率 |
| P_CI_DIS_CORR | 存储过程 | 环流指数与气候事件的相关性分析 |
| P_DFCI | 存储过程 | 计算旱涝并存指数 |
| P_CI2TR_SIG | 存储过程 | 用每个环流指数针对预测对象建模并客观定量预测 |
| P_CF_SIMILAR_MIX | 存储过程 | 多场融合下的环流相似 |
| P_CF_TR_MUL | 存储过程 | 多场融合下再分析场针对预测对象建模并客观定量预测 |
| P_OBJ_TR_MUL | 存储过程 | 多气象要素优势因子提取后针对预测对象建模并客观定量预测 |
| P_GetBESTDY | 存储过程 | 集合预报、概率预报的计算 |
| P_GetSCORE | 存储过程 | 对指定预测时段的预测效果进行评估 |

## 3.3 主要数据表结构说明(节选)

### 3.3.1 台站

包括 STATION、CHINA_STATION、BASIN_STATION、REGIONAL_STATION 等，分别存储本地、全国、流域和区域台站信息(表 3.3.1)。

表 3.3.1 台站信息

| 字段名 | 类型 | 描述 |
|---|---|---|
| Sta_Name | varchar(50) | 站名 |
| Sta_Num | int | 站号 |
| longitude | float | 经度 |
| latitude | float | 纬度 |
| Zone | varchar(50) | 区域 |
| Climate_Zone | varchar(50) | 气候区 |

### 3.3.2 地面气象资料

包括 SURF_CHN_MUL_DAY、MUL_DAY、MUL_DAY_RG 和 MUL_DAY_BS，分别存储全国、本地、区域和流域地面气象资料（表 3.3.2）。

表 3.3.2 地面气象资料

| 字段名 | 类型 | 描述 |
|---|---|---|
| Sta_Num | int | 站号 |
| xDateTime | date | 日期 |
| T | float | 平均气温 |
| TMax | float | 最高气温 |
| TMin | float | 最低气温 |
| R1h | float | 1 小时最大雨量 |
| R20 | float | [20-20]时降水量 |
| R08 | float | [08-08]时降水量 |
| FAvg | float | 平均风速 |
| FMax | float | 最大风速 |
| SSH | float | 海平面高度 |
| Fog | float | 是否有雾 |
| Haze | float | 是否有霾 |
| Thund | float | 是否有雷暴 |
| GSS | float | 是否有积雪 |
| GaWIN | float | 是否有大风 |
| iDate | varchar(5) | 日期(MM-DD) |

### 3.3.3 环流指数

包括 NCC_INDEX、M_INDEX 等，分别用于存储来自国家气候中心、自定义再分析资料和根据模式产品得到的环流指数（表 3.3.3）。

表 3.3.3 环流指数

| 字段名 | 类型 | 描述 |
|---|---|---|
| Yer | int | 年 |
| Mon | int | 月 |
| CI_Name | varchar(500) | 指数名称 |
| CI | float | 指数值 |

### 3.3.4 日再分析资料

包括 NCEP_DAY 和 OLR_DAY，用于存储基本的逐日再分析资料。下表为 NCEP_DAY 的结果说明（表 3.3.4）。

表 3.3.4　NCEP_DAY 日再分析资料说明

| 字段名 | 类型 | 描述 |
| --- | --- | --- |
| xDate | date | 日期 |
| Longitude | float | 经度 |
| Latitude | float | 纬度 |
| SLP | float | 海平面气压 |
| H100 | float | 100 hPa 位势高度 |
| H500 | float | 500 hPa 位势高度 |
| U925 | float | 925 hPa 纬向风 |
| V925 | float | 925 hPa 经向风 |
| U850 | float | 850 hPa 纬向风 |
| V850 | float | 850 hPa 经向风 |
| U700 | float | 700 hPa 纬向风 |
| V700 | float | 700 hPa 经向风 |
| U500 | float | 500 hPa 纬向风 |
| V500 | float | 500 hPa 经向风 |
| U200 | float | 200 hPa 纬向风 |
| V200 | float | 200 hPa 经向风 |
| U100 | float | 100 hPa 纬向风 |
| V100 | float | 100 hPa 经向风 |
| U50 | float | 50 hPa 纬向风 |
| V50 | float | 50 hPa 经向风 |
| U30 | float | 30 hPa 纬向风 |
| V30 | float | 30 hPa 经向风 |

### 3.3.5　月再分析资料

包括 NCEP_MON、SST_MON、ICEC_MON 等，分别存储基础的逐月再分析资料、海温、海冰等逐月再分析资料，下表为 NCEP_MON 的数据结构(表 3.3.5)。

表 3.3.5　NCEP_MON 月再分析资料说明

| 字段名 | 类型 | 描述 |
| --- | --- | --- |
| Yer | int | 年 |
| Mon | int | 月 |
| Level | int | 高度 |
| Longitude | float | 经度 |
| Latitude | float | 纬度 |
| air | float | 气温 |
| hgt | float | 位势高度 |
| uwnd | float | 纬向风 |
| vwnd | float | 经向风 |

续表

| 字段名 | 类型 | 描述 |
| --- | --- | --- |
| wspd | float | 风速 |
| pottmp | float | 位温 |
| omega | float | 垂直速度 |
| shum | float | 比湿 |
| rhum | float | 相对湿度 |

### 3.3.6　模式预测产品

包括 MDL_ECMWF、MDL_NCEP_CFS2、MDL_NCC_CSM、MDL_JMA_CPS、MDL_UKMO_GLOSEA 分别存储 ECMWF、NCEP、NCC、JMA 和 UKMO 的逐月模式预测产品(表 3.3.6)。

表 3.3.6　逐月模式预测产品字段说明

| 字段名 | 类型 | 描述 |
| --- | --- | --- |
| F_DateTime | date | 起报时间 |
| Yer | int | 年 |
| Mon | int | 月 |
| Longitude | float | 经度 |
| Latitude | float | 纬度 |
| h200 | float | 200 hPa 位势高度 |
| h500 | float | 500 hPa 位势高度 |
| precsfc | float | 降水量 |
| slp | float | 海平面气压 |
| t2m | float | 2 m 气温 |
| t850 | float | 850 hPa 气温 |
| u200 | float | 200 hPa 纬向风 |
| u850 | float | 850 hPa 纬向风 |
| v200 | float | 200 hPa 经向风 |
| v850 | float | 850 hPa 经向风 |

### 3.3.7　地面气象要素统计表

表名如 X_TR_MM1DD1MM2DD2,其具体含义在 3.2 节中已有介绍,用于存储任意时段不同区域的地面气象要素(表 3.3.7)。

表 3.3.7　地面气象要素字段说明

| 字段名 | 类型 | 描述 |
| --- | --- | --- |
| Sta_Num | varchar(20) | 站号 |
| Yer | int | 年 |
| T | numeric(10,1) | 气温 |

续表

| 字段名 | 类型 | 描述 |
| --- | --- | --- |
| T_Ano | numeric(10,1) | 气温距平 |
| T_Lev | varchar(8) | 气温等级 |
| R | numeric(10,1) | 降水量 |
| R_Ano | numeric(10,1) | 降水距平 |
| R_AnoR | numeric(10,1) | 降水距平率 |
| R_Lev | varchar(8) | 降水等级 |
| T_Two | varchar(2) | 气温二分 |
| R_Two | varchar(2) | 降水二分 |
| RainDay_0 | numeric(10,1) | 无雨日 |
| RainDay_0_Ano | numeric(10,1) | 无雨日距平 |
| RainDay_1 | numeric(10,1) | 雨日 |
| RainDay_1_Ano | numeric(10,1) | 雨日距平 |
| RainDay_L | numeric(10,1) | 小雨日 |
| RainDay_L_Ano | numeric(10,1) | 小雨日距平 |
| RainDay_m | numeric(10,1) | 中雨日 |
| RainDay_m_Ano | numeric(10,1) | 中雨日距平 |
| RainDay_h | numeric(10,1) | 大雨日 |
| RainDay_h_Ano | numeric(10,1) | 大雨日距平 |
| RainDay_s | numeric(10,1) | 暴雨日 |
| RainDay_s_Ano | numeric(10,1) | 暴雨日距平 |
| RainMax | numeric(10,1) | 最大雨量 |
| RainMax_Ano | numeric(10,1) | 最大雨量距平 |
| HighTDay | numeric(10,1) | 高温日 |
| HighTDay_Ano | numeric(10,1) | 高温日距平 |
| TMax | numeric(10,1) | 最高气温 |
| TMax_Ano | numeric(10,1) | 最高气温距平 |
| TMin | numeric(10,1) | 最低气温 |
| TMin_Ano | numeric(10,1) | 最低气温距平 |
| S | numeric(10,1) | 日照 |
| S_Ano | numeric(10,1) | 日照距平 |
| S_AnoR | numeric(10,1) | 日照距平率 |
| S_Lev | varchar(8) | 日照等级 |
| SDay_y | numeric(10,1) | 有照日 |
| SDay_y_Ano | numeric(10,1) | 有照日距平 |
| SMax | numeric(10,1) | 最强日照 |
| SMax_Ano | numeric(10,1) | 最强日照距平 |
| FogDay | numeric(10,1) | 雾日 |

续表

| 字段名 | 类型 | 描述 |
| --- | --- | --- |
| FogDay_Ano | numeric(10,1) | 雾日距平 |
| HazeDay | numeric(10,1) | 霾日 |
| HazeDay_Ano | numeric(10,1) | 霾日距平 |
| ThundDay | numeric(10,1) | 雷暴日 |
| ThundDay_Ano | numeric(10,1) | 雷暴日距平 |

### 3.3.8 趋势预测

表名如 X_TR_MM1DD1MM2DD2_FST，具体含义在 3.2 节中已有介绍，用于存储系统中所有通过客观化方法得到的任意时段、不同区域的气温和降水的预测及实况数据(表 3.3.8)。

表 3.3.8 趋势预测字段说明

| 字段名 | 类型 | 描述 |
| --- | --- | --- |
| FstWay | varchar(100) | 预测方法 |
| Sta_Num | varchar(20) | 站号 |
| Yer | int | 年 |
| TDy | float | 气温距平预测值 |
| RDy | float | 降水距平率预测值 |
| T_Ano | numeric(10,1) | 气温距平 |
| R_AnoR | numeric(10,1) | 降水距平率 |

### 3.3.9 趋势得分

表名如 XSTATION_SCORE，具体含义在 3.2 节中已有介绍，用于存储系统中所有通过客观化方法得到的所有时段的气温和降水的 $Ps$、$Cc$、$RMSE$、$PC$ 等评分信息(表 3.3.9)。

表 3.3.9 趋势得分字段说明

| 字段名 | 类型 | 描述 |
| --- | --- | --- |
| FstWay | varchar(100) | 预测方法 |
| Yer | int | 年 |
| FstTime | varchar(8) | 预测时段 |
| TPs | numeric(5,1) | 气温的 $Ps$ 评分 |
| T1Ps | numeric(5,1) | 气温按一级异常的 $Ps$ 评分 |
| T2Ps | numeric(5,1) | 气温按二级异常的 $Ps$ 评分 |
| RPs | numeric(5,1) | 降水的 $Ps$ 评分 |
| R1Ps | numeric(5,1) | 降水按一级异常的 $Ps$ 评分 |
| R2Ps | numeric(5,1) | 降水按二级异常的 $Ps$ 评分 |
| TCc | numeric(5,2) | 气温的 $Cc$ 评分 |
| RCc | numeric(5,2) | 降水的 $Cc$ 评分 |
| TRMSE | numeric(10,2) | 气温的均方根误差 |

续表

| 字段名 | 类型 | 描述 |
|---|---|---|
| RRMSE | numeric(10,2) | 降水的均方根误差 |
| TPC | numeric(5,1) | 气温的一致率 |
| RPC | numeric(5,1) | 降水的一致率 |
| N | int | 预测台站个数 |

### 3.3.10 模式与对象相关信息

表名如 MName_VName_sMon_fMon_F_TR_MM1DD1MM2DD2_YYYY1YYYY2_i_CORR,具体含义在 3.2 节中已有介绍,用于存储系统中模式预测产品与预测对象的相关信息(表 3.3.10)。

表 3.3.10 模式预测对象字段信息

| 字段名 | 类型 | 描述 |
|---|---|---|
| Sta_Num | varchar(20) | 站号 |
| Mon | int | 月 |
| Longitude | float | 经度 |
| Latitude | float | 纬度 |
| T_XG | numeric(5,2) | 气温相关系数 |
| T_TZ | numeric(5,2) | 气温同正率 |
| T_FZ | numeric(5,2) | 气温负正率 |
| T_TH | numeric(5,2) | 气温同号率 |
| R_XG | numeric(5,2) | 降水相关系数 |
| R_TZ | numeric(5,2) | 降水同正率 |
| R_FZ | numeric(5,2) | 降水负正率 |
| R_TH | numeric(5,2) | 降水同号率 |

## 3.4 主要函数、存储过程(节选)

### 3.4.1 地面气象要素统计

函数名:F_YCDX_DAY(@StartDate,@EndDate),X 用于统计输出任意时段的地面气象要素的平均值、距平值等。

输入参数,见表 3.4.1。

表 3.4.1 地面气象要素统计函数输入参数说明

| 参数 | 类型 | 说明 |
|---|---|---|
| @StartDate | varchar(5) | 开始时间,格式为"MM-DD" |
| @EndDate | varchar(5) | 结束时间,格式为"MM-DD" |

输出内容，见表3.4.2。

表3.4.2 地面气象要素统计函数输出内容说明

| 字段名 | 类型 |
|---|---|
| 站号 | varchar(10) |
| 年 | int |
| 气温 | numeric(7,1) |
| 气温距平 | numeric(7,1) |
| 气温等级 | varchar(20) |
| 降水量 | numeric(7,1) |
| 降水距平 | numeric(7,1) |
| 降水距平率 | numeric(7,1) |
| 降水等级 | varchar(20) |
| 雨日 | numeric(7,1) |
| 雨日距平 | numeric(7,1) |
| 最大雨量 | numeric(7,1) |
| 最大雨量距平 | numeric(7,1) |
| 气温二分 | varchar(10) |
| 降水二分 | varchar(10) |

## 3.4.2 环流指数统计

函数名：F_CIR_INDEX(@Sty,@Std,@Mon)，用于统计输出任意月、季节尺度的包括所有来源的指数、距平及标准化值。

输入参数，见表3.4.3。

表3.4.3 环流指数统计函数输入参数说明

| 参数 | 类型 | 说明 |
|---|---|---|
| @Sty | varchar(2) | 选择时间方式，“BZ”or“TQ”分别表示@Mon还是@Mon当月到提前11个月 |
| @Std | varchar(1) | 选择数据方式，“C”or“T”or“A”分别表示是采用指数值、时间变化还是距平变化 |
| @Mon | int | 选择指数月份，1—12为月，13表示年，14—17表示冬、春、夏、秋 |

输出内容，见表3.4.4。

表3.4.4 环流指数统计函数输出内容

| 字段名 | 类型 |
|---|---|
| 原年 | int |
| 年 | int |
| 月 | int |
| 名称 | varchar(200) |
| 指数 | float |
| 距平 | float |
| 标准化 | float |

### 3.4.3 月再分析资料统计

函数名:F_CIR_FIELD(@cir. name,@Sty,@Month),用于统计输出月再分析资料的原值、距平及扩展数据。

输入参数,见表 3.4.5。

表 3.4.5 月再分析装料统计函数输入参数说明

| 参数 | 类型 | 说明 |
| --- | --- | --- |
| @cir_name | varchar(10) | 再分析资料的要素名,H500,SLP,SST,U850… |
| @Sty | varchar(2) | 选择数据方式,OV、JP、IT、IZ、IM 分别代表原值、距平、时间变化、经向、纬向 |
| @Month | int | 选择环流场月份,1—12 为月,13 表示年,14—17 表示冬、春、夏、秋 |

输出内容,见表 3.4.6。

表 3.4.6 月再分析资料统计函数输出内容说明

| 字段名 | 类型 |
| --- | --- |
| 年 | int |
| 月 | int |
| 经度 | float |
| 纬度 | float |
| CIR | numeric(8,3) |

### 3.4.4 持续日数统计

包括函数有 F_TMaxContinu、F_TMinConinu、CI_Coninu 等,用于统计输出某种持续特征的时段及最强特征值。以 F_TMaxContinu 为例,函数名:F_TMaxContinu(@TMax,@Days),用于统计持续高温的情况。

输入参数,见表 3.4.7。

表 3.4.7 持续日数统计函数输入参数说明

| 参数 | 类型 | 说明 |
| --- | --- | --- |
| @TMax | float | 高温阈值 |
| @Days | int | 达到高温阈值的最低持续天数 |

输出内容,见表 3.4.8。

表 3.4.8 持续日数统计函数输出内容说明

| 字段名 | 类型 |
| --- | --- |
| 站号 | int |
| 开始日期 | date |
| 结束日期 | date |
| 持续天数 | float |
| 最高气温日 | date |
| 最高气温 | float |

### 3.4.5 格点相似度统计

函数名:F_CIR_FIELD_SIMILAR(@c_name,@c_sty,@Year,@Month,@JDMin,@JDMax,@WdMin,@WdMax),用于统计输出任意再分析资料及其扩展资料在选定区域的相似度。

输入参数,见表3.4.9。

表3.4.9 格点相似度统计函数输入参数说明

| 参数 | 类型 | 说明 |
|---|---|---|
| @c_name | varchar(10)='H500' | 再分析资料的要素名 |
| @c_sty | varchar(2)='JP' | 选择数据方式,OV、JP、IT、IZ、IM分别代表原值、距平、时间变化、经向、纬向 |
| @Year | int | 场所选择年份 |
| @Month | int | 选择场月份,1—12为月,13表示年,14—17表示冬、春、夏、秋 |
| @JDMin | float | 寻求相似区域的最小经度 |
| @JDMax | float | 最大经度 |
| @WdMin | float | 最小纬度 |
| @WdMax | float | 最大纬度 |

输出内容,见表3.4.10。

表3.4.10 格点相似度统计函数输出内容说明

| 字段名 | 类型 |
|---|---|
| 年 | int |
| 月 | int |
| 相似系数 | float |
| 相似比例 | float |
| 相关系数 | float |
| 相似自定义 | float |

### 3.4.6 MJO的降水影响统计

函数名:F_MJO_RAIN(@Startdate,@Enddate,@StartYear,@EndYear,@aDays,@amplitude),用于统计输出任意时段任意强度MJO的不同位相影响同期或后期的降水情况。

输入参数,见表3.4.11。

表3.4.11 MJO的降水影响统计函数输入参数说明

| 参数 | 类型 | 说明 |
|---|---|---|
| @Startdate | varchar(5) | MJO统计的开始日期 |
| @Enddate | varchar(5) | MJO统计的结束日期 |
| @StartYear | int | 建模开始年 |
| @EndYear | int | 建模结束年 |
| @aDays | int | MJO日期与降水日期的间隔 |
| @amplitude | float | MJO强度 |

输出内容,见表 3.4.12。

表 3.4.12 MJO 的降水影响统计函数输出内容说明

| 字段名 | 类型 |
|---|---|
| 站号 | int |
| Phase | int |
| AFTERDAYS | int |
| 降水概率 | float |

## 3.4.7 指数与预测对象相关统计

存储过程名:P_CI_DIS_CORR(@CITB,@ObjTB,@Var,@StartYear,@EndYear,@tq),用于统计输出环流指数与任意预测对象的相关系数等信息。

输入参数,见表 3.4.13。

表 3.4.13 指数与预测对象相关统计存储过程输入参数说明

| 参数 | 类型 | 说明 |
|---|---|---|
| @CITB | varchar(50) | 指数数据表 |
| @ObjTB | varchar(50) | 预测对象的数据表 |
| @Var | varchar(50) | 预测要素 |
| @StartYear | int | 建模开始年 |
| @EndYear | int | 建模结束年 |
| @tq | int | 指数与要素是否跨年 |

输出内容,见表 3.4.14。

表 3.4.14 指数与预测对象相关统计存储过程输出内容说明

| 字段名 | 类型 |
|---|---|
| 站号 | varchar(20) |
| 月 | int |
| 经度 | float |
| 纬度 | float |
| XG | numeric(5,2) |
| TZ | numeric(5,1) |
| FZ | numeric(5,1) |
| TH | numeric(5,1) |
| 个例 | int |

## 3.4.8 旱涝转折

存储过程名:P_LDFAI(@Zone,@sDate1,@eDate1,@sDate2,@eDate2,@tq),用于统计输出任意两个时段的旱涝转折信息。

输入参数,见表 3.4.15。

表 3.4.15 旱涝转折存储过程输入参数说明

| 参数 | 类型 | 说明 |
|---|---|---|
| @Zone | varchar(10) | 区域选择 |
| @sDate1 | varchar(5) | 旱涝转折第一个时段的开始时间 |

续表

| 参数 | 类型 | 说明 |
|---|---|---|
| @eDate1 | varchar(5) | 旱涝转折第一个时段的结束时间 |
| @sDate2 | varchar(5) | 旱涝转折第二个时段的开始时间 |
| @eDate2 | varchar(5) | 旱涝转折第二个时段的结束时间 |
| @tq | int | 第一个时段是否和第二个时段在同一年 |

输出内容，见表3.4.16。

表3.4.16 旱涝转折存储过程输出内容说明

| 字段名 | 类型 |
|---|---|
| 站号 | varchar(20) |
| 年 | int |
| R1 | float |
| R2 | float |
| LDFAI | float |

### 3.4.9 指数预测趋势

存储过程名：P_CI2TR_SIG(@CITB,@ObjTB,@StartYear,@EndYear,@tq)，用于统计输出所有单一的环流指数与预测对象的相关性及回归预测信息。

输入参数，见表3.4.17。

表3.4.17 指数与预测对象相关统计存储过程输入参数说明

| 参数 | 类型 | 说明 |
|---|---|---|
| @CITB | varchar(50) | 指数数据表 |
| @ObjTB | varchar(50) | 预测对象表 |
| @StartYear | varchar(5) | 建模开始年 |
| @EndYear | varchar(5) | 建模结束年 |
| @tq | int | 指数与对象是否跨年 |

输出内容：

相关信息输出到相关类表、预测内容输出到相应预测表、检验信息输出到相应测评估表。

### 3.4.10 多场融合相似

存储过程名：P_CF_SIMILAR_MIX(@MixCF)，用于统计输出不同时段、不同类型或者不同要素的多个场融合进行的相似度计算。

输入参数，见表3.4.18。

表3.4.18 多场融合相似存储过程输入参数说明

| 参数 | 类型 | 说明 |
|---|---|---|
| @MixCF | varchar(max) | 多个物理场的信息，规则如下方式：<br>H500_MON_JP_04_075115_015055_2019，<br>H500_MON_JP_05_075115_015055_2019，<br>H500_MON_JP_06_075115_015055_2019，<br>不同场之间用逗号间隔，可以包括不同要素、不同时间、不同类型、不同区域范围及不同年份，但如果多个场的年份不一致，则以最后一个场年份为最大 |

输出内容,见表 3.4.19。

表 3.4.19 多场融合相似存储过程输出内容说明

| 字段名 | 类型 |
|---|---|
| 对象 | varchar(20) |
| 年 | int |
| 月 | float |
| sEu | float |
| sXiang | float |
| sXg | float |
| 自定义 | float |

## 3.5 数据预处理

**“数据预处理”**是系统运行的基础,所需要资料包括 NCEP 逐日、逐周、逐月的再分析资料;MODES 提供的 ECMWF、CFS2、CSM 模式预测资料;基础气象数据(气温、降水);MJO 实况数据(采用澳大利亚指数)和模式预测资料(采用 NCC 的智能预测); NCC 提供的 142 项环流指数以及积雪指数。

系统数据模块中的“数据处理”“数据统计”“数据可视化”“客观化预测”四个部分,可对以上数据进行处理。

### 3.5.1 数据处理

**“数据处理”**部分主要是下载系统所需的各类数据并对其进行入库和预处理。各类数据包括全国台站数据,环流指数,MJO 指数以及日、周、月再分析资料,MODES 提供下载的 ECMWF、CFS2 和 CSM 模式数据。

“查看”是将系统基础数据的最新资料信息输出到信息窗口。

“一键更新”是基于数据处理的复杂度,自动将数据处理部分的所有操作一键集成,实现所有数据的更新、扩展。

“CIMISS”下载是通过中国气象局 CIMISS 气象数据统一服务接口(MUSIC,Meteorological Unified Service Interface Community)取得全国的基础地面气象资料。

“环流指数”“MJO”“积雪”等是自动下载国家气候中心的 130 项环流指数、澳大利亚的 MJO 指数以及 ISV/MJO 监测和预测系统(IMPRESS2.1)的 MJO 预测数据、RUTGERS UNIVERSITY GLOBAL SNOW LAB 提供的逐月和逐周的积雪指数。

“再分析资料”是下载系统所需的最新的日、月、周的 NCEP 再分析资料,入库操作是自动根据预测数据库中的时间进行补充添加。

“多模式预测”是下载 MODES 所提供的 ECMWF、CFS2 和 CSM 模式预测数据并将其提取导入数据库中。

“物理场扩展”将再分析资料扩展为“距平场”“时间场”“经向场”“纬向场”。

“自定义指数”为时间更新的逐月、逐周和逐日的自定义的环流指数。

“模式指数”根据 ECMWF、CFS2 和 CSM 预测数据自动生成西太平洋副热带高压、印缅槽等主要环流指数的预测值。

“指数扩展”为“标准化”“距平”和“时间变化”。

污染潜势和 MCI 干旱指数的“数据下载”和“数据入库”分别是从国家气候中心下载得到，也被导入数据库中。

操作时，当任意一个按钮操作完毕，会有相应信息输出到信息窗口。除再分析资料的数据更新外，其余操作的数据时间取决于时间设置。如果选择的时间在数据库中已有对应数据，则会删除原有数据再入库，这样可以保证减少 CIMISS 数据在初次入库时可能存在错误数据的问题(图 3.5.1)。

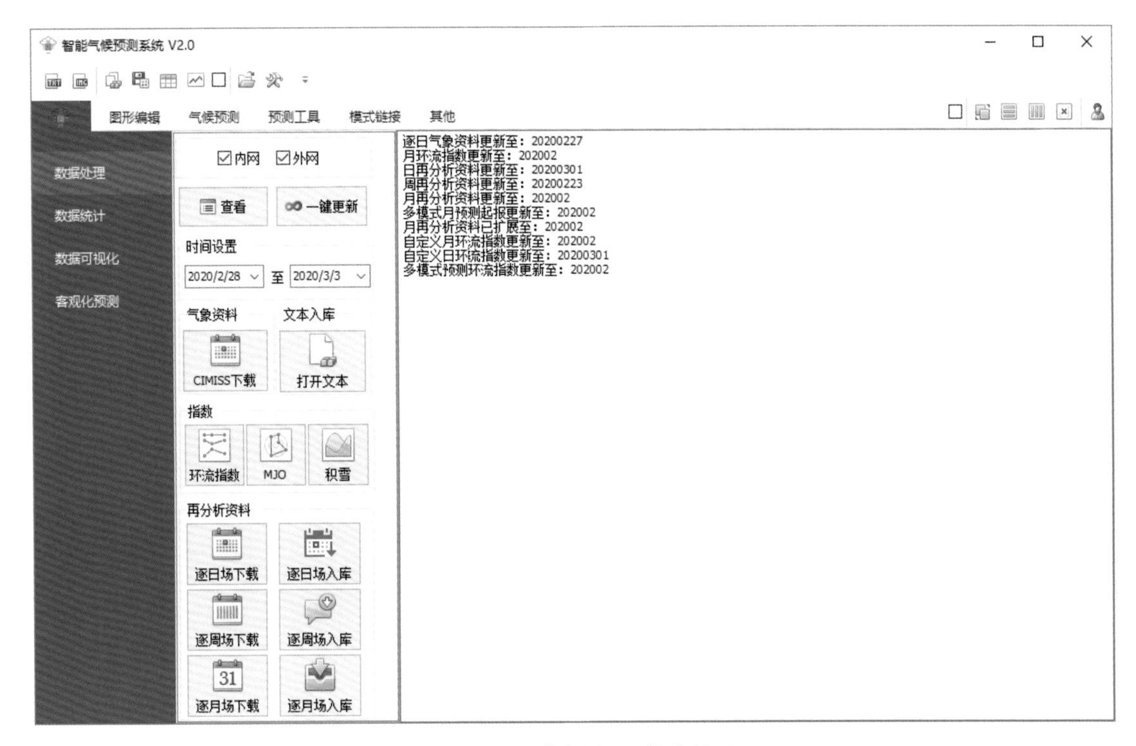


图 3.5.1 “数据处理”操作界面

### 3.5.2 数据统计

**“数据统计”**部分主要内容如下：任意时段的台站统计资料；逐日、逐月的环流指数；逐日、逐月的再分析的距平、时间变化、纬向变化、经向变化数据；不同起报月的 ECMWF、CFS2、CSM 的月 H500、T2M 和 RAIN 数据；暴雨、洪涝、连晴高温、强降温、干旱、旱涝急转、旱涝并存等气候事件的统计。

“台站资料”包括实况监测和统计分析数据统计。“实况监测”是对区域内所有台站的地面气象资料按日期顺序输出(图 3.5.2)；“统计分析”则是区域内所有台站的地面气象资料按统计时段的统计值输出(图 3.5.3)。

“环流指数”包括逐月和逐日的环流指数的查询输出，指数的来源或类型都可以自主选择。图 3.5.4 表示了来自国家气候中心的 2019 年 1—7 月的逐月的 130 项环流指数及距平值。

“再分析资料”和“多模式预测”则是统计输出的再分析资料和模式预测的网格数据。图 3.5.5 表示了 ECMWF 在 2019 年 8 月起报得到的 2019 年 10 月的气温预测。

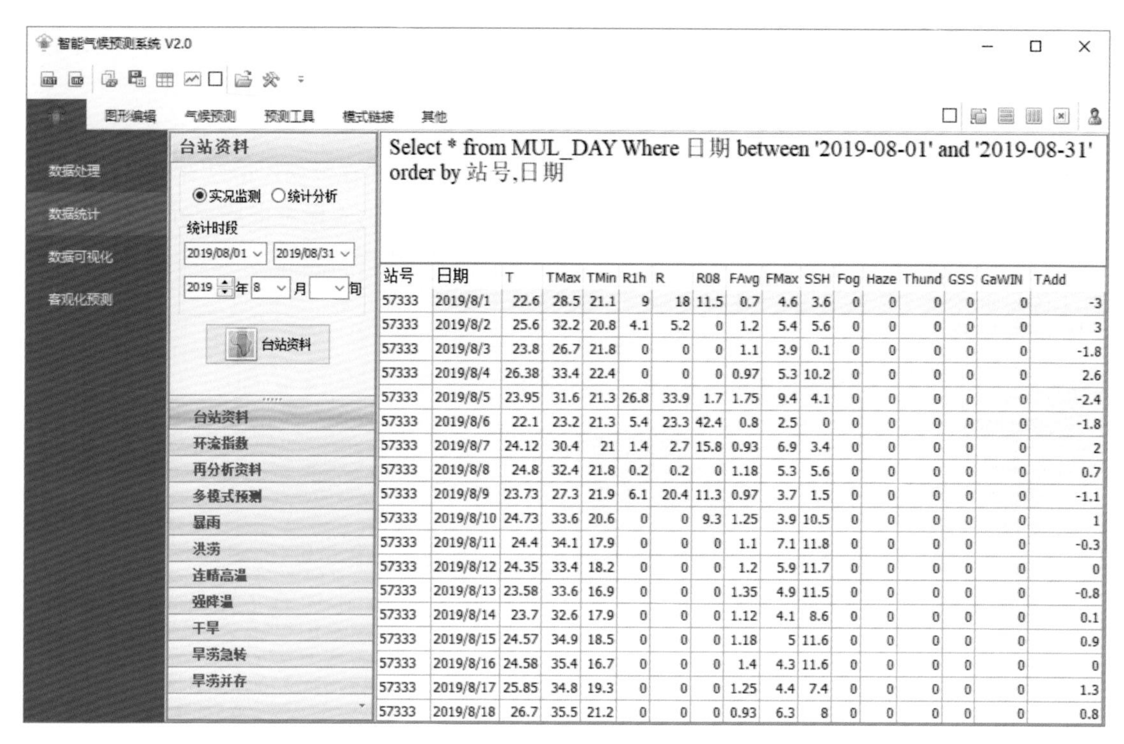


图 3.5.2 “数据统计”中“台站资料”的实况监测

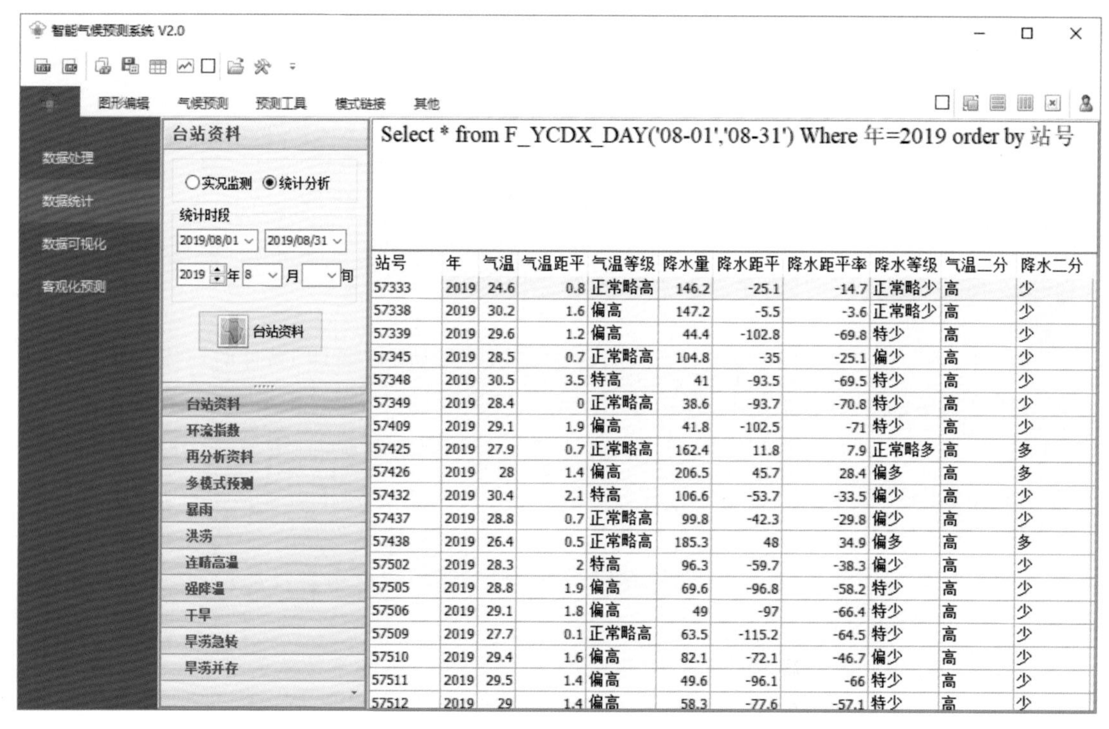


图 3.5.3 “数据统计”中“台站资料”的统计分析

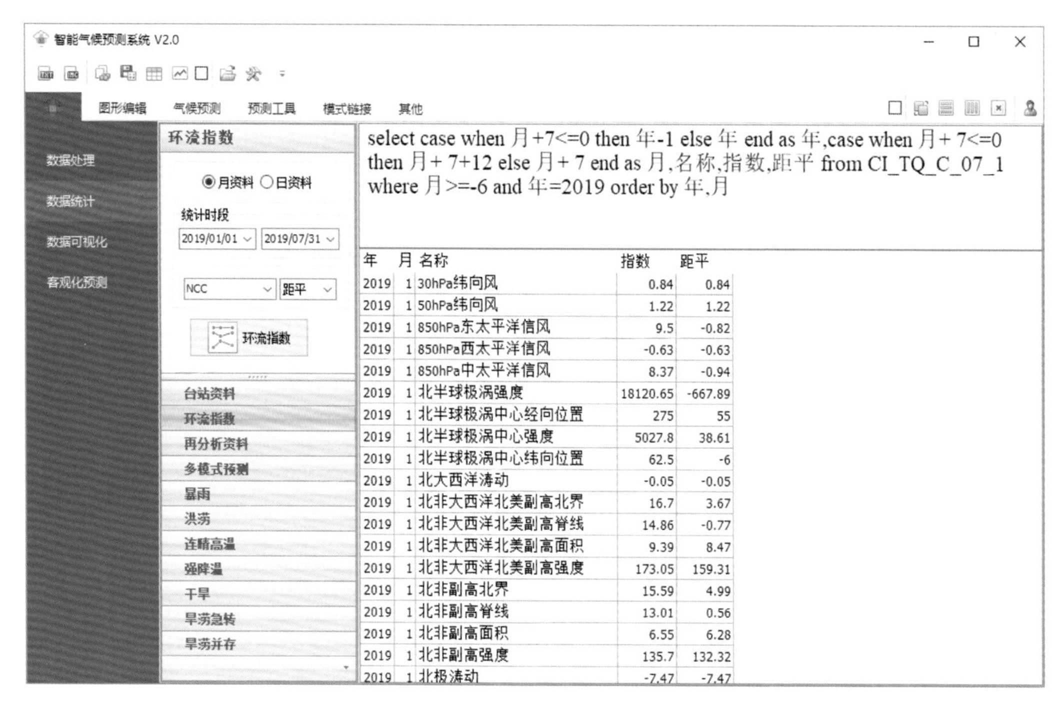


图 3.5.4 “数据统计”中“环流指数”的逐月指数

图 3.5.5 “数据统计”中“多模式预测”的网格数据

“暴雨”“洪涝”“连晴高温”“强降温”“干旱”“旱涝急转”和“旱涝并存”是按气候事件的标准输出在统计时段内所得到的事件。图 3.5.6 是 2019 年 1 月到 8 月重庆市的连晴高温的统计输出，内容包括了开始日期、结束日期、持续天数以及最高气温及对应的日期。

从以上的操作界面可知，数据统计的可视化部分包括了 SQL 语句以及输出数据。如果按

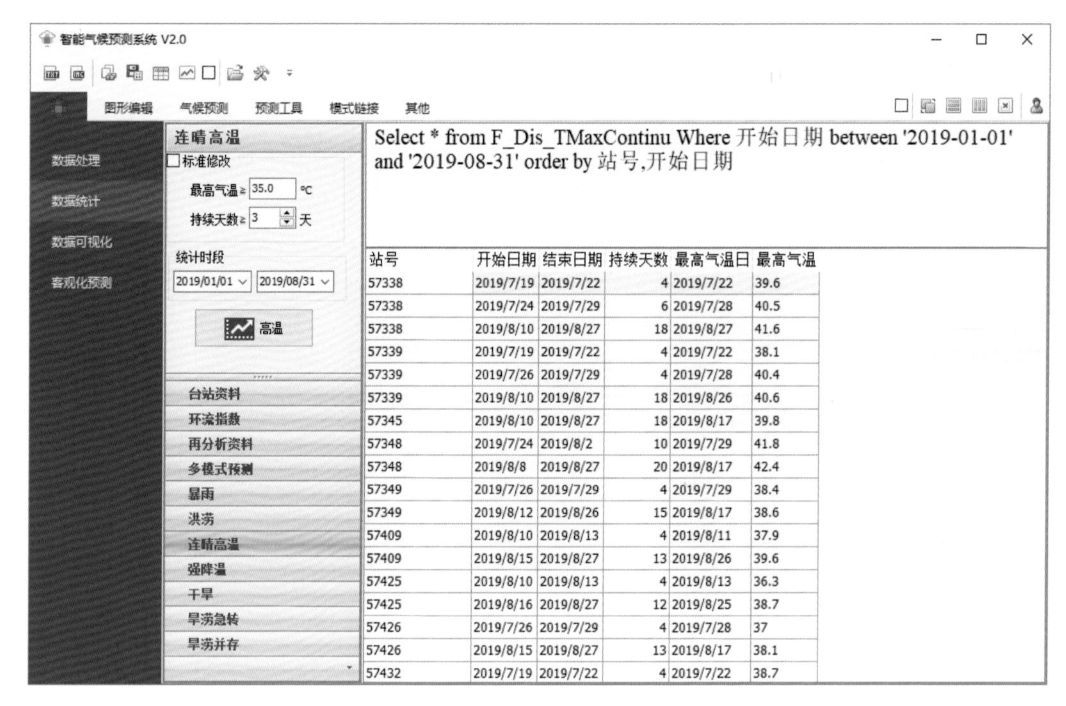


图 3.5.6 “数据统计”中“连晴高温”的统计输出

照相应按钮进行操作，则自动生成 SQL 语句；如果对数据库以及 SQL 比较熟悉，也可以自己编写 SQL 语句或者通过操作快捷菜单上的“📂”打开已有的语句，然后执行快捷菜单上的“🛠”。图 3.5.7 是统计输出的四川省国家地面气象观测站的相关信息。

图 3.5.7 “数据统计”中“编写语句”的统计输出

需要说明的是，可对系统中数据表格的任意列进行条件筛选、排序等操作，排序直接点击列名即可，筛选点击列名中"▽"，如图 3.5.8 所示。

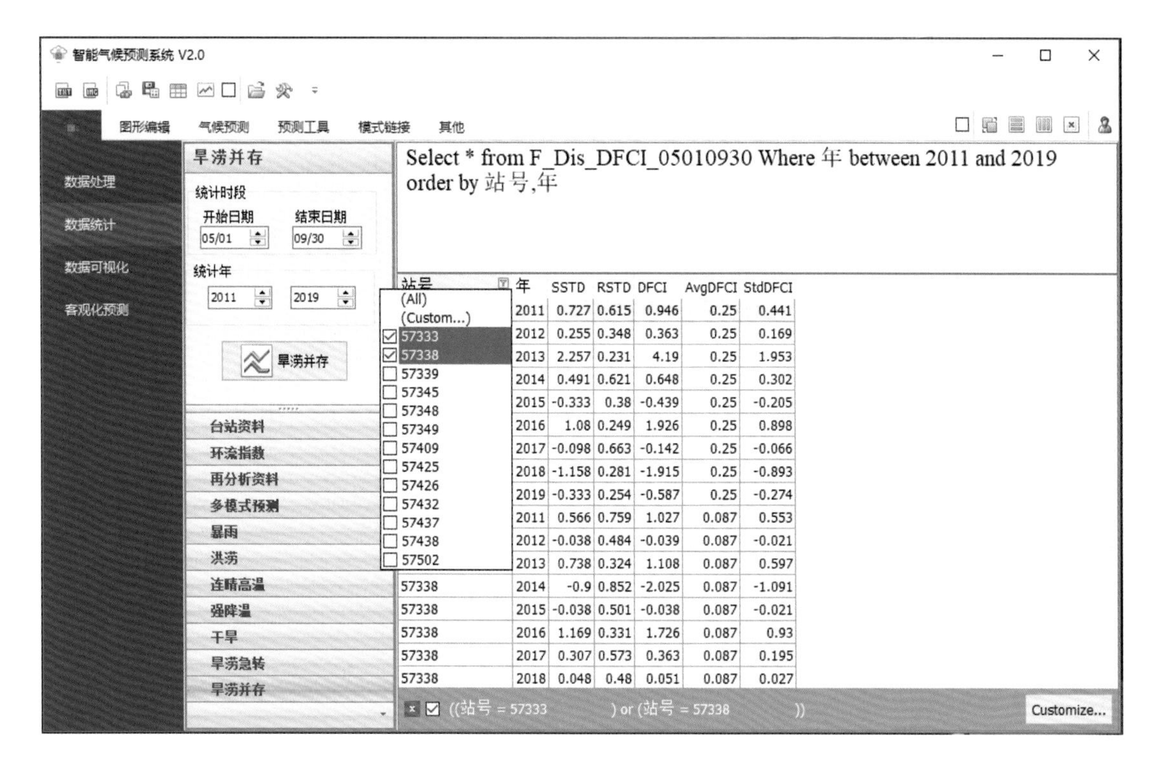


图 3.5.8 "数据统计"中"表格筛选"的统计输出

## 3.5.3 数据可视化

**"数据可视化"**模块主要内容是：对各台站逐日的气温、最高气温、最低气温、降水量、日照和逐日、逐月的环流指数的演变及历史箱线图的可视化；自定义月环流指数的统计及可视化；高温、低温、强降温、暴雨、干旱等气候事件的可视化。

"环流指数"是对所选择的台站、时段以及物理量进行可视化显示(图 3.5.9、图 3.5.10)。当对所选择的环流指数进行可视化显示时，可分为逐日和逐月两种方式(图 3.5.11、图 3.5.12)。

"自定义指数"可自主选择多个(最多 4 个)格点场的任意区域以不同权重进行基础的加减乘除操作，构建用户自定义的指数(图 3.5.13)并进行可视化显示。

"极端事件"根据需要对任意台站和任意时段的暴雨、洪涝、高温等进行组合可视化显示(图 3.5.14、图 3.5.15)。

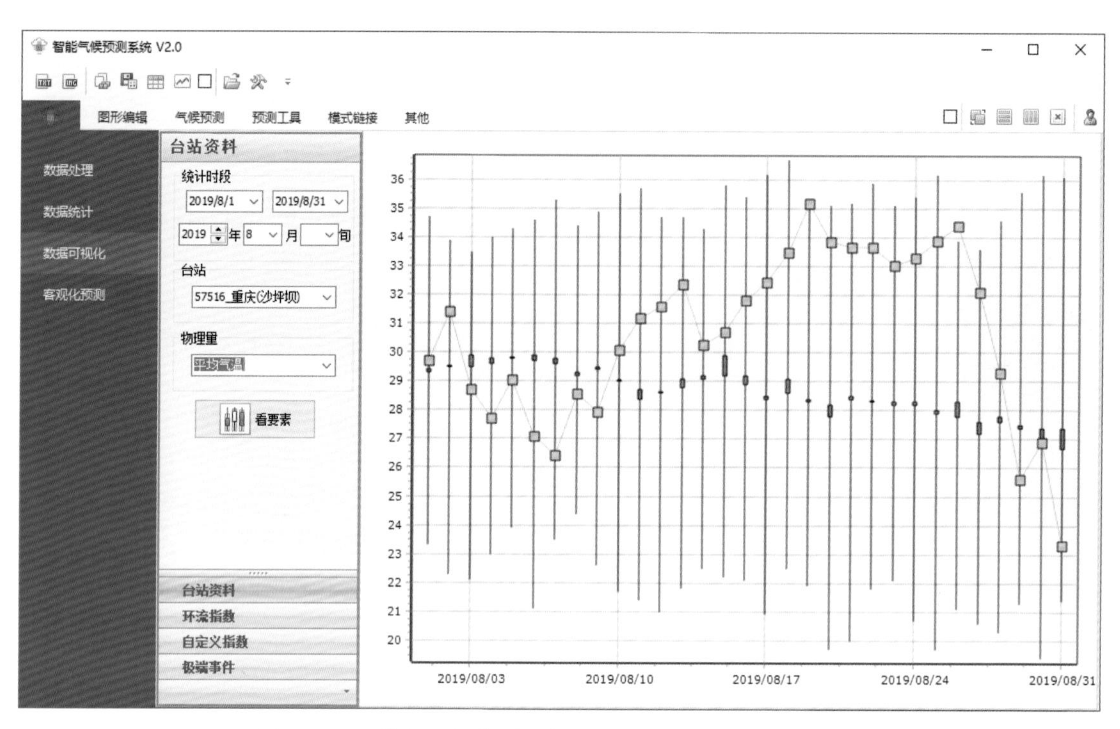


图 3.5.9 “数据可视化”中“台站资料”的“平均气温”可视化

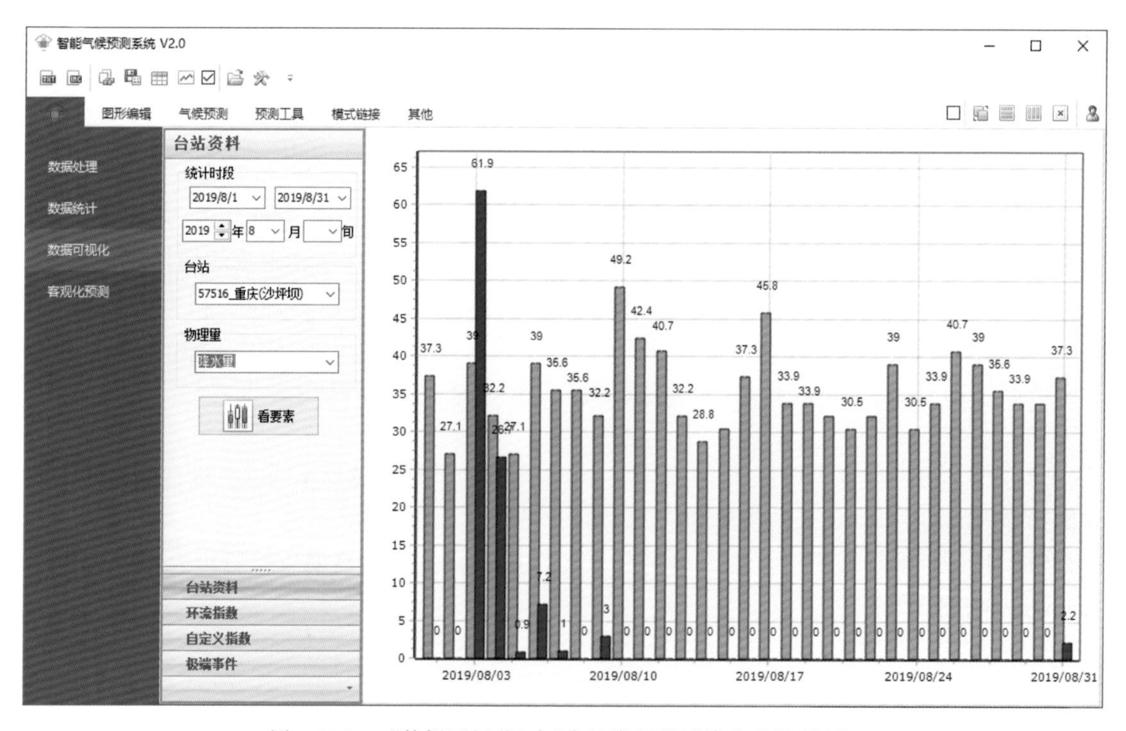


图 3.5.10 “数据可视化”中“台站资料”的“降水量”可视化

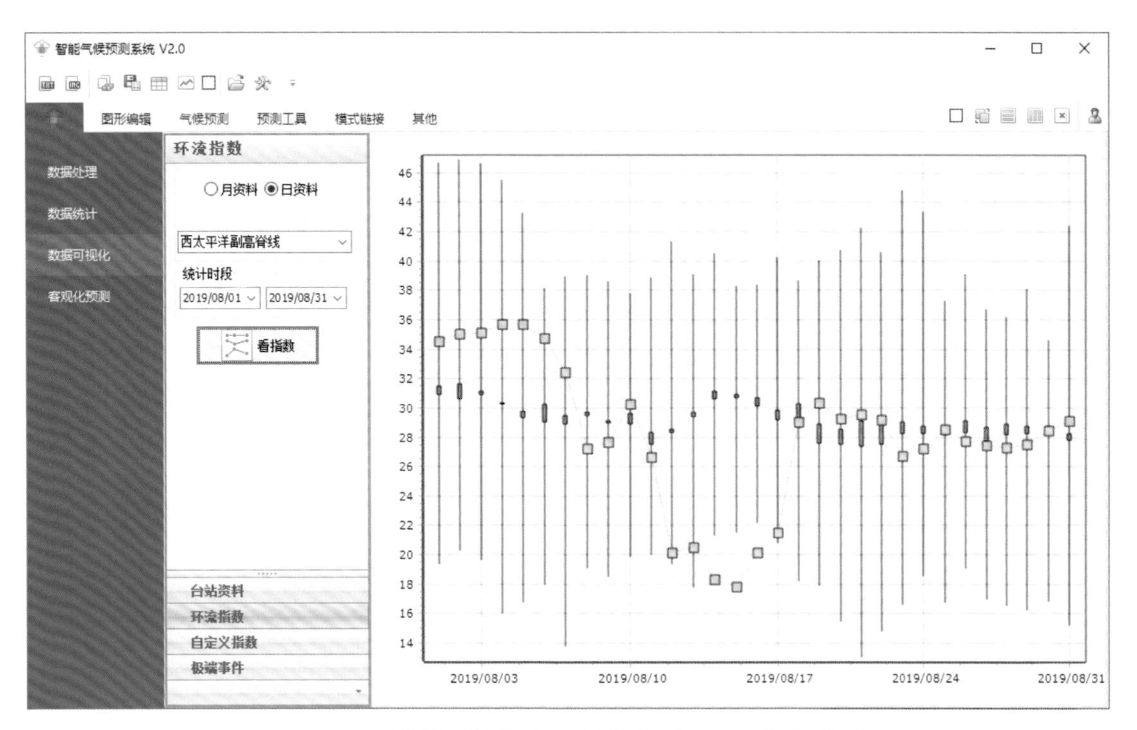


图 3.5.11 “数据可视化”中“环流指数”的日环流指数可视化

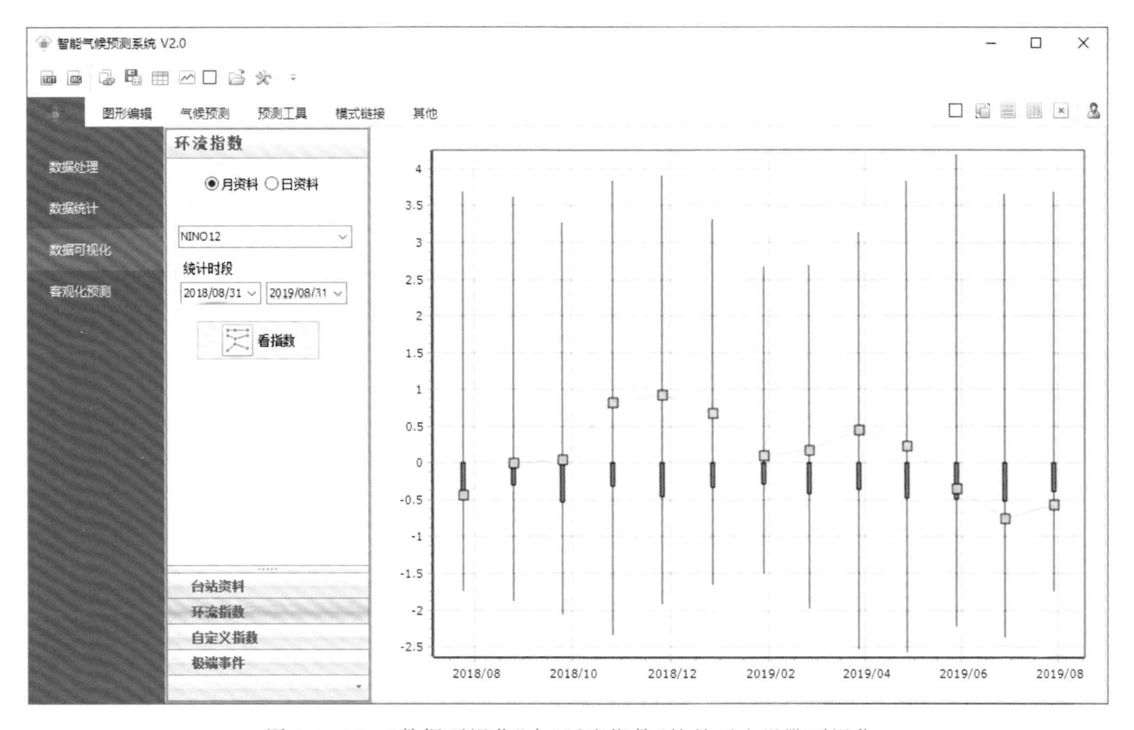


图 3.5.12 “数据可视化”中“环流指数”的月环流指数可视化

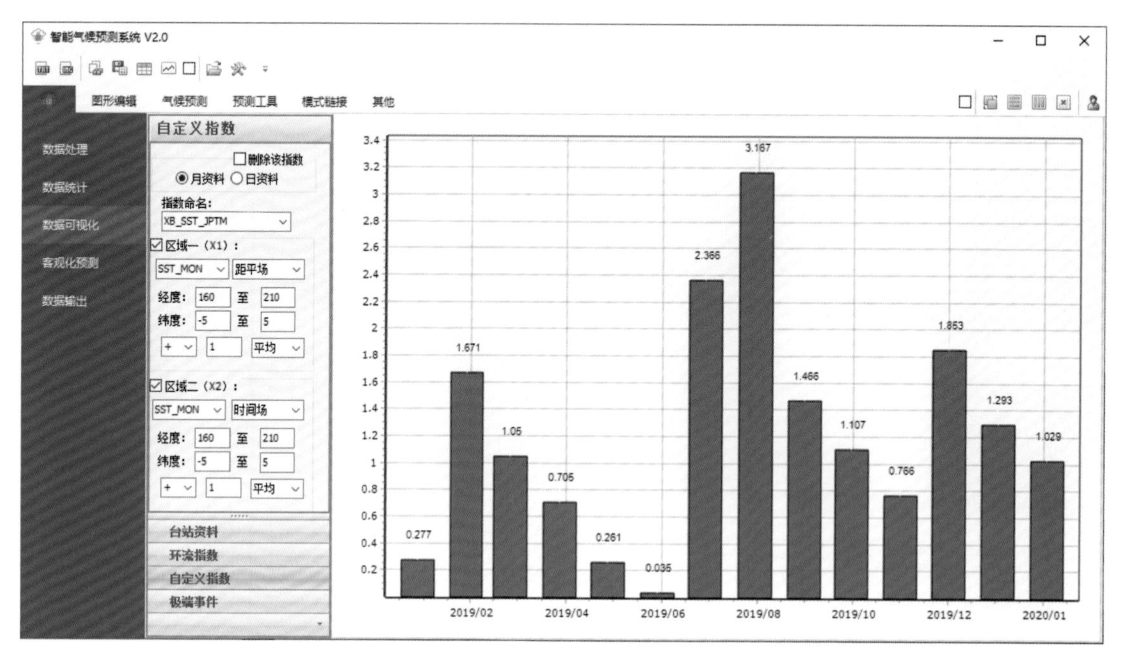


图 3.5.13 “数据可视化”中“自定义指数”的可视化

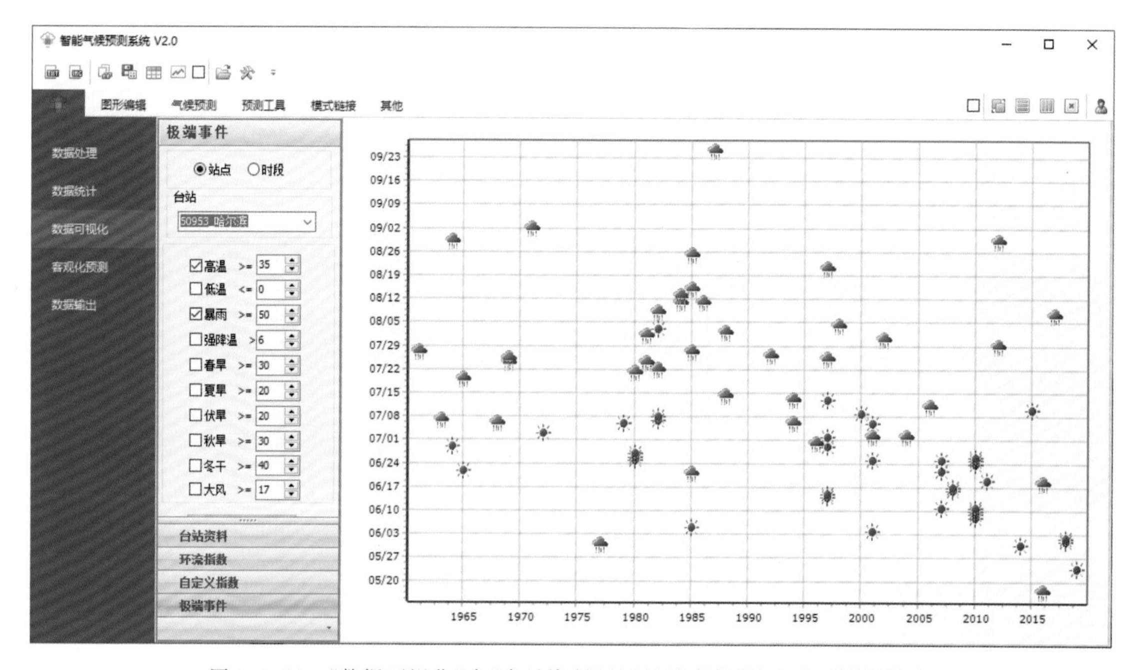


图 3.5.14 “数据可视化”中“台站资料”的“极端事件”站点的可视化输出

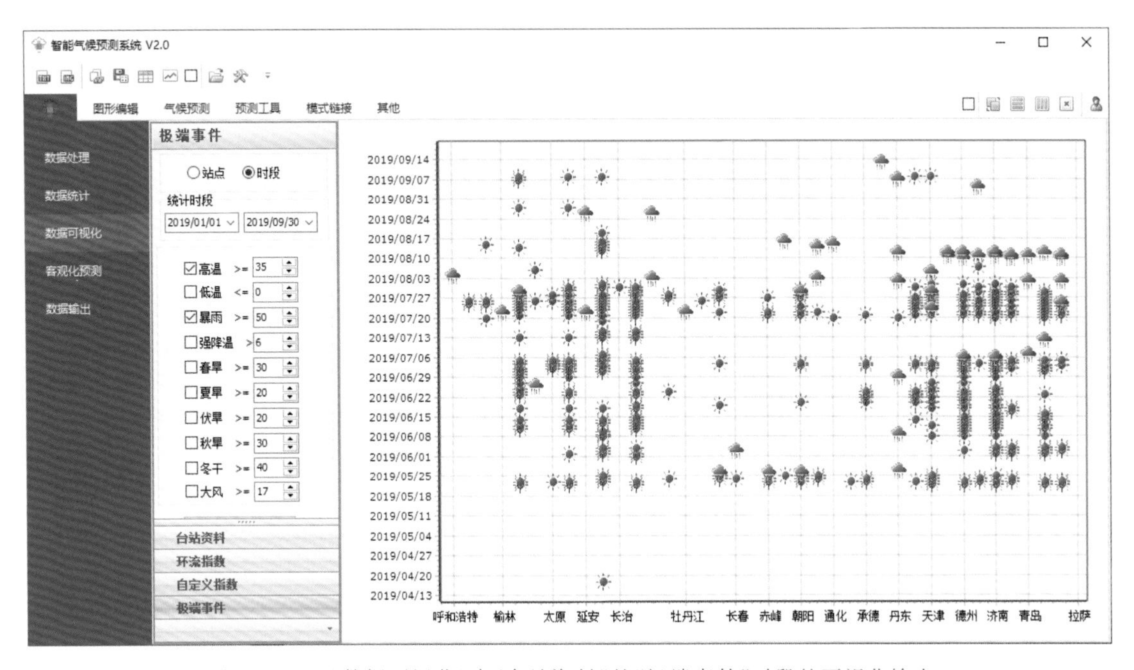


图 3.5.15 “数据可视化”中“台站资料”的“极端事件”时段的可视化输出

## 3.5.4 客观化预测

**“客观化预测”**模块主要通过对多模式的解读及解释应用、对再分析场的解释应用、对环流指数的解释应用、对前期天气的持续性解释应用、EOF 重构等方式对任意时间的气温、降水、日照、雨日、极端高温、大雨开始期、伏旱开始期等要素进行客观化预测，同时导入其他方式得到的预测以备后续评估和智能推荐。导入数据以空格或者 Tab 分隔，包括“方法台站年气温预测值降水预测值”等 5 列，不需要列名，如图 3.5.16 所示。

导入文件示例.txt - 记事本

文件(F) 编辑(E) 格式(O) 查看(V) 帮助(H)

| | | | | |
|---|---|---|---|---|
| DL | 57333 | 1961 | -2.2 | -63.5 |
| DL | 57333 | 1962 | -0.8 | -37.7 |
| DL | 57333 | 1963 | -1.3 | -67.1 |
| DL | 57333 | 1964 | 1.4 | 172.7 |
| DL | 57333 | 1965 | 0.4 | -39.9 |
| DL | 57333 | 1966 | 0.8 | -82.8 |
| DL | 57333 | 1967 | -3.6 | -67.8 |
| DL | 57333 | 1968 | -0.7 | -69.9 |
| DL | 57333 | 1969 | -1.3 | 3.1 |
| DL | 57333 | 1970 | -1.5 | 16 |
| DL | 57333 | 1971 | 0.4 | -100 |
| DL | 57333 | 1972 | -0.8 | 18.1 |
| DL | 57333 | 1973 | -1 | -39.9 |
| DL | 57333 | 1974 | -0.8 | 65.4 |
| DL | 57333 | 1975 | 0.7 | -85 |
| DL | 57333 | 1976 | 0.2 | 100 |

第 21 行，第 1 列 100% Windows (CRLF) UTF-8

图 3.5.16 “客观化预测”中“导入预测”的文件示例

## 3.6 数据图形编辑

“**数据图形编辑**”是针对系统中所有的数据和图形进行保存、复制操作，对标题、图例进行编辑、可视化，对色标进行调整，对图形大小进行设置，还包括图形编辑、对快捷菜单以及多文档操作。其功能按钮界面见图 3.6.1，具体的功能如表 3.6.1 所示。需要说明的是，如果一个页面中有多个图形，图形操作的切换需要在该图形区域双击。

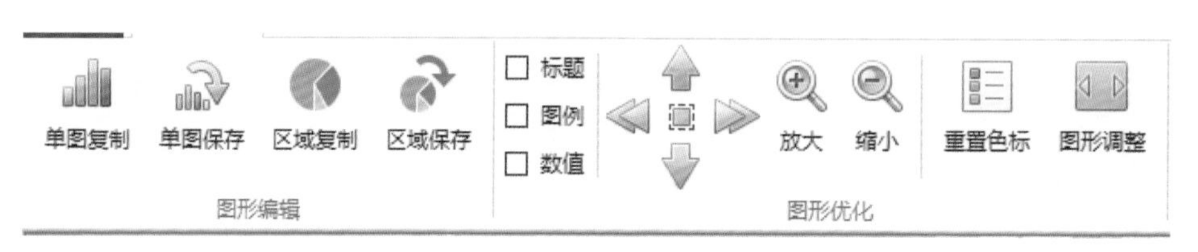


图 3.6.1 “图形编辑”的功能按钮

表 3.6.1 “图形编辑”各个按钮的功能说明

| 按钮 | 说明 | 按钮 | 说明 |
|---|---|---|---|
| 单图复制 | 复制当前选择的可视化图形 | 单图保存 | 保存当前选择的可视化图形 |
| 区域复制 | 复制整个可视化区域 | 区域保存 | 保存数据网络内的数据 |
| ☐ 标题 | 是否显示图中标题 | ☐ 图例 | 是否显示图形的图例 |
| ☐ 数值 | 是否显示图中数据 |  | 调整图例位置是在图中还是在图外 |
|  | 图例位置相对当前位置上移 |  | 图例位置相对当前位置下移 |
|  | 图例位置相对当前位置左移 |  | 图例位置相对当前位置右移 |
| 放大 | 图例文字放大 | 缩小 | 图例文字缩小 |
| 重置色标 | 选择重置分布图的色标 | 图形调整 | 调整图形比例 |
| TXT | 以默认文件名保存选择图形所可视化的数据 | IMG | 以默认文件名保存选择图形 |
|  | 复制选择图形所可视化的数据 |  | 保存选择图形所可视化的数据 |

# 第4章　智能气候预测系统主体

智能预测系统是基于气候大数据，即台站资料、再分析场、环流指数、多模式预测产品变量及其扩展变量等，对其采用多元回归等经验预测方法以及随机森林等机器学习方法得到尽可能多的客观化预测产品，再从 *Ps*、*Cc*、*RMSE* 以及标准差等方面对预测结果进行效果评估，并再次借助机器学习，在不断优化客观化预测方法和评估预测结果的基础上，得到基于不同条件下的概率预报和集合预报结果，继而推荐得到智能最优预测的业务系统。

**“气候预测”**部分是系统主体，包括台站资料、指数、格点资料、MJO 指数和智能预测五大部分。其具体功能模块见图 4.0.1。

图 4.0.1　“气候预测”的主要功能模块

## 4.1　气候态

**“气候态”**模块的主要功能是对 30 年气候态的年、月、旬以及任意时段的海平面气压、气温等要素进行可视化显示，资料来源于国家气象信息中心提供的 1981—2010 年整编数据集。

模块的界面(图 4.1.1)比较简单，分为图形可视化区域和设置面板。右侧的设置面板部分包括分析时段、时段方式和可视化内容等三个部分的选择，通过选择时段方式的“年、月、旬及任意时段”等四个方式，分别在可视化内容中自动匹配 257、194、12 和 14 项气象要素。由于要素较多，这里不详细展开。选择相应的分析时段和气象要素后，图形可视化窗口则出现相应的分布图，由于在整编资料中，一些台站存在前后两段整编资料的情况，默认以后段的整编资料为准。若需叠加显示每个台站的相应数据，则选择可视化内容部分的“☑数值”复选框。图 4.1.1 是全国 7 月 30℃以上高温日数的分布图。

由于模块均采用子窗口模式，可以针对窗口进行最小化、最大化以及任意大小的拉伸等操作，也可根据“图形编辑”菜单栏里的“图形调整”得到最佳的经纬度 1∶1 对比显示效果；点击图形的标题，则弹出标题的编辑窗口，可对标题进行字体设置、文字编辑等(图 4.1.2)。

调用“图形编辑”的重置色标，也可改变图形默认的色标，色标采用 Surfer 的 lvl 色标，调用 Surfer 制作，也可文本编辑修改。图 4.1.3 就是做相应修改后的效果。

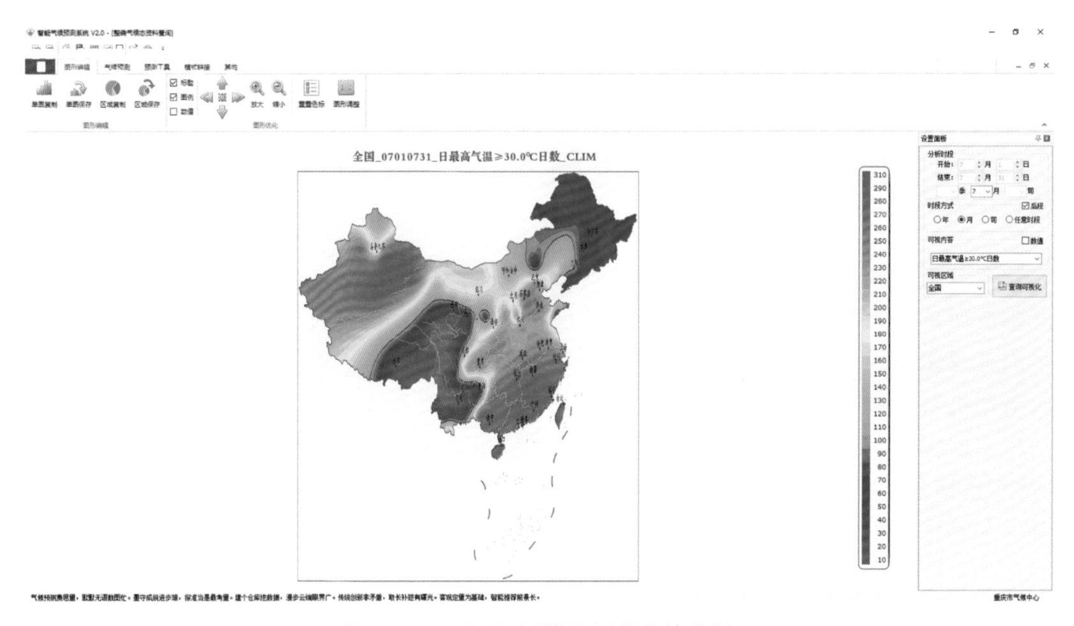


图 4.1.1 “气候态”模块可视化结果图

图 4.1.2 标题设置对话框

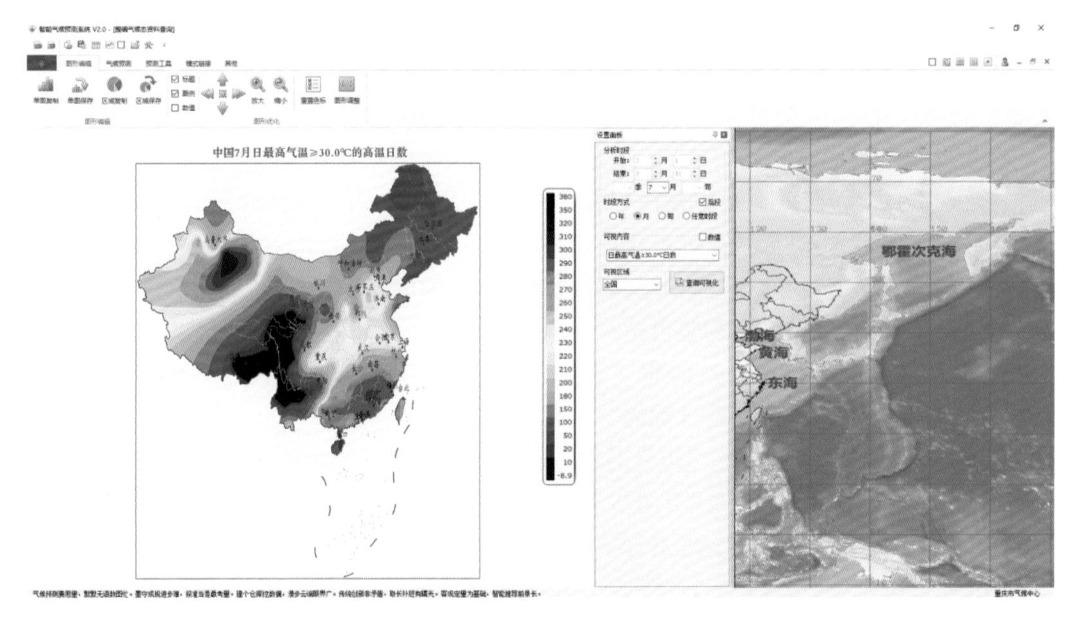


图 4.1.3 图形调整、色标重置等操作后的结果图

通过在图形窗口从左上到右下拉方形框，则图形可自动显示所拉方框范围，右下到左上拉方形框则还原。图 4.1.4 是局部区域叠加数据后显示的可视化结果图。

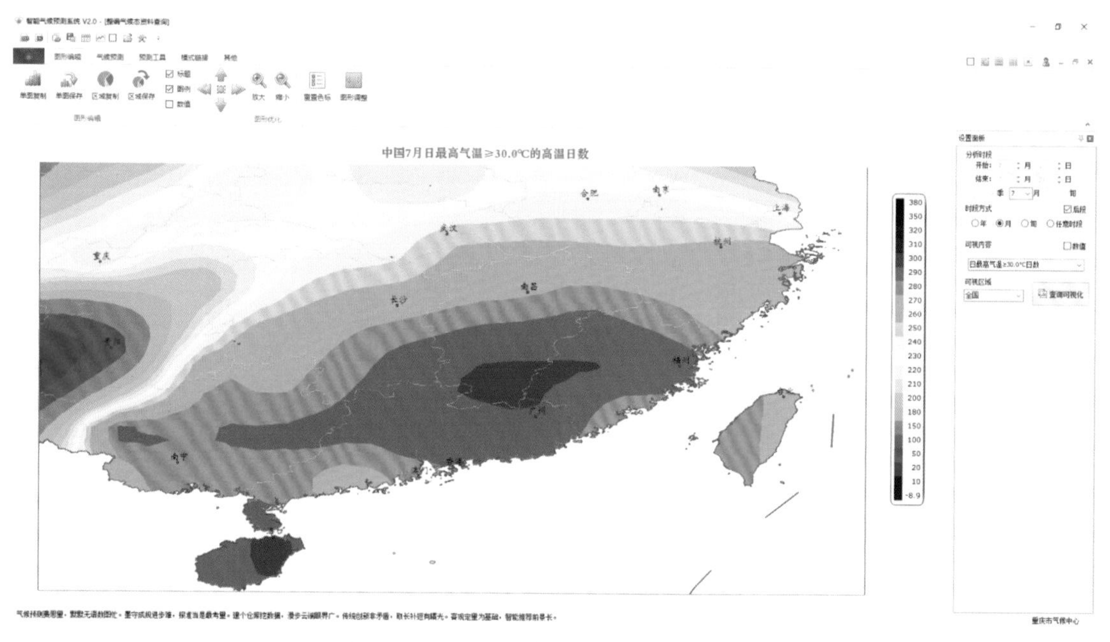


图 4.1.4　局部区域并叠加数据的结果图

切换“可视区域 全国”，则显示选择的区域、省(区、市)或者站点所在县级行政单位的范围，还可根据需要自定义区域。图 4.1.5 至图 4.1.8 分别是选择的西南区域、辽宁省、重庆酉阳县以及自定义的黄河流域的 7 月高温日数分布图。这里需要说明的是，在自定义区域时，可修改系

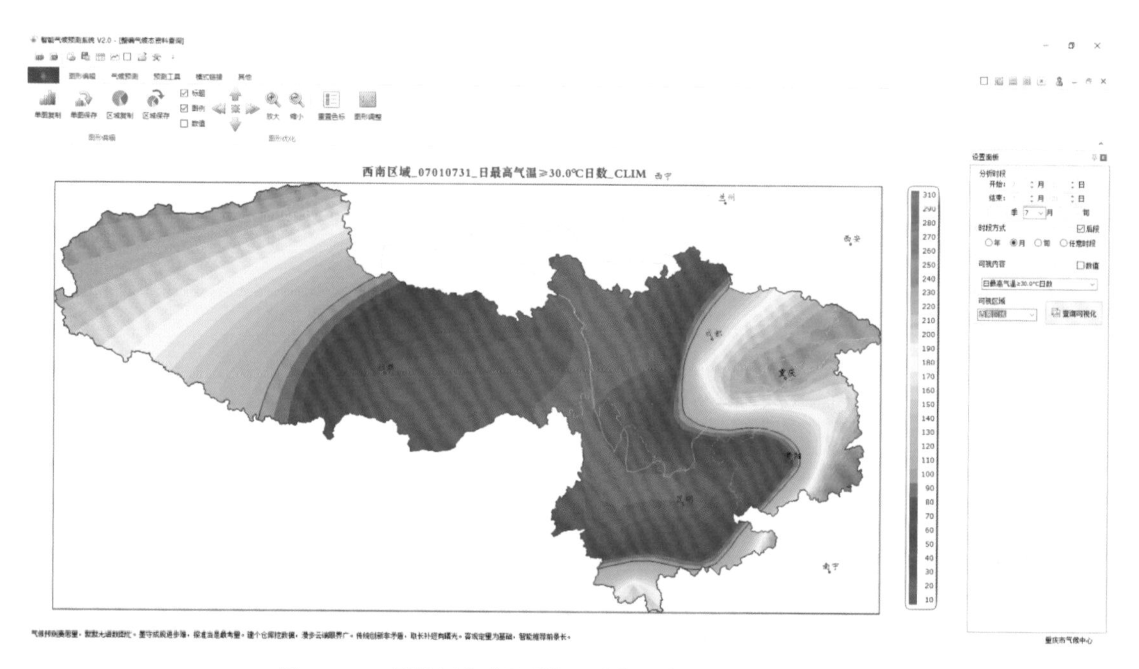


图 4.1.5　区域切换为“区域”(西南区域)的可视化结果图

统 Map 文件夹中的“全国. txt”文本文件，在文本中增加一行自定义的区域名称(图 4.1.9 左列)，并在 Map 文件夹中放置同名的边界数据，文件名为“ * . bln”，格式如图 4.1.9 右列所示。自定义区域并非只是针对本模块，一旦自定义区域配置完成，系统所有模块均能根据设定的区域范围进行可视化显示。

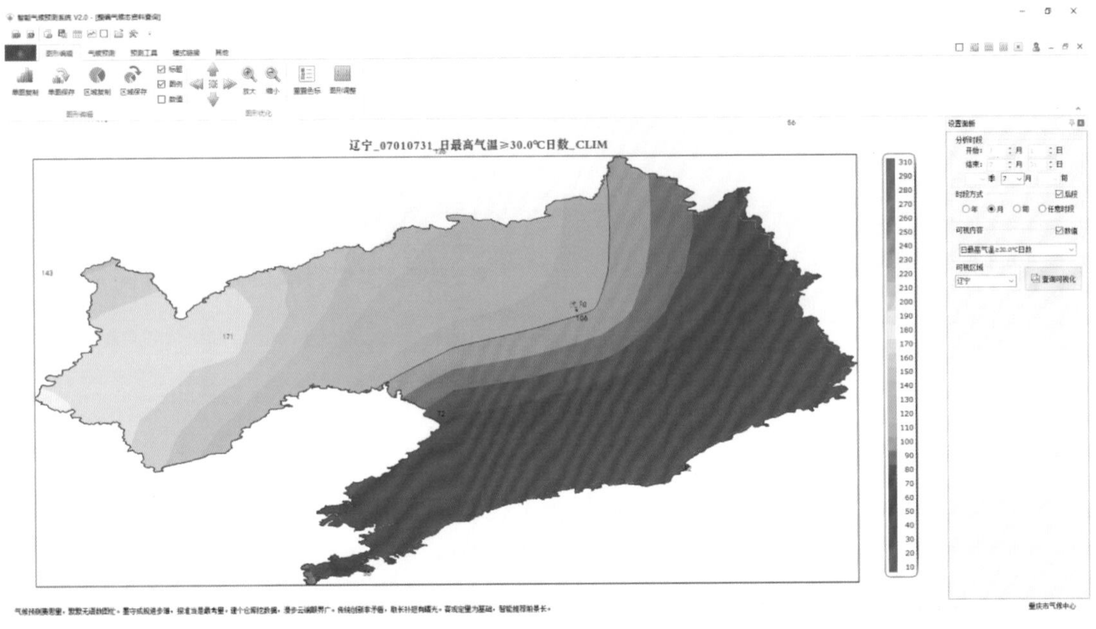


图 4.1.6　区域切换为“省级”(辽宁)的可视化结果图

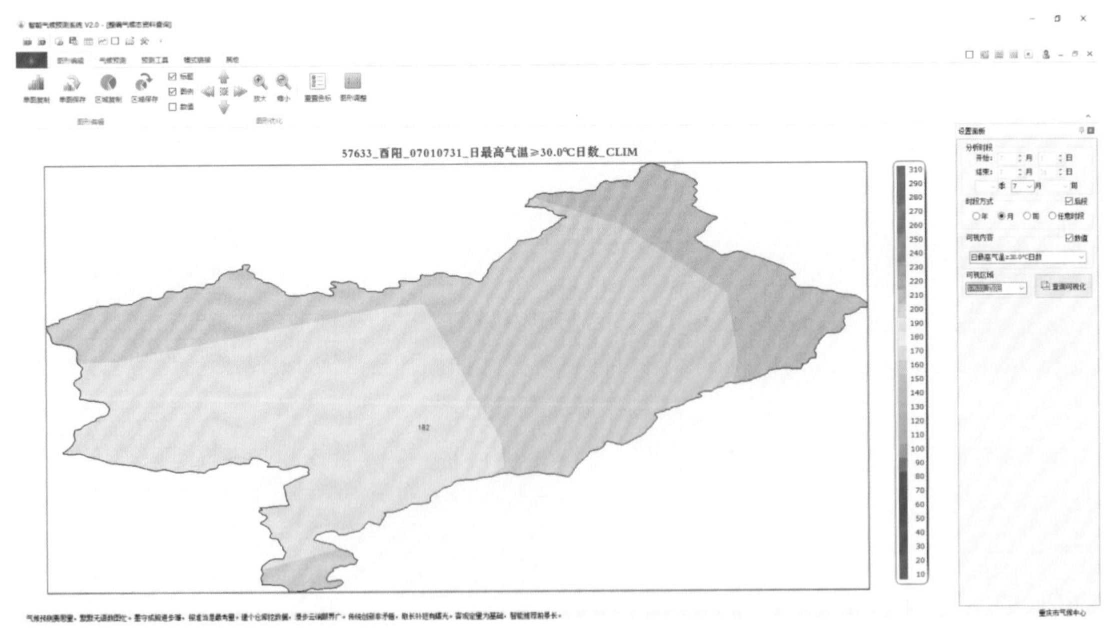


图 4.1.7　区域切换为“县级”(重庆酉阳)的可视化结果图

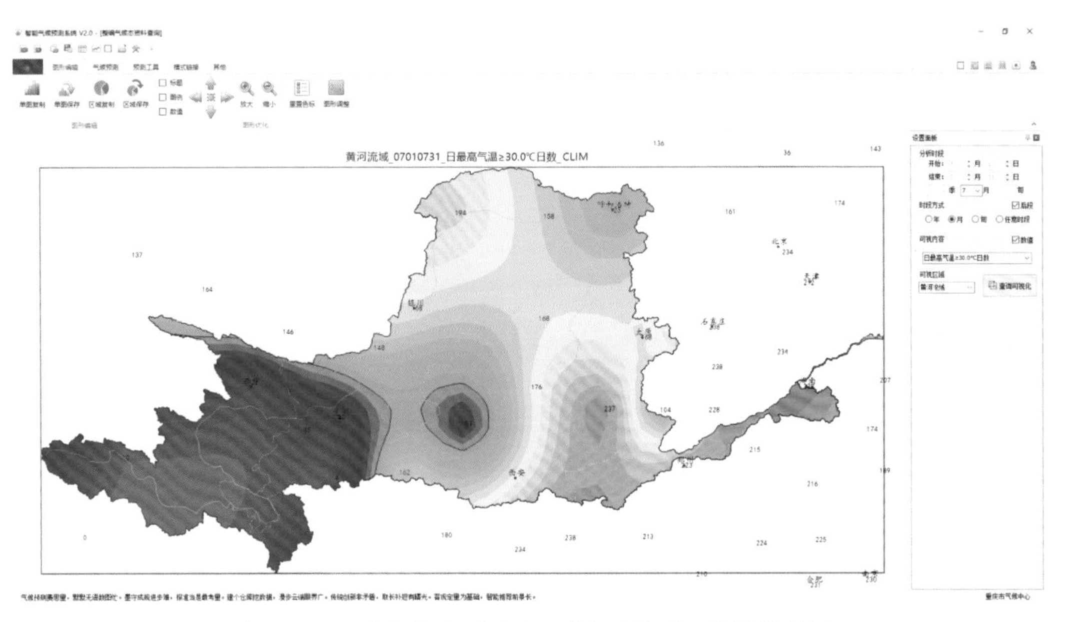


图 4.1.8　区域切换为“自定义”(黄河流域)的可视化结果图

全国.txt - ...
文件(F) 编辑(E) 格式(O) 查看(V) 帮助(H)
全国
华北区域
华东区域
华中区域
华南区域
西南区域
西北区域
黄河流域
重庆
浙江
云南
新疆
西藏
天津
四川
上海
陕西
山西
山东
Windows (CRLF) ANSI

黄河流域....
文件(F) 编辑(E) 格式(O) 查看(V) 帮助(H)
22130,0
95.8774,35.0189
95.8774,35.0234
95.8804,35.0274
95.8822,35.0331
95.8822,35.0382
95.8832,35.0443
95.8865,35.0551
95.8892,35.0639
95.8907,35.0693
95.8907,35.0733
95.8907,35.0784
95.8925,35.0829
95.8949,35.0862
95.8973,35.0899
95.8989,35.0935
95.9049,35.1041
95.9058,35.1089
95.9073,35.1137
Windows (CRLF) ANSI

图 4.1.9　设置可视化自定义区域的设置示意图

此外，通过选择系统主功能菜单右上的“ ”复选框，则可以调用多个模块，形成多窗口模式，继而可根据统主功能菜单右上的“层叠”“并排”等方式进行对比显示，同时为便于对比，也可对每个子窗口的设置面板进行最小化处理，图 4.1.10 即是多窗口模式下不同气象要素的对比显示结果图。

本系统所有模块的图形编辑、多窗口效果、区域切换等操作都与本模块类似，后面不再单独介绍。

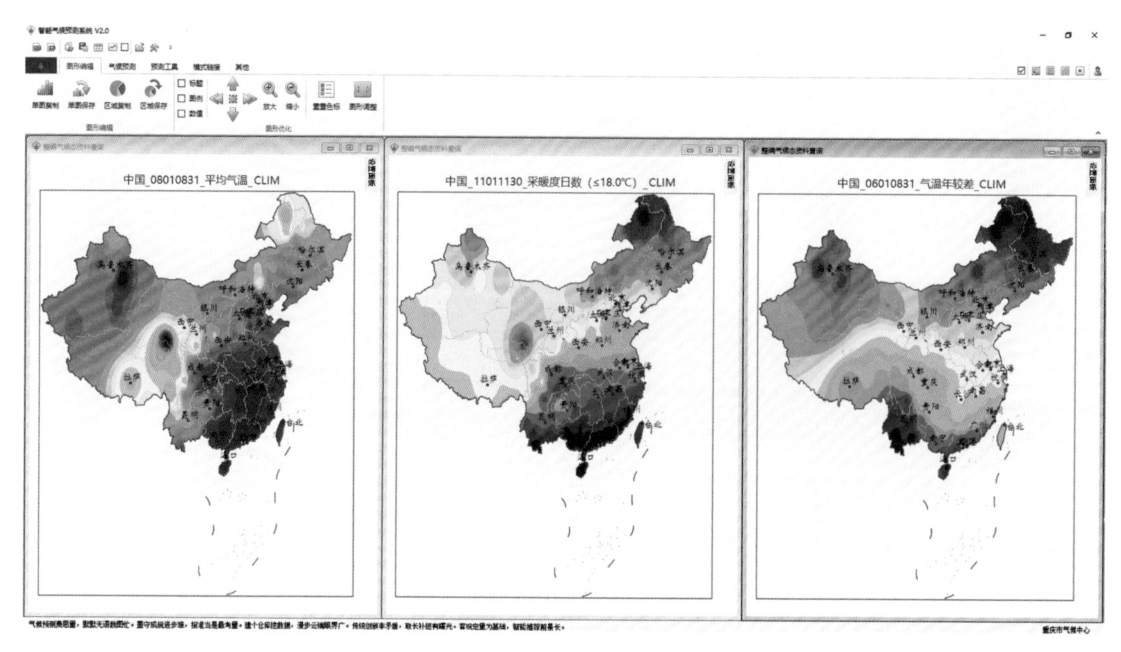


图 4.1.10　多窗口显示结果图

## 4.2　趋势背景

**“趋势背景”**模块的主要功能是：(1)得到从点到面(站点、省(区、市)、全国)任意时间范围的变化序列；(2)通过平滑滤波和小波分析得到的数据可视化；(3)通过均生函数、自回归得到的数据预测。

模块包括“序列背景”“预测结果”和“设置面板”三个部分，“序列背景”主要有反映预测对象的时序图、平滑滤波序列、小波分析结果、单站的均生函数预测图、小波方差或者等级分布饼图；“预测结果”为采用均生函数得到的区域预测分布图及 *Ps* 评分序列图；“设置面板”中包括了时段、台站、可视化内容、阈值设置、平滑滤波、小波分析以及预测方法等选项。预测对象，也称要素，包括气温、降水、日照、雨日、小雨日、中雨日、大雨日、暴雨日、高温日、有照日、雾日、霾日、雷暴日、最高气温、最低气温、最大雨量、最强日照、雨开始期、雨结束期、旱涝急转、旱涝并存等；平滑滤波包括五点二次、五点三次、七点二次、九点二次、高斯低通滤波、Butterworth 带通滤波；小波分析包括 Mexicohat 和 Morlet 两种；预测方法包括均生函数、滑动自回归等。

选择时段(夏季)、台站(重庆)、要素(气温距平)后，默认执行效果如图 4.2.1 所示。原始曲线图中叠加了重庆气温距平的历年时间序列、五点三次平滑和趋势图；饼图所反映的是重庆地区各个气温量级的概率值。平滑滤波、小波分析、预测以及趋势图、饼图都可在复选框中找到，可选择多图叠加，也可选择不显示。如选择小波分析的 Morlet，可视化区域则显示叠加小波分析的实部，饼图区域则显示小波方差(图 4.2.2)。

默认预测方法“☑预测 均生函数(ACTA)”，执行预测得到如图 4.2.3 的预测分布图和采用均生函数

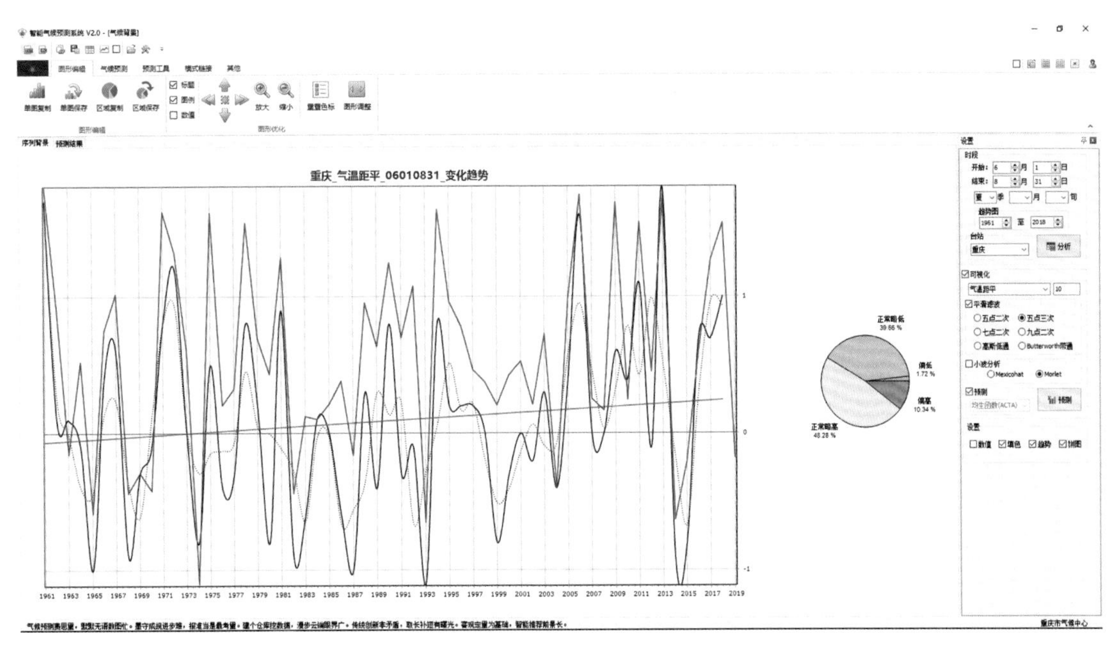


图 4.2.1　“趋势背景”默认执行结果图

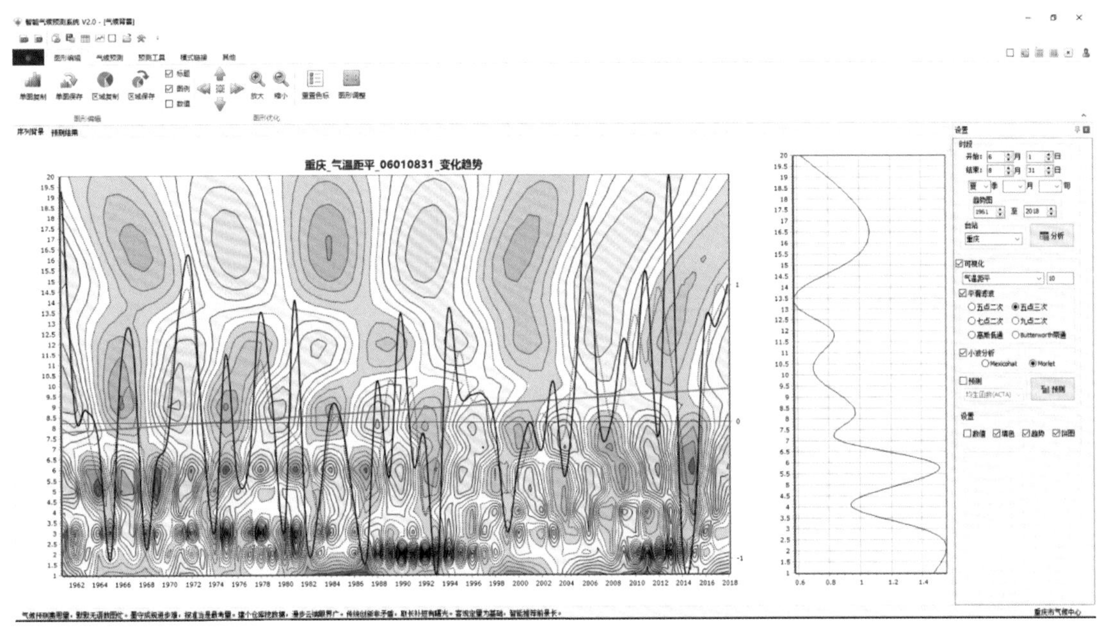


图 4.2.2　“趋势背景”叠加 Morlet 小波分析结果图

历史回算预测的 *Ps* 评分。需要强调的是，基于时间序列的预测均采用滚动预测的方式，比如预测 2011 年，采用 1961—2010 年的数据；预测 2012 年，采用 1961—2011 年的数据，以此类推。

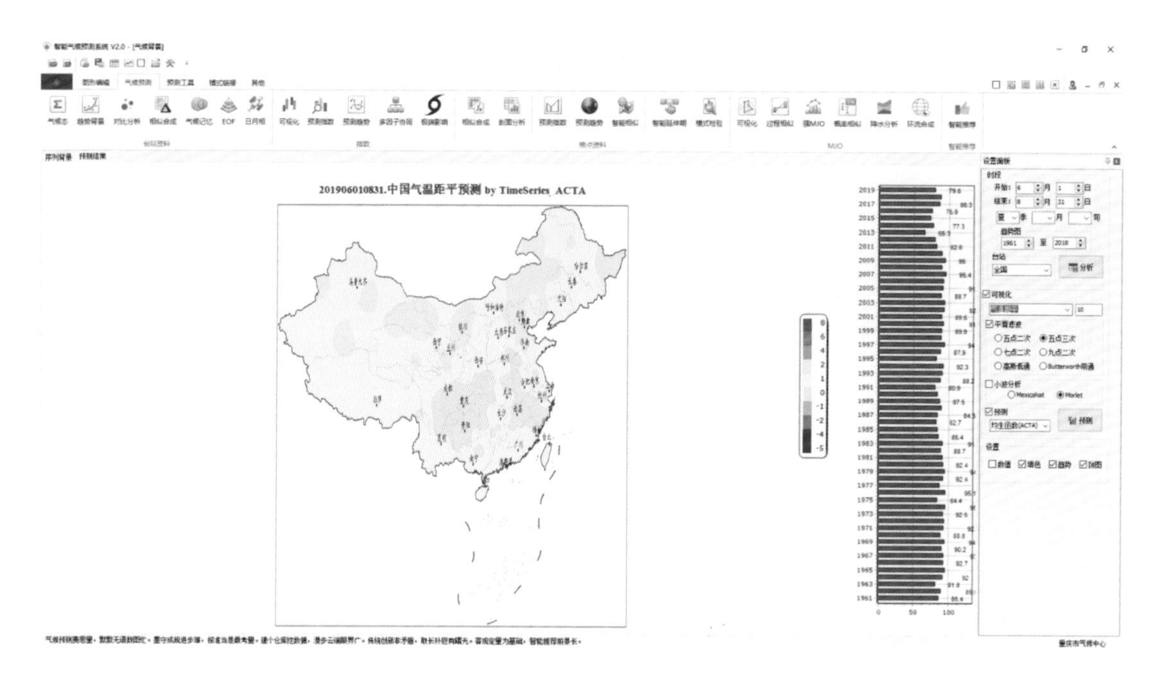


图 4.2.3 “趋势背景”采用均生函数预测 2019 年气温距平及历年 $Ps$ 评分结果图

## 4.3 对比分析

**“对比分析”**模块的主要功能是以散点图的方式对比不同地区不同气象要素、气候事件以及环流指数间的相关关系。需要说明的是，在对比变量时，也可在不同台站间进行。

具体模块可分为“图形可视化”和“设置面板”两个部分。“图形可视化”展示的是不同对比的对象间的散点图；“设置面板”是对散点图的 X、Y 变量的空间、时间及其要素的描述，同时也包括对比时段等内容设置的选项以及分类对比结果的输出。

如图 4.3.1 所示，散点图展示了重庆夏季气温降水间的关系，根据气温、降水的趋势可自动分为 4 类，散点图直观地表现了二者之间的对应关系，并在设置面板的对比结果处自动给出了 4 种分类结果的年份。

当改变变量时，对于该变量的描述属性也自然有所不同，比如图 4.3.1，基于气温降水被描述为“暖湿、冷湿、冷干、暖干”，但在对比西太平洋副热带高压强度与高温日数、西太平洋副热带高压脊线与降水量时(图 4.3.2)，上述的描述就颇为不妥，此时则可以选择不同变量的对应描述“描述:暖/冷”，图 4.3.2 中西太平洋副热带高压强度描述可修改为强弱、高温日数描述修改为多少时，分类描述则会自动匹配为强多、弱多、弱少和强少。

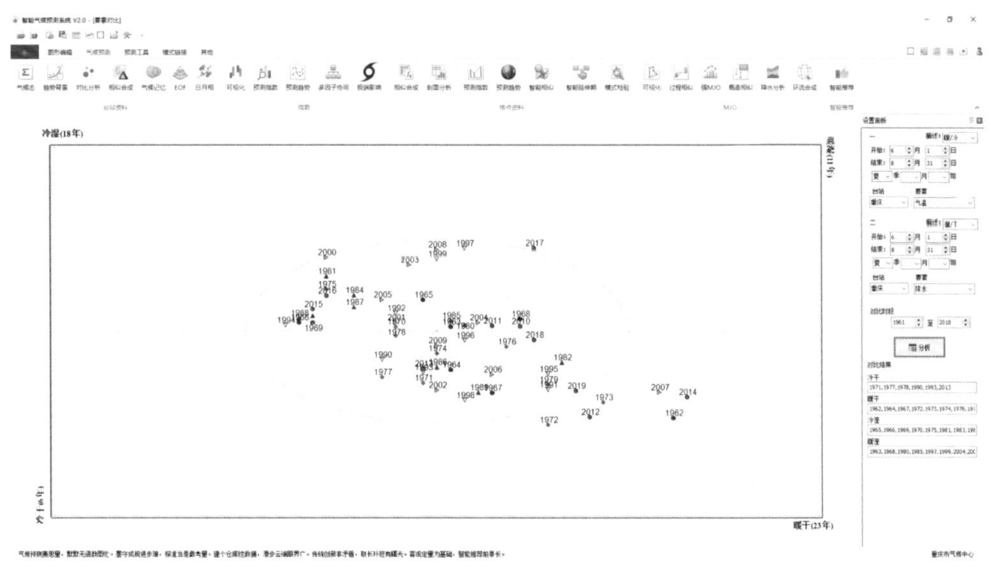


图 4.3.1 “对比分析”模块地面气象要素间的对比

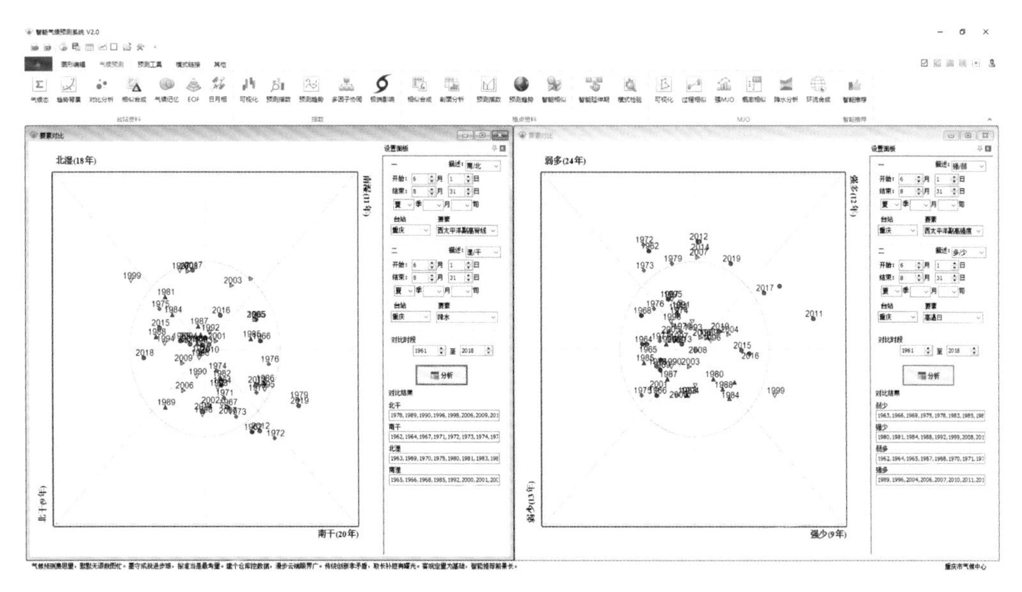


图 4.3.2 “对比分析”中环流指数与地面气象要素间的对比及属性描述

## 4.4 台站数据相似合成

**“台站数据相似合成”**模块的主要功能是通过对环流指数、气候特征等相似特征进行智能查找，在自动提取相似年的基础上，对包括气温、降水、日照、不同等级雨日、有照日、高温日、雾日、霾日等变量的空间特征以及降水过程、高温过程、有照过程等变量的时间特征和相应的概率特征进行合成分析。

具体模块包括“图形可视化”和“设置面板”两个部分。“图形可视化”是合成显示不同分析对象的分布图和时序图；“设置面板”则提供了预测对象相关设置选项，具体包括单独年份、时段限定、因子限定、自定义年份、气候特征以及聚类。

单独年份选项可对选择的年份的变量进行可视化。如图 4.4.1 展示的是 2019 年夏季全国的降水分布情况。改变的变量为过程变量，如降水过程，当区域选择改为站台需要查看的地区或者台站，则可视化内容相应调整为所选择地区及时段的逐日演变特征。如图 4.4.2 是 2019 年夏季 54342 台站(沈阳)的逐日降水分布。图中清晰地反映出 2019 年夏季沈阳的最大雨量出现在 8 月 3 日，雨量为 102.4mm，多雨时段在 8 月中旬。

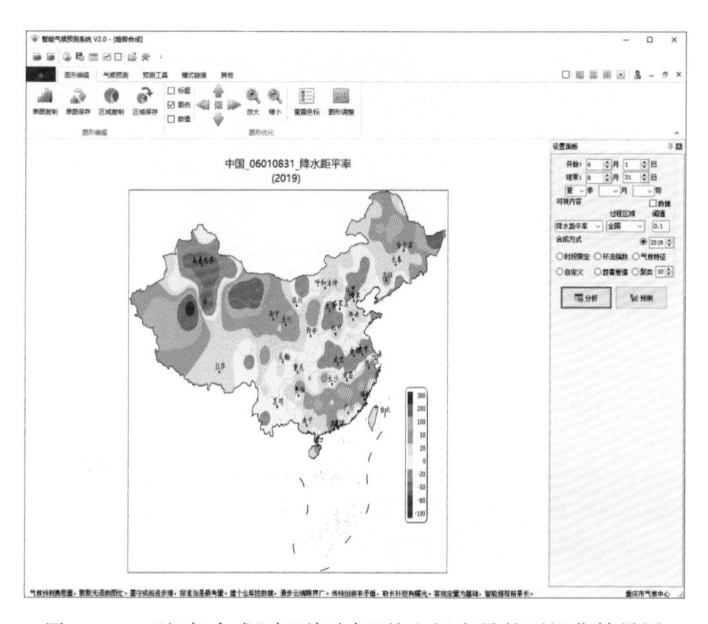


图 4.4.1 “相似合成”中“单独年”的空间变量的可视化结果图

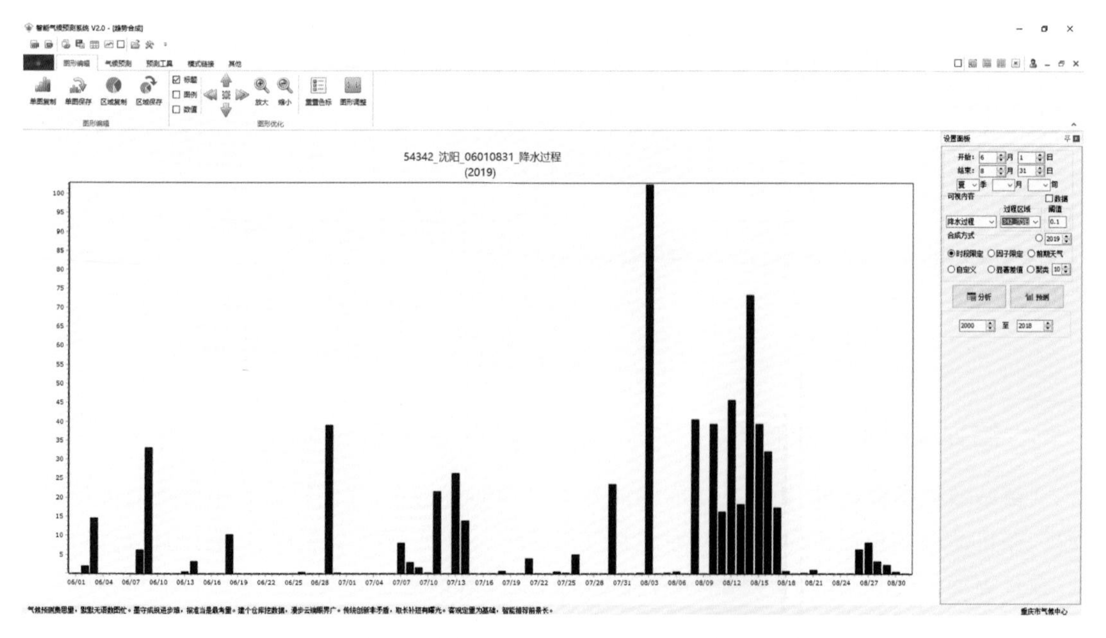


图 4.4.2 “相似合成”中“单独年”的时间变量的可视化结果图

限定时段的目的主要是考虑年代际特征，从而可对选择范围内的年份的相应变量进行合成并可视化。图 4.4.3 是 2000—2018 年全国夏季气温偏高的概率分布。同样，也可将变量改为时间变量，如图 4.4.4 是 2001—2018 年 59287 站（广州）夏季降水概率的逐日分布。如需要更精细地看到大雨以上的概率，则改变对应的阈值“▣”，自动对降水概率特征进行统计后可视化（图 4.4.5）。

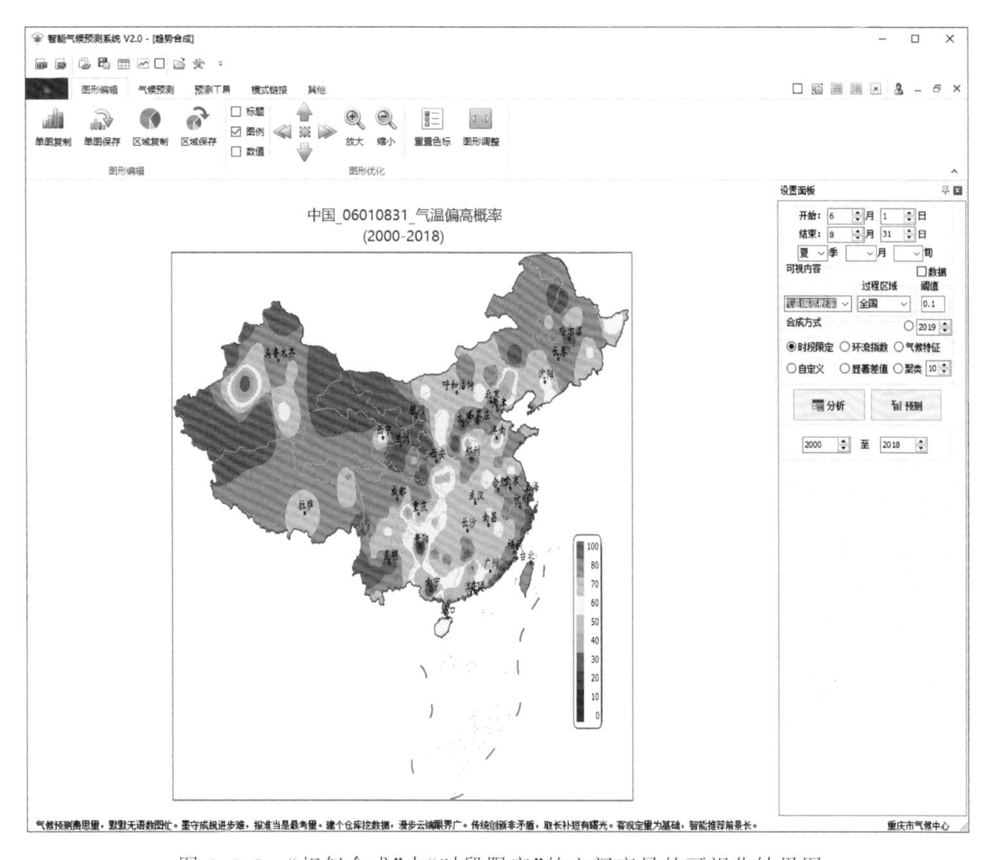


图 4.4.3　“相似合成”中“时段限定”的空间变量的可视化结果图

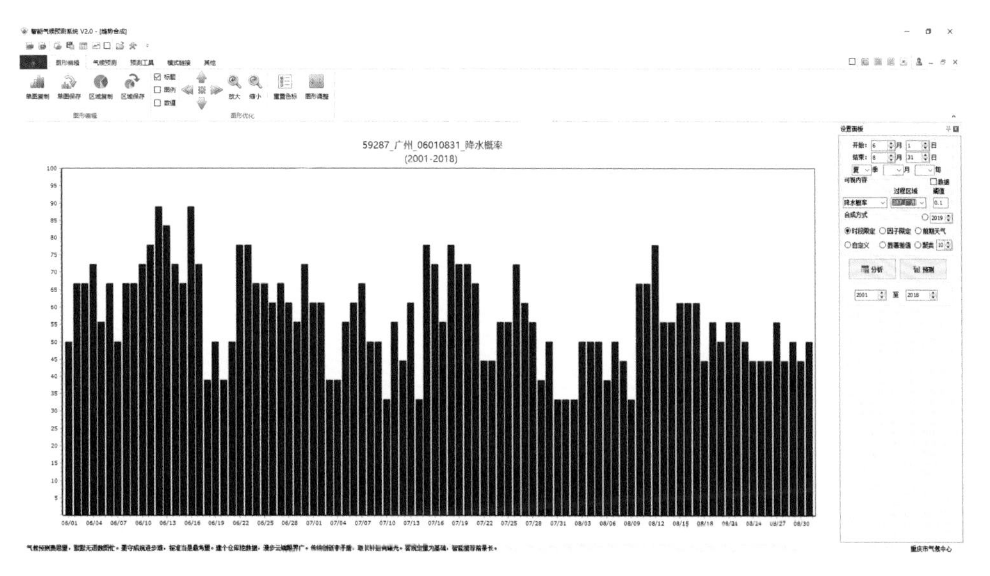


图 4.4.4　“相似合成”中“时段限定”的时间变量的可视化结果图

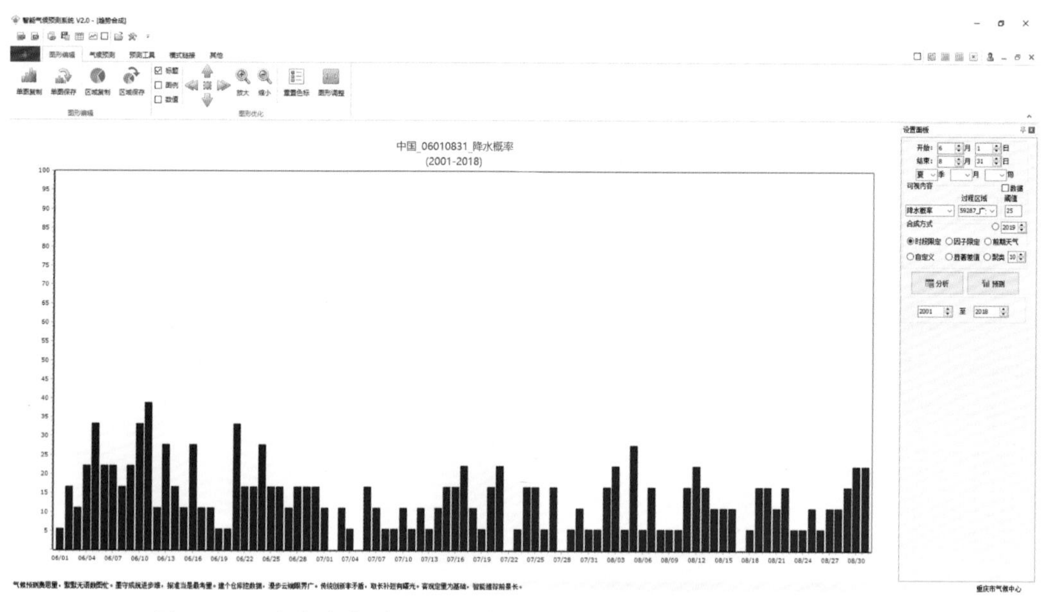


图 4.4.5 “相似合成”中“时段限定”的时间变量改变阈值的可视化结果图

“因子限定”主要是通过对多个(最多 4 个)环流指数特征进行组合后,自动查找相似年并进行合成分析。图 4.4.6 表示在前冬(选择“☑跨年”)和春季 Niño 3.4 指数大于等于 0.5℃,以及夏季西太平洋副高偏强的情况下合成的可视化结果图。标题中也自动标记出了根据所选条件得到的相似年。

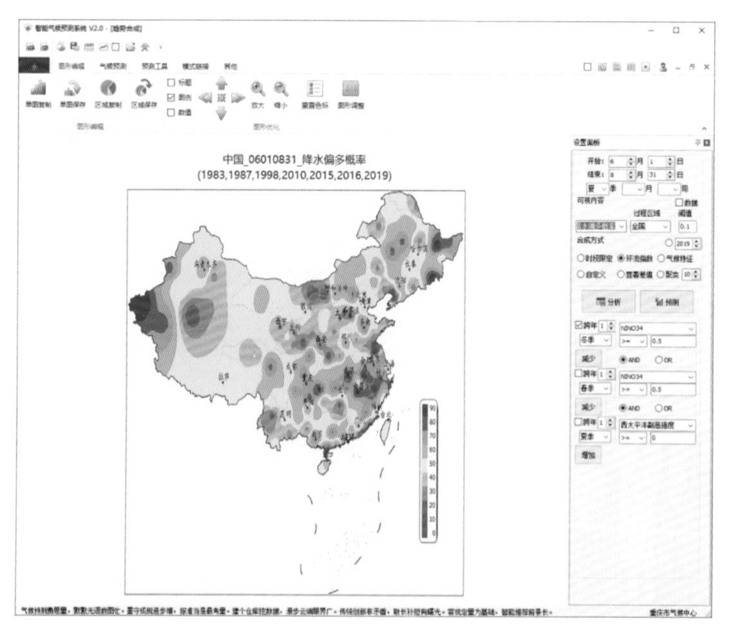


图 4.4.6 “相似合成”中“因子限定”的空间变量的可视化结果图

“气候特征”主要是通过对多个(最多 4 个)气候特征进行组合后,自动查找相似年并进行合成分析。图 4.4.7 表示 3 月西藏气温偏高 1℃,4 月黑龙江气温偏低情况下的合成可视化。标题中也自动标记出了根据所选条件得到的相似年。

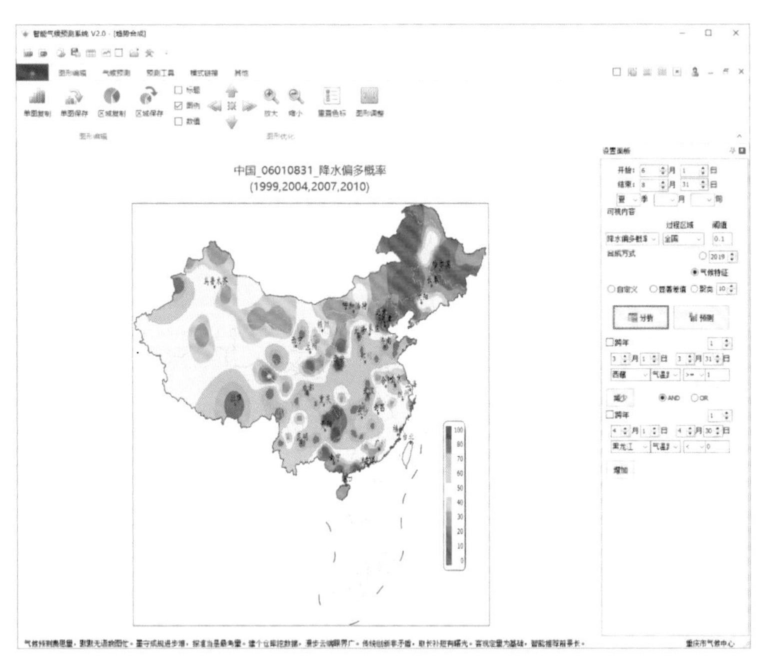


图 4.4.7　“相似合成”中“气候特征”的空间变量的可视化结果图

“自定义”主要通过输入其他研究得到的相似年进行合成分析。年份之间通过逗号(“,”)间隔，如果是连续年份，则以横杠(“-”)表示。如图 4.4.8 表示 1983 年、1998 年以及 2011—2015 年合计 7 年的气温距平合成。

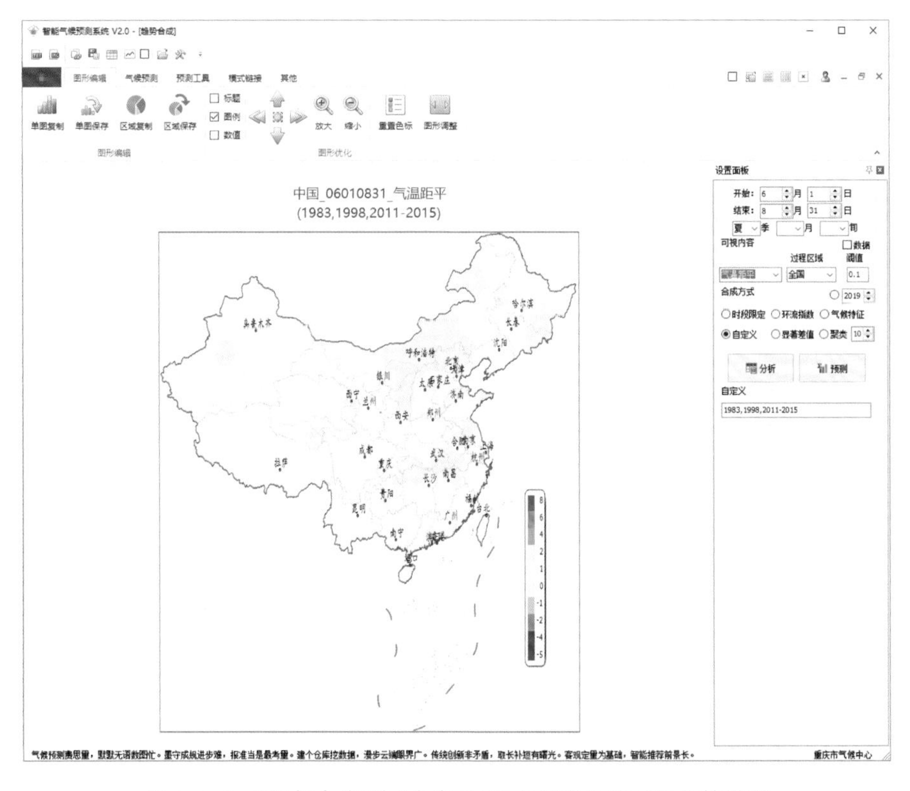


图 4.4.8　“相似合成”中“自定义”的空间变量的可视化结果图

显著差值反映的是两个时段合成之后的差值，其更多地应用于场的合成，这将在后续4.13节中进行详细介绍。

“聚类”是自动根据所选择的环流指数通过K-Means进行聚类，查找相似年后，再以相似年的合成作为预测值。图4.4.9是春季指数聚类后的全国气温距平合成图。在选择环流指数进行聚类分析时，可以用不同月指数或者其他指数方式进行融合及聚类分析，可选中设置面板中的“☑多时段（方式）融合”的复选框，然后“+”所需要选择的指数。图4.4.10是3月和4月环流指数融合聚类后的全国气温距平分布图。

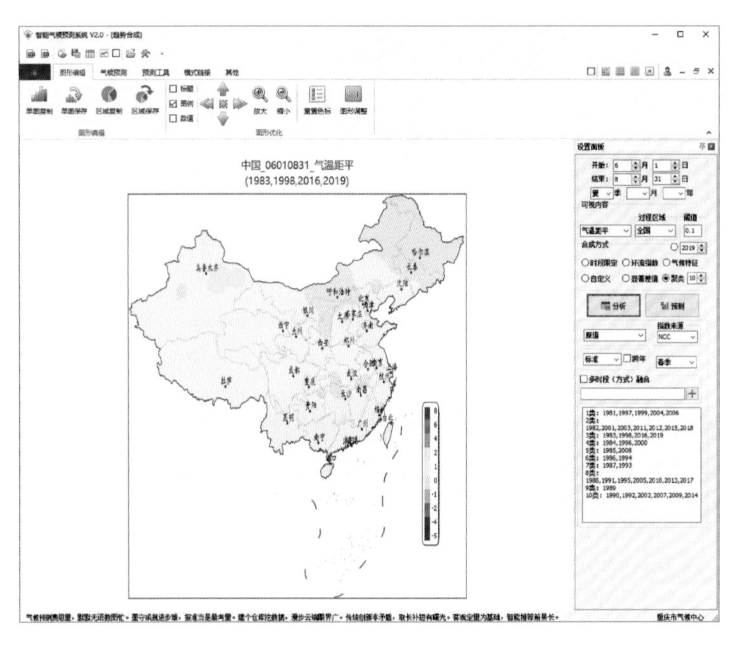


图4.4.9 “相似合成”中“聚类”的空间变量的可视化结果图

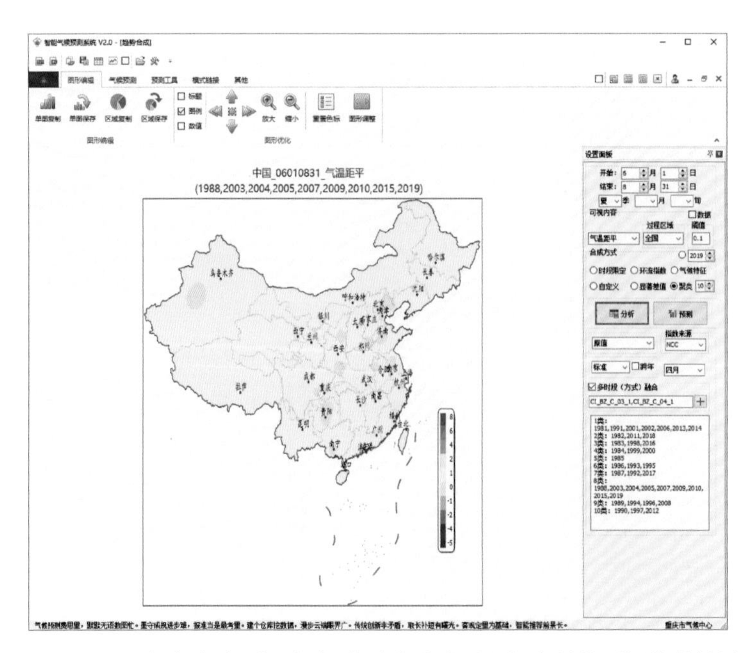


图4.4.10 “相似合成”中“聚类”的融合聚类后空间变量的可视化结果图

## 4.5 气候记忆

**“气候记忆”**模块的主要功能是将任意两个统计时段内变量单独及相互之间的相关、同号、同正、负正等进行统计，并根据其相关性进行预测得到客观化结果，其最主要的特点在于不同时段、不同要素间的地区可以选择为相同或不同，从而分析某一个区域或者某一个台站气候特征的异常对后期的影响。

模块包括“关键信息”“预测结果”和“设置面板”三个部分。“关键信息”主要包括两个时段内气象要素间的相关信息；“预测结果”展示的是采用不同预测方法得到的区域预测分布图及 *Ps* 评分序列图；“设置面板”包括了时段一和时段二的时间、要素等设置，还有相关时段、预测年、可视化内容以及预测方法和智能推荐规则的选择。

图 4.5.1 是每个台站 4 月气温与夏季气温之间相关系数的分布图，可视化内容中可改变的相关为同号率、同正率和负正率，图 4.5.2 是两者之间同号率的可视化结果图。

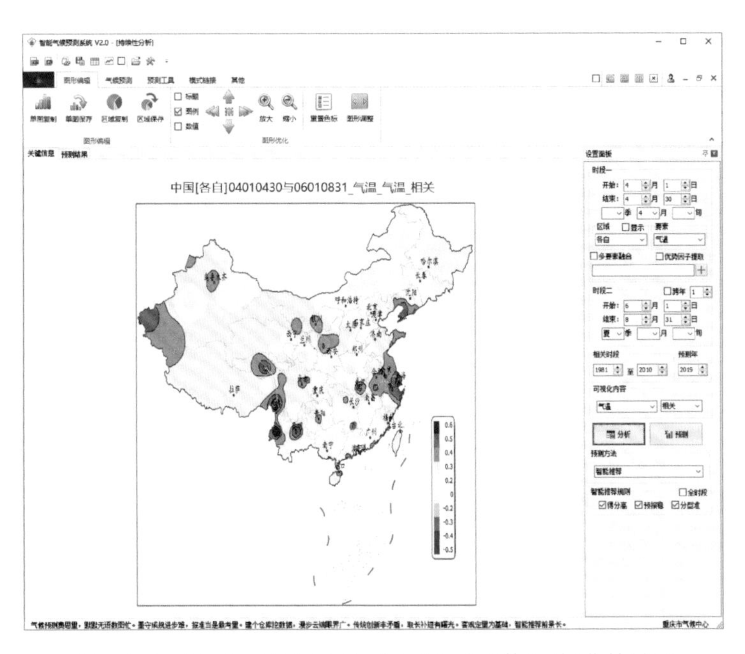


图 4.5.1 “气候记忆”中相关分析“相关系数”可视化结果图

在实际业务中，前期的变量并非都是异常的，我们分析前期异常区域对后期的影响，时段一的要素只需选择异常区域。图 4.5.3 是西藏 4 月气温与夏季全国气温的相关系数分布图。

建立相关模型的目的是通过预测得到客观化结果，从预测角度讲，将时段一的要素作为自变量，时段二的要素作为因变量，并且将时段二的每个台站与时段一的每个台站进行分析建模，再采用 1.4.2 节和 1.4.3 节中介绍的客观化预测方法，得到客观化预测结果。如此，通过选择一个时段的单一要素，就可以得到 20 个左右的客观化预测结果，然后，对这 20 个客观化结果进行概率统计和集合平均，并从 *Ps* 评分、*Cc* 评分以及标准差三个方面进行评估，从 20 个客观化结果中得到最佳客观定量预测结果。如图 4.5.4 展示的是采用 4 月气温预测夏季降水

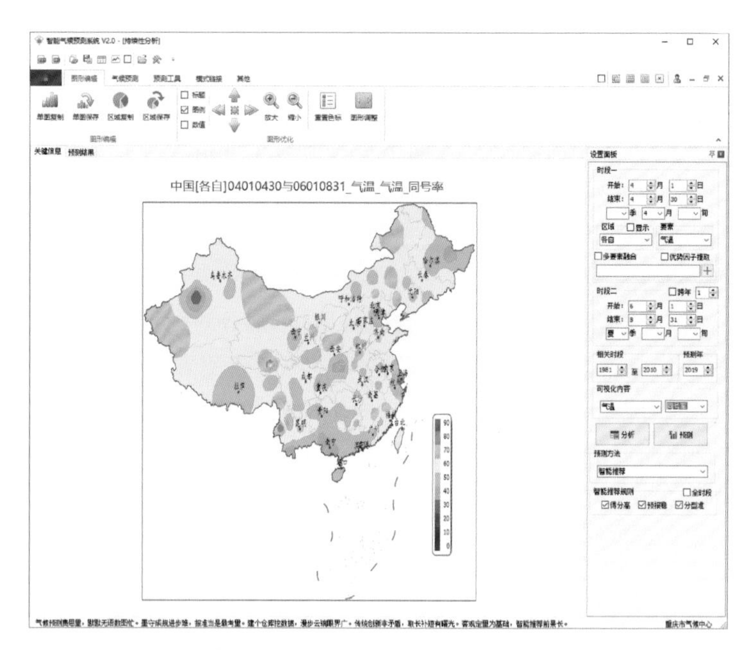


图 4.5.2 “气候记忆”中相关分析“同号率”可视化结果图

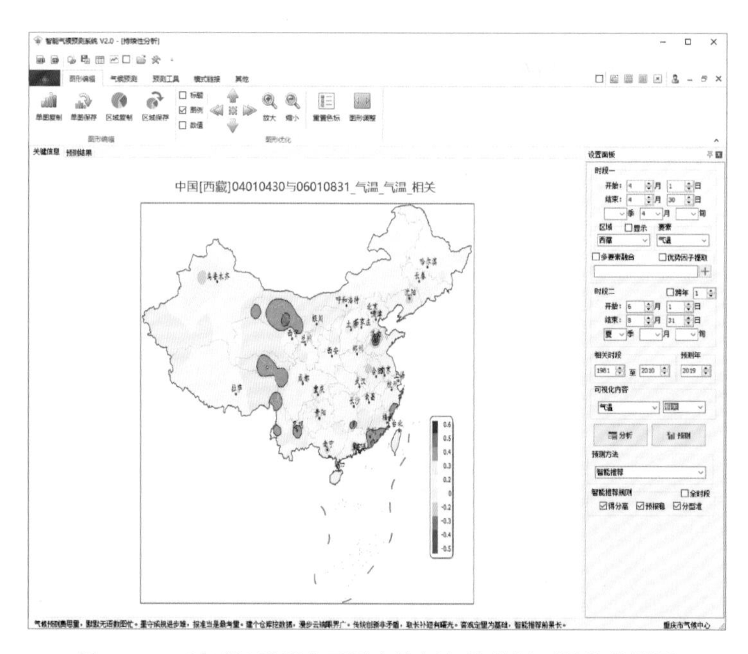


图 4.5.3 “气候记忆”中不同台站间相关分析可视化结果图

的结果，图中右侧图表是 $Ps$ 的回算得分，在做预测参考时，用建模时段后的时段做判断，图中默认最后一年（如图中 2020 年）为建模时段的后一年（2011 年）到预测年前一年（2018 年）的平均 $Ps$ 得分。

智能推荐使用时，有一个全时段的复选框可供选择，如果不选择，则默认使用独立检验时段（如图所示为 2011—2018 年）评估推荐，如果选择，则加上建模时段一起评估推荐，即采用 1981—2018 年的相应结果进行评估推荐。

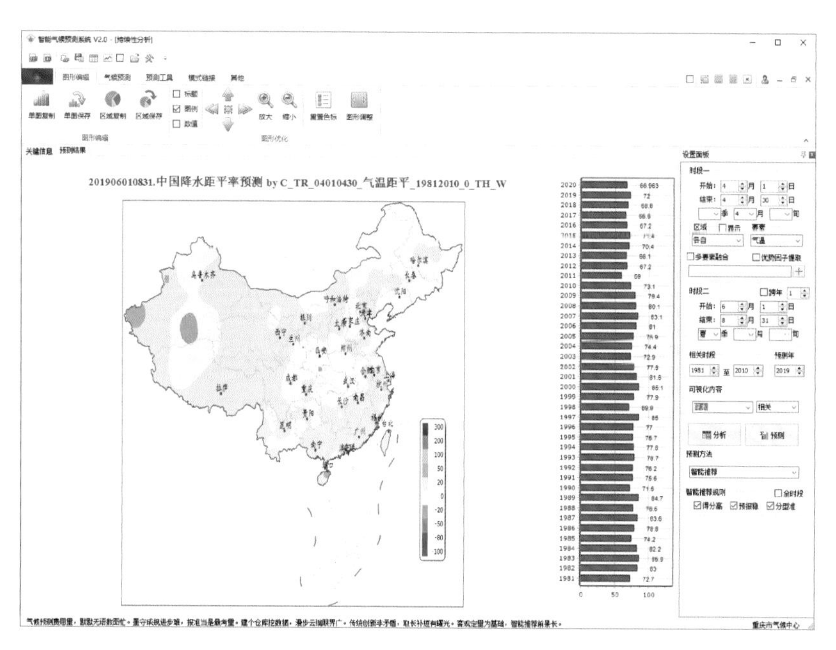


图 4.5.4 “气候记忆”中默认智能推荐的客观化预测结果

由于智能预测系统最后有一个模块对所有客观化预测结果进行评估推荐(这会在后续章节中进行更详细介绍),所以此处的推荐并重点在于,可以通过选择预测方法,得到对应的客观化预测结果。

同样,采用 1.4.2 节的融合技术,可以对多时段多要素进行融合或者优势因子提取后,再与因变量结合进行客观化预测。图 4.5.5、图 4.5.6 分别是采用 4 月气温、降水和降水日数的多要素融合和优势因子提取后得到的客观化预测结果。

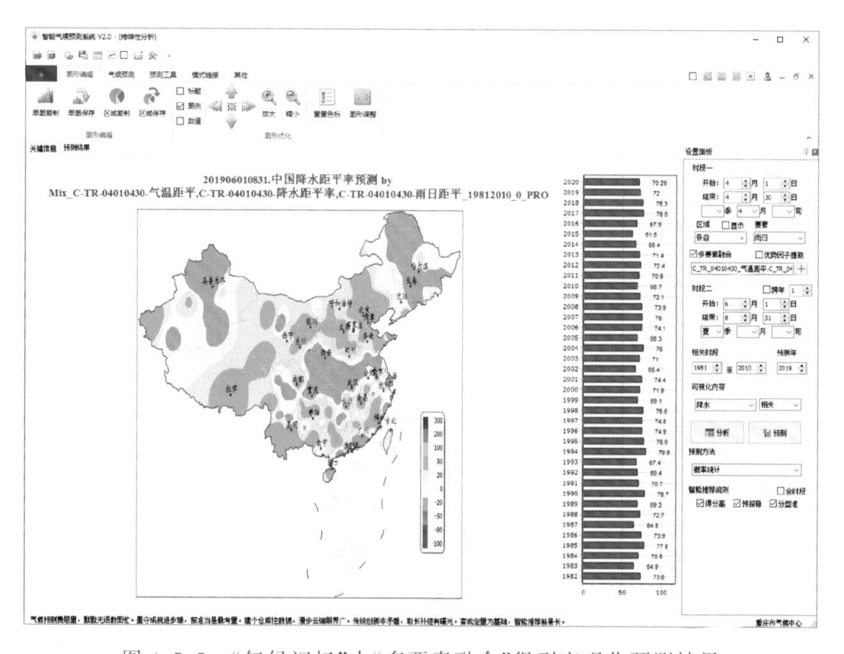


图 4.5.5 “气候记忆”中“多要素融合”得到客观化预测结果

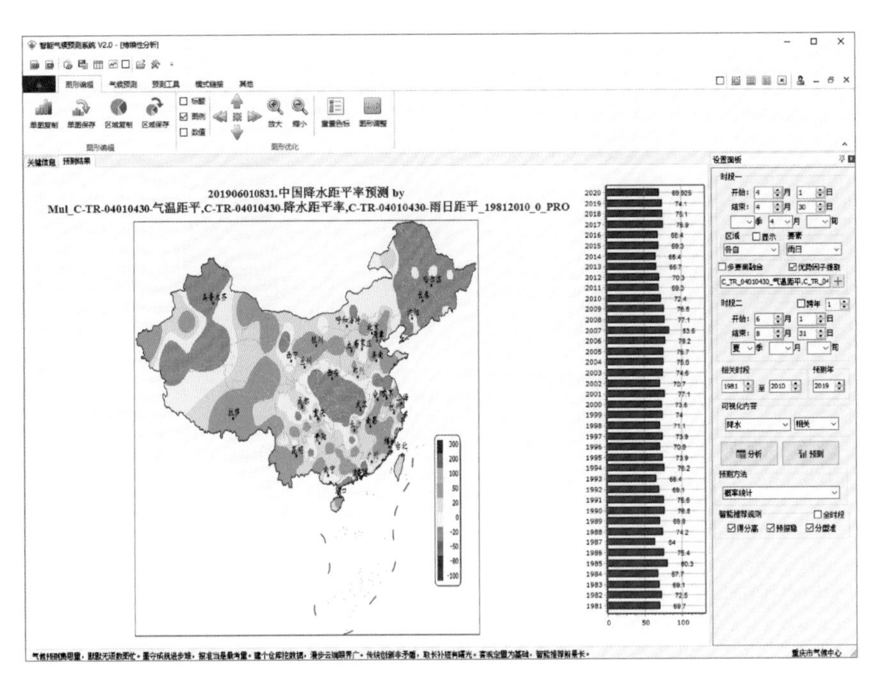


图 4.5.6 “气候记忆”中“优势因子提取”得到客观化预测结果

## 4.6 EOF

“**EOF**”模块的主要功能是对气温、降水以及环流场(模式场)进行 EOF 分解并对时空系数进行可视化展现;计算并可视化各个模态时间系数与不同的环流场(模式场)以及环流指数之间的相关性,以此通过环流场(模式场)或者环流指数进行 EOF 重构,得到客观化预测结果。

模块包括“EOF 分析”“预测结果”以及“设置面板”三个部分。“EOF 分析”包括 EOF 分解后的时间系数、空间系数以及与网格数据和环流指数相关信息的可视化图形;“预测结果”是利用网格数据和环流指数进行 EOF 重构后得到的预测结果及 *Ps* 评分检验的可视化展示;“设置面板”较为复杂,包括台站数据和格点资料(物理场)及其区域的设置,还有分析时段、预测年以及相关分析、因子选取和可视化选择等。

选择显示模态,则可显示相应模态的时空系数,图 4.6.1 是中国夏季气温第一模态的时空系数分布,图 4.6.2 是第二模态的时空系数分布。切换变量,则是快速显示相应变量的 EOF 不同模态的时空系数。图 4.6.3 是中国夏季降水第一模态的时空系数分布。

如果在基础设置时选择格点数据,则可以根据物理场的相应选择对格点数据进行 EOF 分解。图 4.6.4 就是 1981—2010 年 9 月 500 hPa 高度场的 EOF 第一模态的可视化结果图。

如要分析要素其 EOF 不同模态的时间系数与不同物理场及模式预报场的相关性,在相关分析处默认选择“☑物理场”,对进行物理场及相应事件等设置后,如选择 4 月的海温距平场,点击“分析”,则得到当前选择模态的时间系数与物理场的相关分析结果图,如图 4.6.5 所示。如果现在进行相关分析选择时,在选择“☑指数”后,则在设置面板下方会出现对指数的设置,如图

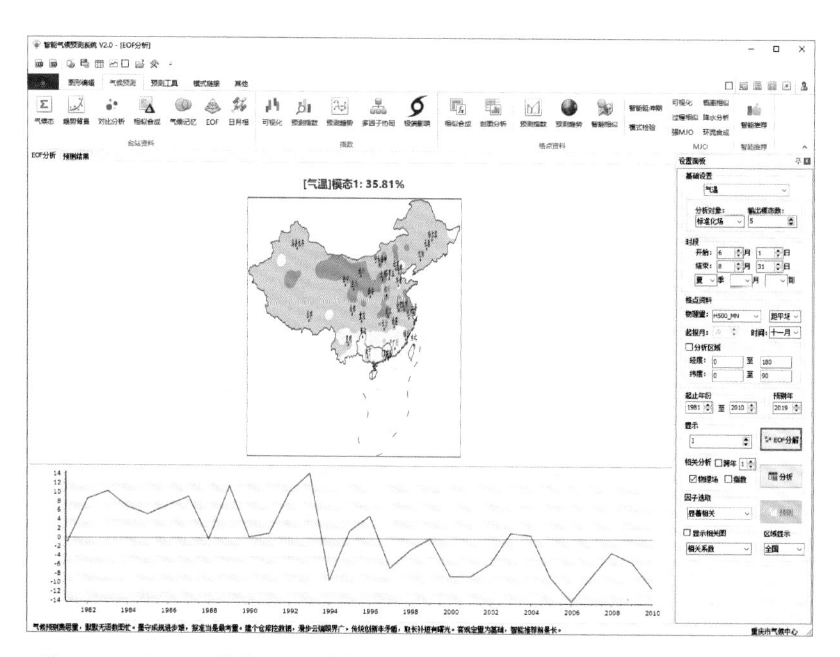


图 4.6.1 "EOF"模块 EOF 分解得到的中国夏季气温第一模态可视化结果图

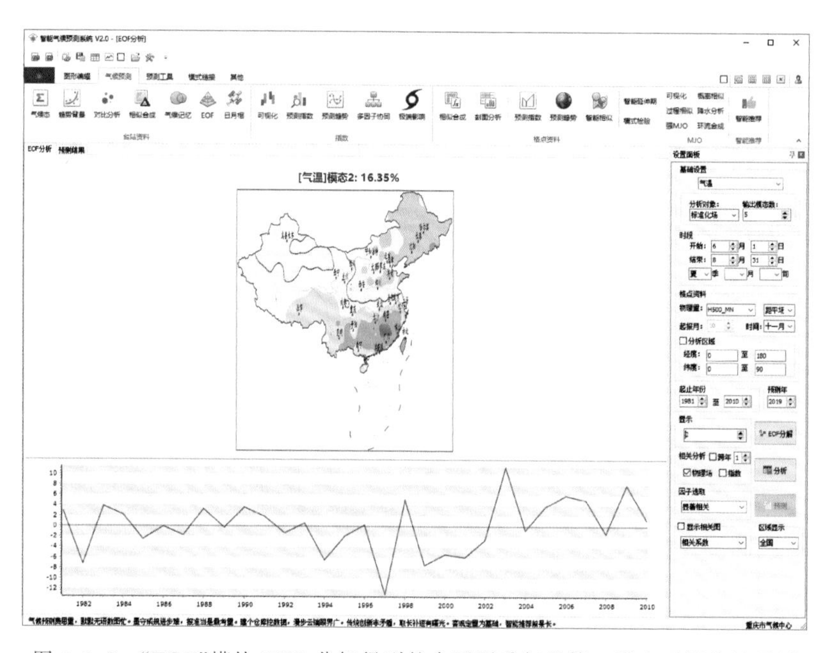


图 4.6.2 "EOF"模块 EOF 分解得到的中国夏季气温第二模态可视化结果图

4.6.6 所示选择 4 月"○标准 ◉提前"的环流指数,这里的"标准"表示所选择时间,"提前"表示以所选择月份为 0,往前推 11 个月的时段,这里就是上一年的 5 月至当年 4 月。设置后,点击"分析",则得到相应模态与所选择的指数之间的相关分析结果图,具体表示第三模态的时间系数与上一年的 5 月至当年 4 月间所有指数中高相关指数分布及该指数的距平值。

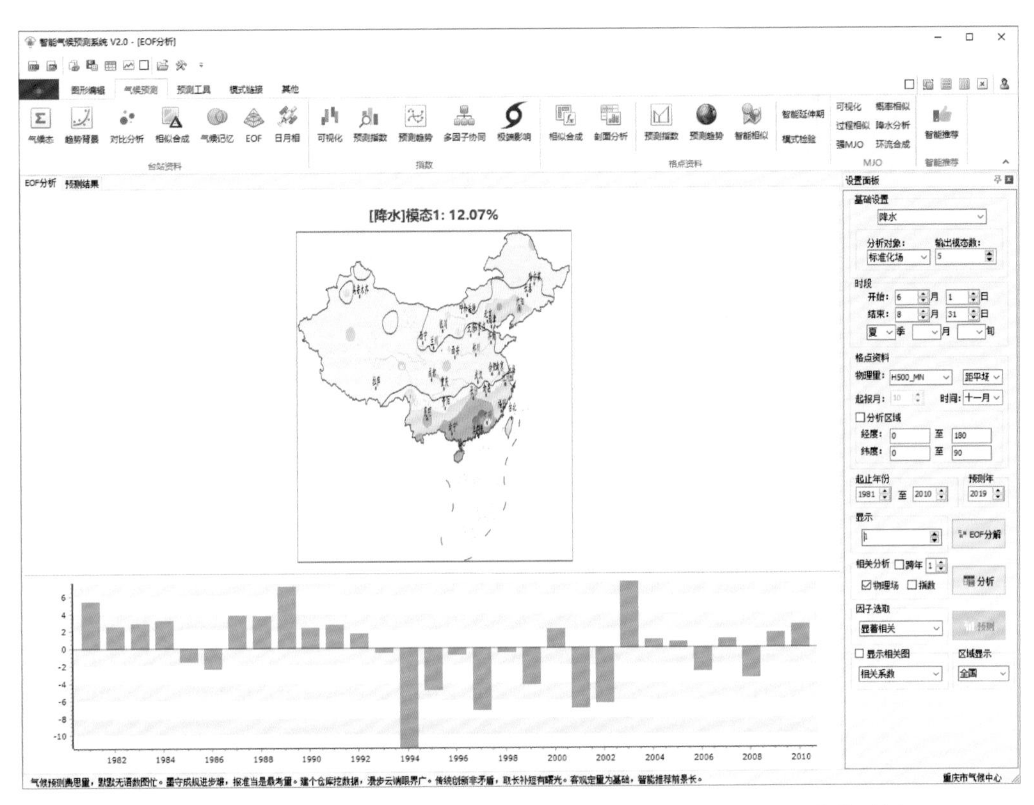


图 4.6.3 “EOF”模块 EOF 分解得到的中国夏季降水第一模态可视化结果图

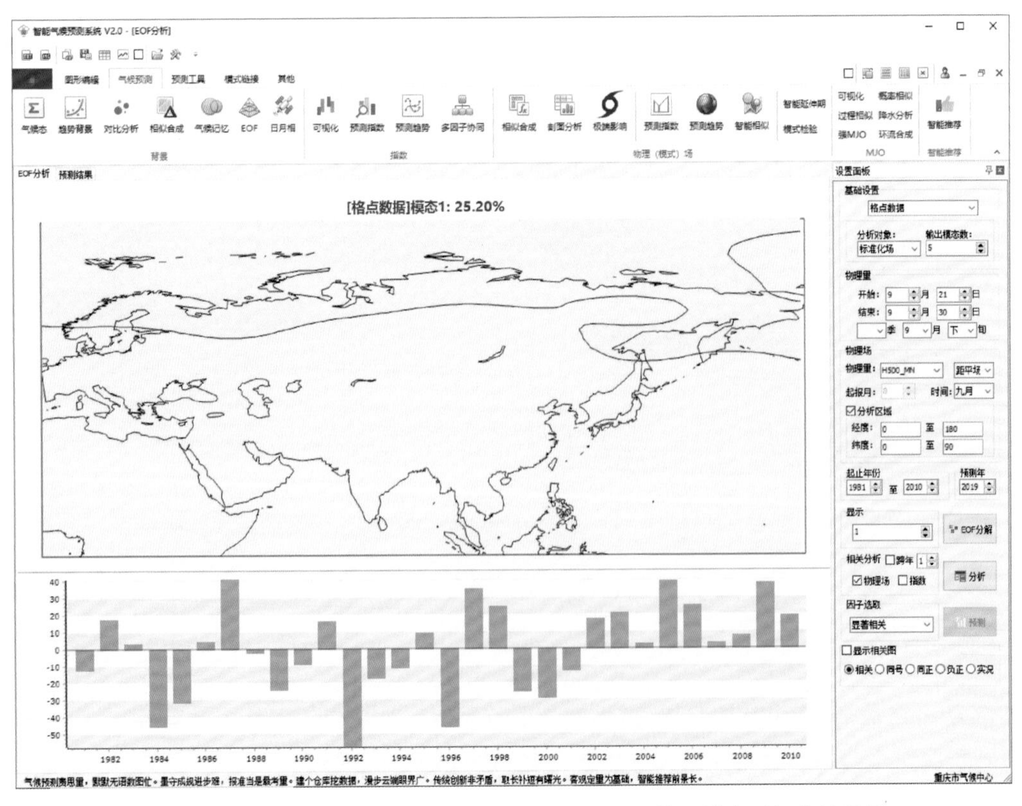


图 4.6.4 “EOF”模块 EOF 分解得到的格点数据的第一模态可视化结果图

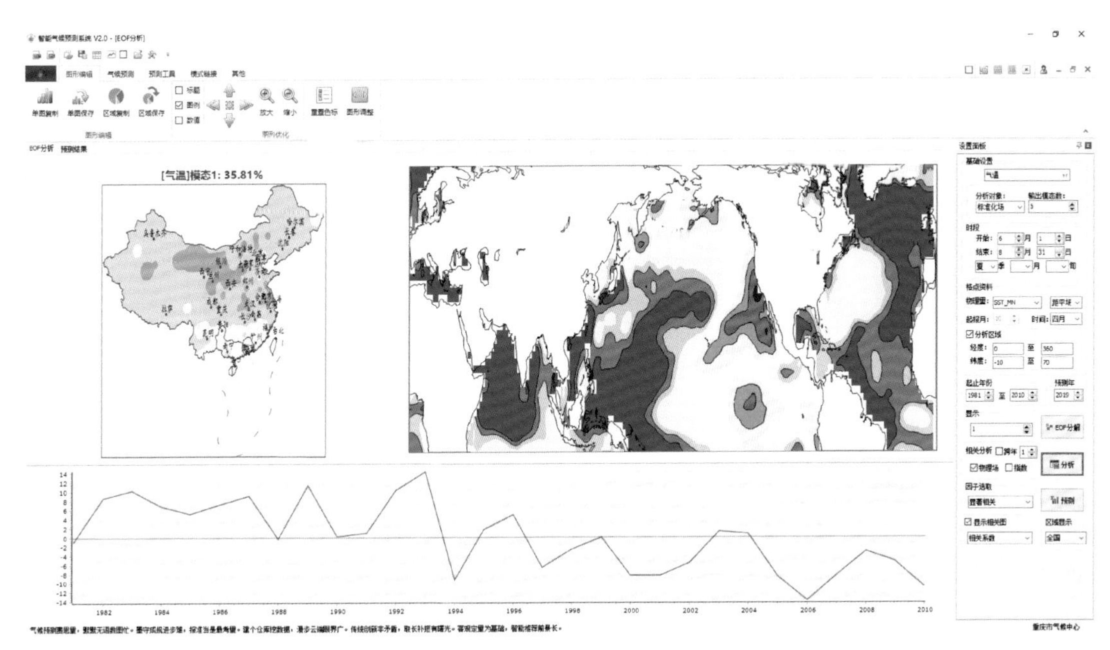


图 4.6.5　“EOF”模块环流场相关计算的可视化结果图

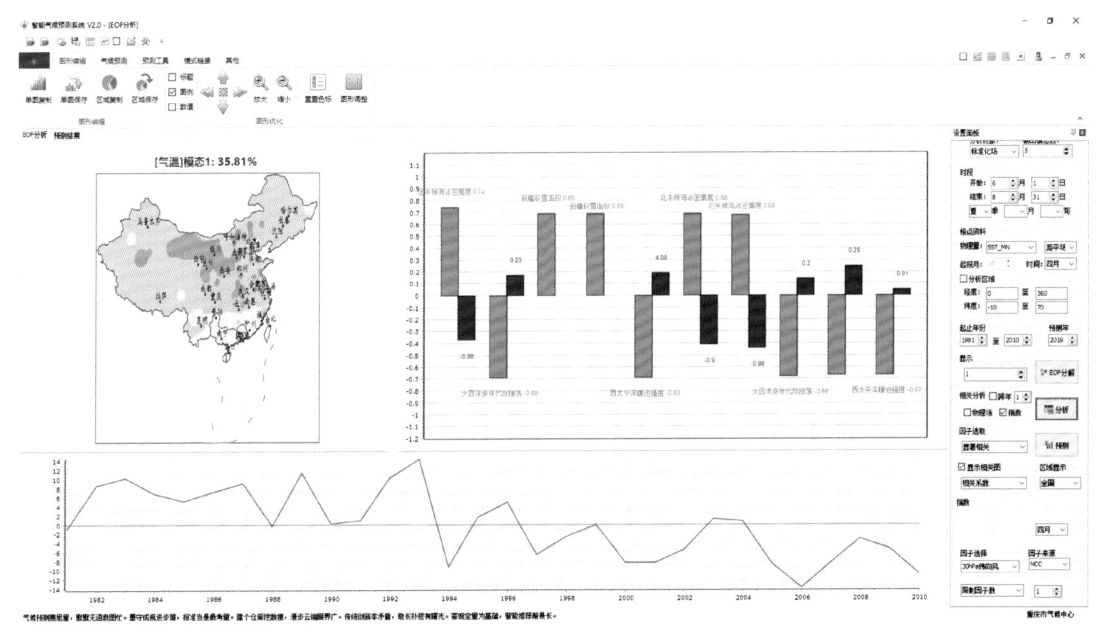


图 4.6.6　“EOF”模块环流指数相关计算的可视化结果图

在指数选择“提前”的情况下，我们可以通过因子选择和时间选择，查看任意因子在选择时间(包括)前 12 个月的相关持续性以及任意时间的高相关因子。图 4.6.7、图 4.6.8 分别是选择因子为 Niño3.4 指数以及时间选择为－1(即 3 月)后的结果图。在显示高相关因子时，可以通过“不分类、限定因子数、异常因子、大气、海洋、冰雪、天气”等进行不同情况的因子选择，如图 4.6.9 是选择“海洋”类因子后的结果图。

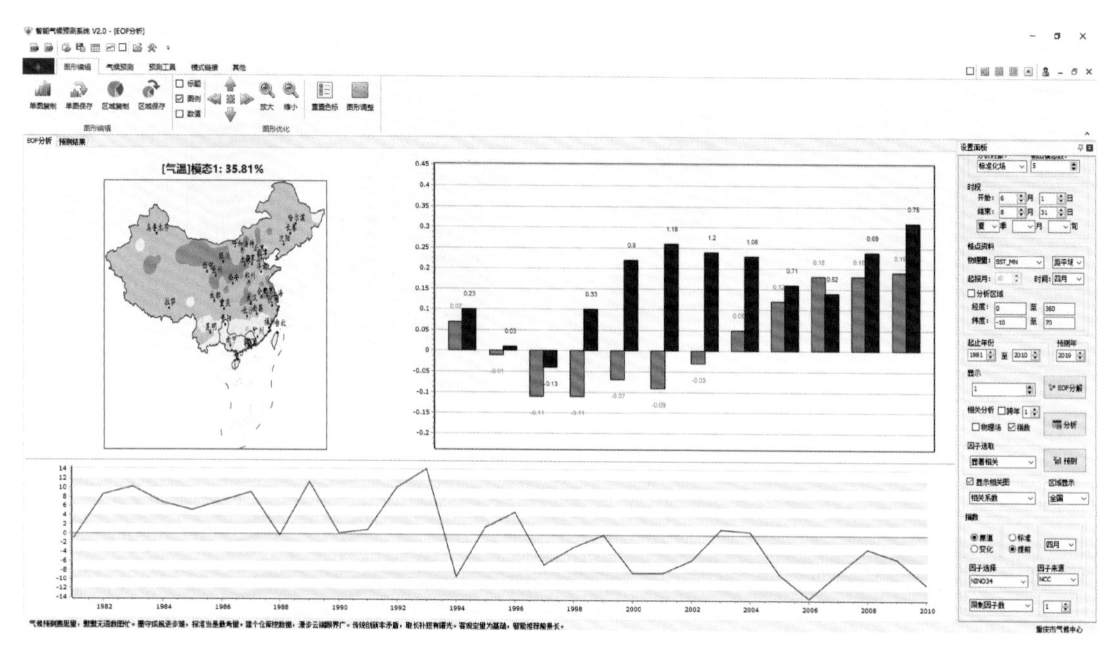


图 4.6.7 “EOF”模块单一环流指数逐月相关计算的可视化结果图

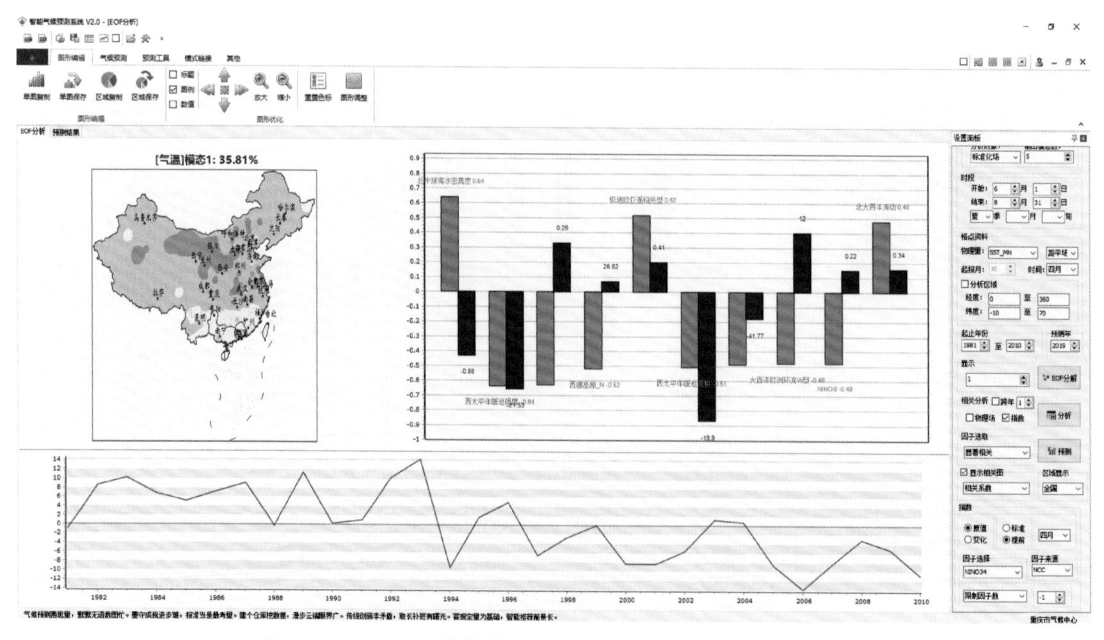


图 4.6.8 “EOF”模块单一月份高相关因子的可视化结果图

注：系统图形有缩放功能，文字重叠问题可以放大图形的局部来查看（系统中其他文字重叠问题均可局部缩放查看）

同样，相关分析的结果是为了得到客观化预测结果。采用 1.4.2 节中区域匹配域投影的前三种情况，即分别采用分析区域内的所有预报因子、相关系数通过 99％显著性检验的因以

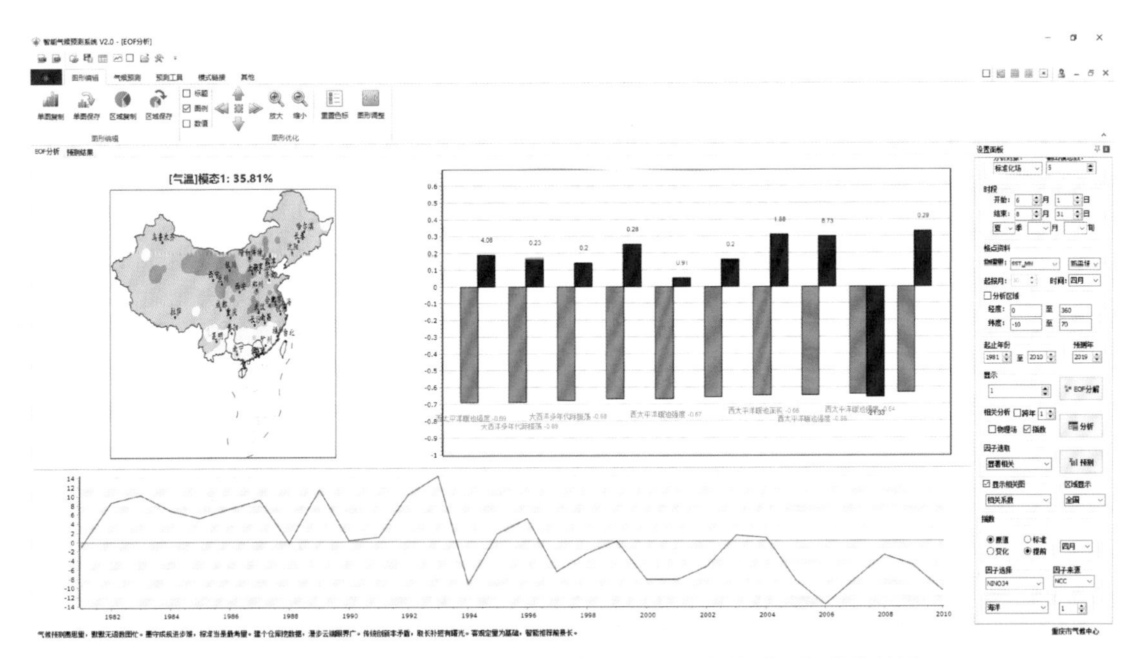


图 4.6.9 “EOF”模块选择单一类高相关因子(海洋)的可视化结果图

及相关系数最好的因子进行 EOF 重构,如图 4.6.10 所示,是用 4 月的海温距平作为自变量计算得到的 2018 年夏季气温的客观化预测结果。图 4.6.11 是用 NCC 4 月的环流指数预测得到的 2018 年夏季降水的客观化预测结果。

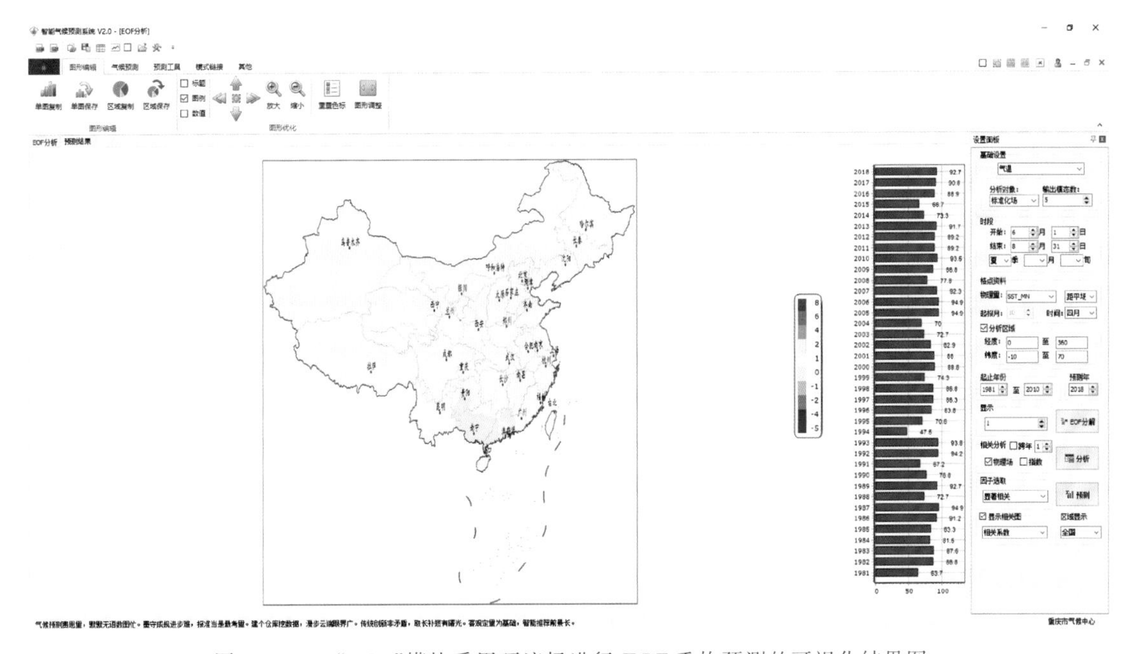

图 4.6.10 “EOF”模块采用环流场进行 EOF 重构预测的可视化结果图

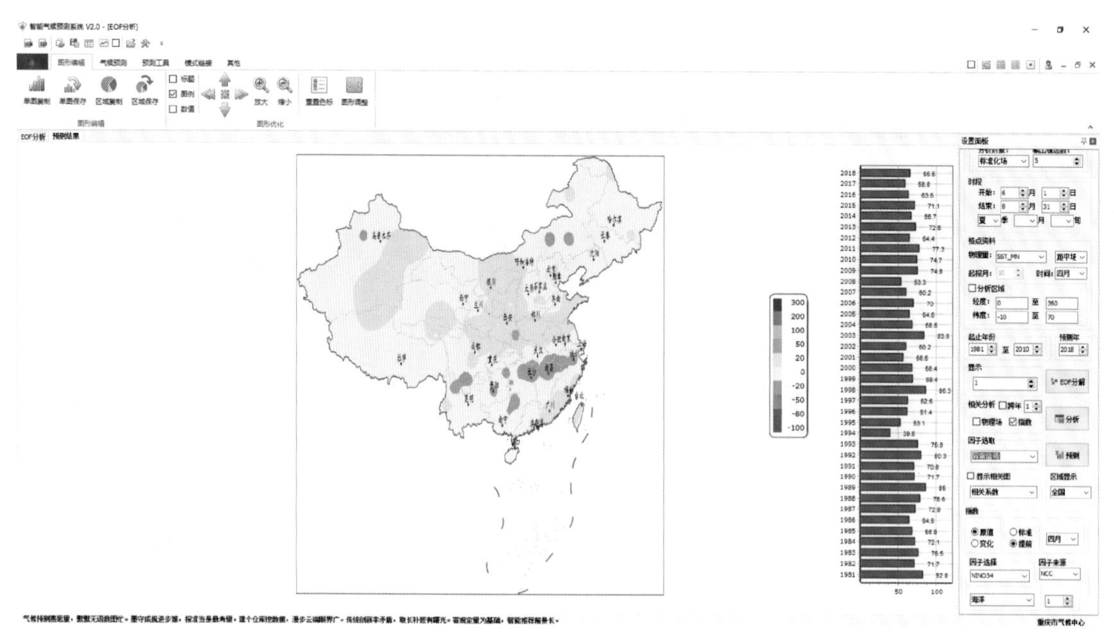

图 4.6.11 “EOF”模块采用环流指数进行 EOF 重构预测的可视化结果图

## 4.7 奇异值分解(Singular Value Decomposition,SVD)

**“SVD”**模块的主要功能是对台站资料、环流指数以及再分析资料使用向量场奇异值分解(SVD)方法进行分析,以期得到所选择的资料场之间的相互联系。

模块包括“可视化区域”和“设置面板”两个部分。“可视化区域”用于展示资料场的特征向量、同类相关和异类相关等特征信息;“设置面板”包括资料场的类型、要素、时段以及输出特征等的设置。

模块启动后,默认左场为格点资料,右场为台站资料。如图 4.7.1 是采用 4 月 500 hPa 高度距平场与全国 4 月气温之间 SVD 分析的结果,左场“500 hPa 高度距平场”范围为 0～180°E,0～90°N。默认输出类型为“特征向量”,每个图的标题给出了对应的方差贡献率以及相关系数等信息。左右场可分别根据所选择的输出类型进行可视化,图 4.7.2 是左场选择第 2 模态“同类相关”,右场选择第 3 模态“异类相关”的结果图。

当左右场都选择为“台站”,左场选择“气温”、右场选择“降水”,SVD 分析的结果如图 4.7.3 所示,输出类型均为“特征向量”,左场为第 2 模态,右场也为第 2 模态。

左场选择“指数”类型,指数资料来自国家气候中心,输出类型均为“同类相关”,指数时间为“标准”4 月;右场选择为 4 月“台站”的“降水”,SVD 分析的结果如图 4.7.4 所示。与采用“格点”“台站”不同,在选择“指数”的时候,会在设置面板中出现对应序号指数的名称。指数时间选择为“提前”4 月,输出类型左场为“同类相关”,右场为“特征向量”,SVD 分析的结果如图 4.7.5 所示。

左场选择为“格点”类型,物理量选择为 500 hPa 高度的距平场,区域范围为 0～180°E,0～

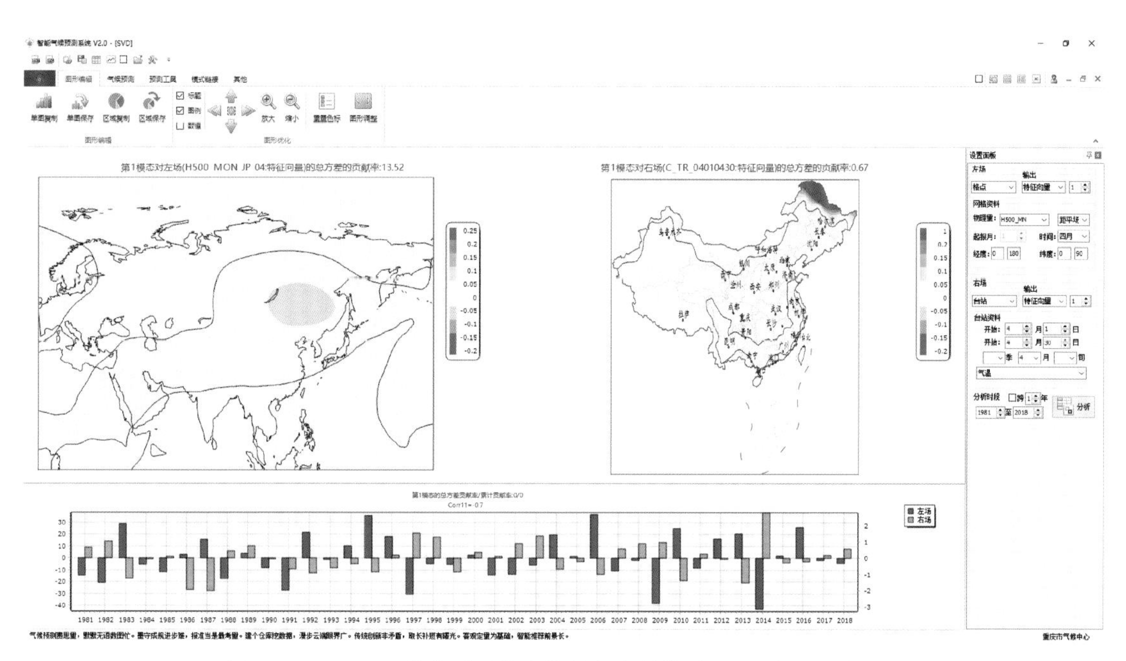


图 4.7.1 “SVD”模块采用格点资料与台站资料 SVD 分析的结果图

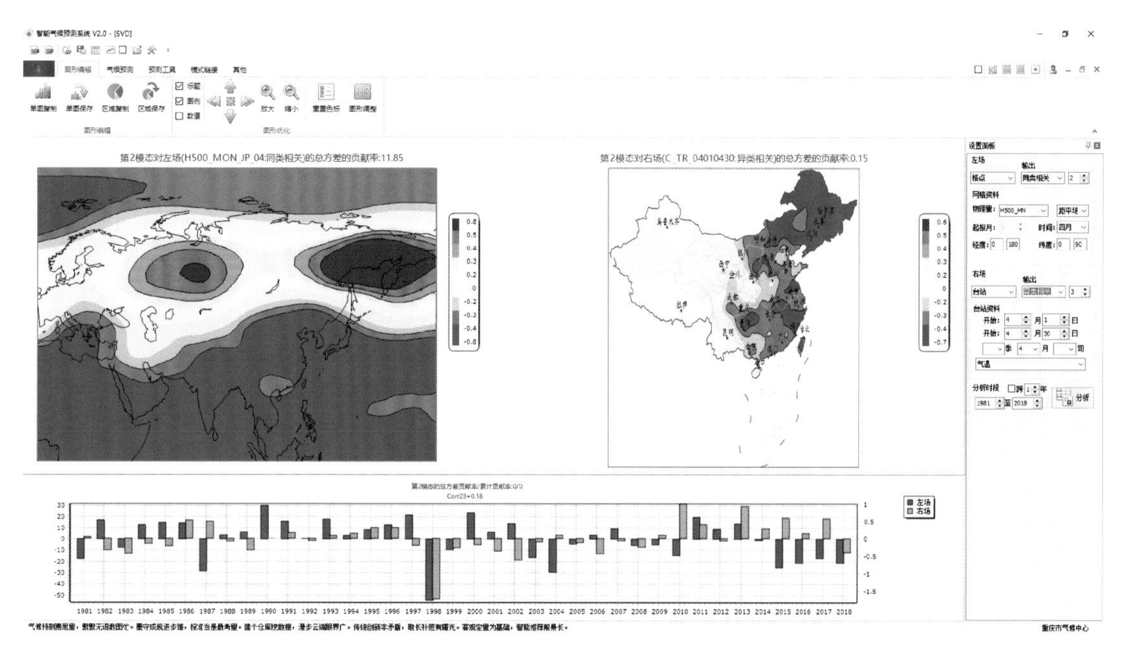


图 4.7.2 “SVD”模块采用格点资料与台站资料 SVD 分析改变输出类型及模态的可视化结果图

90°N;右场选择“指数”类型,指数资料来自国家气候中心,指数时间为“标准”4 月,输出类型均为“特征向量”,SVD 分析的结果如图 4.7.5 所示。

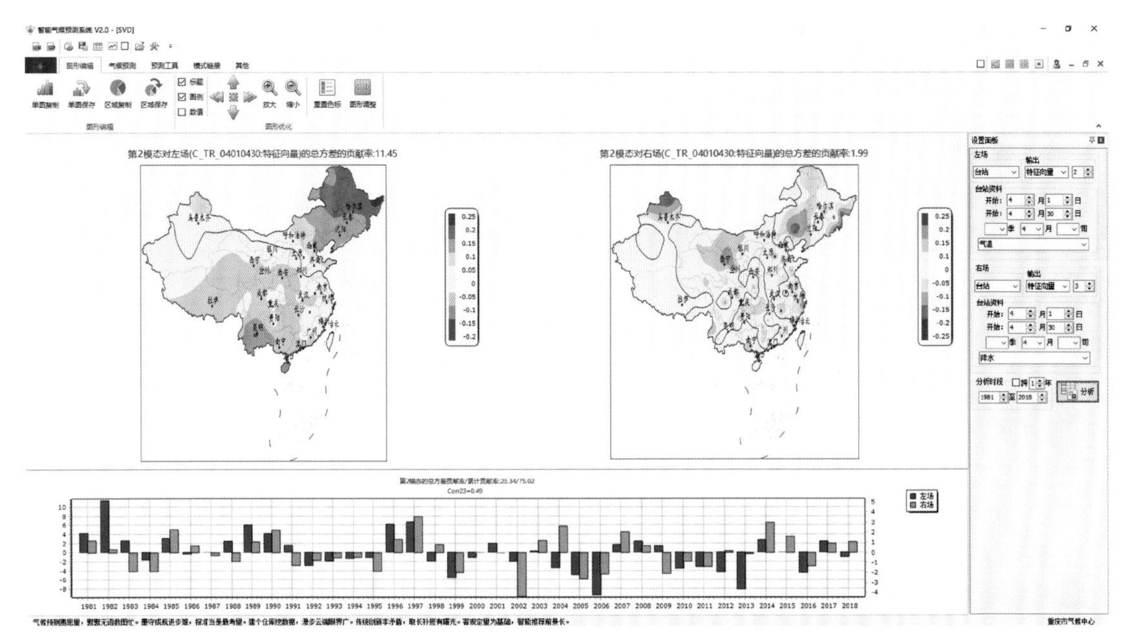


图 4.7.3 "SVD"模块左右场均采用台站资料 SVD 分析的结果图

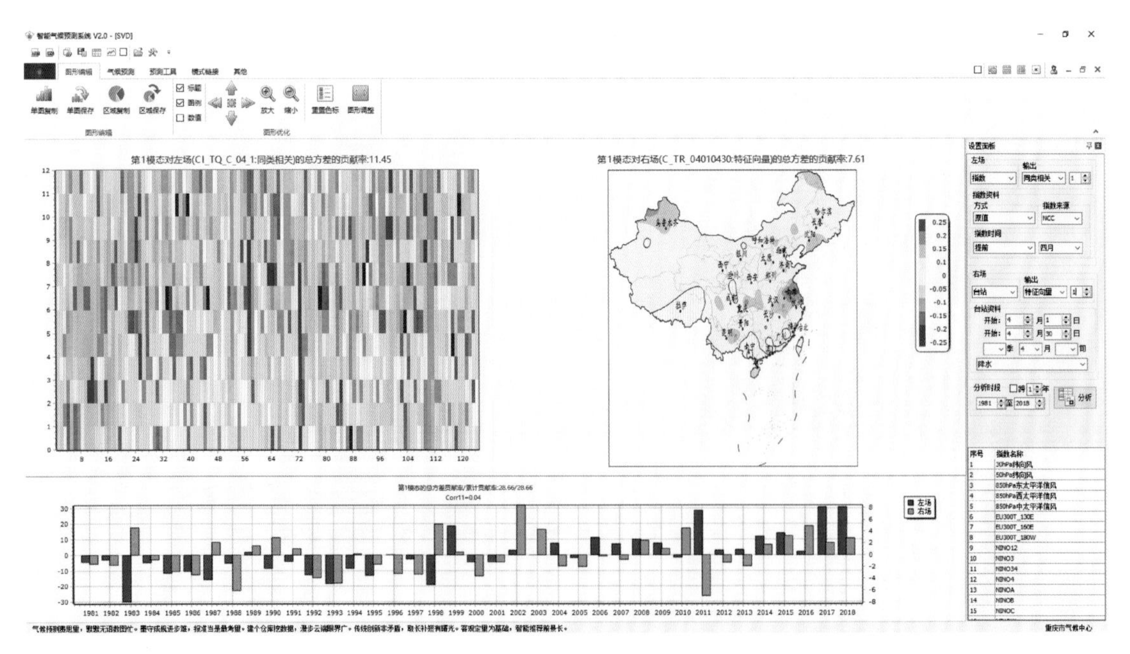


图 4.7.4 "SVD"模块"提前"指数与台站资料 SVD 分析的结果图

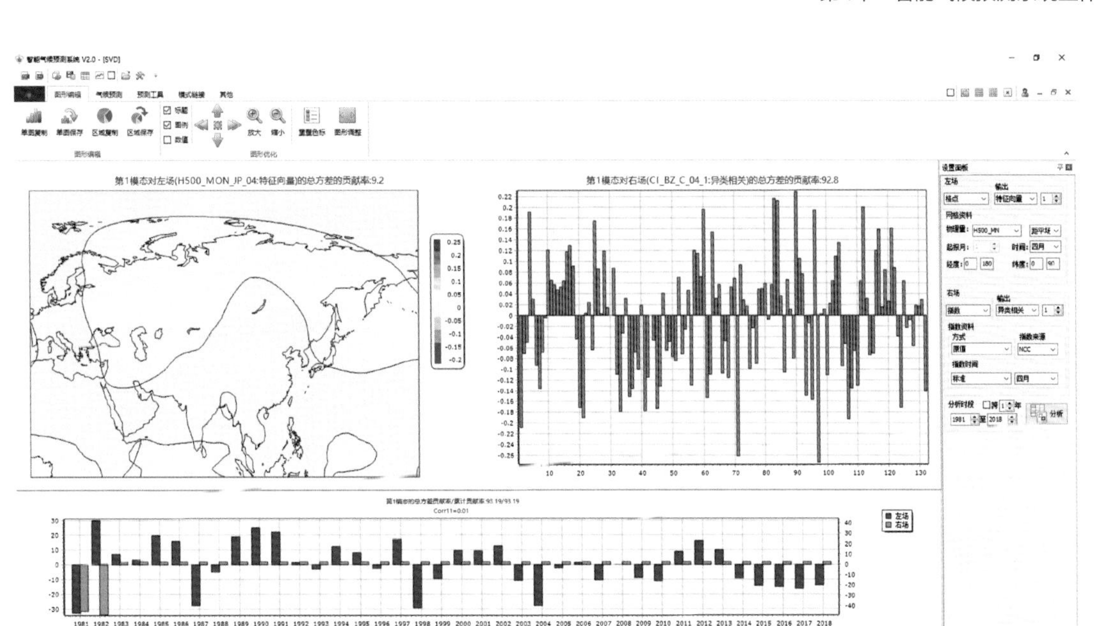


图 4.7.5　“SVD”模块采用格点资料与“标准”指数进行 SVD 分析的结果图

右场选择为“格点”类型，物理量选择为 4 月 SST 的距平场，区域范围为 40°～80°E，0～30°N；左场选择“指数”类型，来源为“常规”，指数时间为“提前”4 月，两者之间选择☑跨1年，目的是分析 4 月印度洋海温与未来一年的所有常规指数之间的相互关系。输出类型均为“异类相关”，SVD 分析的结果如图 4.7.6 所示。

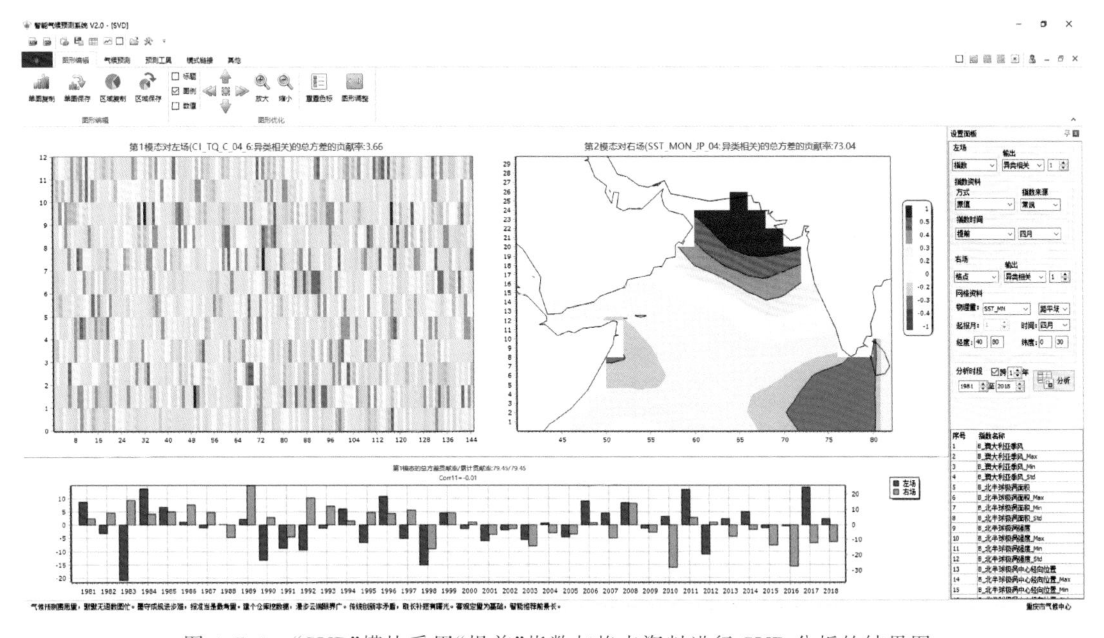


图 4.7.6　“SVD”模块采用“提前”指数与格点资料进行 SVD 分析的结果图

左右场均选择为“格点”类型，物理量选择为 1 月 SST 的距平场，区域范围为 40°～80°E，0～30°N，物理量选择为 4 月 500 hPa 高度距平场，区域范围为 0～180°E，0～90°N，输出类型均为“特征向量”，SVD 分析的结果如图 4.7.7 所示。

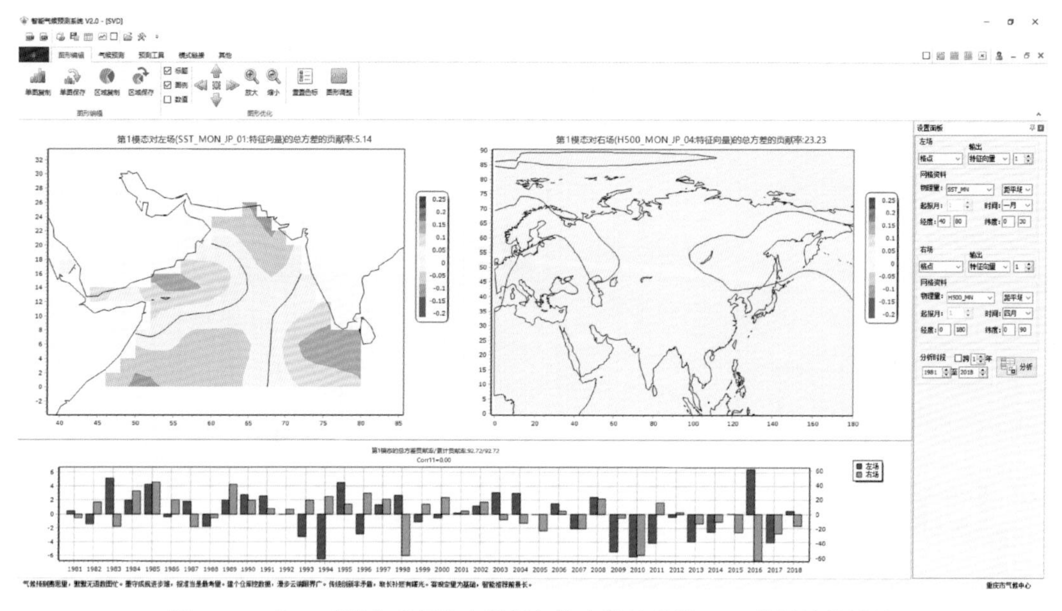


图 4.7.7 “SVD”模块采用格点资料与格点资料进行 SVD 分析的结果图

左右场均选择为“指数”类型，左场为“标准”4 月的“原值”，右场为“标准”4 月“距平变化”，用于分析 4 月指数及其与指数变化之间的相互关系，输出类型均为“特征向量”，SVD 分析的结果如图 4.7.8 所示。

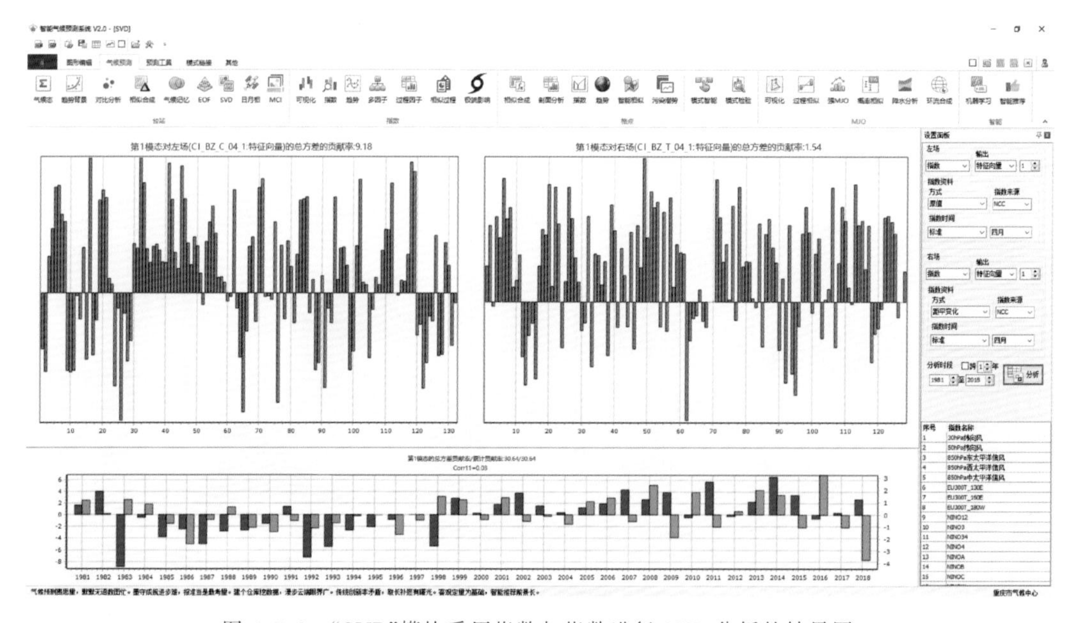


图 4.7.8 “SVD”模块采用指数与指数进行 SVD 分析的结果图

## 4.8 日月相

**“日月相”**是选择日相、月相、日月相、公历、农历和公农历之后，对所选台站的不同量级降水和变温进行概率统计和区域分布并可视化。

模块包括"表格""图形可视化"和"设置面板"。"表格"提供了任意台站任意时段内日相、月相、公历、农历的不同等级降水概率和变温概率的信息;"图形可视化"既对"表格"内容进行了图形可视化,也展示了任意日期的降水概率、变温概率的区域分布特征;"设置面板"则包括了台站、显示时间、统计时段、概率统计方式及可视化项目等内容的设置。

图 4.8.1 是 2019 年夏季北京的逐日"◉日月相"降水概率。从图中可见,6 月 29 日和 8 月 7 日是出现较高降水的两个日期,点击序列图,则对应出现点击日期的全国分布图,可选择显示不同的可视化项目。图 4.8.2 为选择"☑无雨"后,再点击图中 6 月 3 日得到的结果。

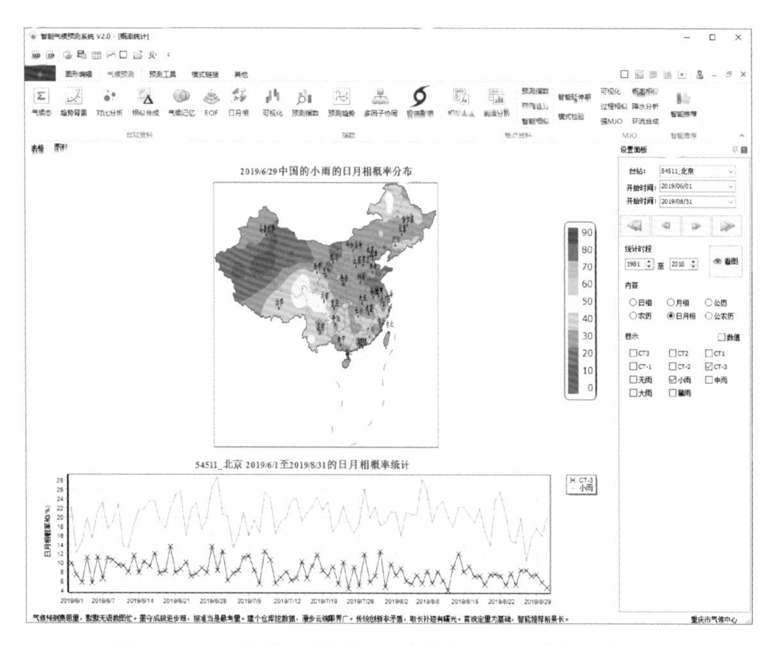


图 4.8.1 "日月相"模块中"日月相概率"可视化结果图

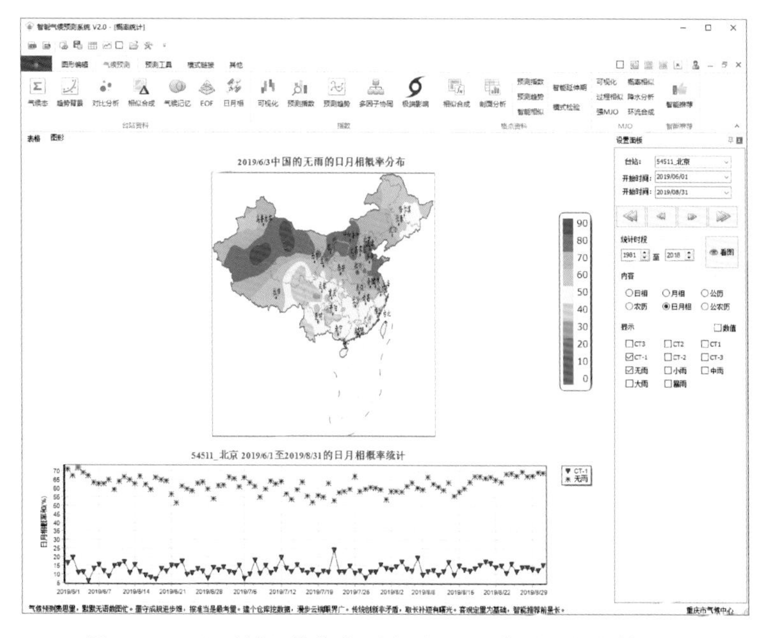


图 4.8.2 "日月相"模块中更改项目及日期的可视化结果图

另外，通过改变统计概率的方式，则概率统计的结果也会有相应调整。图 4.8.3 是上图改为“◉公历”后的结果图。

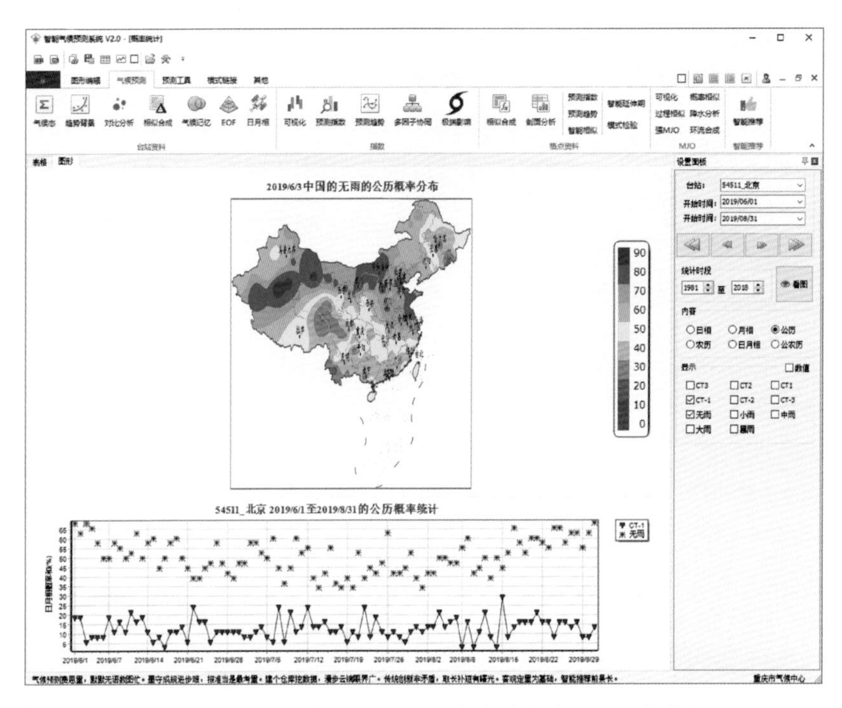


图 4.8.3 “日月相”模块中更改概率统计方式的可视化结果图

## 4.9 MCI(气象干旱综合指数)

“**MCI**”是对国家气候中心提供的逐日气象干旱综合指数进行实况监测及对未来气候的干旱预测数据进行可视化。

模块包括“图形可视化”和“设置面板”。“图形可视化”用于对 MCI 的可视化显示；“设置面板”则包括了对日期、监测及预测时间、时间序列的选择范围以及可视区域等的设置。

如图 4.9.1 是 2019 年 7 月 10 日的 MCI 全国实况监测，图中清晰地反映了华北地区较为严重的气象干旱。改监测及预测时间的“实况监测”为“25 d”，则可视化区域对应显示的是 2019 年 7 月 10 日起报的未来 25 d(即 2019 年 8 月 4 日)的 MCI 预测结果，如图 4.9.2 所示。

更改可视区域，可更精细化地显示所选择区域的 MCI 监测及预测情况，如图 4.9.3 为 2019 年 7 月 10 日起报的 8 月 4 日陕西省 MCI 预测结果。图 4.9.4 为陕西区域 6 月 10 日以来的 MCI 监测及未来 30 d 的预测序列，图中较为清晰地反映出 6 月下旬相对前期的气象干旱有较为明显的改善，而后期的气象干旱还会有所发展。

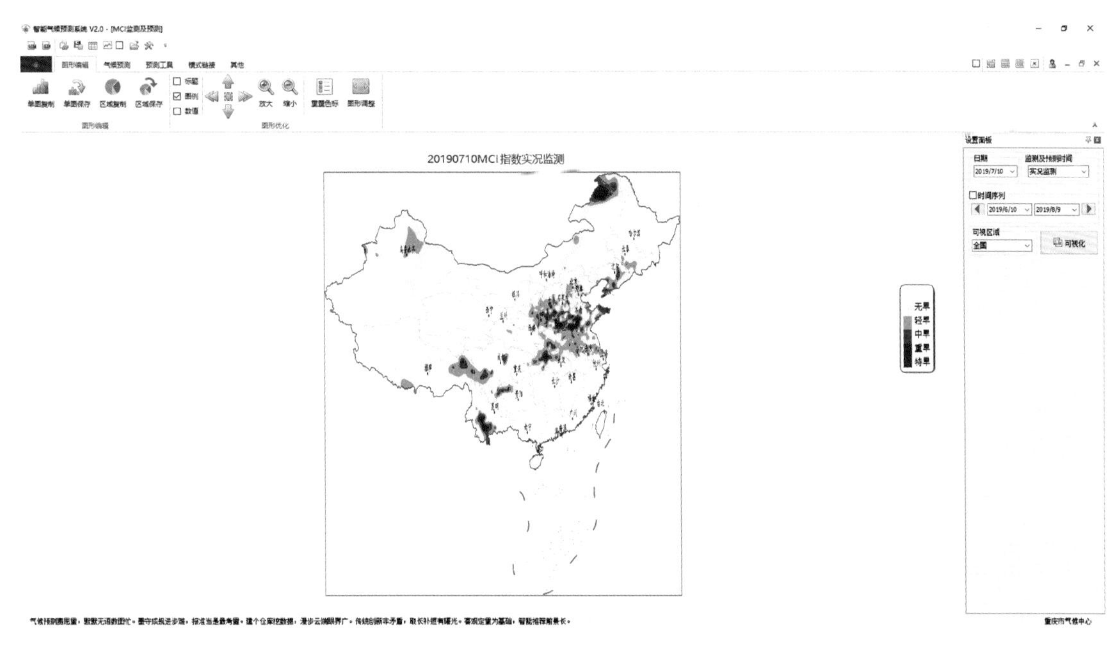


图 4.9.1　“MCI”模块中选择日期实况监测图

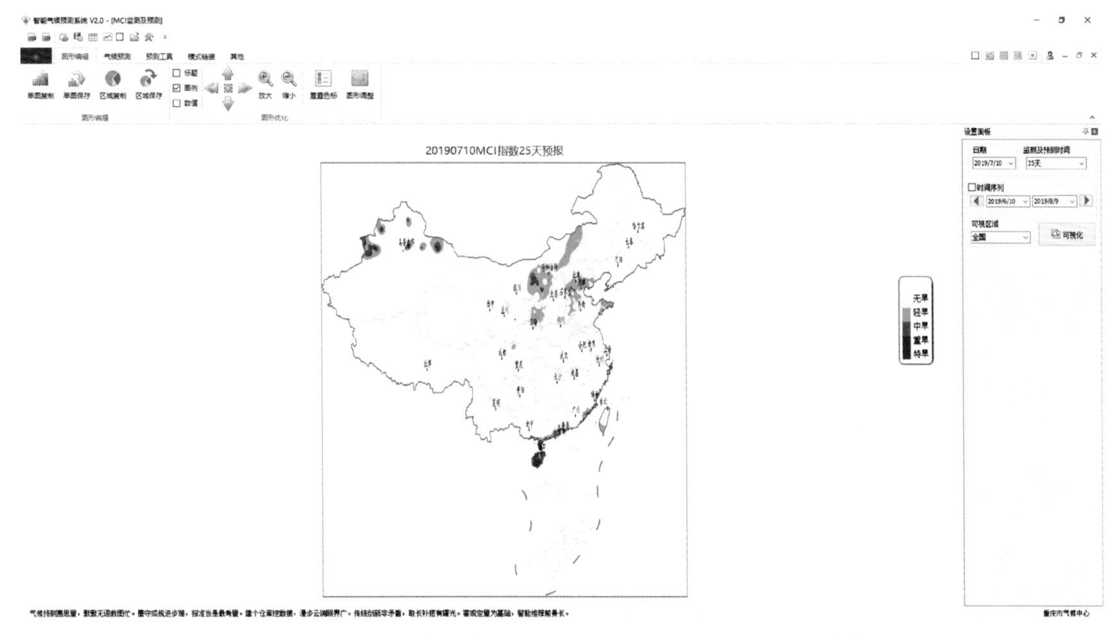


图 4.9.2　“MCI”模块中查看选择日期未来 25 d MCI 预测分布图

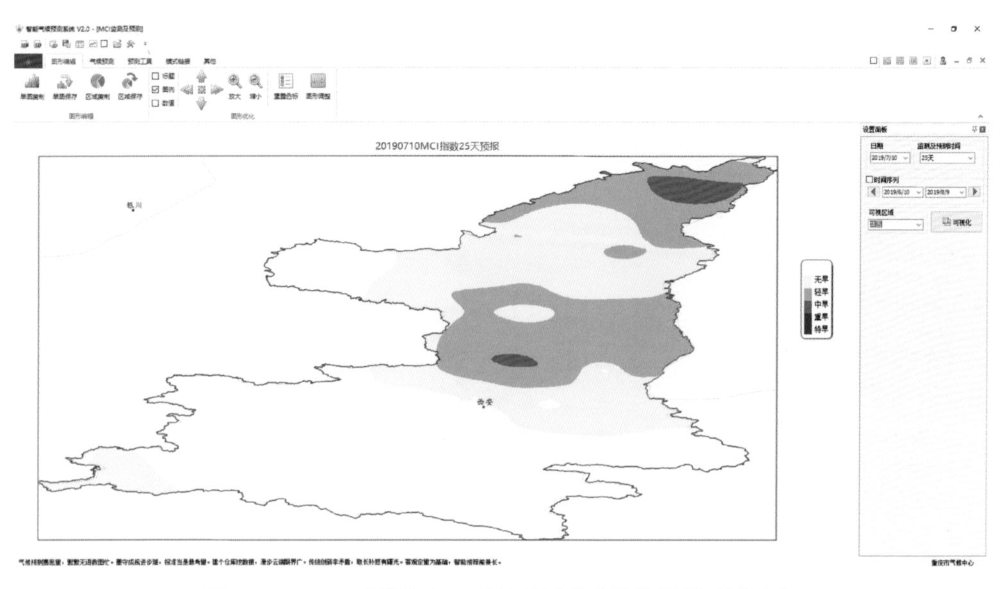


图 4.9.3 “MCI”模块中查看任意区域监测及预测区域分布

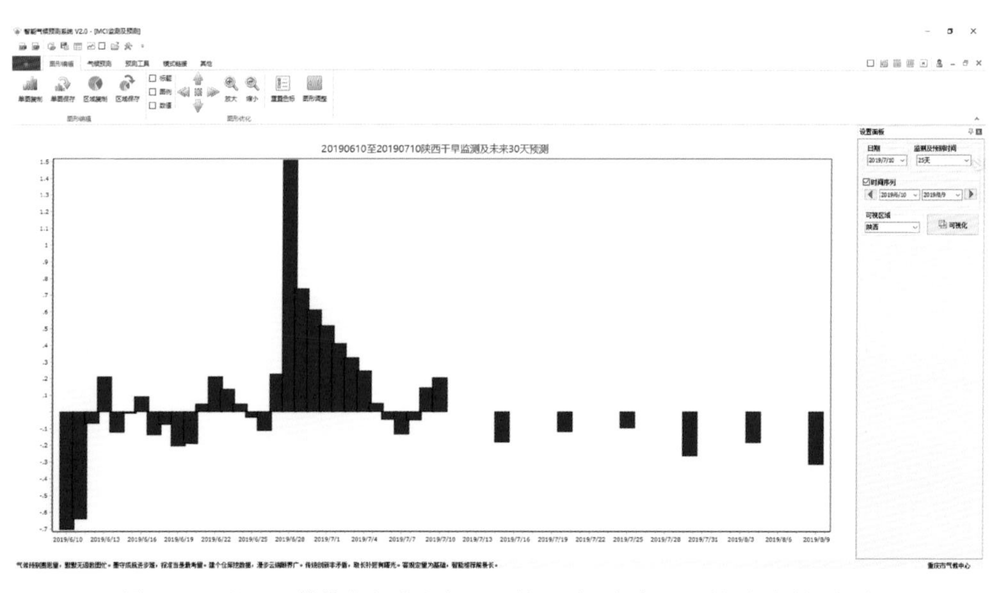


图 4.9.4 “MCI”模块中查看过去 30 d 的监测及未来 30 d 的预测时间序列

## 4.10 指数可视化

**“指数可视化”**模块的主要功能是通过单因子多方式或多因子单方式两种显示方式，对各项环流因子的值、距平及距平变化进行连续或分时间段的可视化。

模块包括“图形可视化”和“设置面板”两个部分。“图形可视化”是对选择的指数及方式提供不同的可视化方式；“设置面板”较为简单，包括“单因子多方式”和“多因子单方式”两种可视化方式、指数及时间选择方式、可视化内容和可视时段的设置。

如图 4.10.1 所显示的是，2017 年 9 月至 2019 年 8 月西太平洋副热带高压脊线的指数值、距平以及距平变化值。

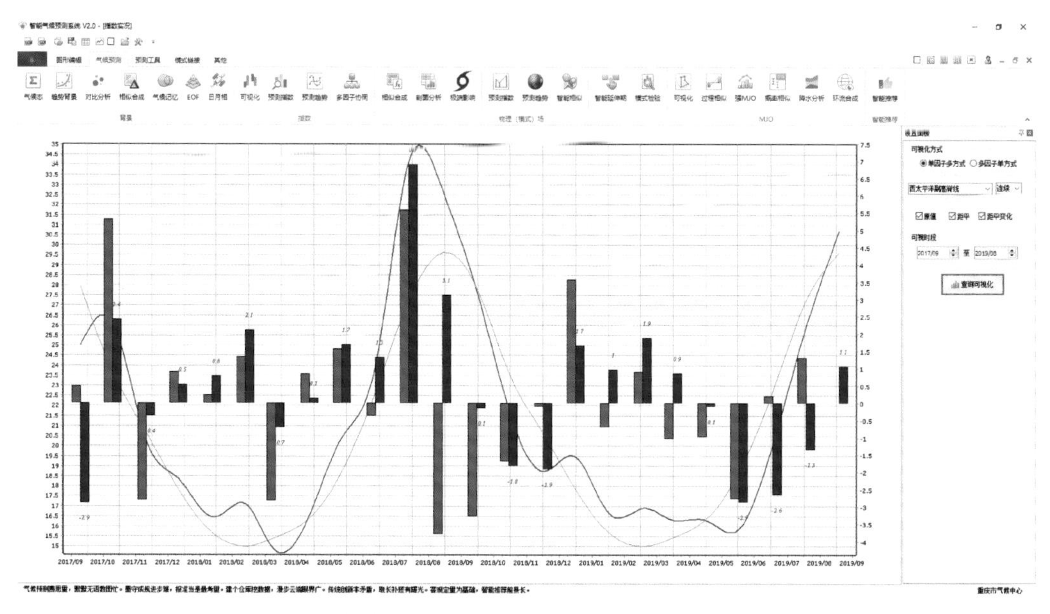

图 4.10.1 “指数可视化”模块中“单因子多方式”可视化结果图

如果所选择的指数有逐日的数值，可通过从左上往右下拉框选择的方式得到方框选择时段的逐日指数演变趋势，如图 4.10.2 所示。反向拉框则恢复到之前的状态。如果只是为了得到逐日的指数，可以选择“ ”，即可显示可视时段内的指数。

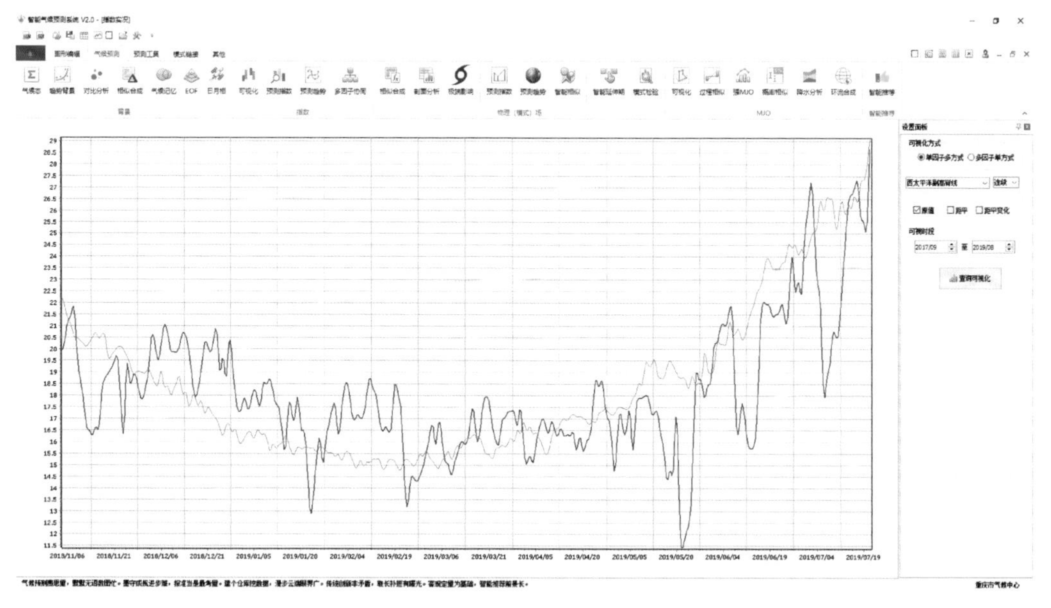

图 4.10.2 “指数可视化”模块中逐日指数的可视化结果图

如果需要查看某一个月份或者季节的趋势，则选择对应的时间，如选择夏季，可得到历年夏季的趋势变化图，如图 4.10.3 所示。

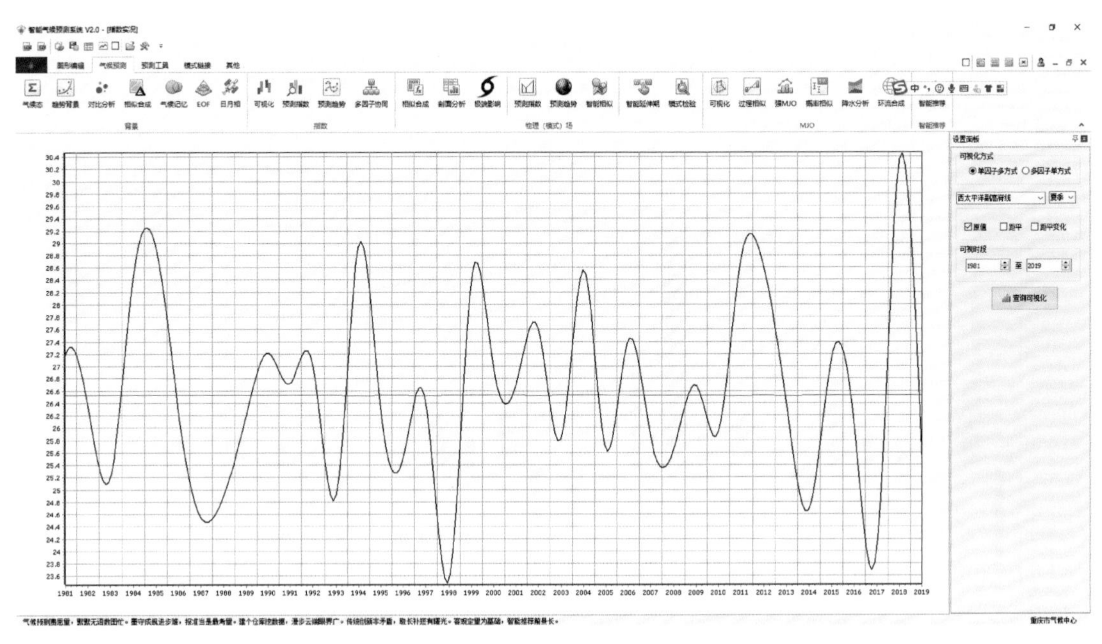

图 4.10.3 “指数可视化”模块中同一时段历年演变趋势的可视化结果图

可视化方式选择“◉多因子单方式”时，查询到的可视化的结果默认是西太平洋副高的四个指数集成在一张图上，每个指数均为月(季)所有数值的平均值，如图 4.10.4。可以通过选择图形区域中的“图表自定义”，定制其他环流指数的显示，也可修改“面积图表”为所需的图表类型，比如直方图，如图 4.10.5 是历年 Niño 区指数的柱状图。

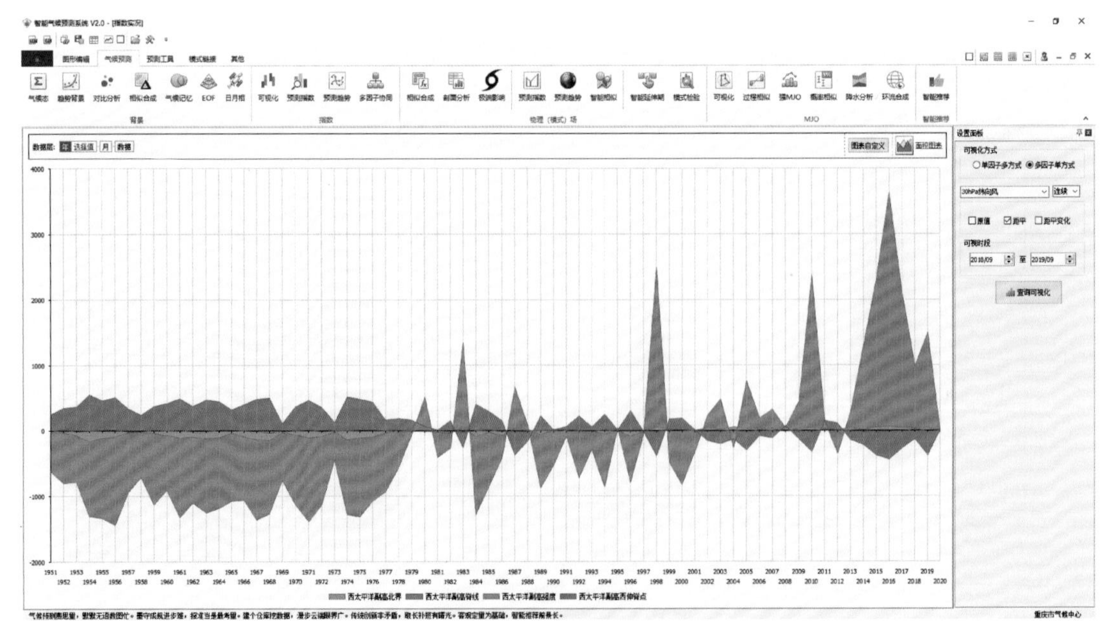

图 4.10.4 “指数可视化”模块中多因子单方式可视化结果图

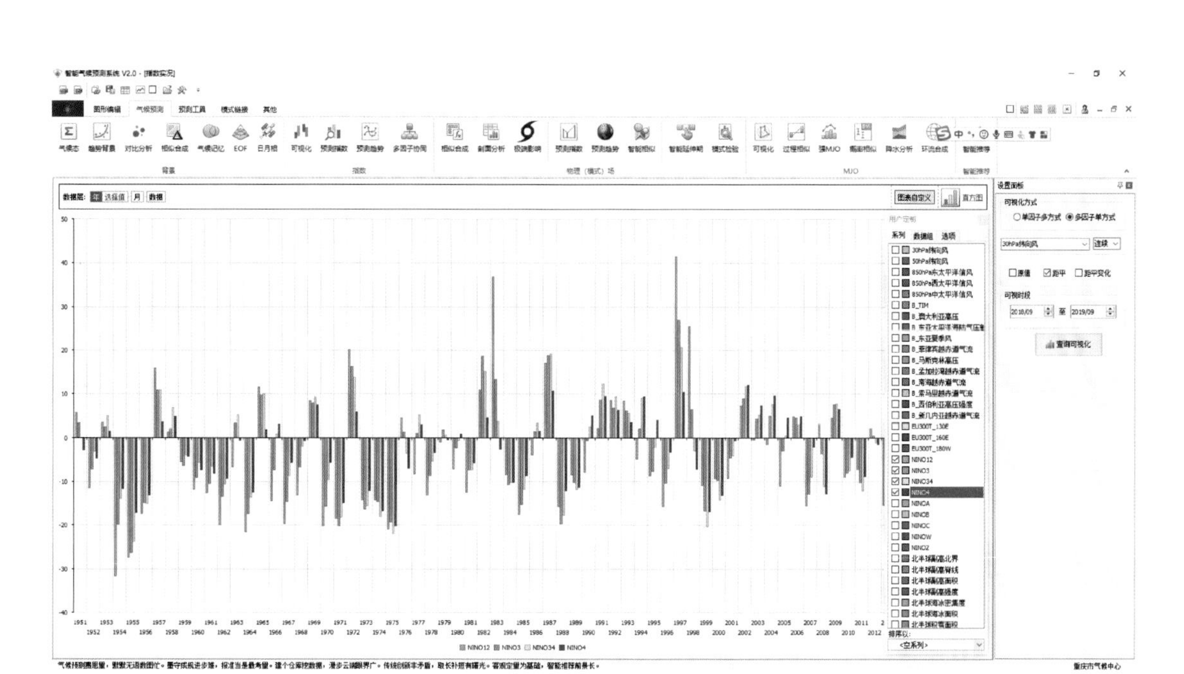


图 4.10.5　“指数可视化”模块中多因子单方式改变因子和图表类型可视化结果图

在可视化区域的左上方选择数据层的年，或者在图形中直接点击，则图形显示选择年份的逐月（序号 13～17，分别表示年、冬、春、夏、秋，以下同）变化趋势，如图 4.10.6。若拉拽月到年的前面，如图 4.10.7，则图形改变为每月（季）的平均值，同样若选择月份或者图形中点击月份，显示该月（季）的历年序列，如图 4.10.8。

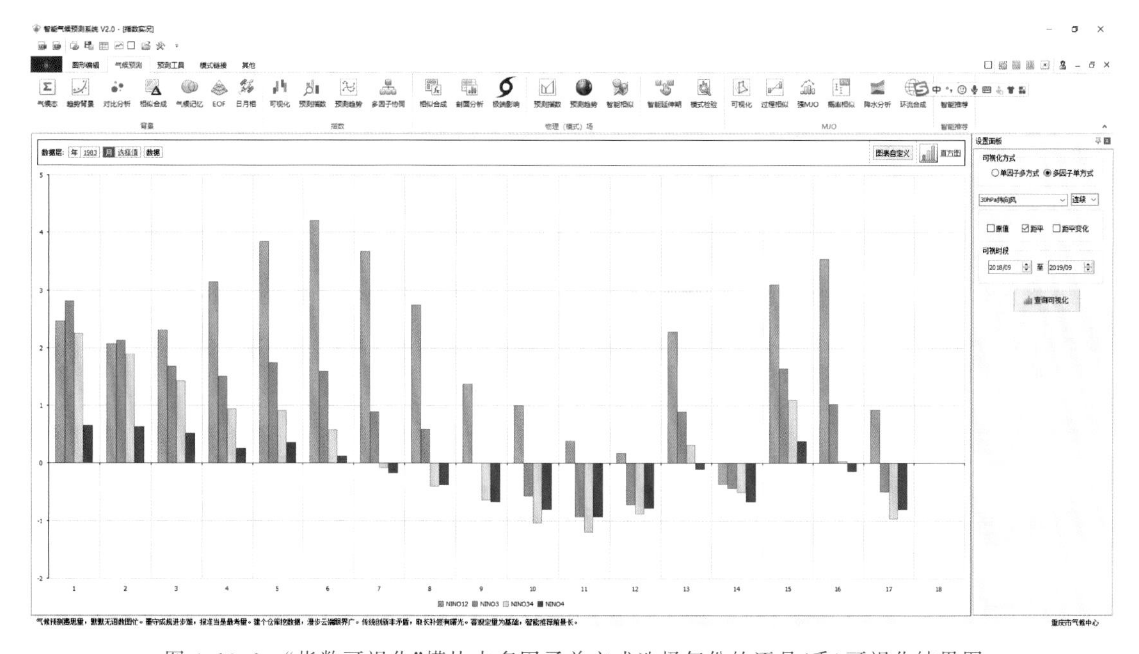


图 4.10.6　“指数可视化”模块中多因子单方式选择年份的逐月（季）可视化结果图

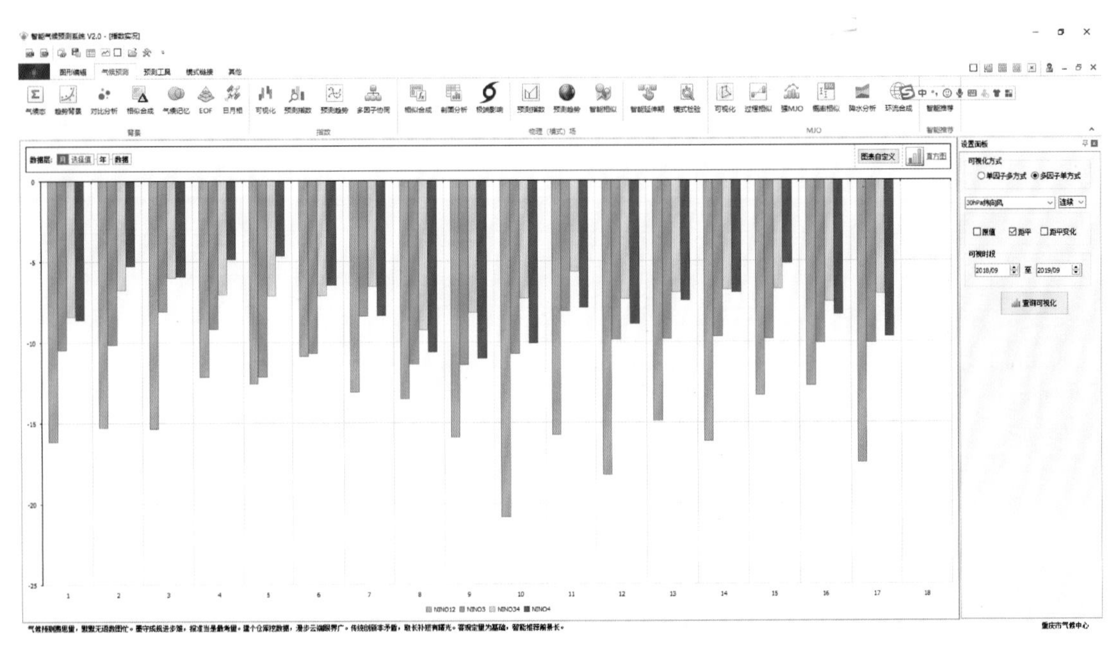


图 4.10.7 “指数可视化”模块中多因子单方式指数月(季)平均值可视化结果图

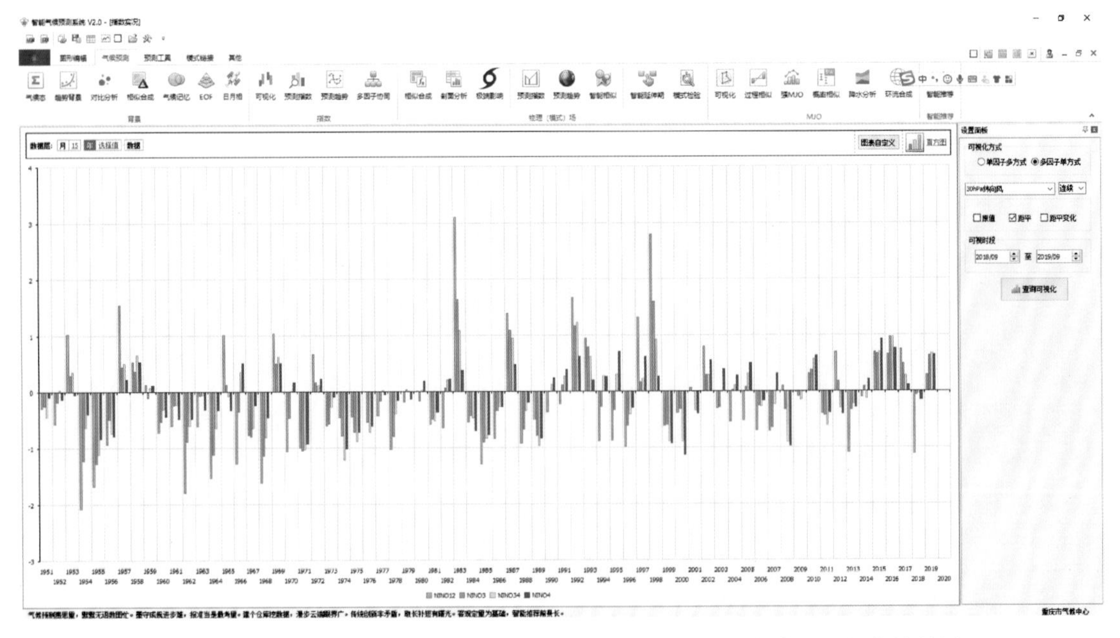


图 4.10.8 “指数可视化”模块中多因子单方式选择月份历年序列可视化结果图

# 4.11 指数预测指数

**“指数预测指数”**模块的主要功能是通过对前一个时段不同来源的环流因子与后一个时段环流因子之间的相关、符号一致率等特征量进行分析，通过自动挖掘影响后一个时段因子的关键前期因子以及关键影响时段，预测后一个时段环流因子的正负距平。

模块界面包括“图形可视化”“预测结果”以及“设置面板”三个部分。“图形可视化”对自变量指数的实况及相关性等信息的可视化；“预测结果”数据窗口显示的是计算所得到的相关、同正、同负、同号以及预测结果等信息；“设置面板”是关于进行自变量和因变量指数、相关时段、预测年以及显示内容选择的设置。

图 4.11.1 表示上一年 5 月至当年 4 月的所有环流指数与夏季西太平洋副高脊线进行相关分析后，得到的“限制因子数”的高相关因子，其中“限制因子数”表示的是在大气、海洋、冰雪、天气类型的因子各取 5 个，也可选择“分类、不分类或异常因子”进行提取，这和 4.6 章节中相应部分相同，这里不再赘述。在相关图形的下方，是对相关分析的结果按不同方式进行排序并根据相关和符号一致率做了简要的预测结果。在表格中，点击“名称”列中任意一个环流指数，则图形区域显示该指数与因变量指数的逐月相关统计结果，如图 4.11.2 是自变量指数为 4 月之前(包括 4 月)的 12 个月的 850 hPa 中太平洋信风与夏季西太平洋副高脊线的相关系数，也可通过改变显示内容，显示同号率、同正率和负正率。选择表中的“月”这一列中任意一行，得到该月份的高相关因子，图 4.11.3 展示出了 4 月的所有环流因子中与西太平副高脊线同号率最高的前 20 位海洋类因子。

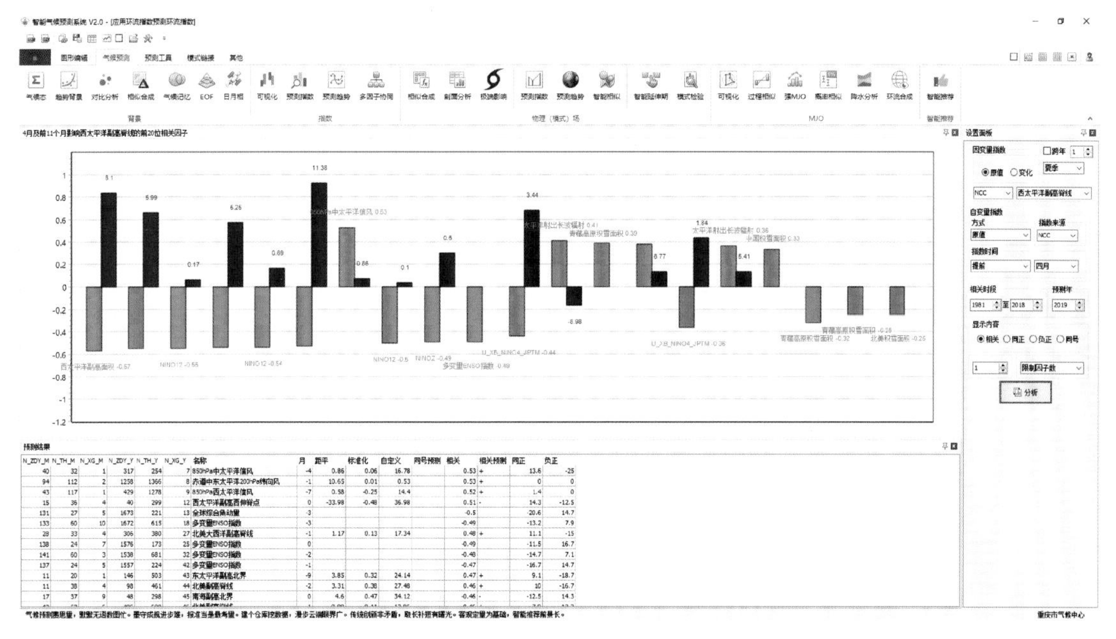

图 4.11.1 “指数预测指数”模块中相关分析结果的可视化结果图

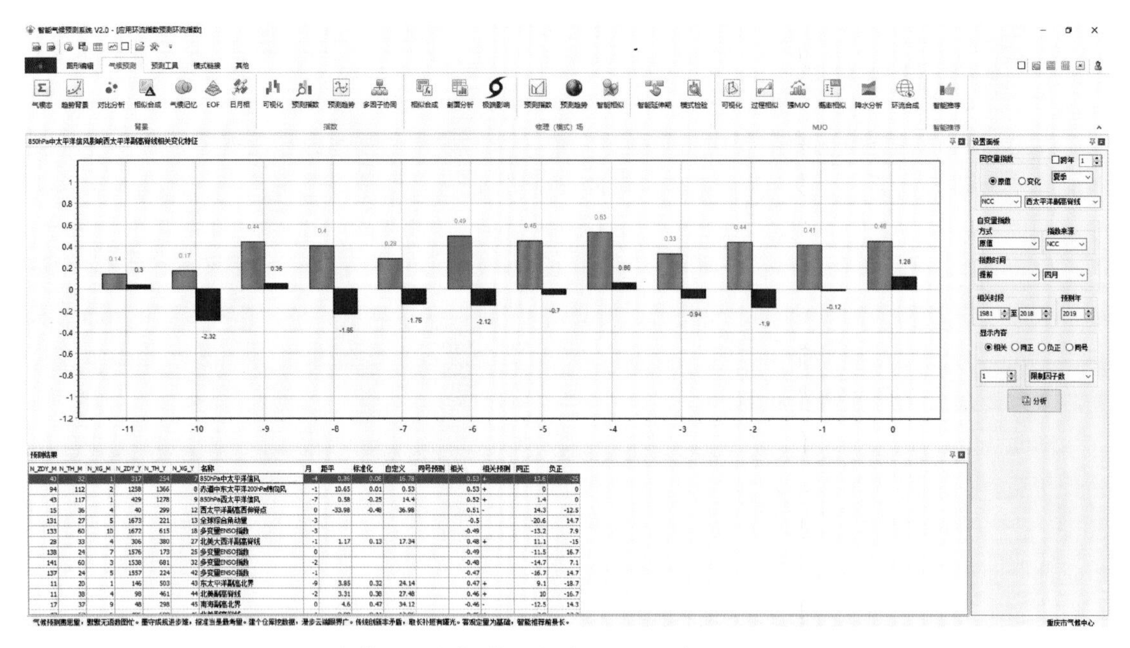

图 4.11.2 “指数预测指数”模块中单一自变量高相关时间提取的结果图

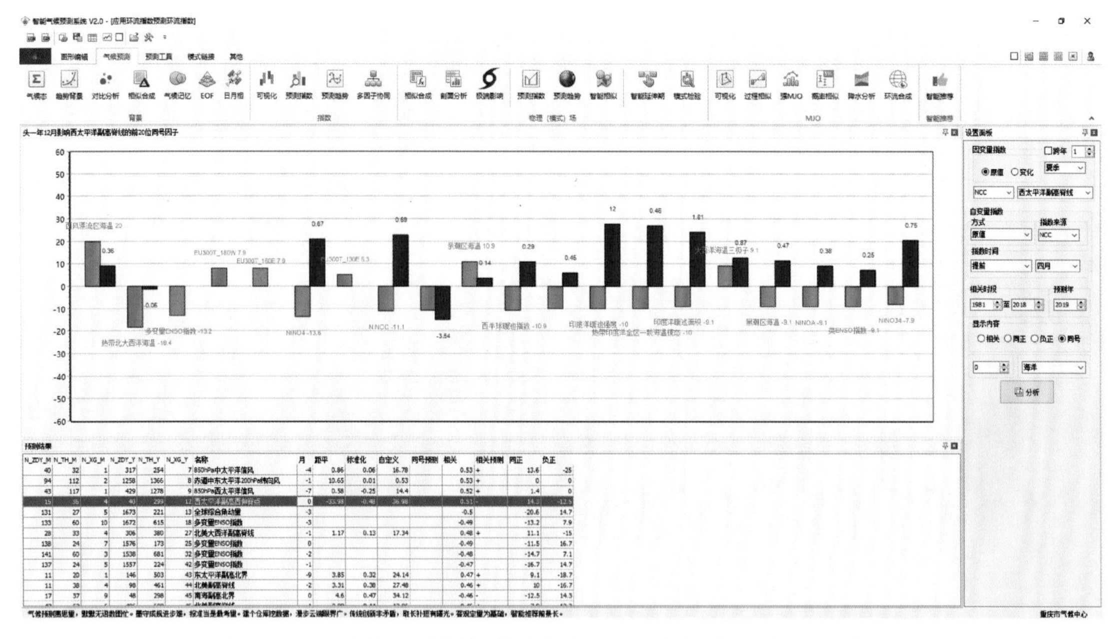

图 4.11.3 “指数预测指数”模块中单一时间高相关因子提取的结果图

## 4.12 指数预测趋势

**“指数预测趋势”**模块的主要功能是通过分析得到各个台站以及根据所有台站的平均、下一级行政区域或气候分区的平均在季、月、旬及任意时段的气温、降水、雨日、高温日等预测对象，其与国家气候中心提供的 142 项利用再分析资料建立的 421 项环流指数的同期及前期相关性，再由相关及符号一致率等特征挖掘出影响预测对象的前期或同期的关键环流指数（系统）及其关键的影响时段，并自动对关键环流指数分类（大气、冰雪、海洋）排序。根据挖掘得到的每个台站的高相关因子，回归得到客观化预测。

模块界面构成较为复杂，包括“关键信息”“关键分布”“关键指数和时段”“趋势对应”“预测结果”以及“设置面板”。“关键信息”数据窗口是显示指数与预测对象的相关系数、同号率、同正率、负正率等关键信息；“关键分布”则是将相关系数等可视化展示；“关键指数和时段”是将得到的影响旱涝的关键指数以及关键时段可视化显示；“趋势对应”是将选择的“关键指数”与预测对象进行对比可视化显示；“预测结果”是显示利用指数预测得到的客观化预测结果及其 *Ps* 评分；“设置面板”则包括了自变量指数、因变量、相关时段、可视化内容、预测方法、推荐规则以及报文制作规则等设置。

自变量指数，选择“原值”表示用指数的原始数据（距平）为自变量，选择“距平变化”表示用每个指数当月的距平与前一个月距平的差值作为自变量。自变量指数时间包括“标准、提前和逐周”三种选择，其中“逐周”是采用的以周为计量单位的指数进行相关分析，“标准和提前”与4.6节的介绍一致。

图4.12.1表示的是用1981—2010年期间4月的所有环流指数（前一年5月到下一年4月）与全国气温进行相关性分析的结果，执行“分析”时，“预测结果”暂时没有信息，需要在执行“预测”操作后才能得到相关的预测图。

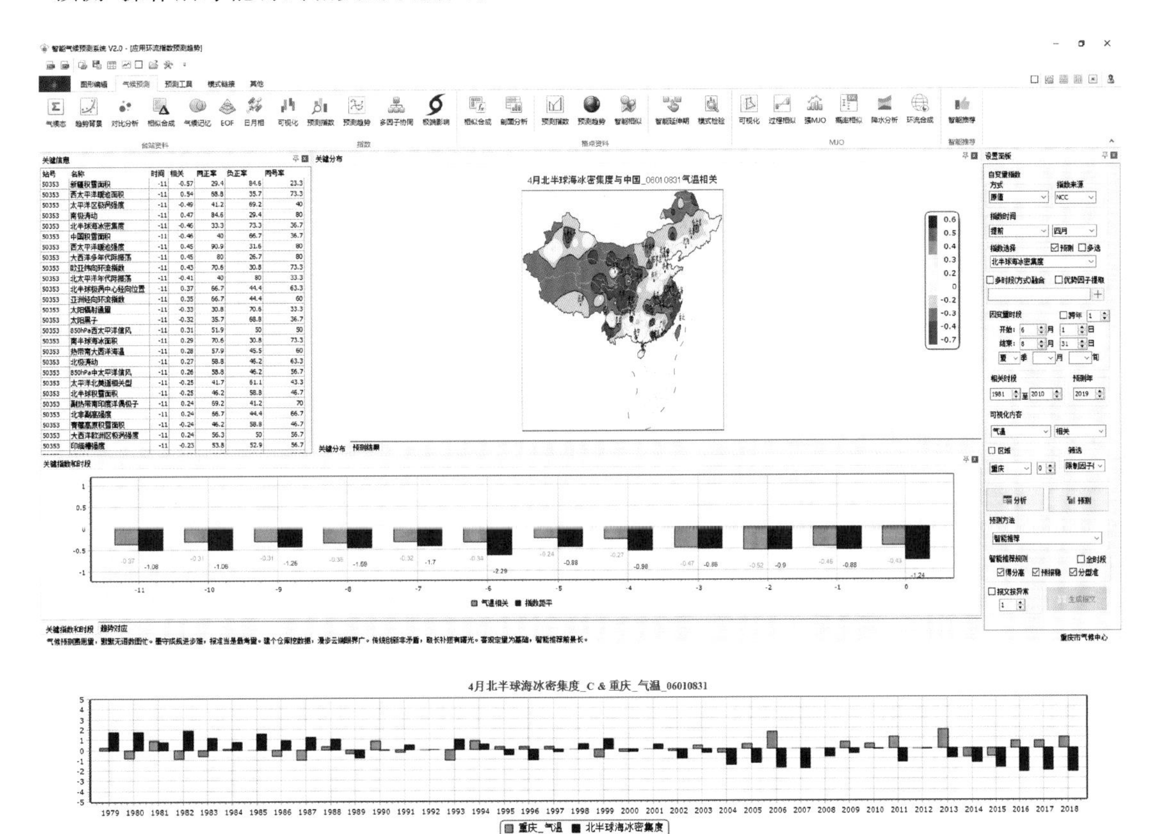


图4.12.1 “指数预测趋势”模块中相关分析的结果图

改变显示区域“北京”，则“关键指数和时段”，“趋势对应”的图相应改变为北京的关键指数及对应图。如图 4.12.2。

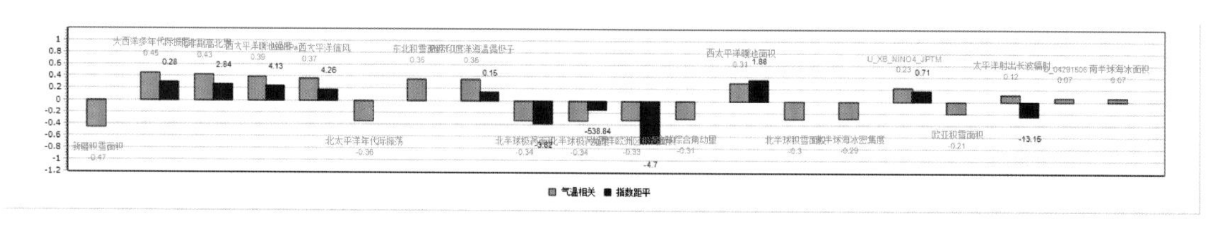


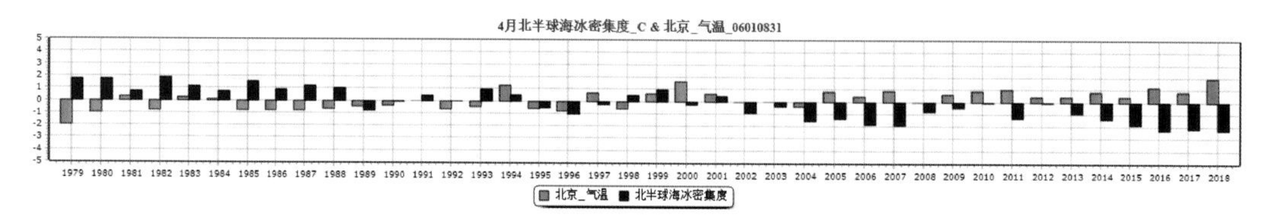


图 4.12.2 “指数预测趋势”模块中更改显示区域的结果图

在指数时间选择为“提前”或“逐周”的情况下，通过点击“关键信息”“关键指数和时段”以及“指数选择”中任意有指数名字的地方，则“关键分布”相应改变为所选择指数与预测对象的相关分布图，“关键指数和时段”则从关键指数的可视化改变为选择因子关键时段的可视化。如图 4.12.3 就是选择大西洋多年代际振荡后的结果。如果在显示关键时段的可视化状态下，点击图中的任意时间，或者“关键信息”、设置面板中显示设置中的时间或区域，则“关键指数和时段”则对应改变为所显示区域和时间的关键指数。

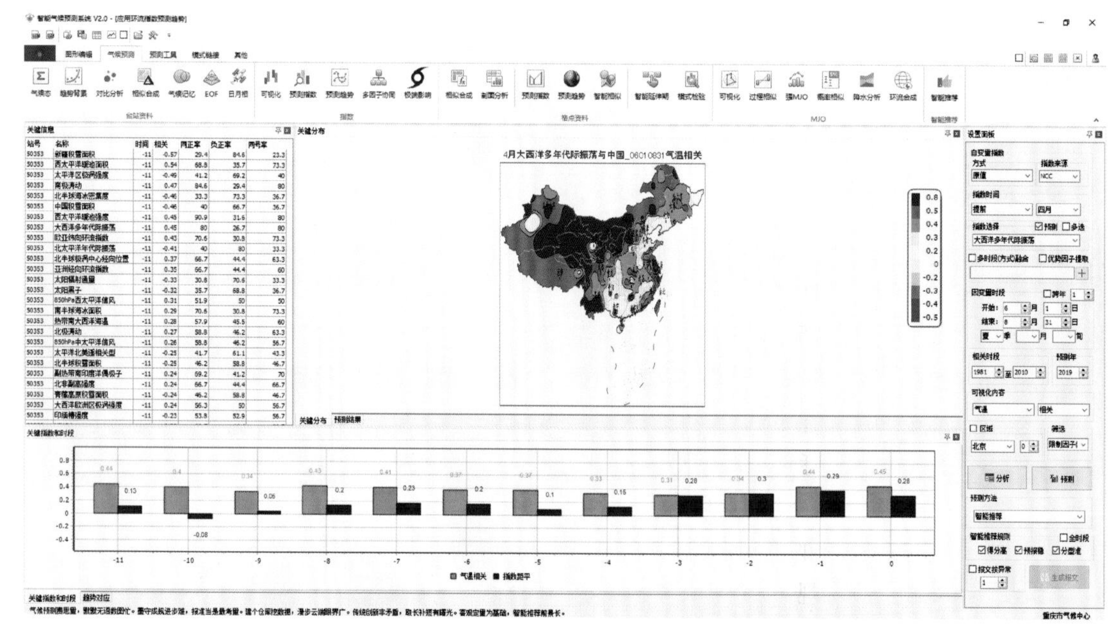


图 4.12.3 “指数预测趋势”模块中更改环流指数的结果图

和 4.6 节、4.11 节中因子筛选方式一致，分类、不分类及异常因子可用来提取所需地区的关键指数。图 4.12.4 所表示的是与夏季北京气温相关性最好的前 20 位海洋因子。

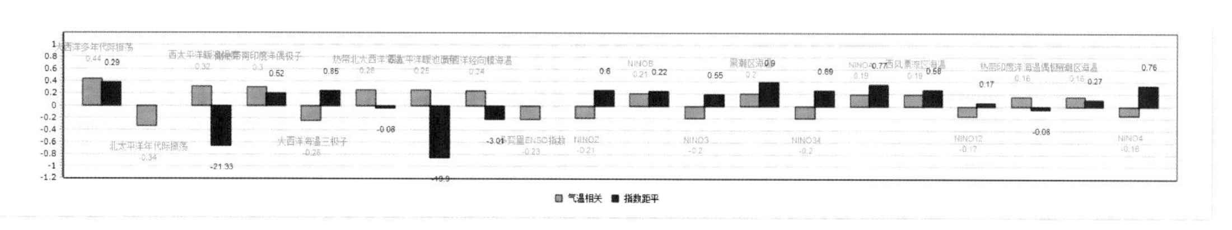


图 4.12.4　“指数预测趋势”模块中更改指数筛选条件的结果图

改变可视化内容为“同号率”，则关键指数的挖掘是通过同号率来完成，“关键分布”也显示为相应的同号率，如图 4.12.5。

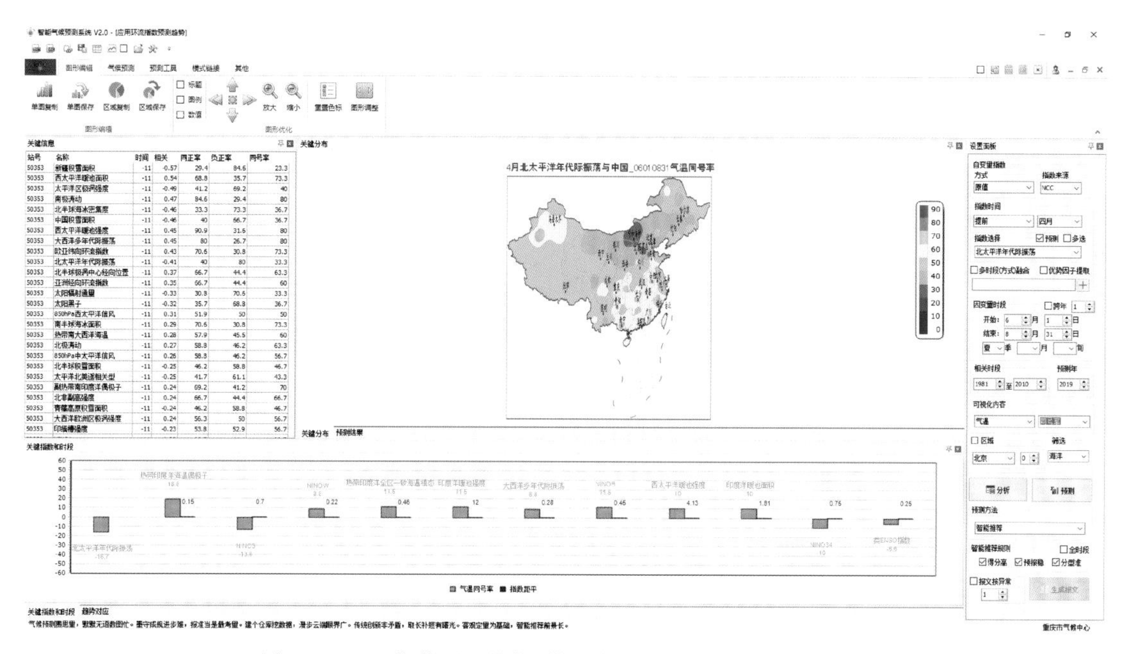


图 4.12.5　“指数预测趋势”模块中更改可视化内容的结果图

同样，相关分析的目的是为了得到客观化预测结果。指数预测有以下几种方式，包括用每个指数单独对预测对象进行预测、任意选择多个环流指数进行预测以及 1.4.2 节、1.4.3 节所介绍的方法。

在指数选择时，确定选择“ ☑预测 ”，在执行预测按钮后，可以得到选择时段选择范围内所有指数的客观化预测结果和历史 *Ps* 评分。图 4.12.6 就是用 2019 年 4 月大西洋多年代际振荡回归得到预测结果图，在有预测结果的情况下，点击有指数名称的地方，则“预测结果”部分显示采用所选择指数得到的预测信息。

选择预测方法，即常规方法(见 1.4.2 节)和机器学习方法(见 1.4.3 节)，得到的客观化预测结果，如图 4.12.7 是基于 4 月环流指数得到的所有客观结果的平均值的预测图及 *Ps* 评分图。

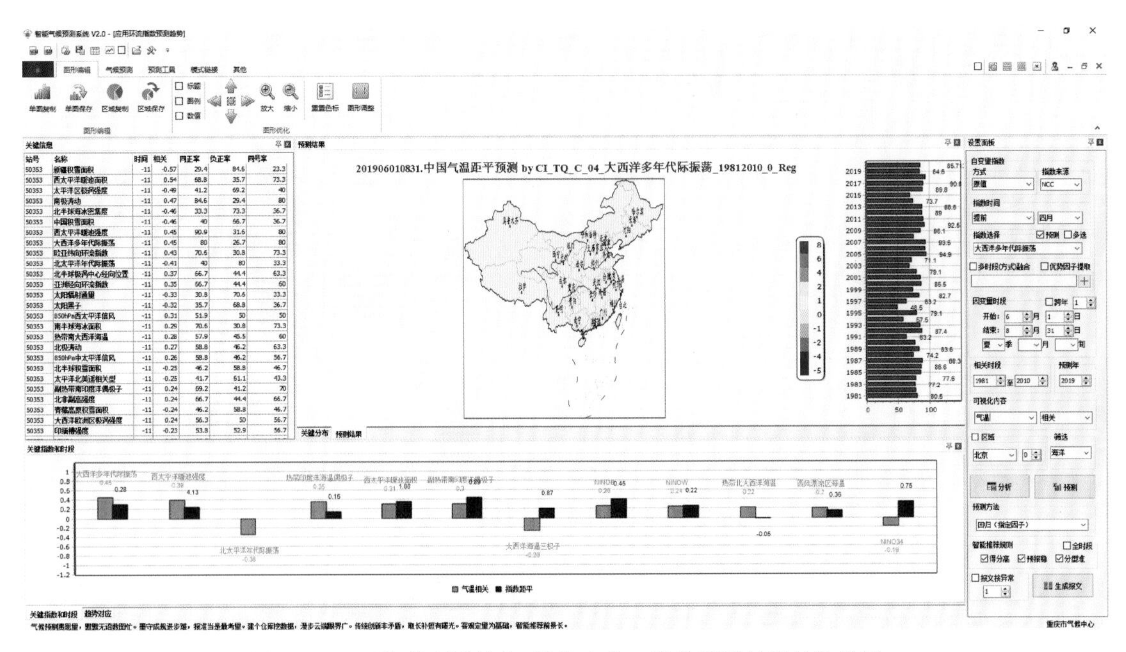

图 4.12.6 “指数预测趋势”模块中单一指数预测结果的结果图

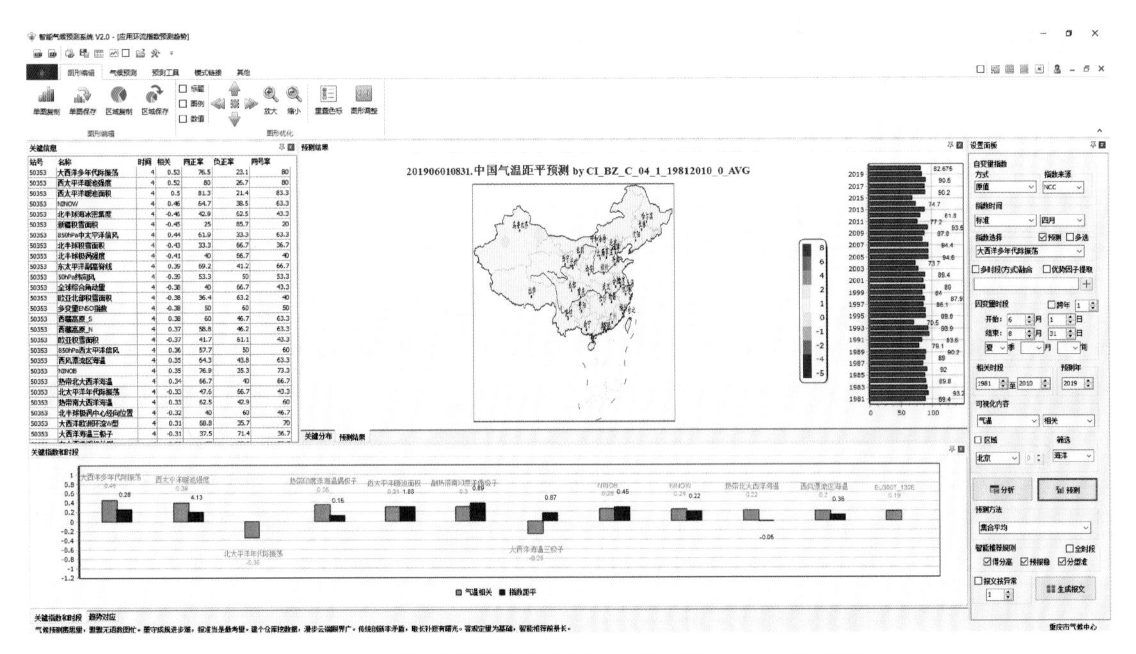

图 4.12.7 “指数预测趋势”模块中更改预测方法的结果图

如果要采用多指数或者单一指数多个时间段来针对预测对象进行客观化预测，在指数选择时，选择“☑多选”，然后“⊞”所要选择的指数，如图 4.12.8 为选择 4 月的 Niño1＋2、Niño3、Niño3.4 和 Niño4 回归得到客观化预测的结果图。

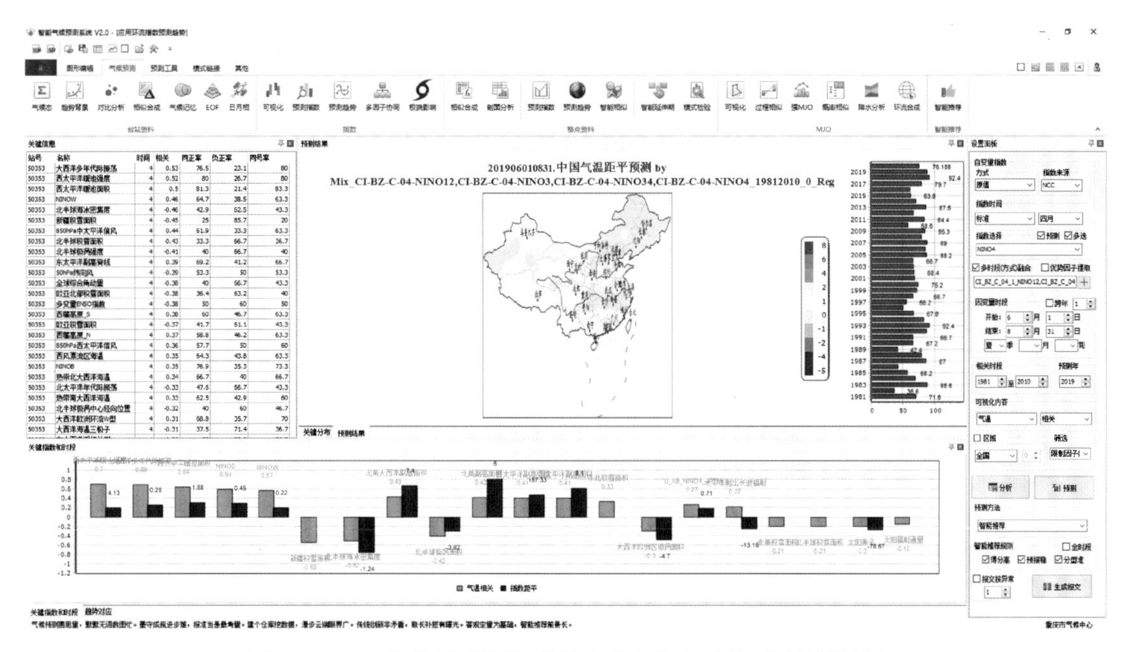


图 4.12.8　“指数预测趋势”模块中多个指数融合预测的结果图

如果是用所选择指数全部融合或者优势因子提取，则去掉指数选择的“☐多选”，重新选择需要融合或者优势因子提取的数据，图 4.12.9、图 4.12.10 分别是对来自国家气候中心的 142 项环流指数的原值和距平变化采用 1.4.2 节中介绍的两种数据融合技术提取后得到的客观化预测结果图。

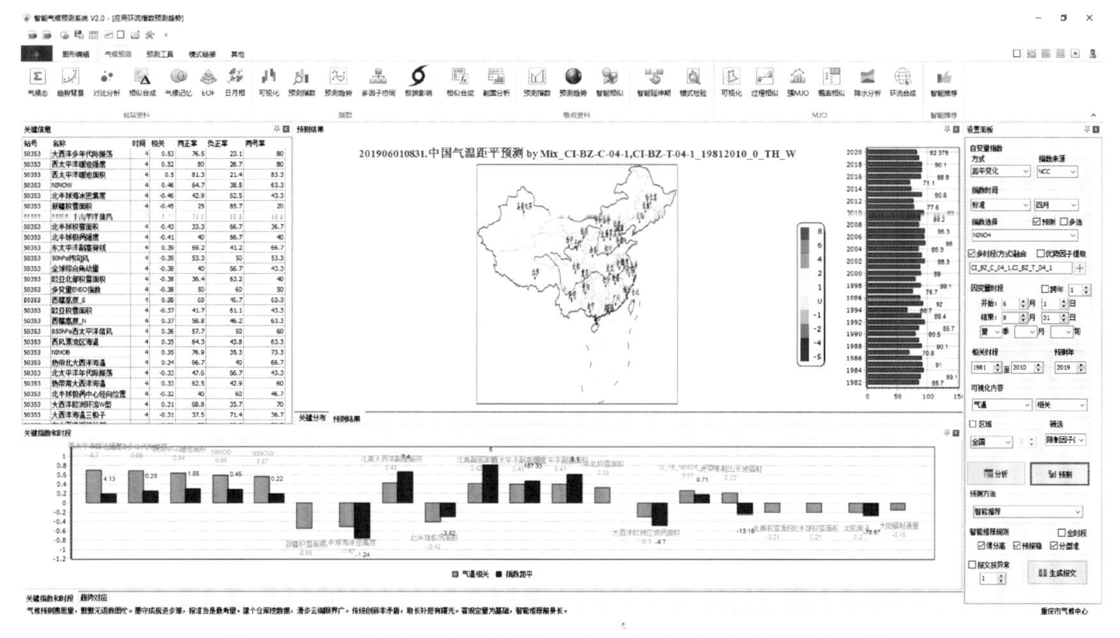


图 4.12.9　“指数预测趋势”模块中多时段(方式)融合预测的结果图

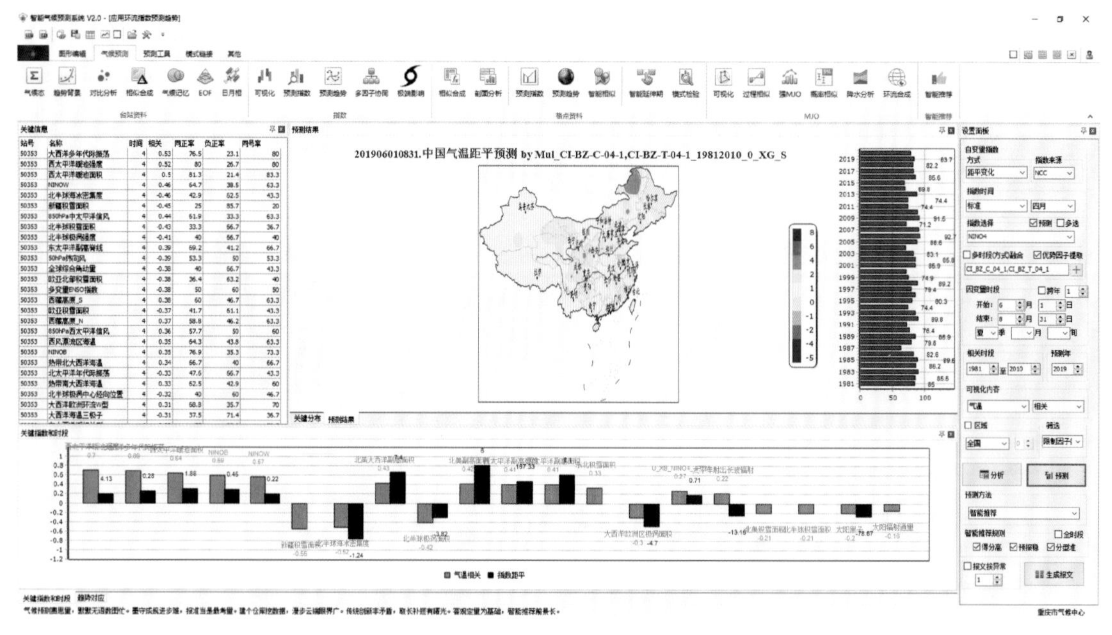

图 4.12.10 “指数预测趋势”模块中优势因子提取预测的结果图

在确定预测结果后，可直接点击生成报文，该报文符合《全国逐月气候预测数据传输业务规定》。

## 4.13 多因子协同

**“多因子协同”**模块的主要功能是针对各个台站及区域平均在季、月、旬及任意时段的气温距平、降水距平率以及雨日、高温日等预测对象，基于 CART 决策树算法，自动生成多因子协同影响选择地区气候特征的概念模型，得到决策树不同“层”的相似年份及相关分布，并利用随机森林得到所有台站的客观化预测结果。

模块界面包括“多因子协同”“区域分布”“预测及检验”“因子趋势”以及“设置面板”5 个部分。“多因子协同”是展示得到的决策树模型；“区域分布”是选择不同分支下的因子与预测对象的相关信息等，并以区域分布图的方式展示；“预测及检验”是采用随机森林得到的客观化预测结果及其 $Ps$ 评分的可视化显示；“因子趋势”是对所选择的不同分支下的因子的实况演变趋势进行可视化；“设置面板”包括了自变量指数、预测对象、决策树首层因子选择、可视化内容以及模型操作的设置选项。

自变量的方式、来源、时间等设置和前面相同，这里不再赘述。图 4.13.1 表示采用 NCC 夏季指数构建重庆夏季降水的决策树模型结果图。图中多因子协同部分即为决策树模型，区域分布默认是首层因子(图 4.13.1 中为南海副高强度)与全国夏季降水的相关分布图，因子趋势部分为首层因子近一年的实况演变趋势图。对于决策树不同树枝的选择，是通过判断首层因子的趋势决定第二层因子的选择，然后再以第二层因子的实况，决定第三层因子的选择。如图 4.13.1 中首层因子(南海副高强度)为正距平，因而选择第二层因子为 30 hPa 纬向风，得到图 4.13.2 的结果图，区域分布和区域趋势也相应调整为所选择因子的实况趋势和与预测对象的相关图。需要说明的是，由于越往后选择，进行相关等统计的年份就越少，因此在分析该层因子与预测对象的相关性时，主要根据该层因子的实况，选择参考同正率或者负正率，并将其可视化。

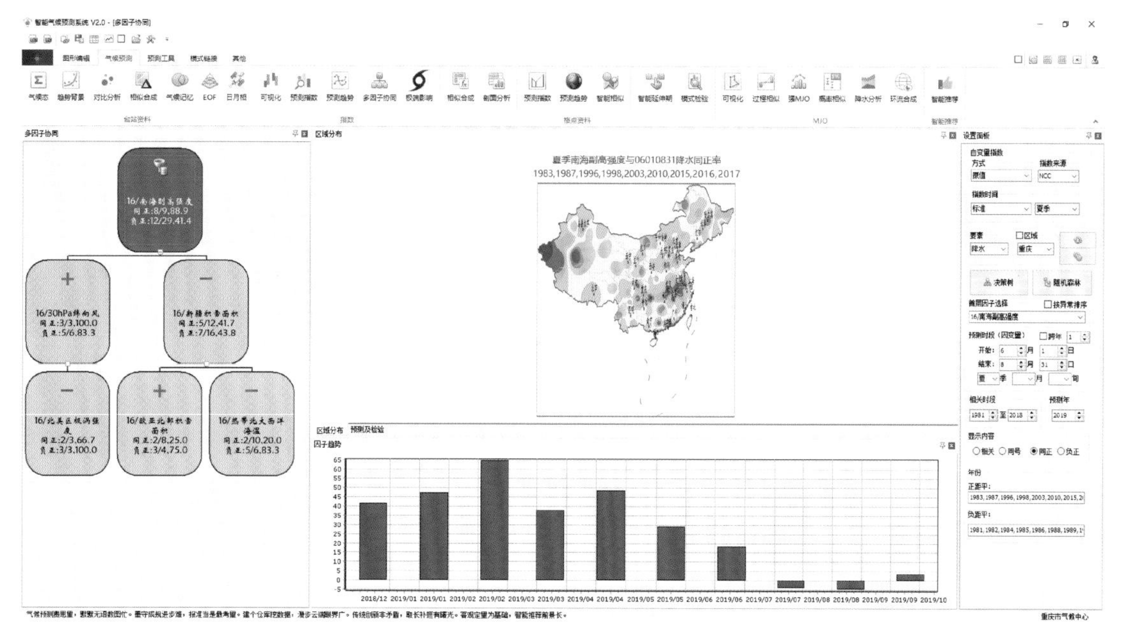


图 4.13.1 “多因子系统”模块中决策树建模的结果图

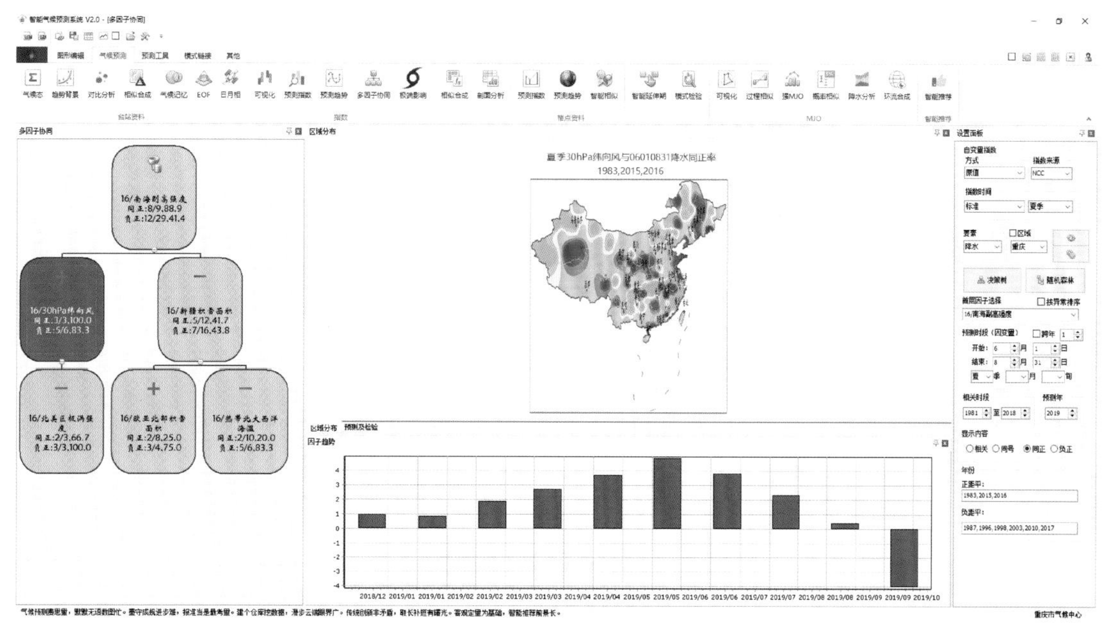


图 4.13.2 “多因子系统”模块中选择不同分支的结果图

首层因子的排序有两种方式，第一种是默认为因子的重要性，即根据针对预测对象的同正率或者负正率来排序，另外一种是根据因子的异常程度排序，通过改变首层因子可得到基于该因子的多因子协同模型，如图 4.13.3 为首层因子选择为“EU300T_130E”后，选择层次为第三层的结果图。图 4.13.4 为根据因子异常排序后选择“西太平洋暖池面积”，选择层次为第三层的结果图。

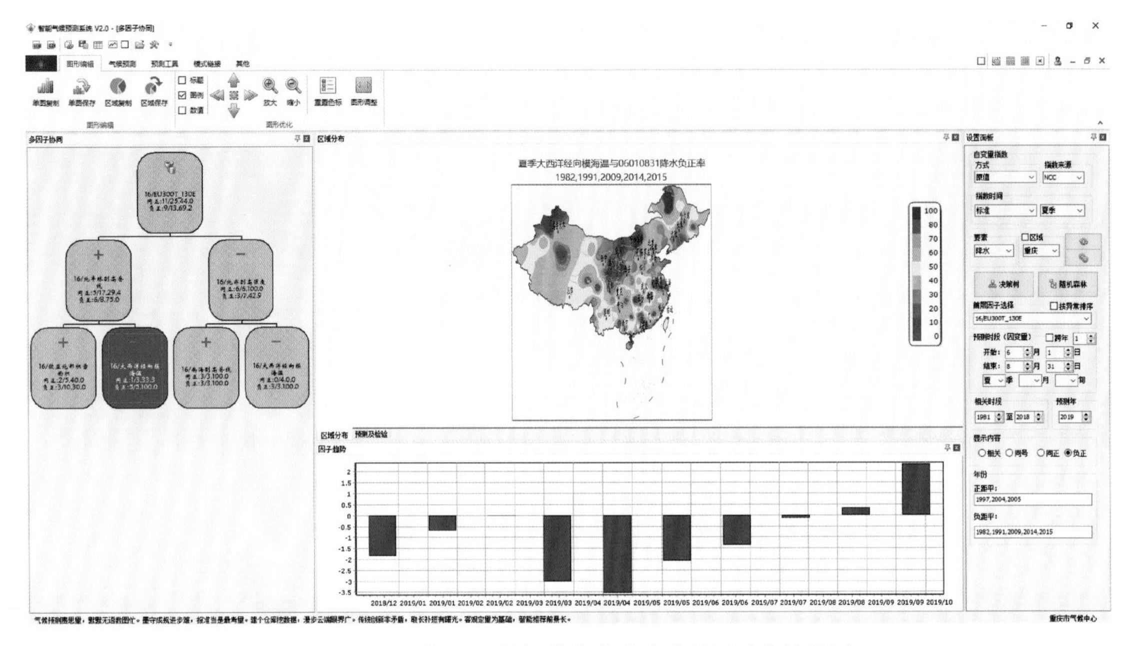


图 4.13.3 “多因子系统”模块中改变首层因子的结果图

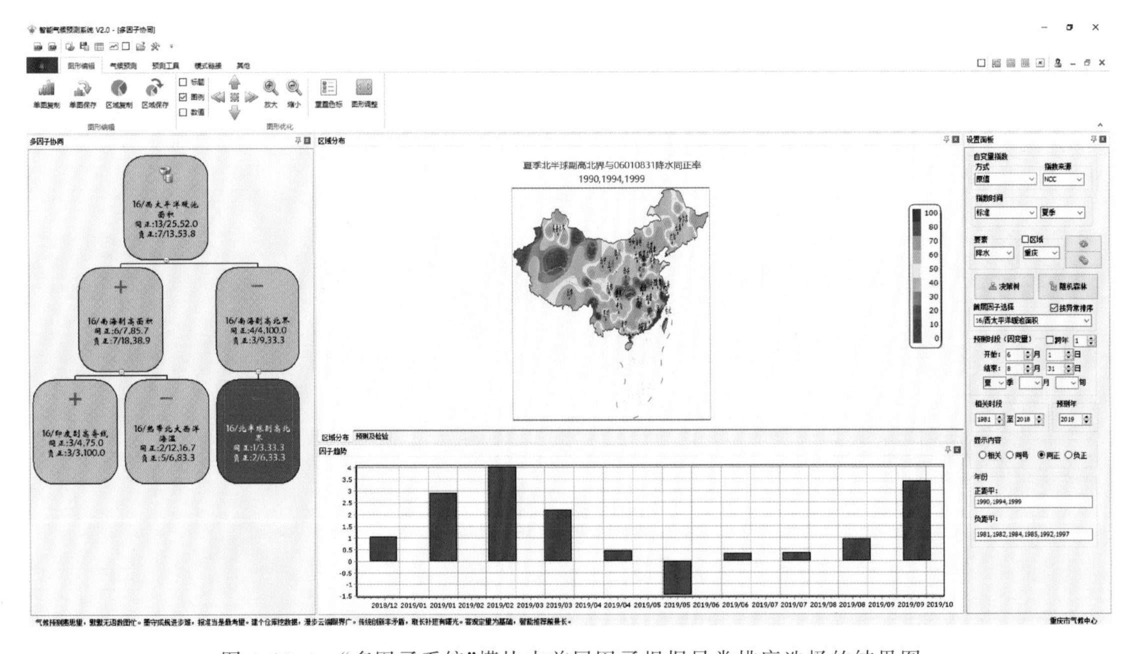


图 4.13.4 “多因子系统”模块中首层因子根据异常排序选择的结果图

决策树模型默认按照从上到下的方式构建，如需要从左到右方式构建，点击设置面板中的“ ”即可，详见图 4.13.5。同样，如需要对模型适应窗口，点击“ ”。

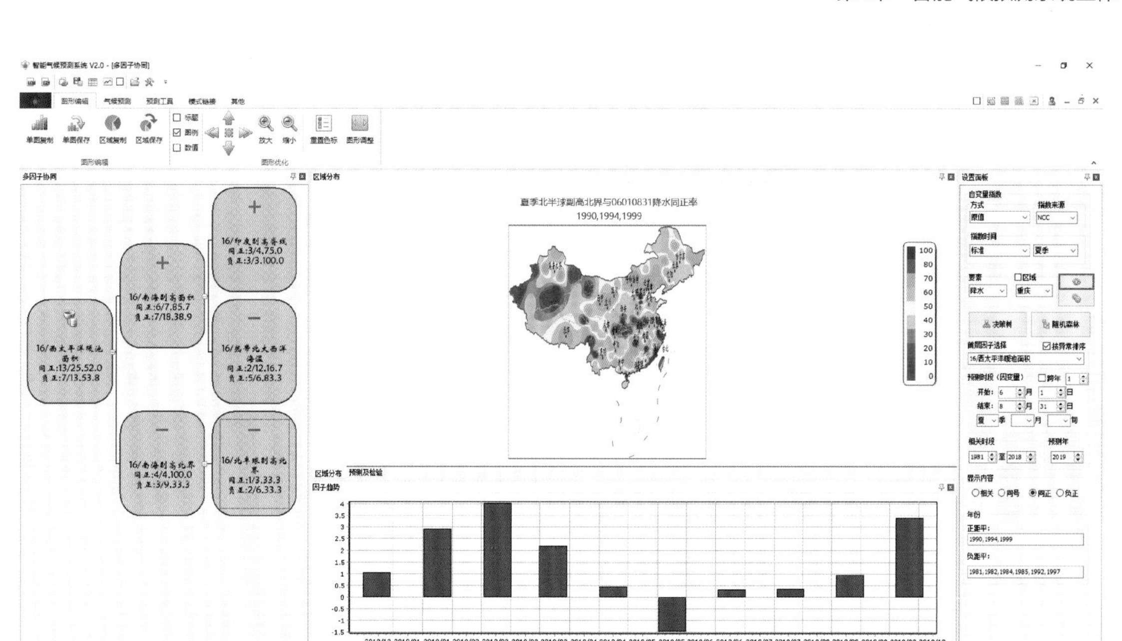


图 4.13.5　“多因子系统”模块中改变模型显示方式的结果图

改变自变量来源、方式时间等，则决策树模型的建立则只在所选择因子的范围内进行构建，如图 4.13.6 为采用前一年 12 月外强迫因子的距平变化对上海夏季降水建立的决策树模型结果图。

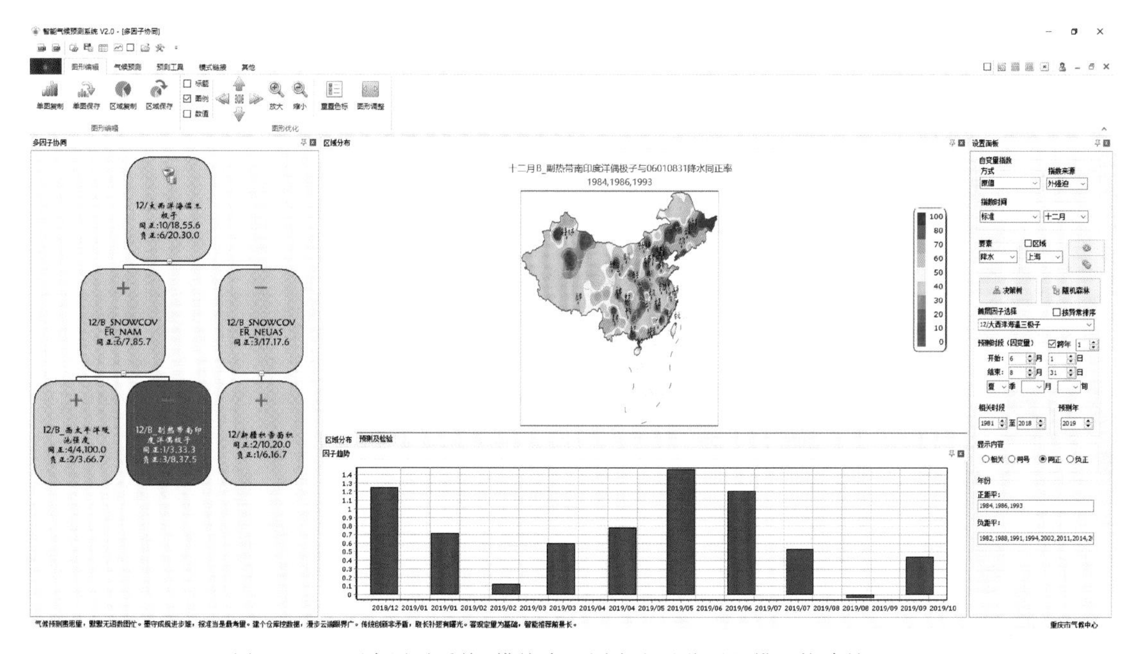


图 4.13.6　“多因子系统”模块中不同自变量范围的模型构建结果图

在模型建立的情况下，根据所选择的因子方式、范围及时间，点击“随机森林”则自动根据随机森林算法得到所有台站的客观化预测结果。如图 4.13.7 为采用随机森林算法并基于 2018 年 12 月外强迫因子的距平变化得到的 2019 年夏季全国降水结果图。

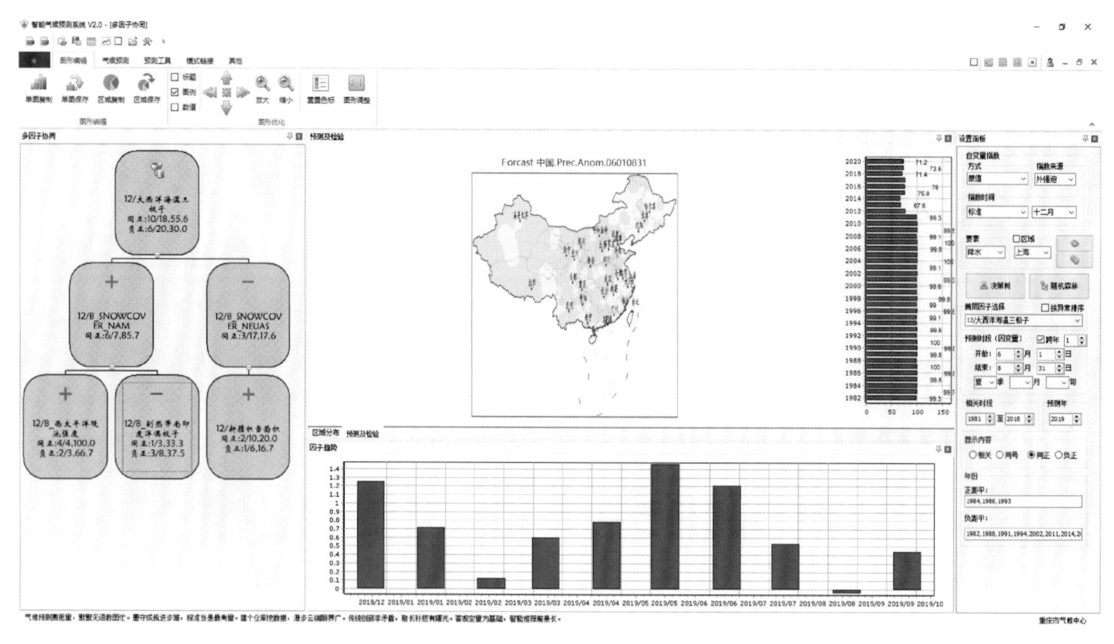


图 4.13.7 “多因子系统”模块中随机森林算法得到客观化预测结果图

## 4.14 过程因子

**“过程因子”**模块是用于挖掘影响一个时段或者历年某个时段的逐日气温或降水变化的关键指数及关键时段。

模块界面包括“图形可视化”和“设置面板”两个部分。“图形可视化”包括分布图、条形图、柱状图以及柱状图和折线图的组合图四个区域。“设置面板”是对一个时段或历年时段的选择、分析区域、分析对象以及分析内容、指数与分析对象的对应时间以及指数的选择等的设置。其中分析对象包括气温和降水两种，分析内容如表 4.14.1 所示。

**表 4.14.1 “过程因子”分析内容及其描述**

| 分析内容 | 描述 |
| --- | --- |
| 距平相关 | 逐日指数的距平与气温(降水)相关系数 |
| 正距平降温(水)率 | 指数的正距平与降温(降水)的概率 |
| 负距平降温(水)率 | 指数的负距平与降温(降水)的概率 |
| 指数变化相关 | 逐日指数的变化与气温(降水)相关系数 |
| 正变化降温(水)率 | 指数相对前一日为正变化与降温(降水)的概率 |
| 负变化降温(水)率 | 指数相对前一日为负变化与降温(降水)的概率 |

首先以 2019 年夏季逐日全国平均气温为分析对象，默认选择 指数提前0天，即对 2019 年夏季逐日全国平均气温与逐日环流指数当天进行相关性分析，挖掘后的结果如图 4.14.1 所示，“关键指数”按相关系数的绝对值大小列出了与 2019 年夏季逐日全国平均气温相关最好的前 20 项指数，排名第一的是“北半球极涡强度”；“对比分析”是“北半球极涡强度”与 2019 年夏季全国平均气温和降水量的逐日实况对应；“分布图”是“北半球极涡强度”与 2019 年夏季全国 160 个

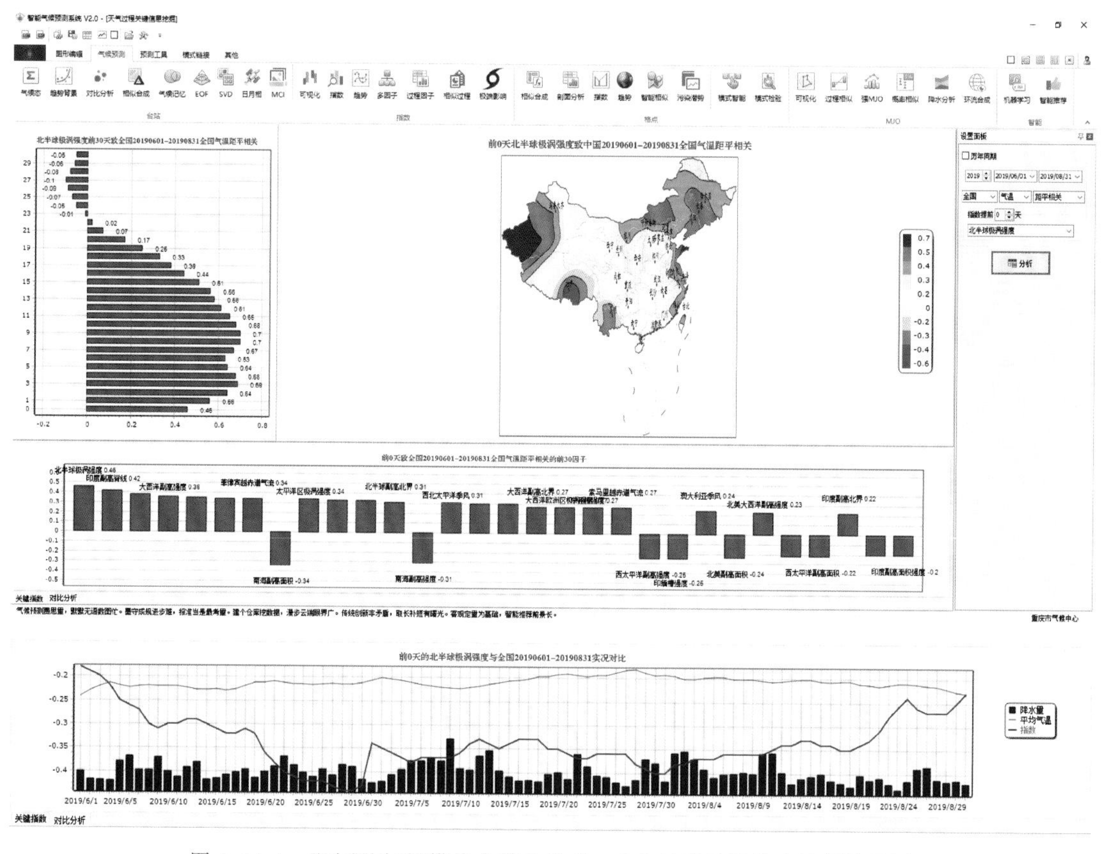


图 4.14.1 “过程因子”模块中默认提前 0 d 的过程关键信息挖掘结果图

台站的相关系数分布图，图中信息表明，2019 年夏季北半球极涡强度主要与东北、华东以及新疆西部的正相关性最好，与西藏南部和云南的负相关最好，即北半球极涡强度强(指数距平为负)，东北、华东以及新疆西部气温下降，西藏南部和云南气温上升，北半球极涡强度弱(指数距平为正)，东北、华东以及新疆西部气温上升，西藏南部和云南气温下降；“条形图”是逐日全国平均气温分别与前 30 d 的“北半球极涡强度”相关系数，图中信息表明，与 2019 年全国平均气温序列相关性最好的是提前 2～12 d，尤其是提前 8～9 d 的北半球极涡强度。修改 指数提前 9 天 或者直接点击“条形图”中的提前天数 9 d 的条线图，则设置面板中，指数提前 9 天 自动修改为对应的 9 d，“分布图”相应显示为指数提前 9 d 与全国气温的相关系数分布，“关键指数”也自动挖掘提前 9 d 的指数与全国气温相关最好的 20 个指数，“对比分析”中指数也对应为提前 9 d 的指数，结果如图 4.14.2。结果显示，提前 9 d 的“北半球极涡强度”与全国平均气温的高相关区域相比 0 d 的高相关区域有显著差别，高相关区域扩大到中国中东部的大部地区，这意味着北半球极涡强度弱，9 d 后中国中东部地区气温上升，反之，气温下降。

通过改变 指数提前 9 天 西太平洋副高西伸脊点 或者点击“关键指数”中对应指数名称的柱状图，则“分布图”“条形图”“关键指数”都切换为对应指数对应提前天数的相应内容，如图 4.14.3 为提前 9 d 西太平洋副高西伸脊点与全国平均气温的关键信息挖掘结果图。

同样，改变区域范围或分析对象，则挖掘影响所选择区域相应气温或者降水过程的关键信

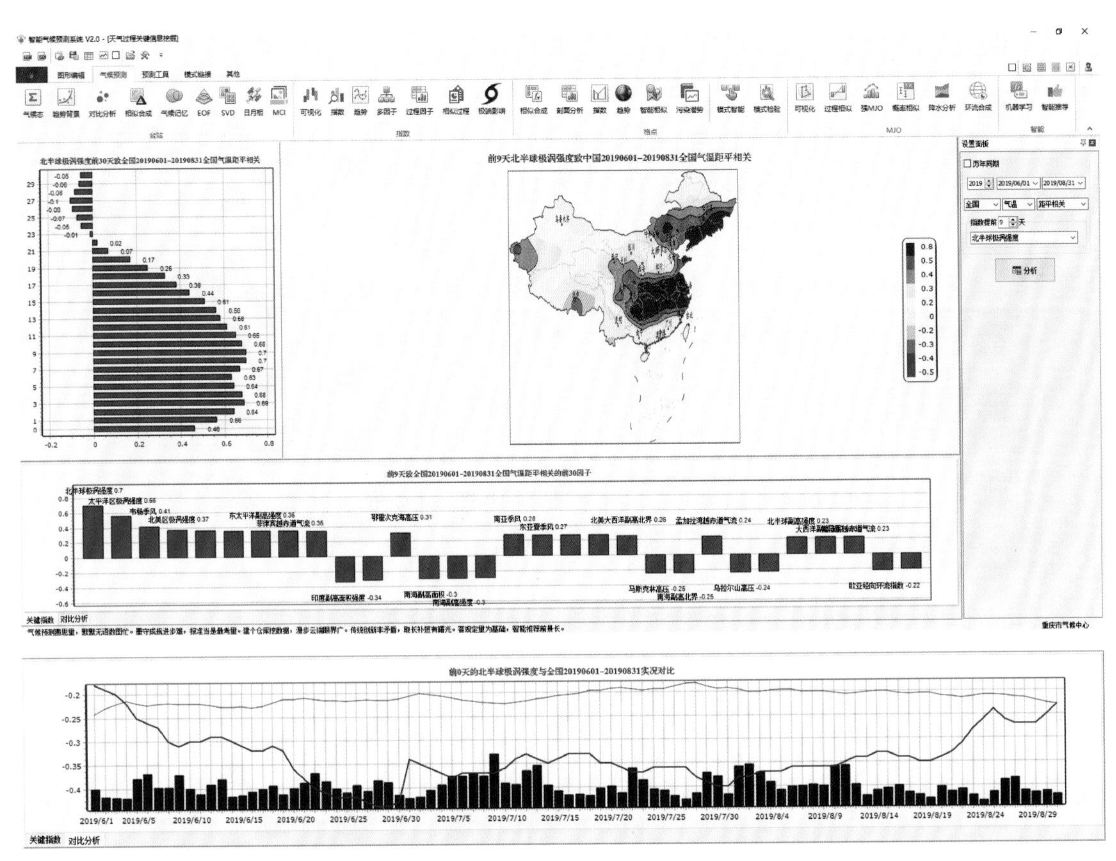


图 4.14.2 “过程因子”模块中改变指数与过程对应天数的过程关键信息挖掘结果图

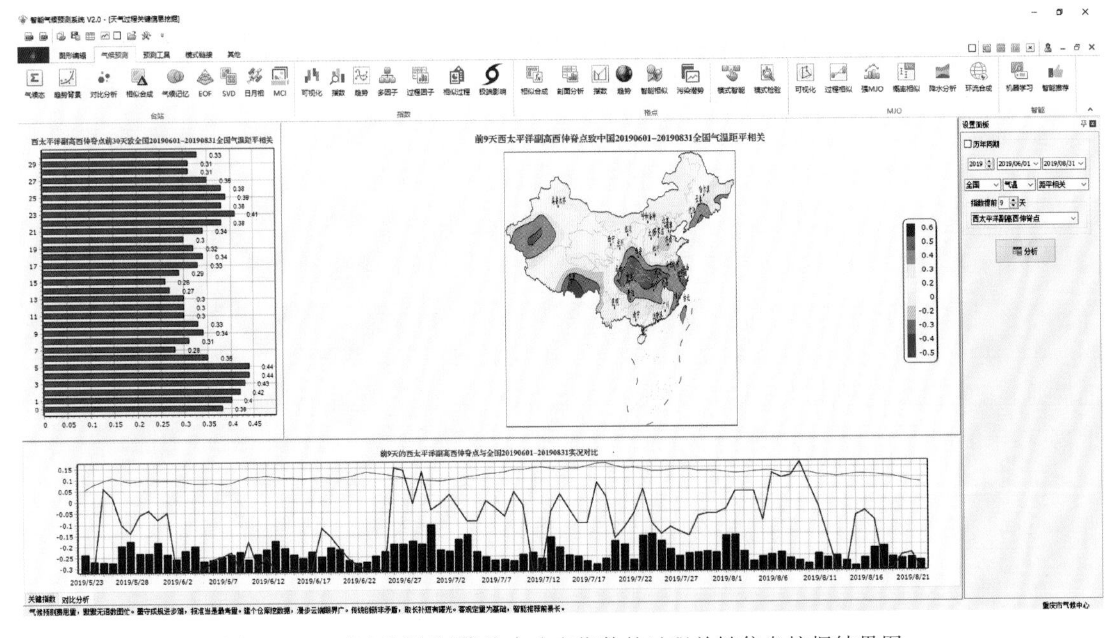


图 4.14.3 “过程因子”模块中改变指数的过程关键信息挖掘结果图

息，如图 4.14.4 为影响 2019 年夏季重庆降水过程的关键信息挖掘结果图。图中信息显示，对 2019 年夏季重庆的降水过程来说，乌拉尔高压在提前 13～17 d 为正相关相对显著，而在提前

1～3 d转变为相对显著的负相关。

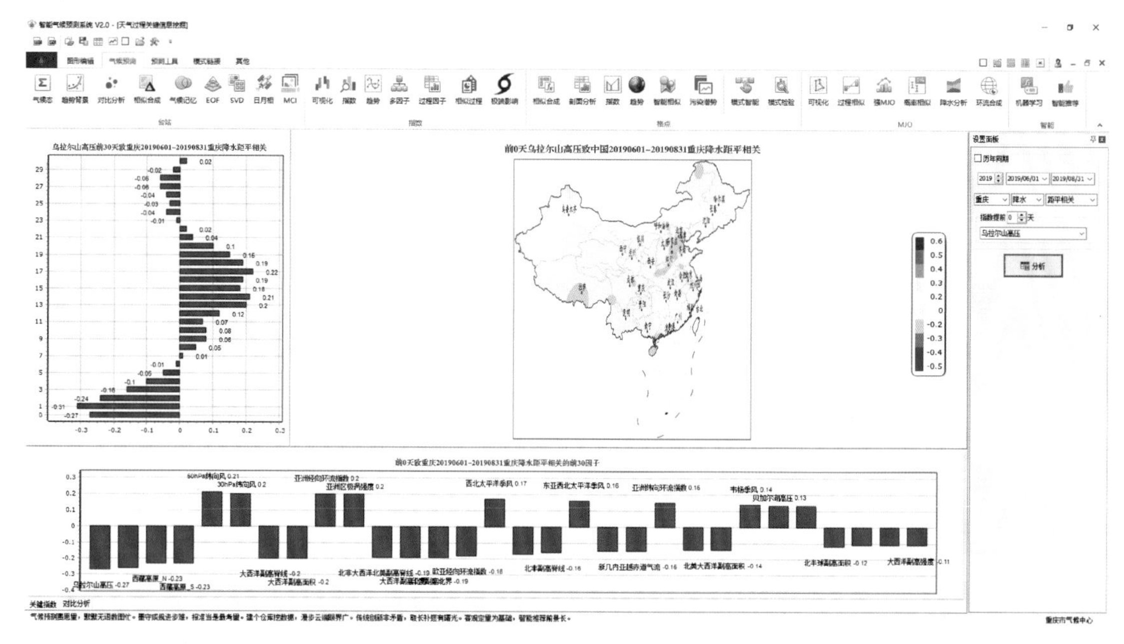


图 4.14.4 “过程因子”模块中改变区域及分析对象的过程关键信息挖掘结果图

改变分析内容，则可视化所选择的分析内容，如图 4.14.5 为影响 2019 年夏季重庆降水过程的“指数变化相关”的信息挖掘结果图。图中信息显示，对 2019 年夏季重庆的降水过程来说，提前 16 d、提前 11 d、提前 3 d 的孟加拉湾越赤道气流与重庆降水的相关系数比较显著，所不同的是提前 16 d 和提前 3 d 为负相关，提前 11 d 为正相关。分析内容切换为“正变化降温”则如图 4.14.6，贝加尔湖阻塞指数的正变化与重庆降水有明显的对应关系，贝加尔湖阻塞指数出现正变化，则 18～19 d 后重庆出现降水的概率达到 83.3%。

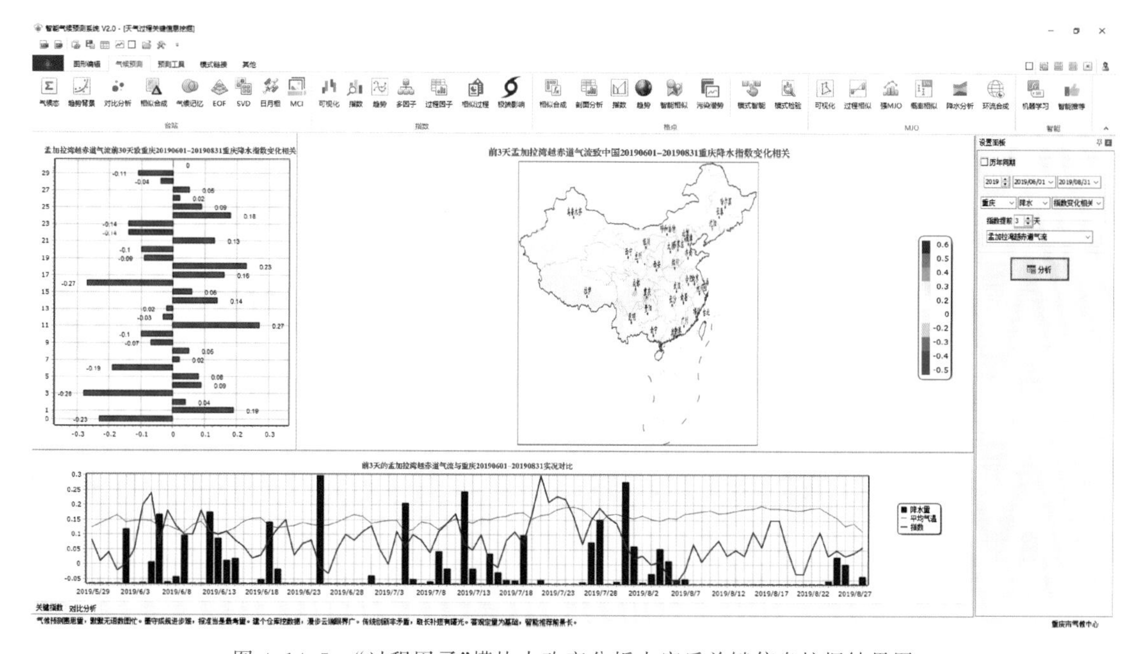


图 4.14.5 “过程因子”模块中改变分析内容后关键信息挖掘结果图

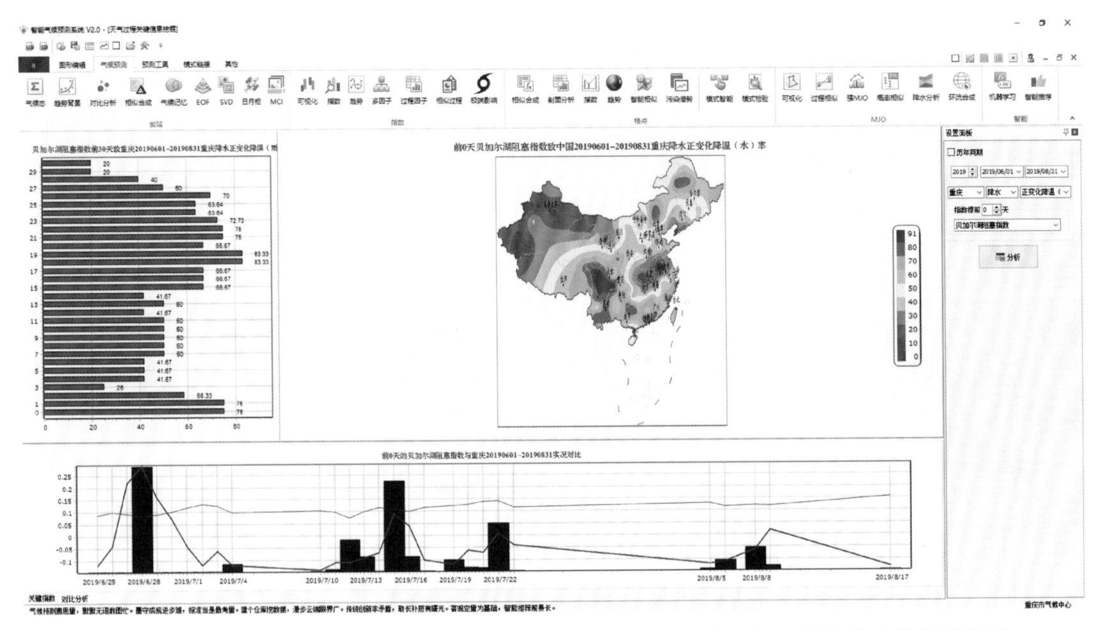

图 4.14.6 “过程因子”模块中改变分析内容为“正变化降温(水)率”后关键信息挖掘结果图

以上的分析都是针对一个时段的关键信息挖掘，对历年某一个时段而言，需选择☑历年同期，图 4.14.7 为影响历年夏季重庆降水的关键信息挖掘，分析区域、分析对象、分析内容以及指数选择、提前天数确定等的操作与前面一致，这里不再赘述。

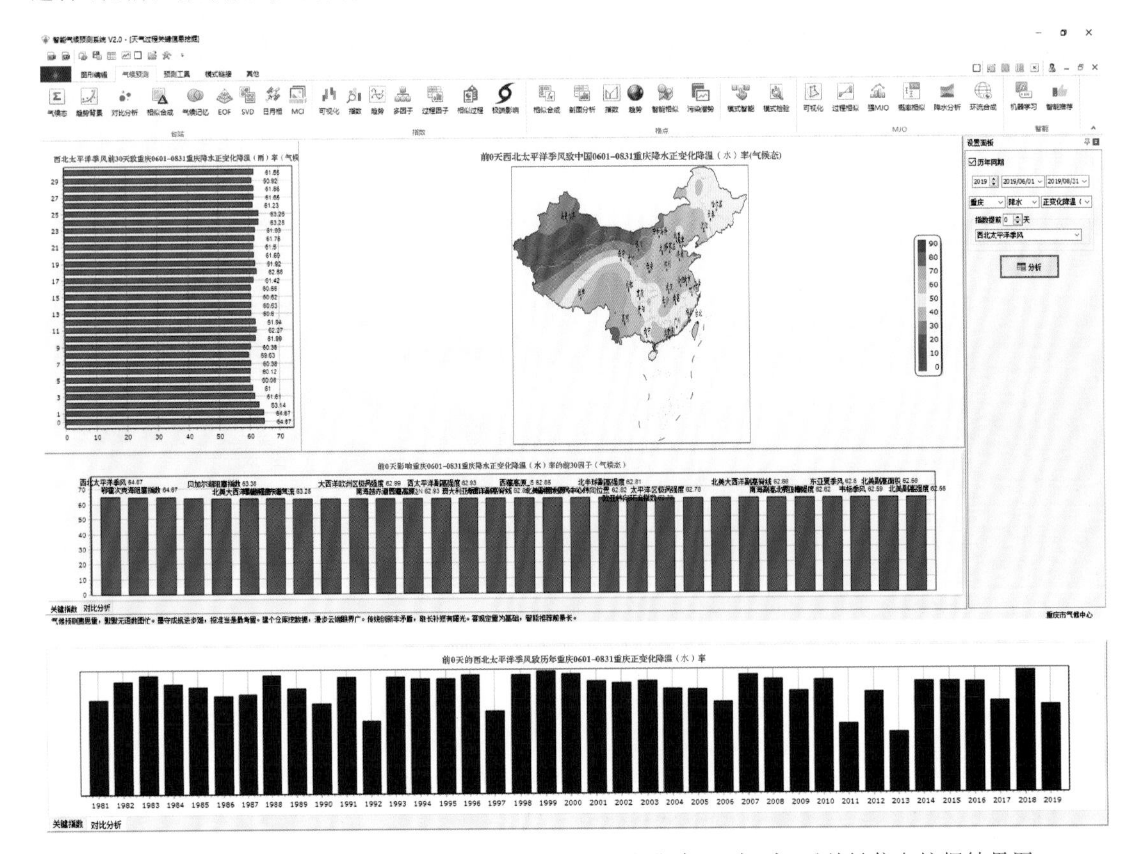

图 4.14.7 “过程因子”模块中改变分析内容为“正变化降温(水)率”后关键信息挖掘结果图

## 4.15 相似过程

**“相似过程”**模块是通过查找对某一个时段内逐月或逐日的气温、降水或环流指数演变特征进行提取，采用1.4.3节的相似年智能查找方法从历史数据中匹配最相似时段，并可视化相似时段后续的天气或指数特征，以此作为预测的依据。

模块界面包括“相似信息”“图形可视化”和“设置面板”三个部分。“相似信息”是对根据分析对象智能匹配的信息；“图形可视化”是对分析时段和相似时段及外延时段的数据可视化；“设置面板”则主要包括相似数据、分析区域、要素以及外延时段和可视化要素的设置。

分析对象包括“台站”和“指数”，均包括“月”和“日”两种选择。图4.15.1是2019年3月1日至2019年4月20日的逐日的重庆气温相似分析的结果，“相似信息”是相似度后排序的结果，在选择“气温”时，默认以平均气温、最高气温、最低气温等的原值、距平以及增量，合计9个相似度进行排序，而选择其他要素时均只是以选择的单要素进行相似度排序。“图形可视化”中默认为选择变量的数据可视化，图4.15.1中选择平均气温和降水量。点击“相似信息”中对应的日期，则“图形可视化”中增加根据得到的相似时段及其外延时段的数据的可视化，如图4.15.2。从图可知，得到相似时段日期(开始日期为2000年3月2日)自动匹配到分析时段(开始日期为2019年3月1日)上，虽然是根据气温得到的相似时段，但从图上的对比来看，降水过程的匹配也较好，而从后续的预测来看，最大的降水过程在5月15—17日。

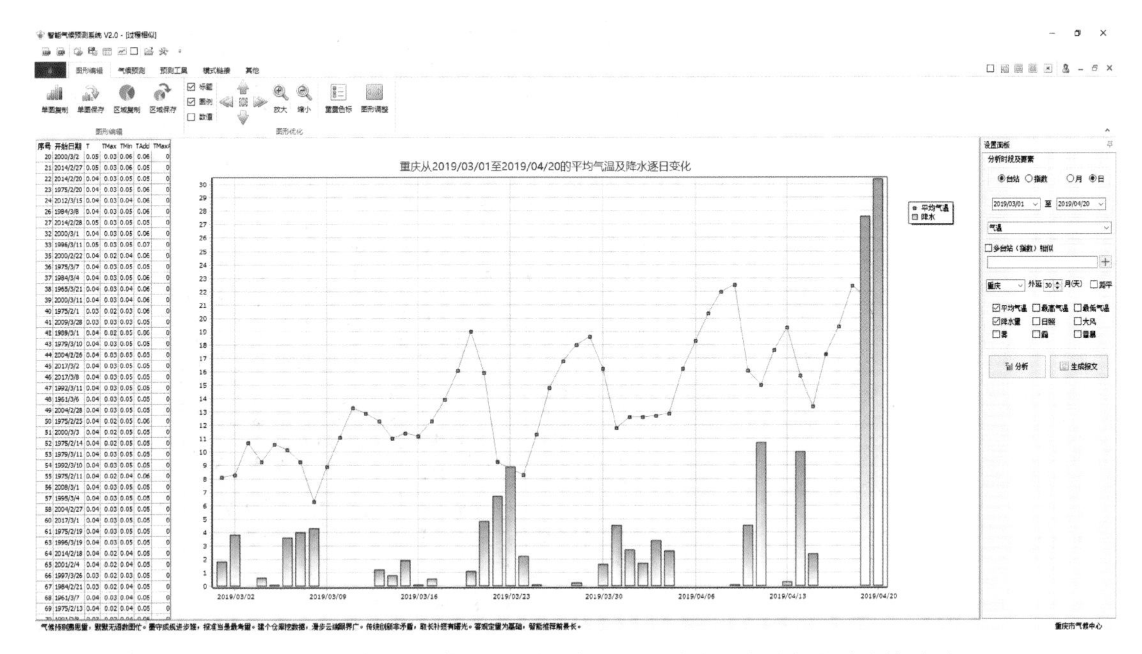


图4.15.1 “相似过程”模块中选择“台站”“日”数据进行分析的默认结果图

分析时段及要素选择中，选择“◉台站”“◉月”，时段选择为2018/06至2018/12，要素选择为“降水”，默认在月分析时，“☑距平”为默认选项，即选择降水即为“降水距平率”，相似分析并点击相似时段后，如图4.15.3。

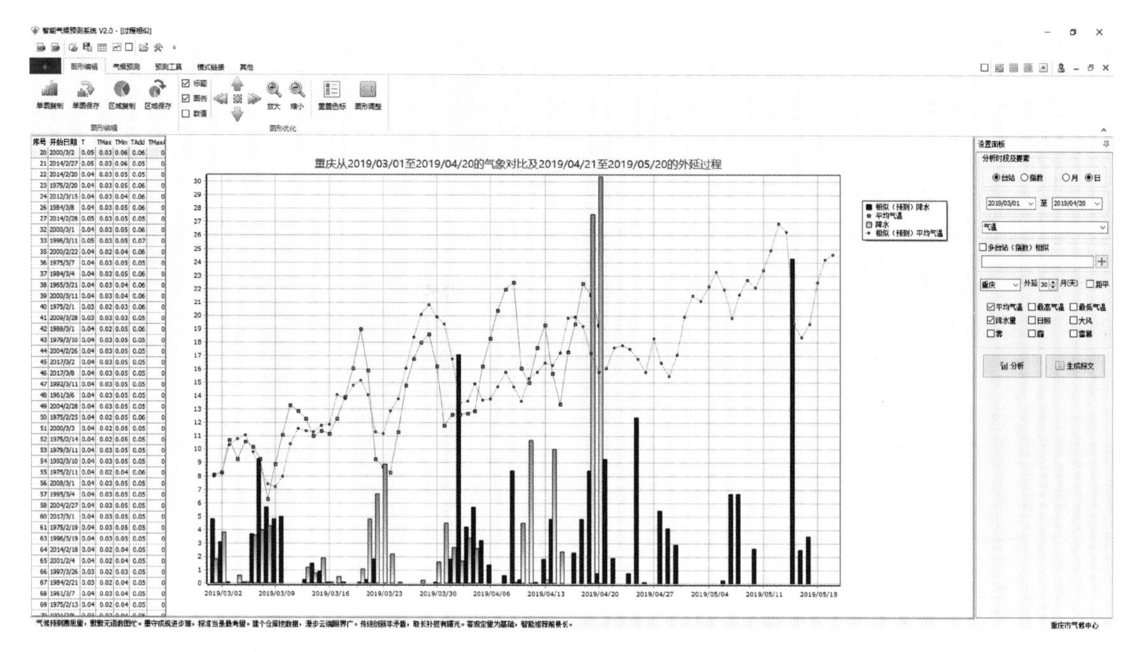


图 4.15.2 “相似过程”模块中选择“台站”“日”数据分析后相似时段及外延时段的可视化结果图

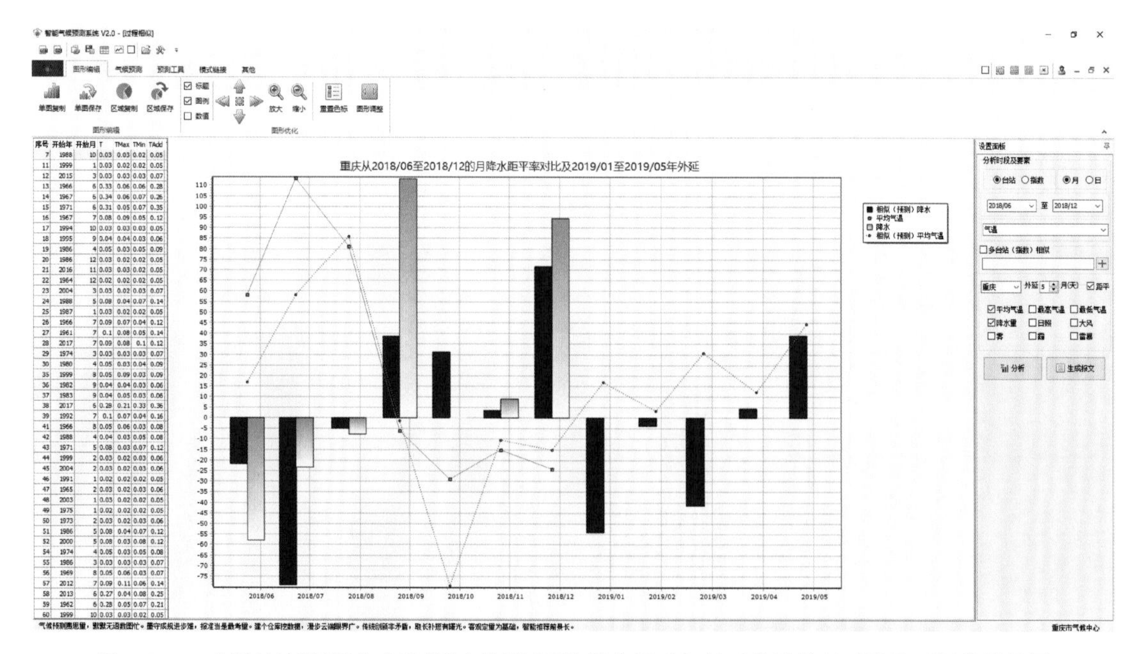


图 4.15.3 “相似过程”模块中选择“台站”“月”数据分析后相似时段及外延时段的可视化结果图

分析时段及要素选择中，选择“◉指数”“◉日”，时段选择为 2019-05-01 至 2019-06-10，指数选择为“西太平洋副高脊线”，相似分析并点击相似时段后，如图 4.15.4。

分析时段及要素选择中，选择“◉指数”“◉月”，时段选择为 2018 年 10 月至 2019 年 4 月，指数选择为“NINO34”，相似分析并点击相似时段后，如图 4.15.5。

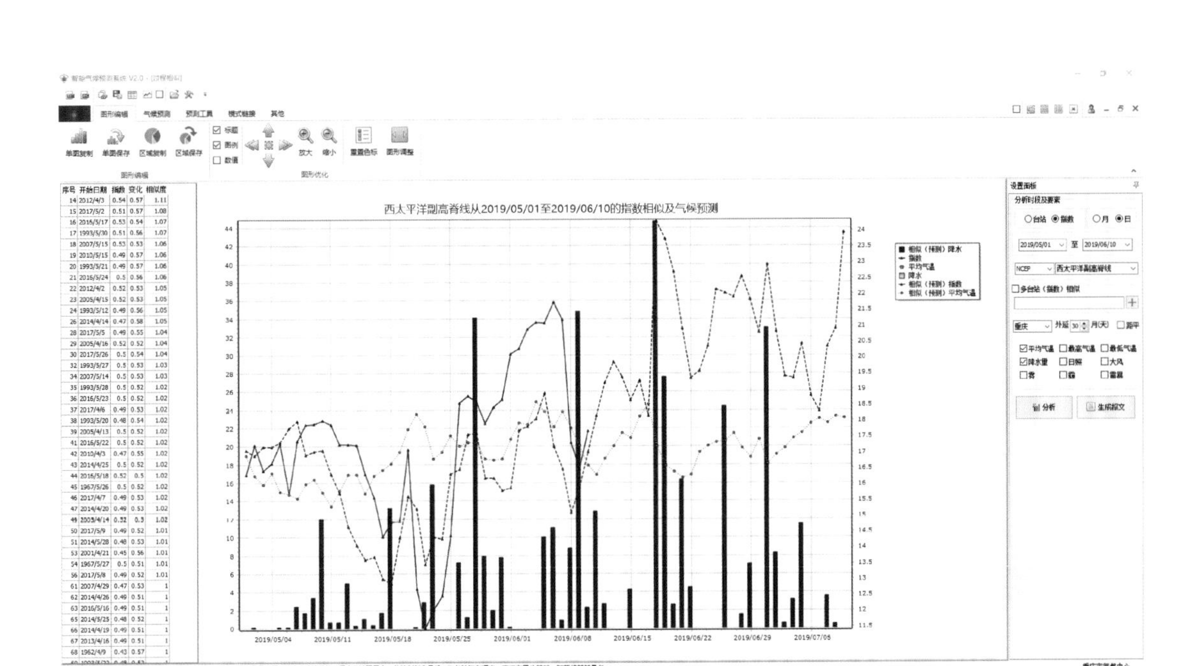


图 4.15.4　“相似过程”模块中选择“指数”“日”数据分析后相似时段及外延时段的可视化结果图

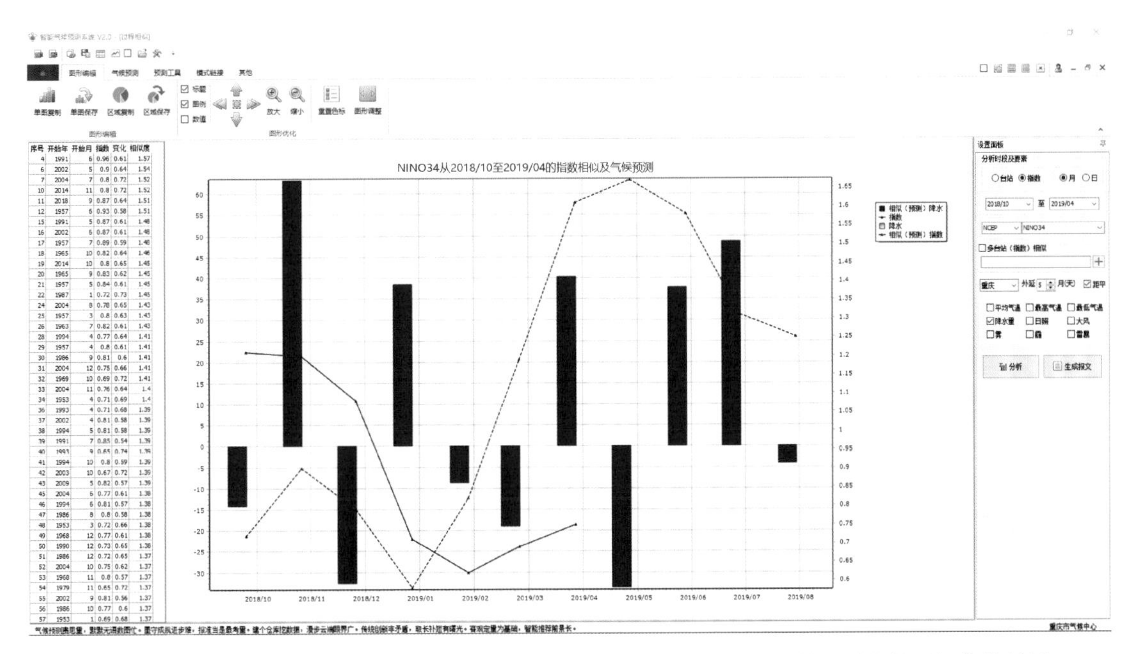


图 4.15.5　“相似过程”模块中选择“指数”“月”数据分析后相似时段及外延时段的可视化结果图

若选择“☑多台站（指数）相似”则在“◉台站”“◉指数”相似分析时，可分别选择多个台站（地区）或者多个指数进行相似度分析，继而选择相似时段。图 4.15.6 和图 4.15.7 分别是选择“重庆、上海”两个地区的逐日降水序列以及选择“NINO4、副热带印度洋偶极子、西太平洋副高脊线”的逐月距平序列进行智能相似度分析得到的结果。

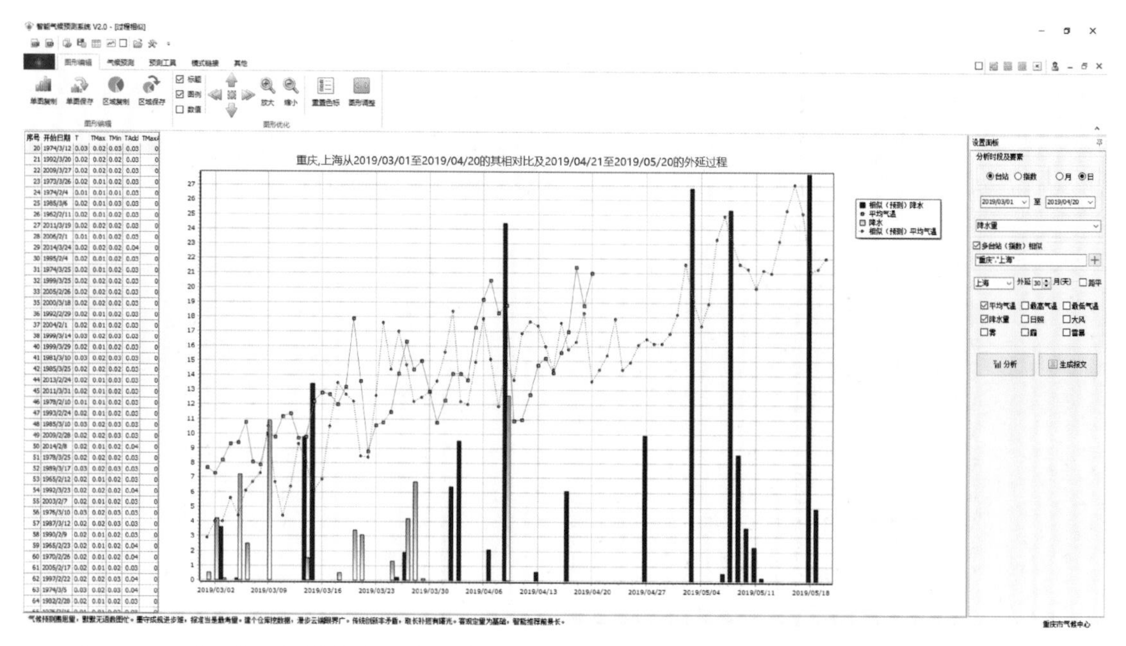


图 4.15.6 "相似过程"模块中选择"多台站""日"数据分析后相似时段及外延时段的可视化结果图

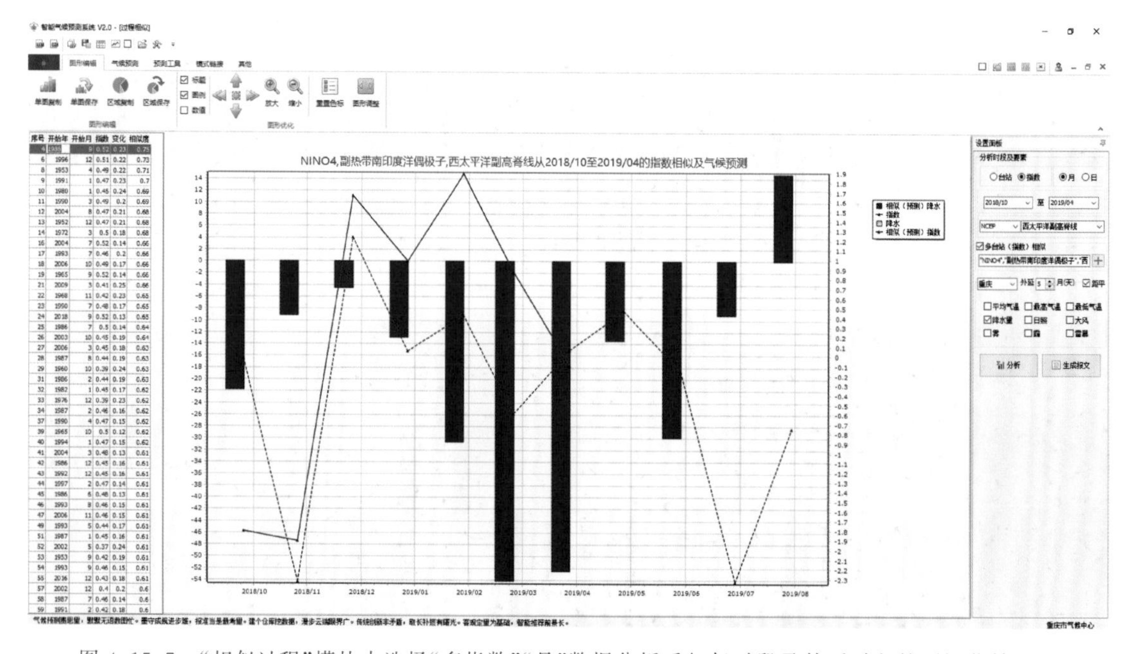


图 4.15.7 "相似过程"模块中选择"多指数""月"数据分析后相似时段及外延时段的可视化结果图

## 4.16 极端影响

**"极端影响"**是针对登陆台风前后以及逐日环流指数在指数异常或涛动异常下的逐日SLP、H100、H500、UV925、UV850和UV200的距平和原值场以及全国降水进行合成并进行可视化展示,以便直观反映登陆的台风及大气系统的异常对全国不同地区降水的影响。

模块界面包括“图形可视化”和“设置面板”两个部分。“图形可视化”是对日再分析资料及降水的可视化；“设置面板”则主要包括可视化内容的选择、极端事件及指数选择的设置。

模块启动后，默认读取历年登陆台风的统计表，表中包括了台风编号、登陆时间以及登陆地点等信息，点击表中任意一行，则对应可视化内容反映的登陆当日的大气环流和降水情况，如图 4.16.1 是编号台风为 201523 的对应信息。通过点击“ ”和“ ”，可得到所选择日期前后的大气环流和降水的变化情况。图 4.16.2 是编号台风 201523 登陆后第二天的对应风场、气压场等信息。

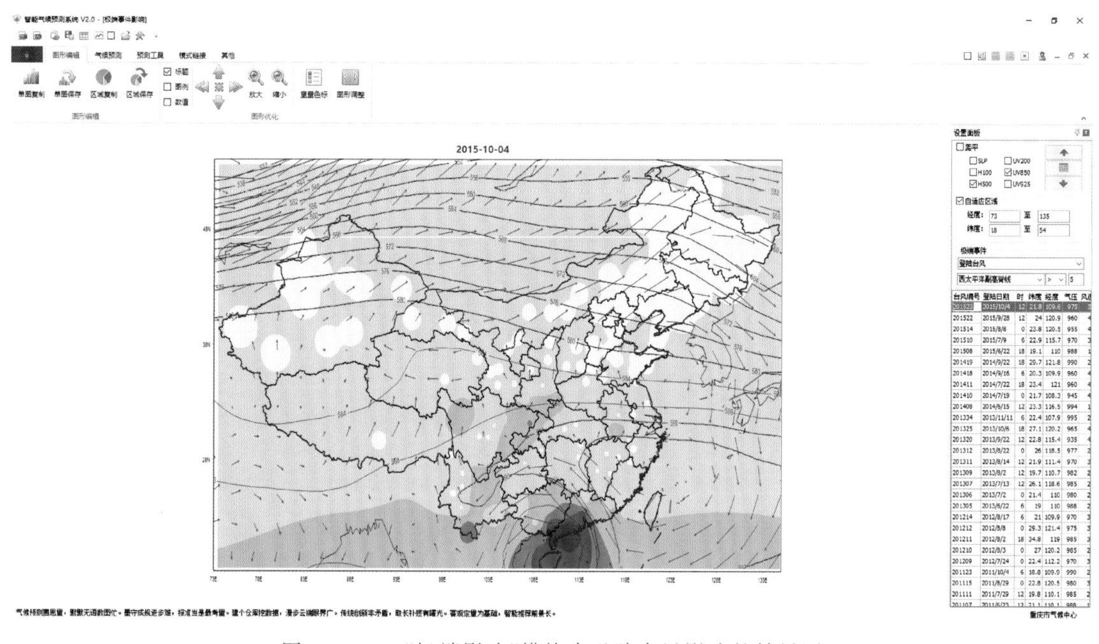


图 4.16.1　“极端影响”模块中登陆台风影响的结果图

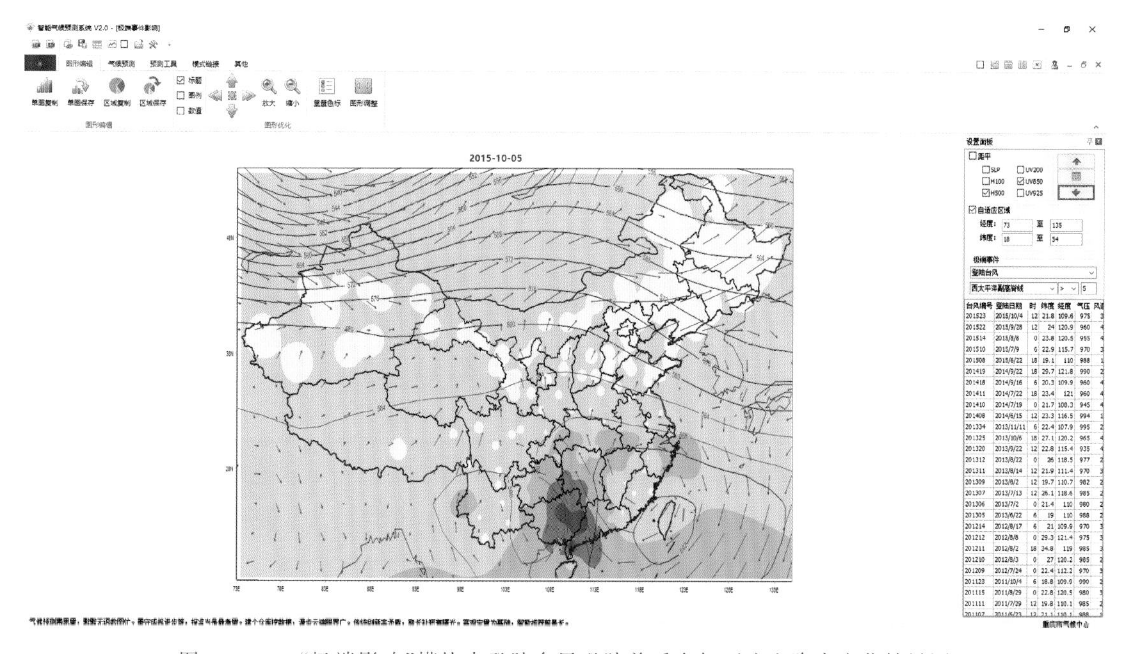


图 4.16.2　“极端影响”模块中登陆台风登陆前后大气环流和降水变化结果图

对大气环流的显示，默认数据来自相应 H500、UV850 的原值，如要可视化距平值分布，则点选设置面板中“☑距平”即可，如图 4.16.3。

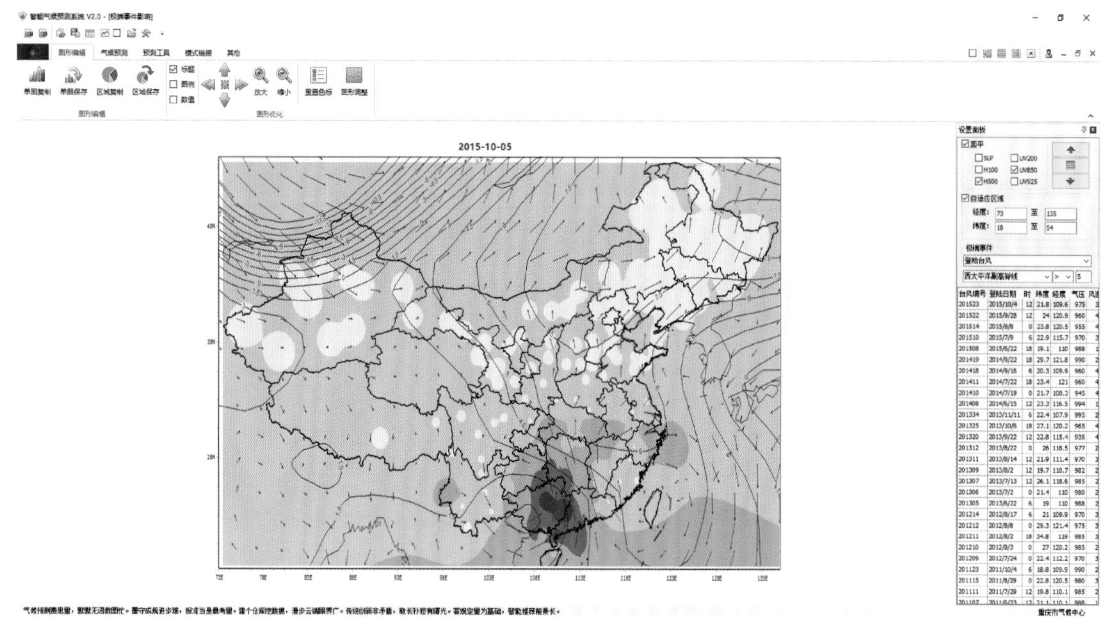

图 4.16.3 “极端影响”模块中大气环流为距平的可视化结果图

改极端事件为“指数异常”，则可根据环流指数的设置得到其历史上所有异常的情况，如图 4.16.4 中统计表即为西太平洋副高脊线在北纬 35 度以北的历史实况，图形可视化的内容为选择日期为 2019 年 8 月 5 日的大气环流和降水实况图。修改指数异常的设置，可得到相应设置所对应的信息，如图 4.16.5 为西太平洋副高脊线在北纬 15 度以南的历史实况及 2019 年 5 月 25 日的大气环流和降水实况图。

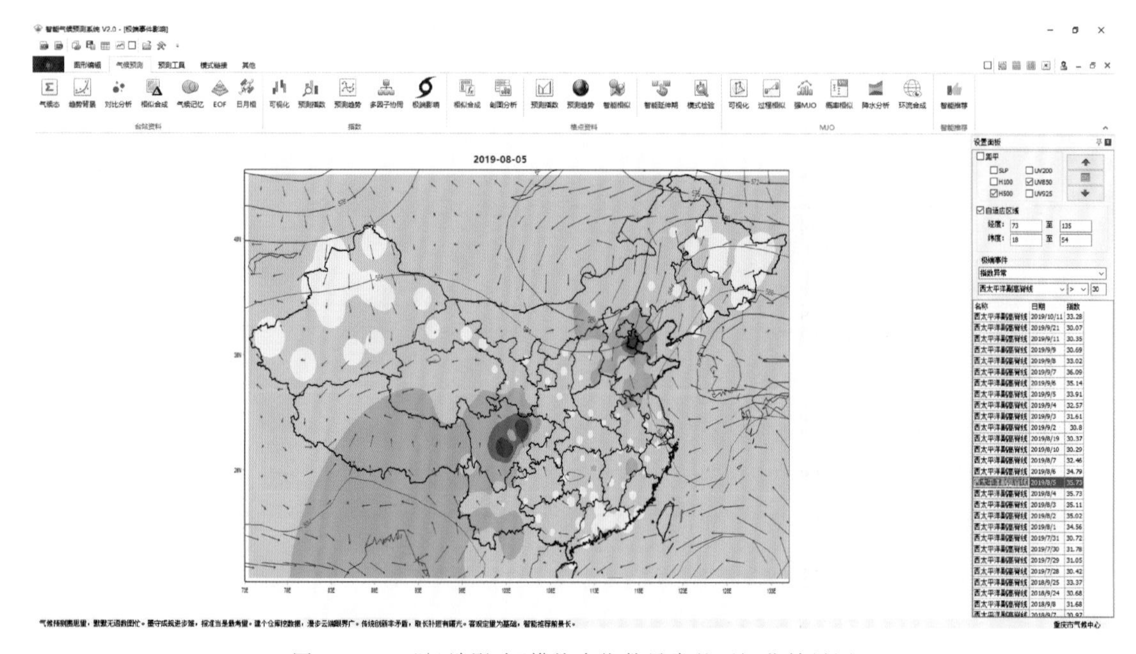

图 4.16.4 “极端影响”模块中指数异常的可视化结果图

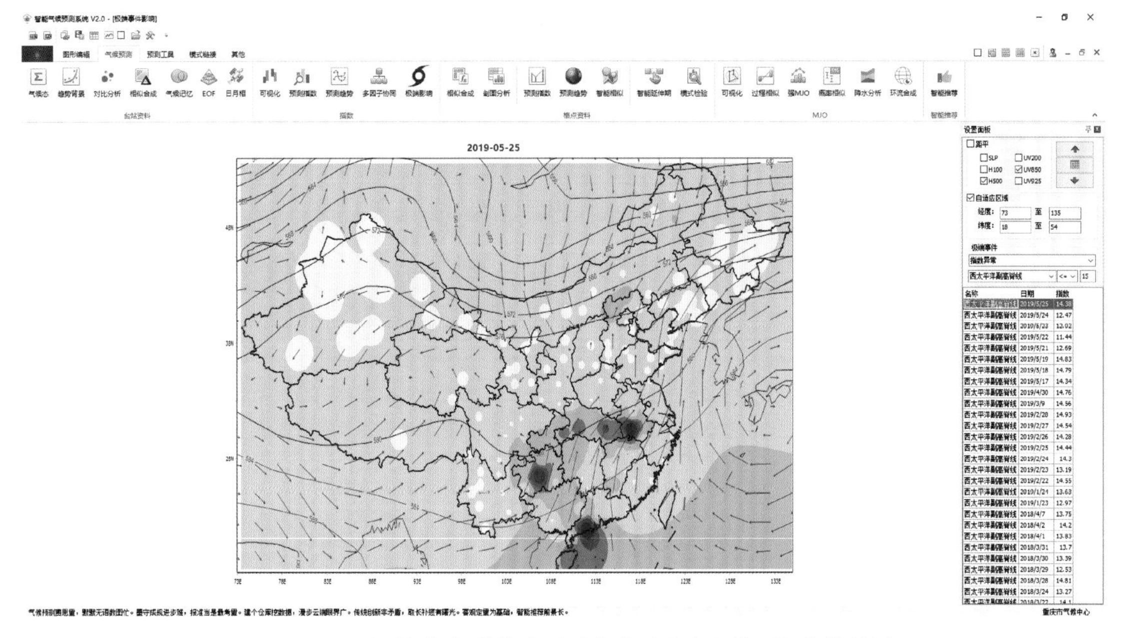

图 4.16.5　“极端影响”模块中更改指数异常定义的可视化结果图

改极端事件为“指数剧变”，则可根据对应的设置得到其有资料以来所有异常的情况，如图 4.16.6 为西太平洋副高脊线日改变 5 个纬度以上的实况统计及 2019 年 8 月 18 日的大气环流和降水实况图。

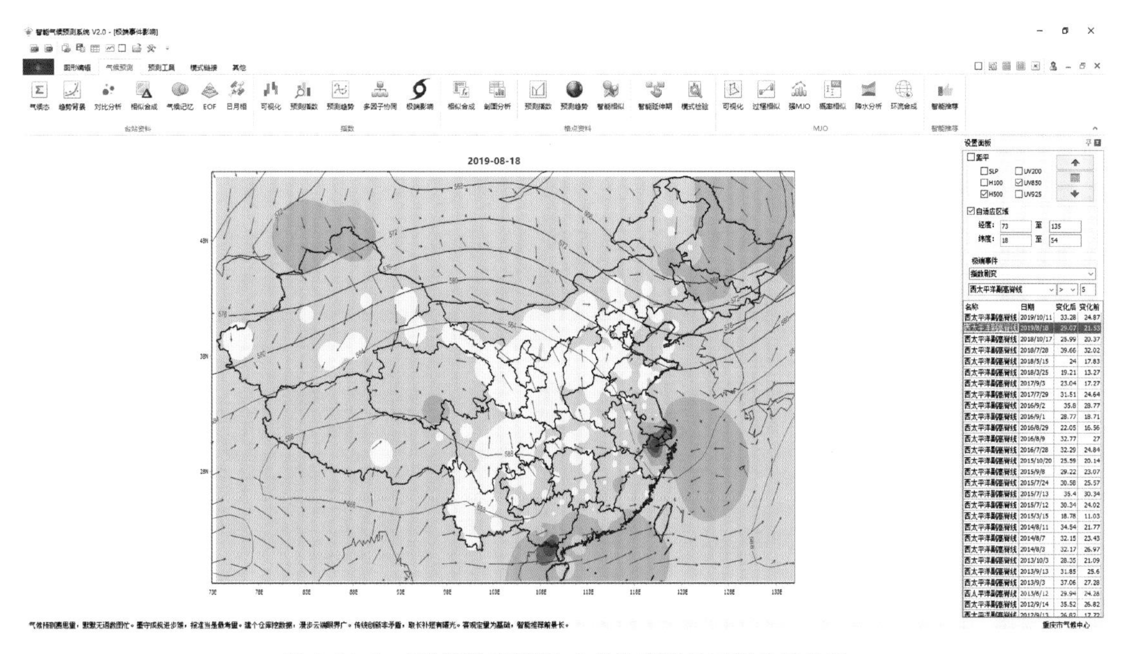

图 4.16.6　“极端影响”模块中指数剧变的可视化结果图

改极端事件为“指数持续”，则可根据对应的设置得到其有资料以来某一个指数长时间持续异常状态的情况，如图 4.16.7 为西太平洋副高脊线持续 5 d 在北纬 30 度以北的实况统计及 2019 年 9 月 2—9 日的大气环流和降水实况图。

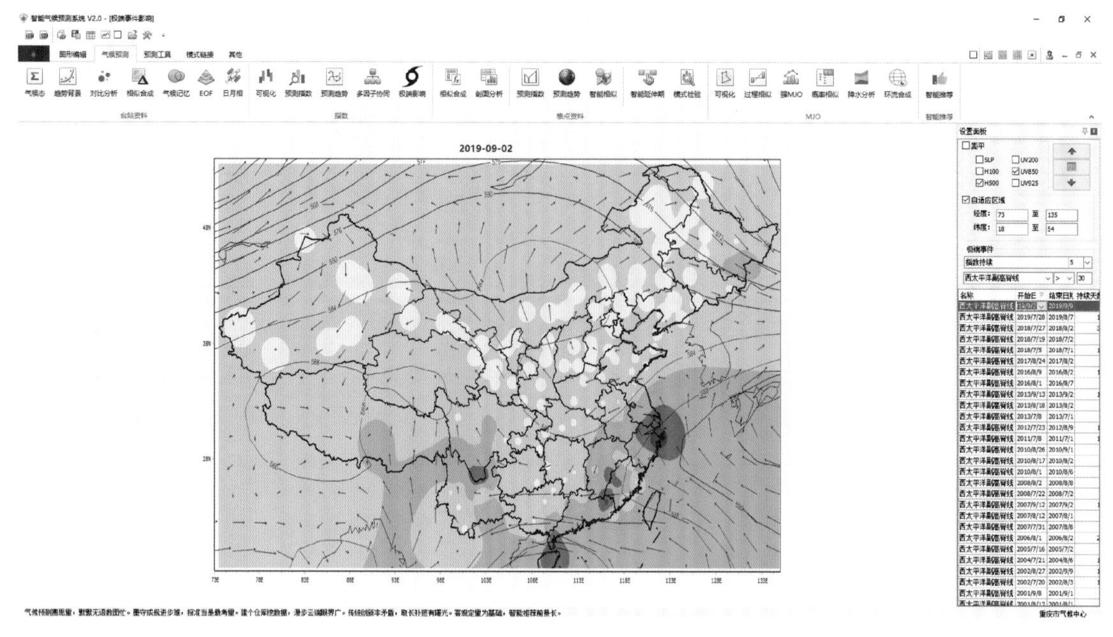


图 4.16.7 “极端影响”模块中指数持续的可视化结果图

## 4.17 格点资料相似合成(月)

**“格点资料相似合成(月)”**是通过时段限定、因子限定、自定义年份以及前期天气限定和差值场限定等不同方式对网格数据(包括再分析资料和模式预测资料)进行合成分析。

模块界面包括“图形可视化区域”和“设置面板”两个部分,除要合成分析的内容外,均与 4.4 节基本一致,有差异的是,在对格点数据可视化显示时,增加了多个场的叠加,如图 4.17.1。

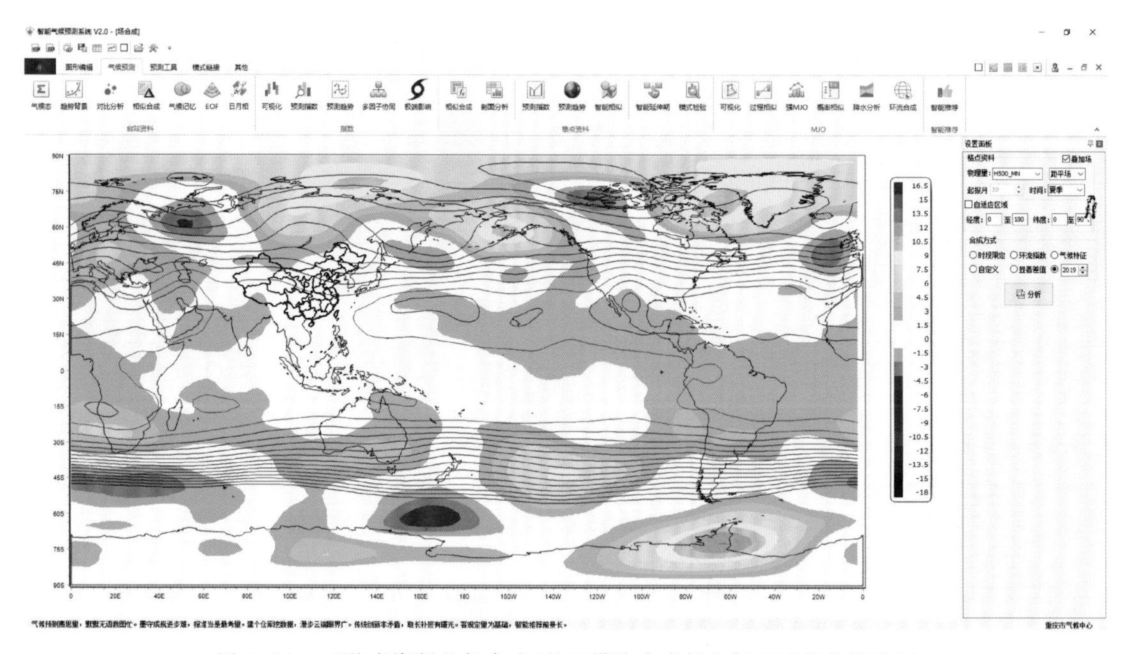


图 4.17.1 “格点资料相似合成(月)”模块中多场叠加的可视化结果图

如果先合成分析了水平风场，则在后续合成其他物理量后，可以叠加显示风场，如图 4.17.2 所示。

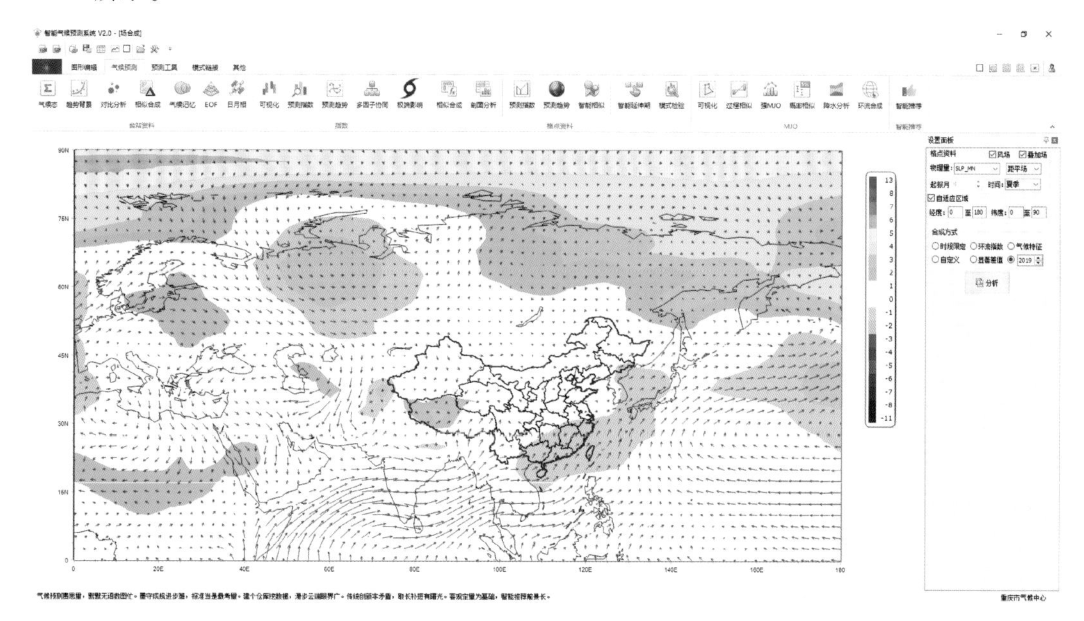

图 4.17.2 “格点资料相似合成(月)”模块中叠加风场的可视化结果图

合成方式中，“时段限定、环流指数、气候特征、自定义、选择年份及显著差值”均与 4.4 节相同，这里以显著差值为例。差值场的选择有两种情况，第一种是根据现有研究或者人为定义两个时段，第二种是根据条件选择，动态得到两个时段。图 4.17.3 是人为输入年份下的显著差值，两个时段分别选择的是拉尼娜发展年(1984 年，1988 年，1995 年，1998 年，2007 年，2010 年，2016 年)和厄尔尼诺发展年(1982 年，1986 年，1991 年，1994 年，1997 年，2002 年，2004 年，2006 年，2009 年，2014 年，2018 年)。

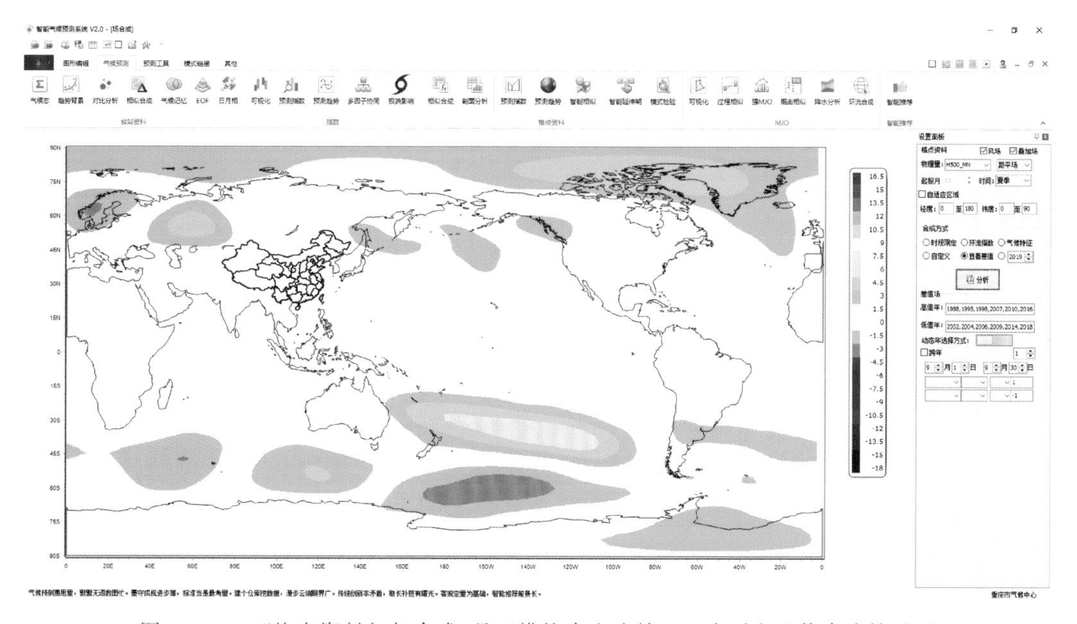

图 4.17.3 “格点资料相似合成(月)”模块中人为输入两个时段差值合成结果图

如要动态选择年份，则需选择“动态年选择方式：”，如图 4.17.4 选择的是重庆 8 月降水偏多 2 成和偏少 2 成的情况下，高度场的差值合成。标题中相应显示是条件选择所动态得到的两个时段。

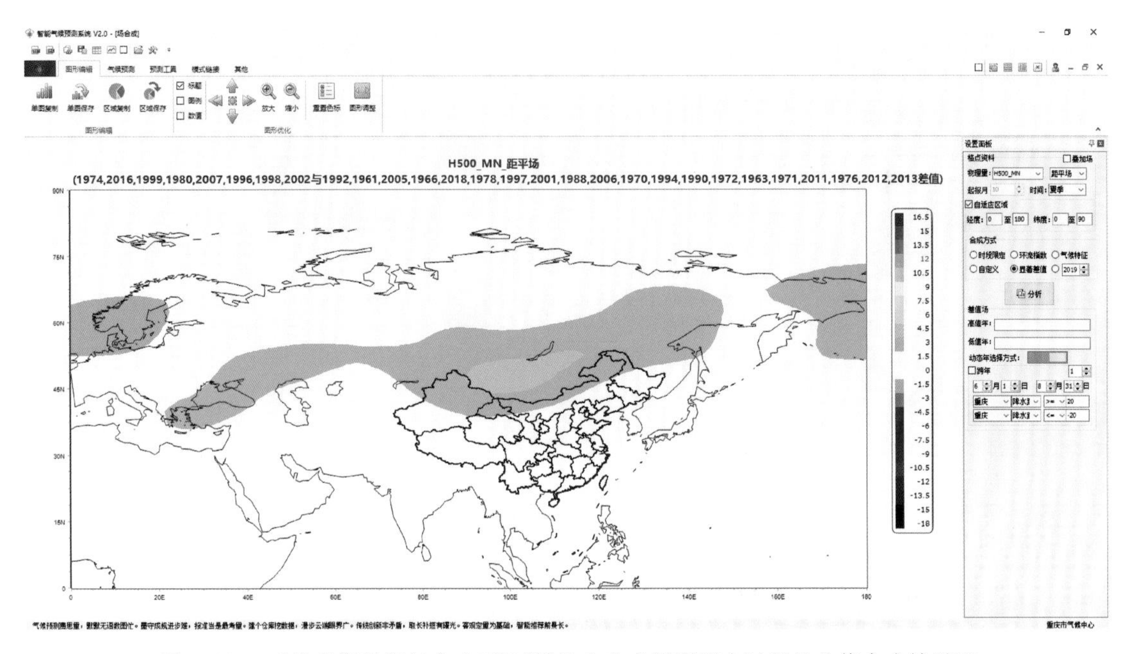

图 4.17.4 “格点资料相似合成(月)”模块中动态得到两个时段的差值合成结果图

## 4.18 格点资料相似合成(日)

**“格点资料相似合成(日)”**是以时间序列、自定义日期、条件限定等方式对 SLP、H100、H500、UV925、UV850 和 UV200 的距平和原值场进行合成，并根据选择范围进行剖面分析。

模块包括“图形可视化”和“设置面板”两个部分，“图形可视化”是对逐日再分析场进行各类合成的可视化展示；“设置面板”则包括了合成场的选择、区域的设定以及合成方式、剖面方式等设置选项。

如图 4.18.1，表示的是 2019 年 8 月 1—31 日逐日 500 hPa 高度场和 UV850 的合成，若要对逐日的距平进行合成，则选择“☑距平”即可，如图 4.18.2。

勾选“☑起始相同”，则根据所设置的日期进行可视化，如图 4.18.3 即为 2019 年 8 月 31 日的 H500 和 UV850 实况。通过更改日期或者“◀”“▶”，可以得到任意一天再分析场实况及距平。

如图勾选“☐起始相同 ☑剖面”，则根据所设置的日期和经纬度范围进行经向和纬向剖面分析，图 4.18.4 和图 4.18.5 分别是 2019 年 8 月 1—31 日 H500 和 UV850 的纬向和经向剖面图。

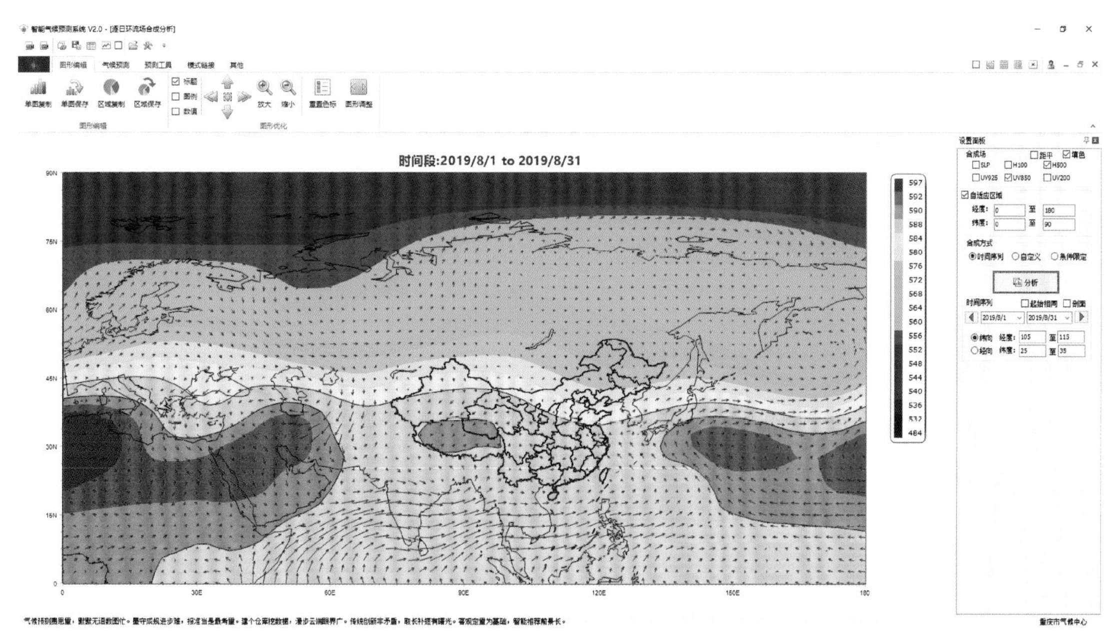


图 4.18.1 “格点资料相似合成(日)”模块中“时间序列”合成原值结果图

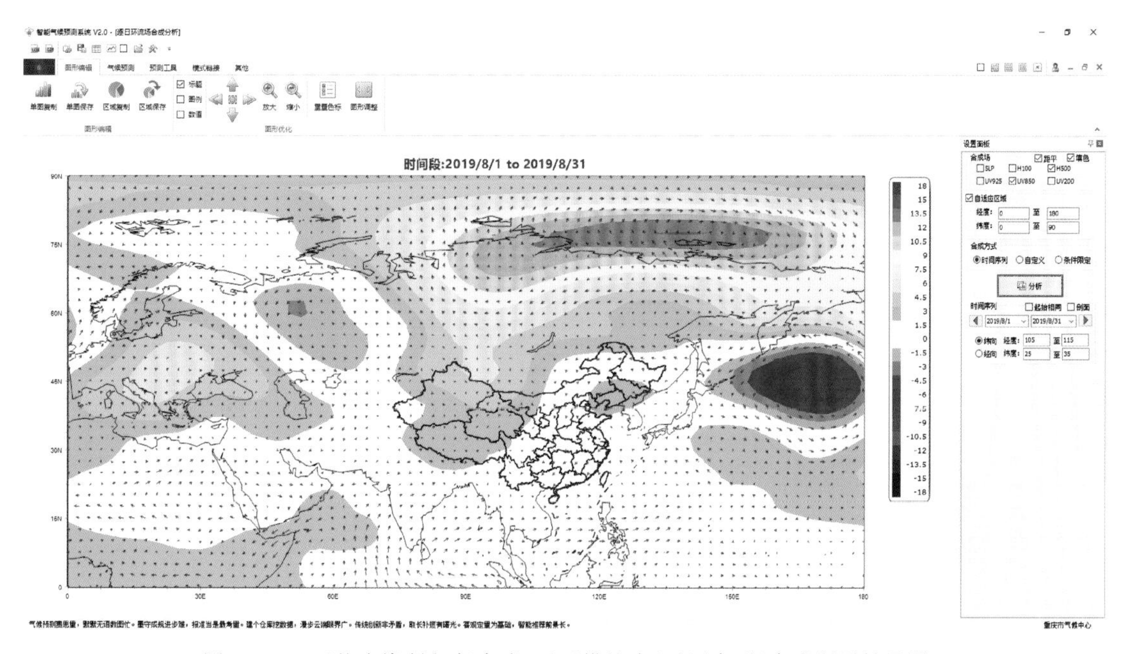


图 4.18.2 “格点资料相似合成(日)”模块中“时间序列”合成距平结果图

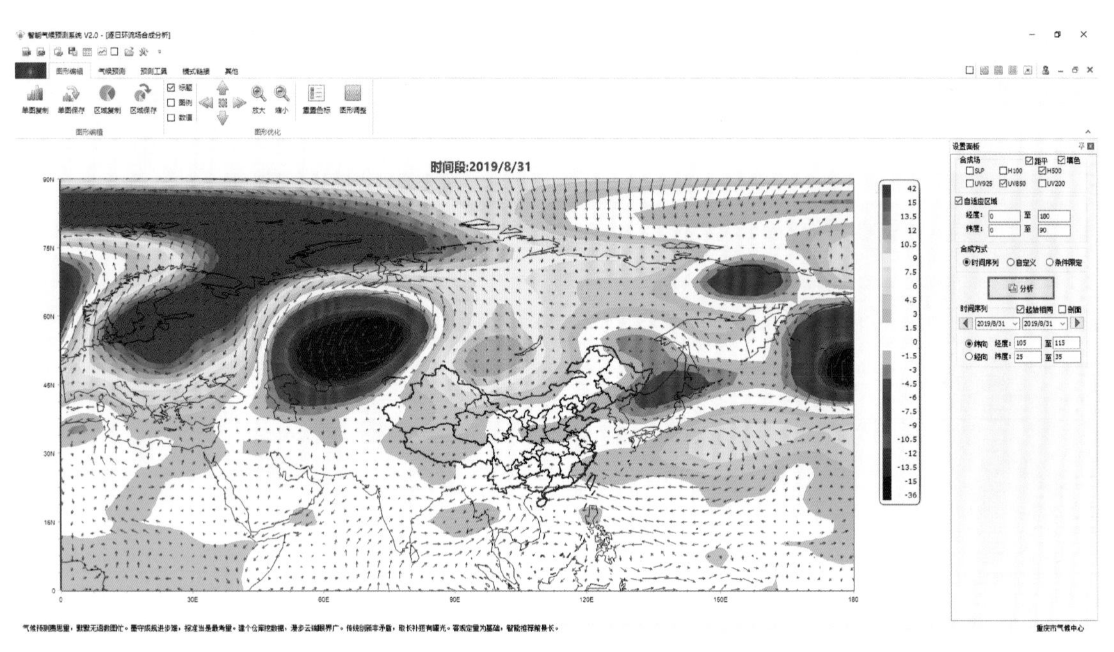


图 4.18.3 “格点资料相似合成(日)”模块中“时间序列”逐日再分析场实况结果图

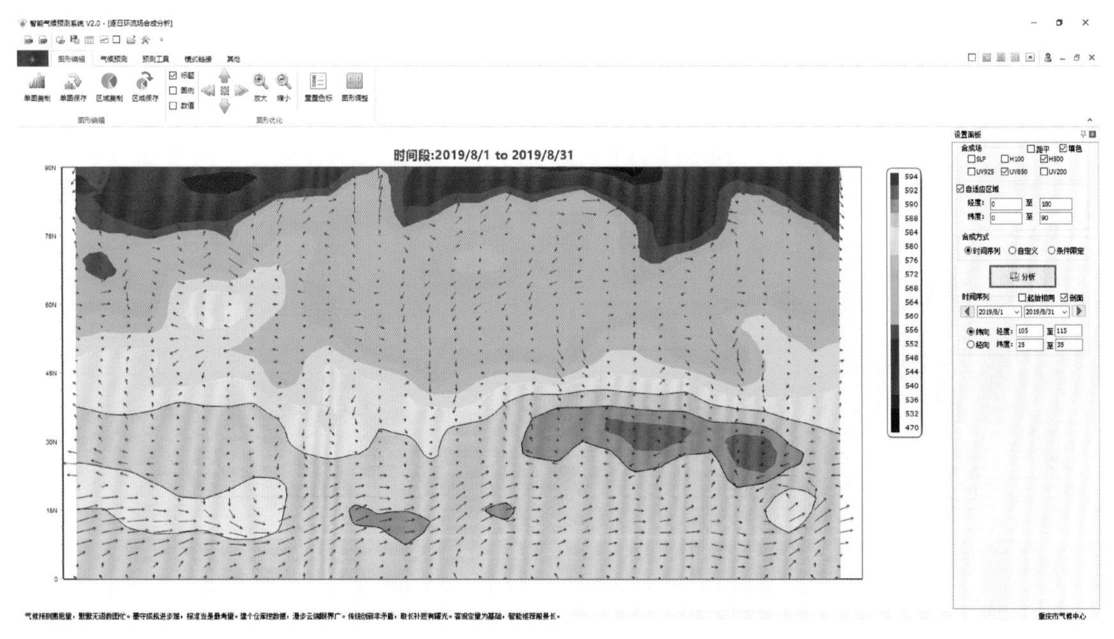


图 4.18.4 “格点资料相似合成(日)”模块中“时间序列”纬向剖面结果图

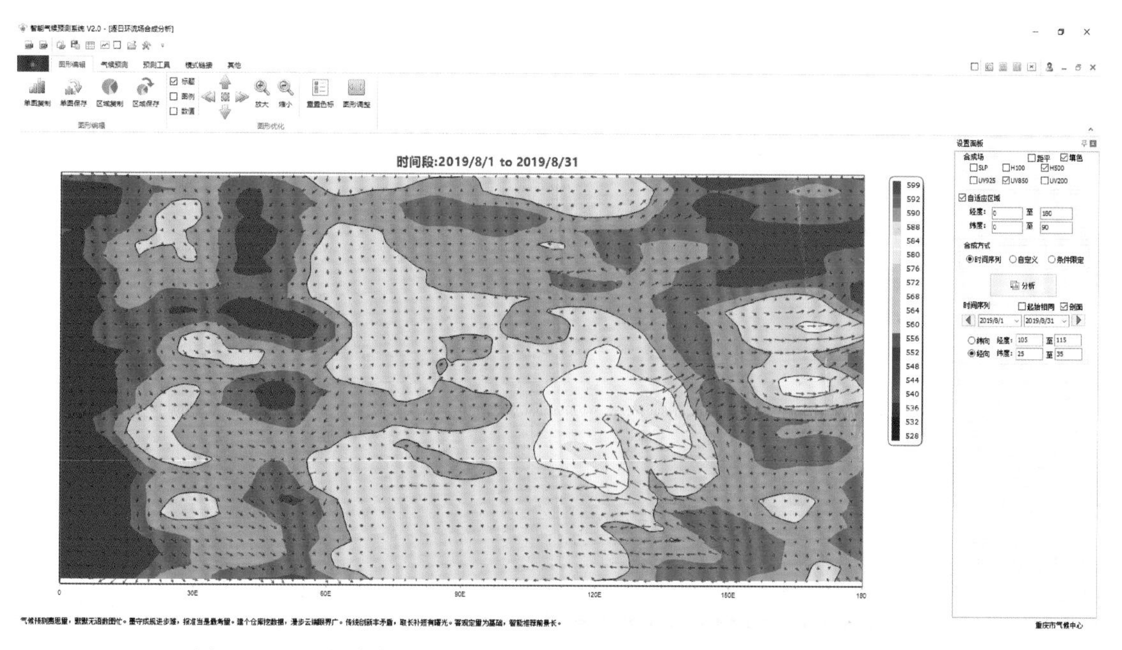

图 4.18.5 “格点资料相似合成(日)”模块中“时间序列”经向剖面结果图

合成方式中选择“◉自定义”,可以根据导入日期文件对再分析场进行合成,如图 4.18.7 即为导入图 4.18.6 的日期文件进行合成的结果图。

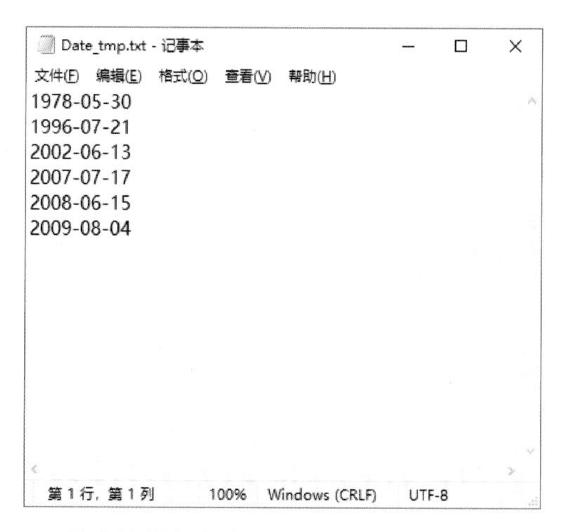

图 4.18.6 “格点资料相似合成(日)”模块中导入日期文件的格式

合成方式中选择“◉条件限定”,可以根据所选择的条件对再分析场进行合成,如图 4.18.8 即为重庆沙坪坝站(编号 57516)有雾并且最高气温大于 37℃的日期的合成结果图。

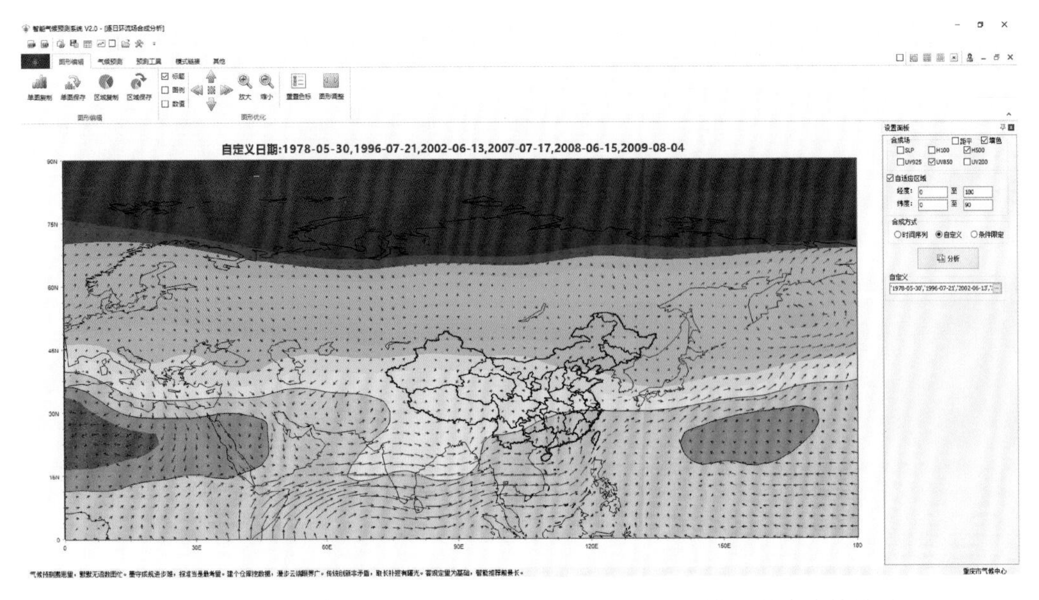


图 4.18.7 “格点资料相似合成(日)”模块中导入日期文件进行合成结果图

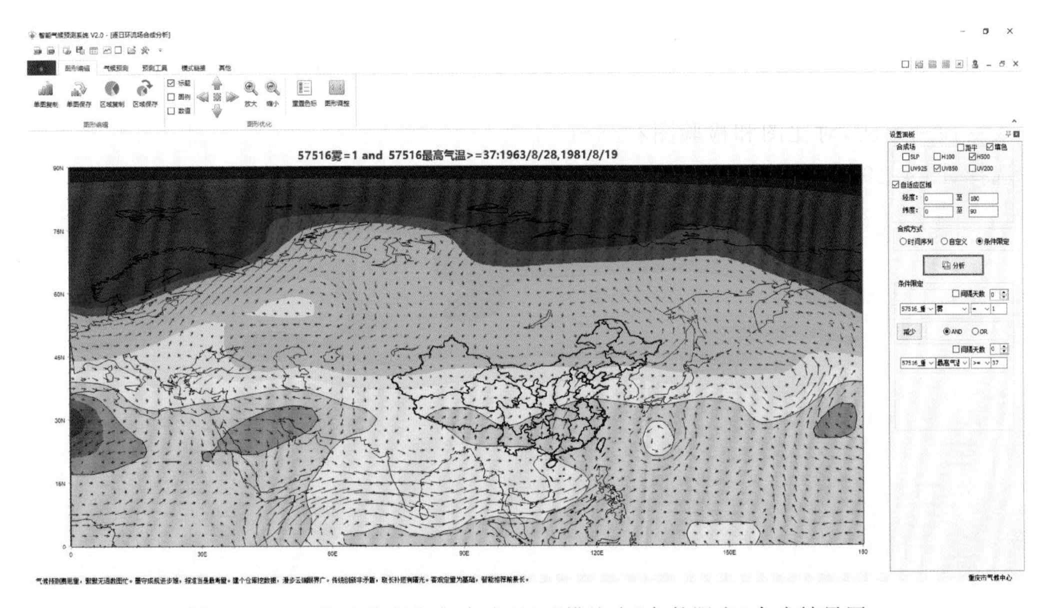


图 4.18.8 “格点资料相似合成(日)”模块中“条件限定”合成结果图

## 4.19 场预测指数

**“场预测指数”**是通过挖掘格点资料,包括 NCEP 再分析资料和多模式预测产品与环流指数之间的相关性,用以预测后期环流指数。

模块的“图形可视化”部分包括格点资料(自变量)与指数(因变量)的相关信息、基于格点资料预测的指数与实况的对比分析及检验的图形可视化;“设置面板”包括格点资料(自变量)以及指数(因变量)以及相关时段、预测年份和可视化内容、客观化算法等的设置选项。

如图 4.19.1 为采用春季海温距平场预测夏季西太平洋副高脊线的结果图。主图为春季海温距平场与夏季西太平洋副高脊线在1981—2010年的相关系数分布图,左下图为客观化预测的结果与实况对比图,右下图为检验图。

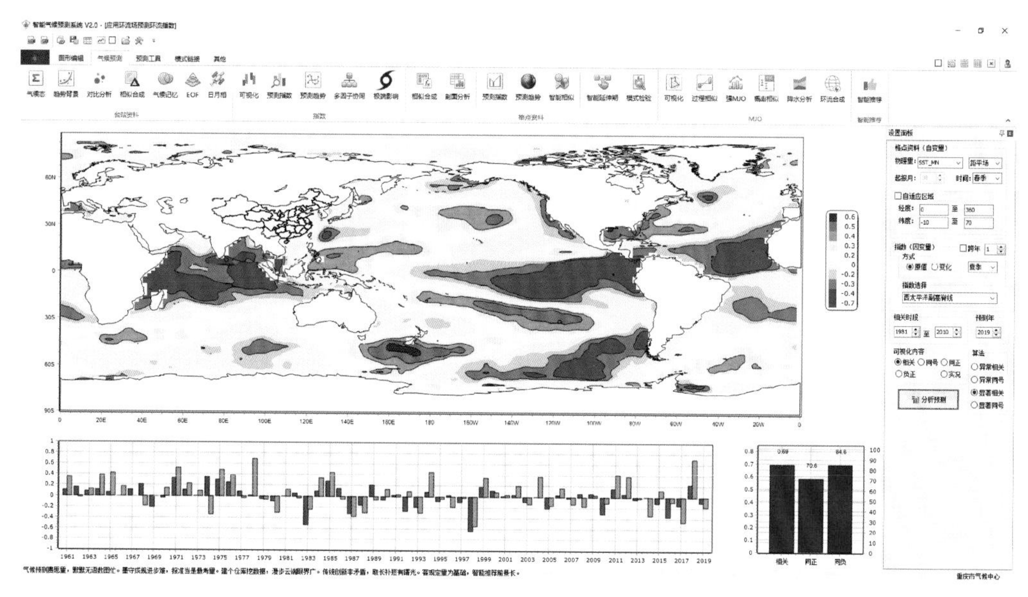

图 4.19.1 "场预测指数"模块中分析预测结果图

改变预测方法,对比图和检验图右有相应的改变,根据检验的结果和对比情况进行预测结果的选择,图 4.19.2 为选择异常相关得到的预测结果。

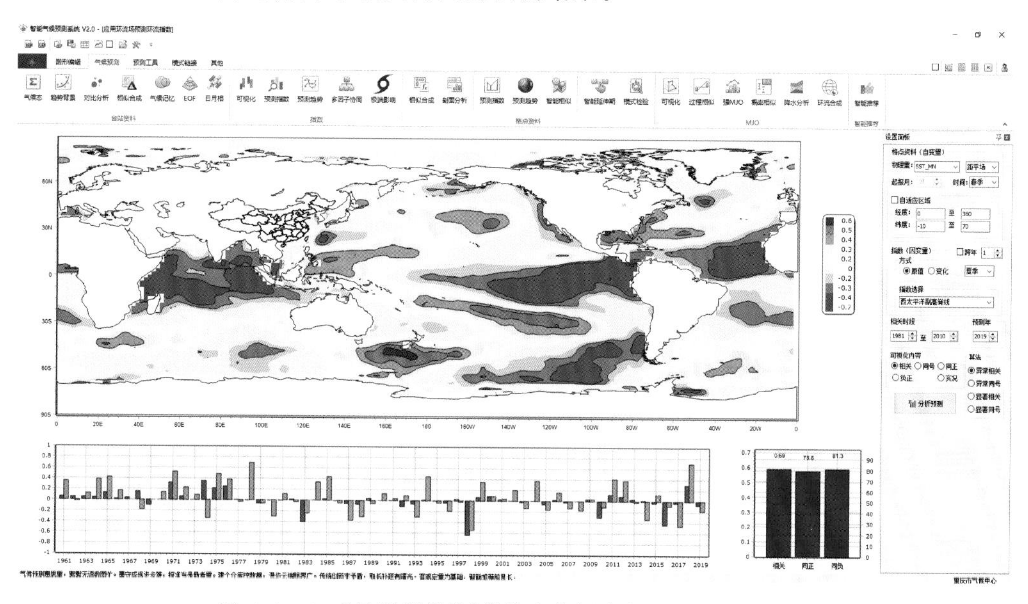

图 4.19.2 "场预测指数"模块中分析改变预测方法结果图

## 4.20 场预测趋势

**"场预测趋势"**是针对预测区域内各个台站及区域平均的预测对象,挖掘对其有影响的关键场及关键区域,并对不同格点资料(包括 NCEP 再分析场以及模式预测场)进行精细化分析得到的客观化结果。可对不同时间、不同物理量的格点资料根据 1.4.2 节中的数据融合技术，进行融合及优势因子提取后进行分析预测。

该模块界面包括“关键区分析”“预测结果”以及“设置面板”。“关键区分析”是对不同格点资料与预测对象信息的图形可视化；“预测结果”是基于格点资料降尺度处理到的客观化预测结果及其 $Ps$ 评分的图形可视化；“设置面板”是对应内容的设置，包括自变量、因变量、预测方法、可视内容、推荐规则以及相关时段、预测年份等设置项。

如图 4.20.1 为 1981—2020 年重庆夏季气温与 4 月海温的相关分析结果图（如台站选择为所有，则默认关键区分析所显示的内容为台站中排名为第二个的地区），若改变台站为上海，则相关分析的图形调整为上海夏季气温与 4 月海温的相关分析图，如图 4.20.2。

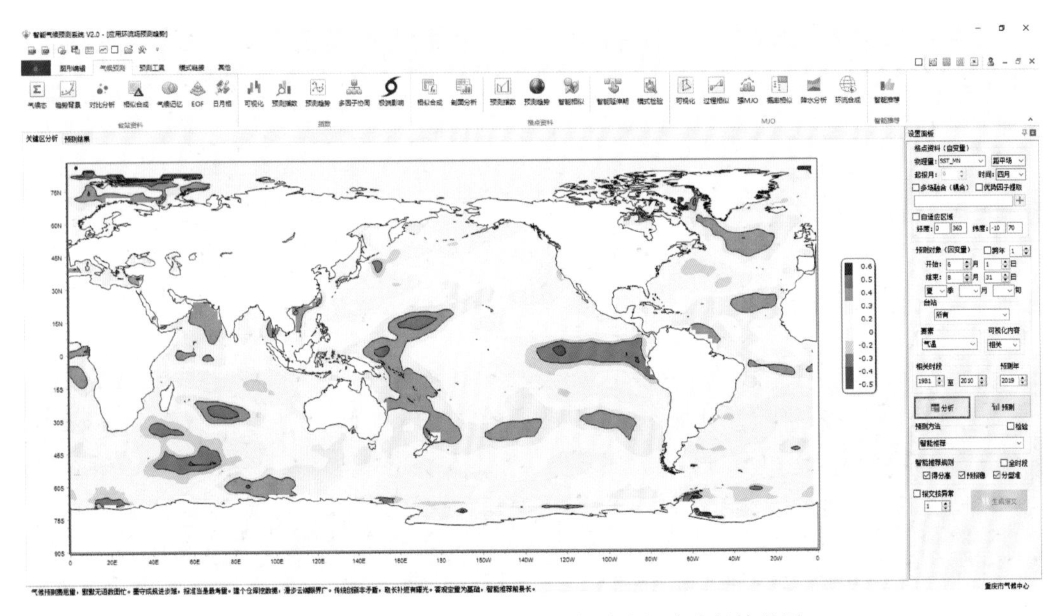

图 4.20.1 “场预测趋势”模块中默认相关分析结果图

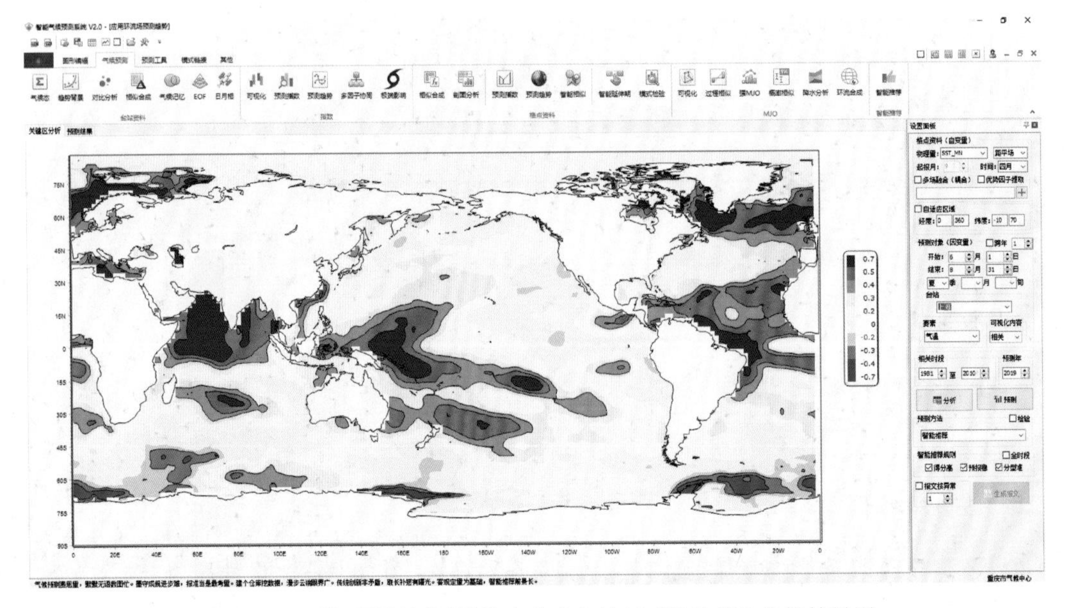

图 4.20.2 “场预测趋势”模块中改变台站（上海）的相关分析结果图

若改变要素为“降水”，则关键区内容则变为与降水的相关分析图，如图 4.20.3。点击预测，则默认得到智能推荐的预测结果，如图 4.20.4。

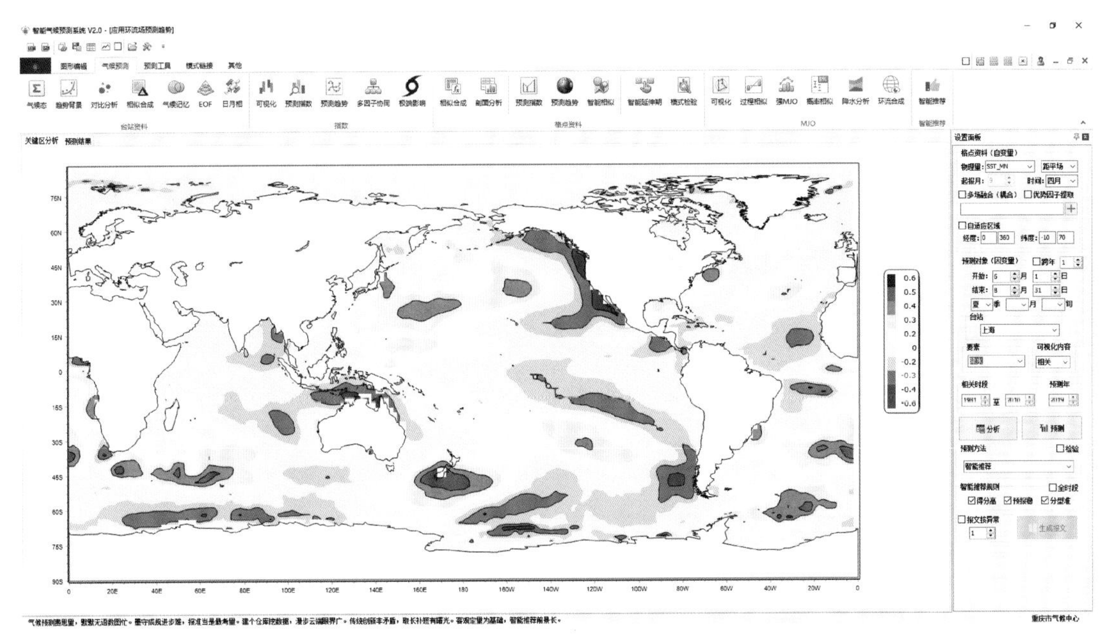

图 4.20.3 “场预测趋势”模块中改变预测对象的相关分析结果图

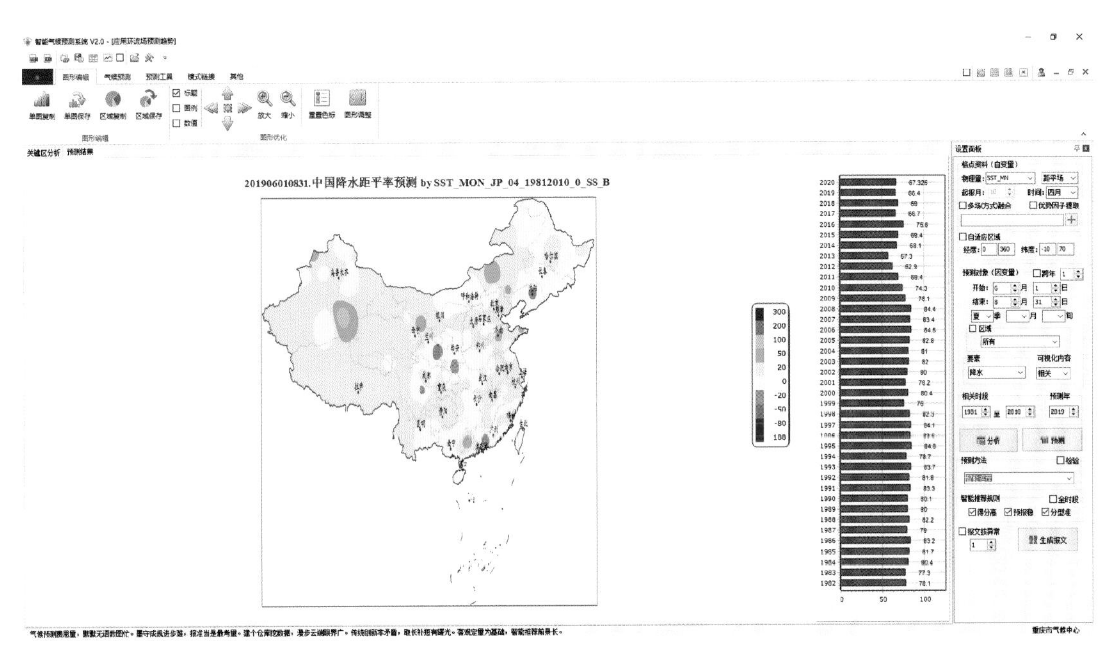


图 4.20.4 “场预测趋势”模块中默认智能推荐结果的预测结果图

改变算法，则预测图及得分图相应改变为所选择算法的结果，如图 4.20.5。点击“☑检验”，则得到当前选择算法的检验结果，如图 4.20.6，需要说明的是，这里的检验是基于相关建模时段的检验。

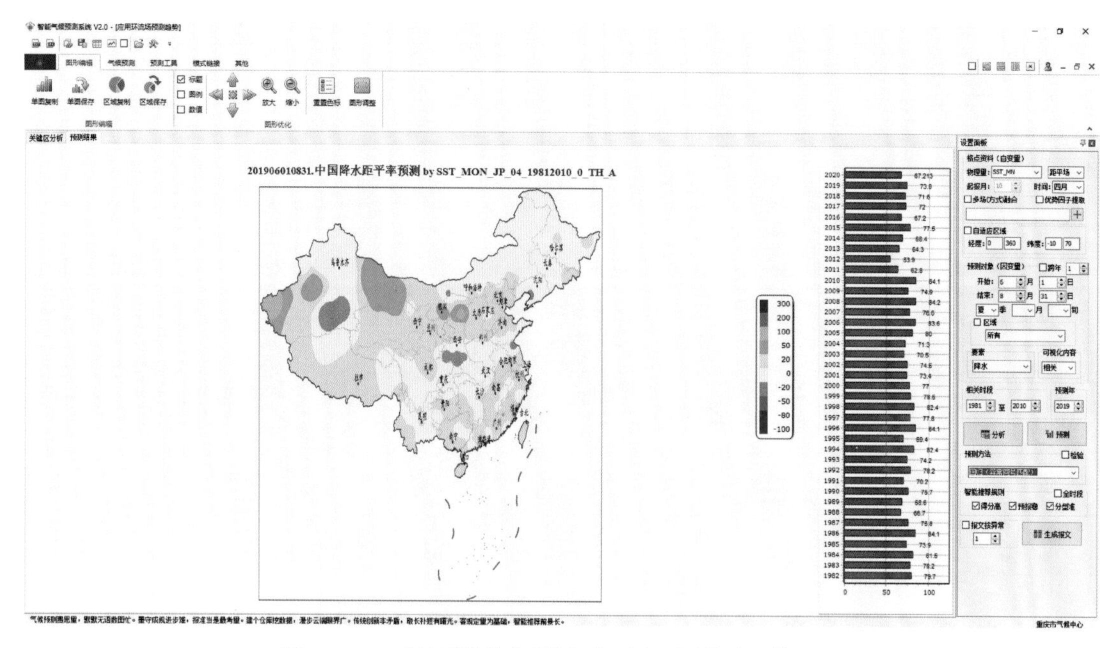


图 4.20.5 “场预测趋势”模块中更改预测算法的结果图

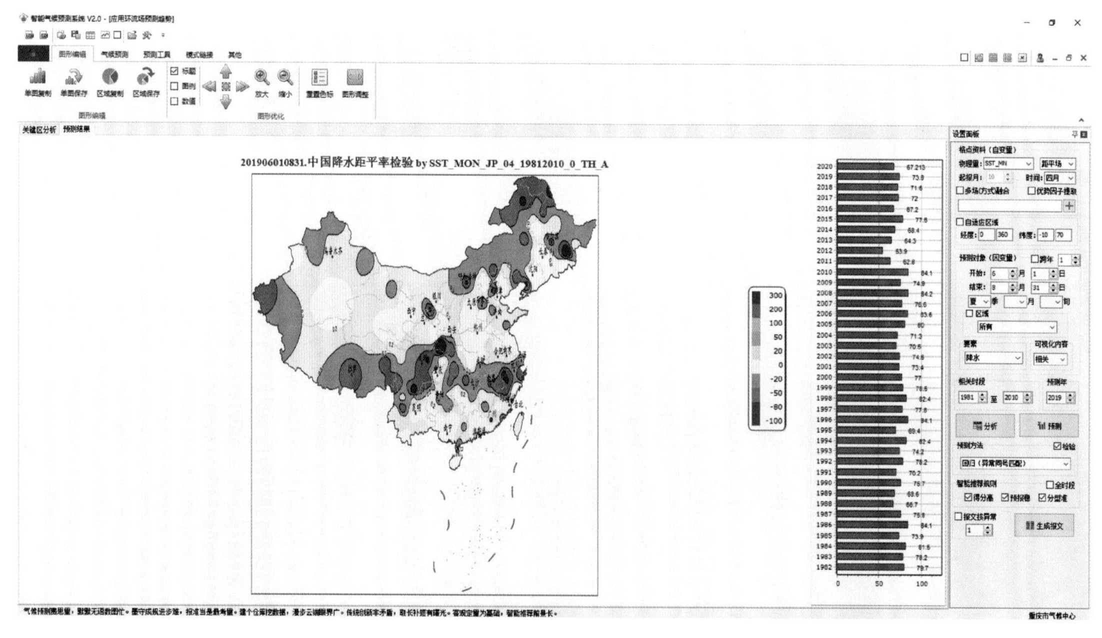


图 4.20.6 “场预测趋势”模块中选择算法的检验结果图

如果要使用多场融合(耦合),选择“☑多场融合(耦合)”,然后点击“+”选择需要融合(耦合)的格点资料,然后预测即可。图 4.20.7 是选择的 4 月 SST 距平场和时间变化场融合的预测结果图。

如果要优势因子提取,选中“☑优势因子提取”,然后选择多个格点资料后,进行预测即可,图 4.20.8 为 CFS2 和 ECMWF 资料在 4 月起报的夏季 H500 优势因子提取后得到的中国气温距平预测结果图。

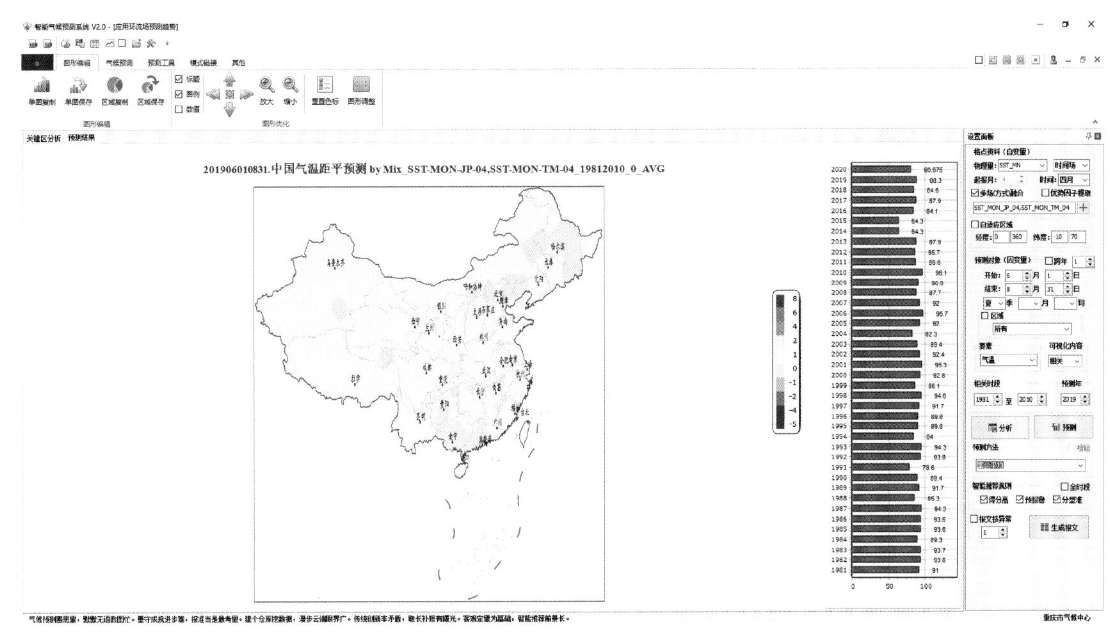


图 4.20.7　“场预测趋势”模块中多场融合(耦合)预测结果图

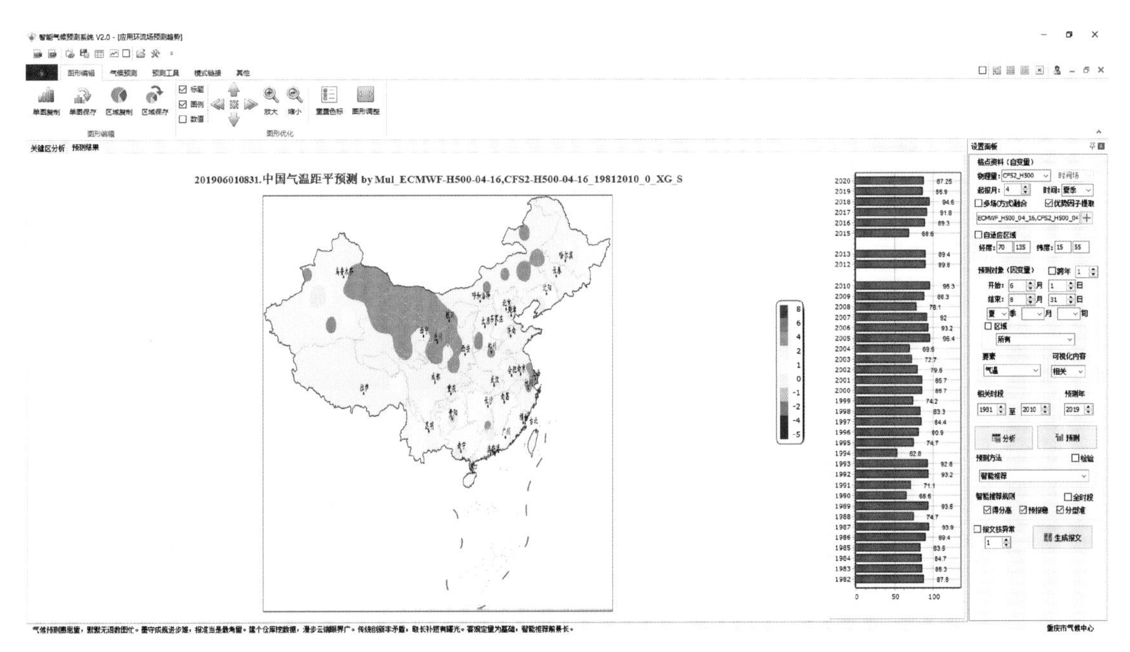


图 4.20.8　“场预测趋势”模块中优势因子提取预测结果图

## 4.21　场相似

**“场相似”**是采用机器学习的协同过滤算法和 K-Means 聚类算法，通过欧式相似度、皮尔逊相似度、汉明相似度的改进型(详见 1.4.2 节)以及结合这三种的自定义相似度和聚类分析结果,分析选择时段内的格点资料(包括再分析场和模式场)与历史同期同区域的相似度,对比可视化格点场,并得到相似年或者合成选择的几个相似年的预测对象。

模块的界面包括对分析年和相似年的格点资料的图形可视化,各项相似度和聚类分析的数据表格、相似年的各项气象信息以及设置面板。设置面板是对包括格点资料相似聚类年、相似聚类物理量以及相似聚类区域以及预测对象的设置选项。

图 4.21.1 是选择 2019 年 4 月 SST 与历史上相同区域(160°E～80°W,10°S～10°N)的 SST 查找得到的默认第一相似年的可视化结果图。左上图为 2019 年 4 月 SST 在 160°E～80°W,10°S～10°N 实况,右上图为相似年(2016 年)4 月 SST 在 160°E～80°W,10°S～10°N 实况,下表的内容是各种相似度计算的结果和聚类分析的结果,右下图为选择的预测时段为夏季的全国气温距平分布图。

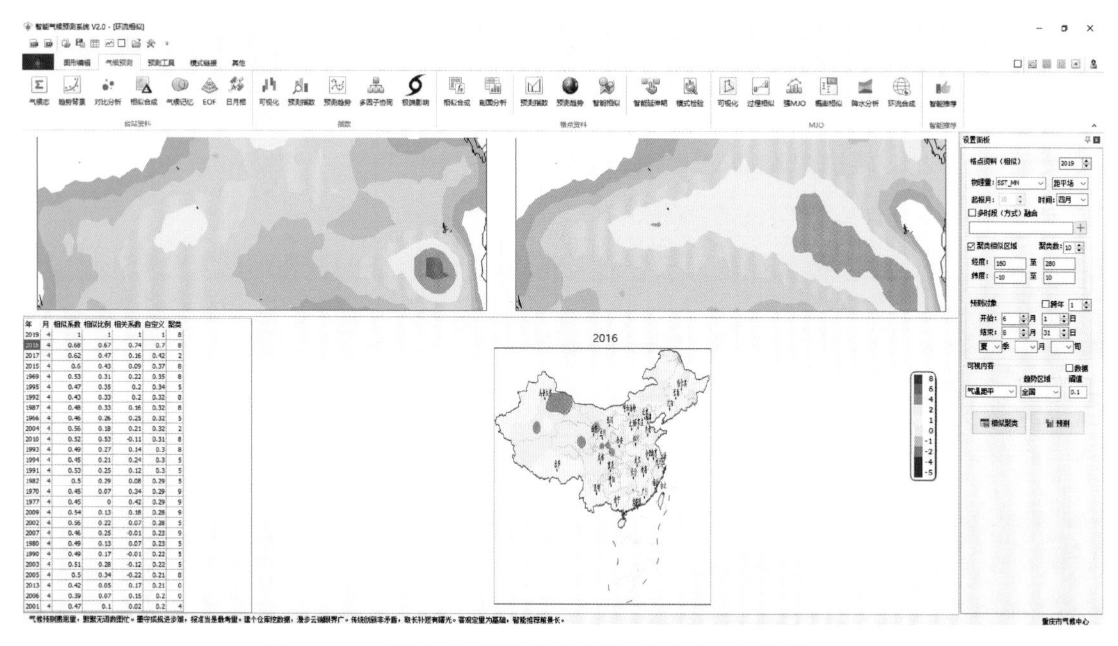


图 4.21.1 “场相似”模块中默认第一相似年可视化结果图

与 4.4 节台站数据相似合成相同,“场相似”可在表中顺序选择多个年份进行合成,图 4.21.2 是选择相似度前 5 年的合成结果图,合成的内容为降水偏多概率。如果选择合成内容为过程变量,如选择的是降水概率、高温概率、低温概率,则可视化的序列可根据阈值的改变而改变;若在表格中点击聚类列的任意数据,则可视化的内容为该聚类的所有年份的合成,图 4.21.3 为 2019 年所在的 8 类的合成,合成内容为日降水大于 10 mm 的概率。

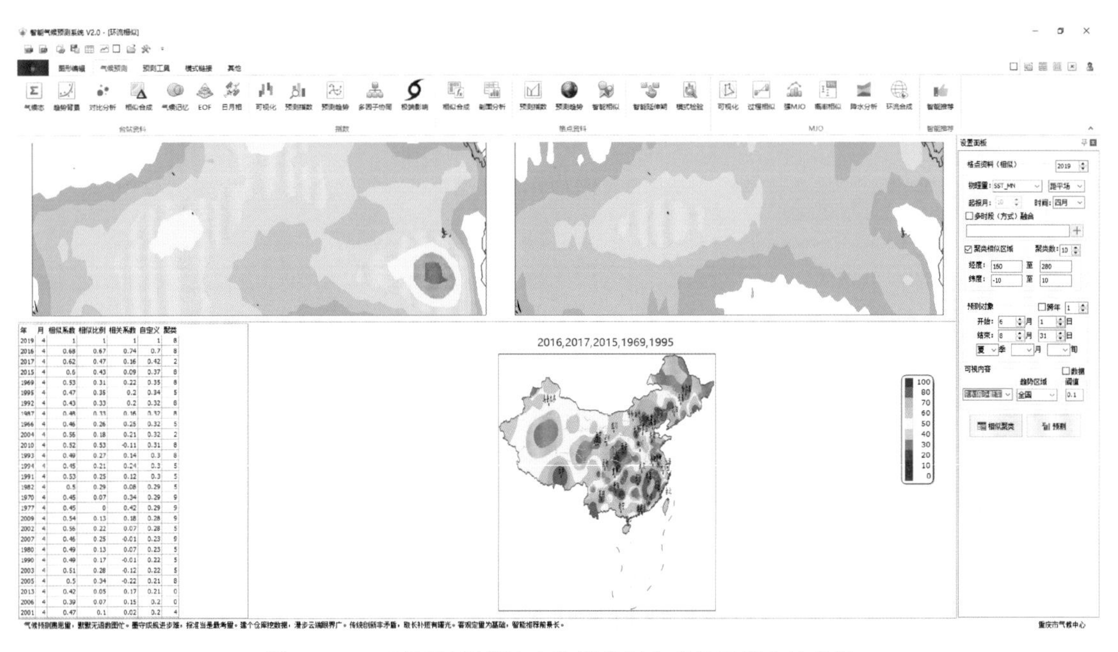


图 4.21.2 “场相似”模块中选择多年合成的可视化结果图

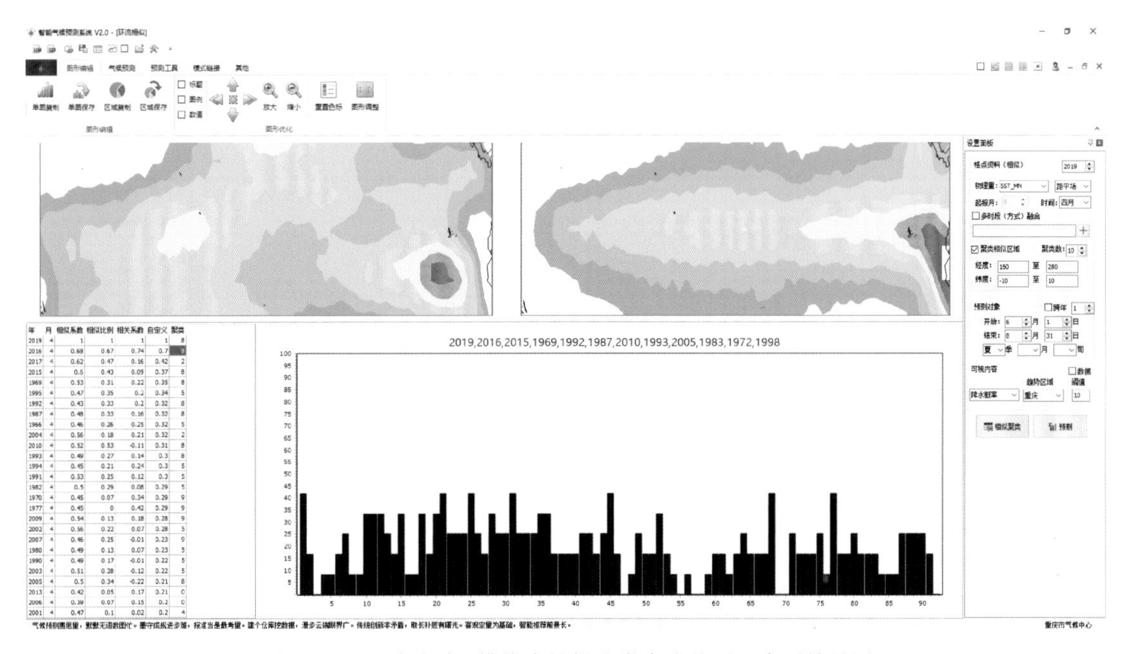


图 4.21.3 “场相似”模块中根据聚类合成的逐日序列结果图

如果要采用多个格点场资料进行合成，则点选“☑多时段（方式）融合”，在“+”要选择的格点场和范围后，点击相似聚类即可。图 4.21.4 为采用 CFS2 和 ECMWF 资料中从 4 月起报的夏季高度场在 70°～135°E，15°～55°N 范围内的相似结果图。这里需要说明的是，上图对比的内容是选择的多个格点场(即当前显示)的对比。

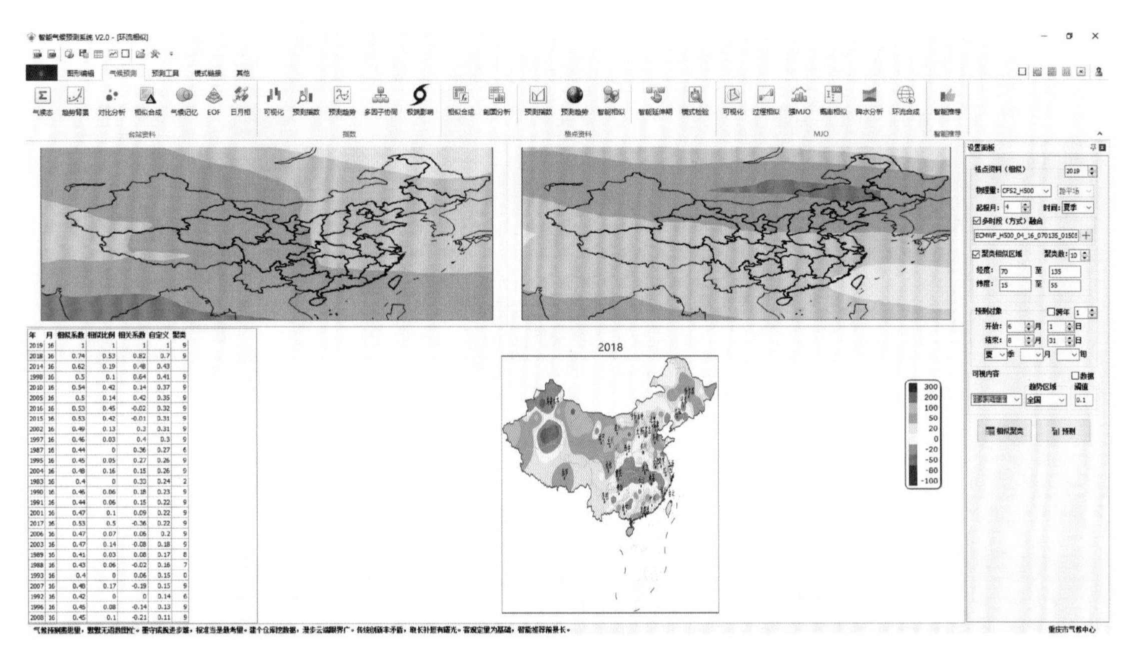


图 4.21.4 “场相似”模块中多时段(方式)融合相似结果图

## 4.22 污染潜势

**“污染潜势”**是对国家气候中心研发的延伸期—月尺度大气污染潜势气候预测系统(1.0 版)输出的预测数据的本地化可视化应用。国家气候中心研发的延伸期—月尺度大气污染潜势气候预测系统是由月动力延伸预测模式系统 DERF2.0 提供初始场，驱动中尺度模式进行降尺度并输出大气边界层气象要素场，驱动城市大气污染数值预报系统 CAPPS 进行大气自净能力的预测。

模块包括“设置面板”和“可视化区域”两个部分。“设置面板”对可视化内容进行设置，“可视化区域”用以对国家气候中心提供数据进行区域分布或时间序列的可视化。国家气候中心每天提供的数据包含起报日之后 40 d 的逐日预报结果，5 个变量分别为：大气自净能力，10 m 风速，混合层高度，通风量，降水。

如图 4.22.1、图 4.22.2 分别为 2019 年 8 月 20 日起报的未来 40 d 大气自净能力和通风量的全国分布图。在分布图显示时，切换可视化区域“可视区域 全国”则对应显示该区域的变量分布；如果选择“☑时间序列”，则可视化选择区域在选择时段的逐日变量序列。图 4.22.3、图 4.22.4、图 4.22.5 分别为选择可视化区域为“西南区域”且时段为 2019 年 9 月上中旬的混合层高度分布图、2019 年 9 月上旬的四川降水量分布图和 2019 年 8 月

26 日的贵州 10 m 平均风速分布图。图 4.22.6 为重庆区域 2019 年 8 月 20 日起报的未来 40 d 的降水量分布。

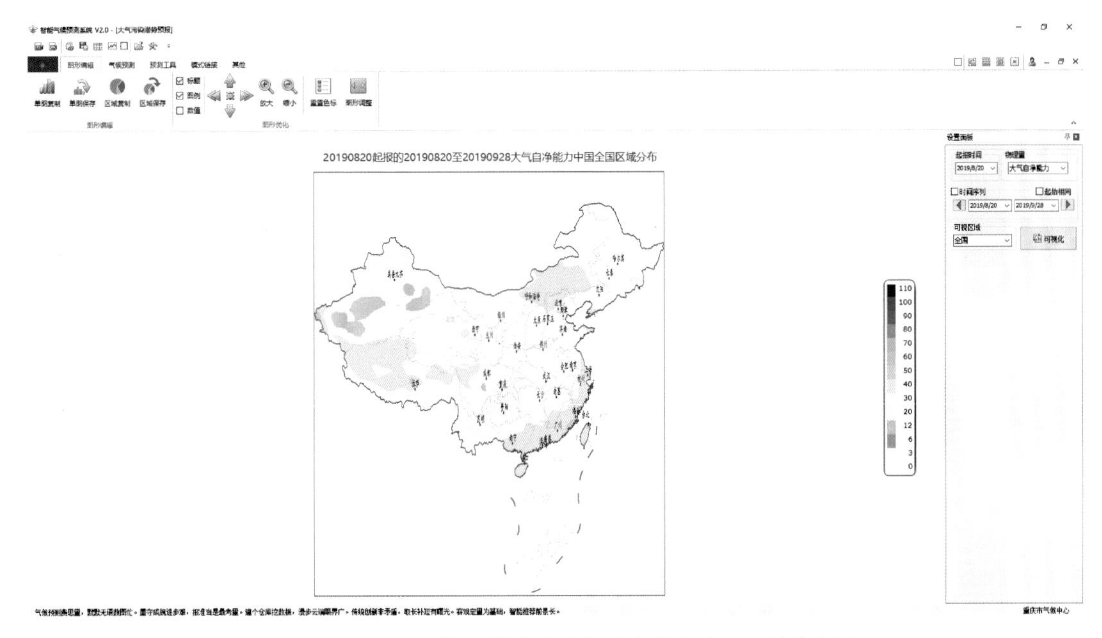


图 4.22.1 “污染潜势”模块中大气自净能力全国区域分布图

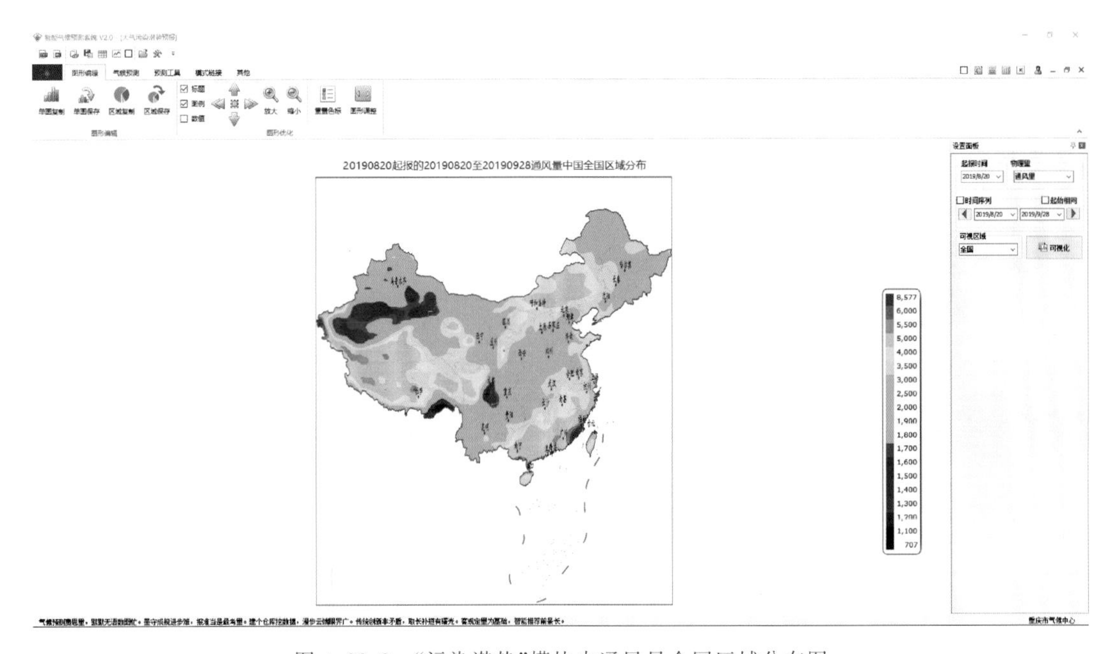


图 4.22.2 “污染潜势”模块中通风量全国区域分布图

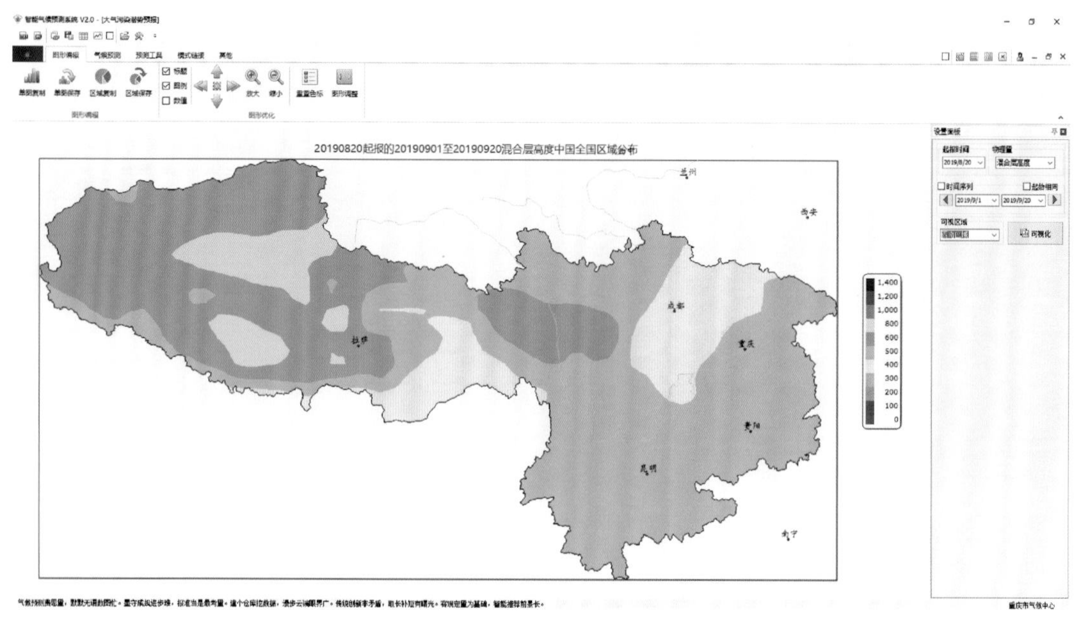


图 4.22.3 “污染潜势”模块中混合层高度西南区域分布图

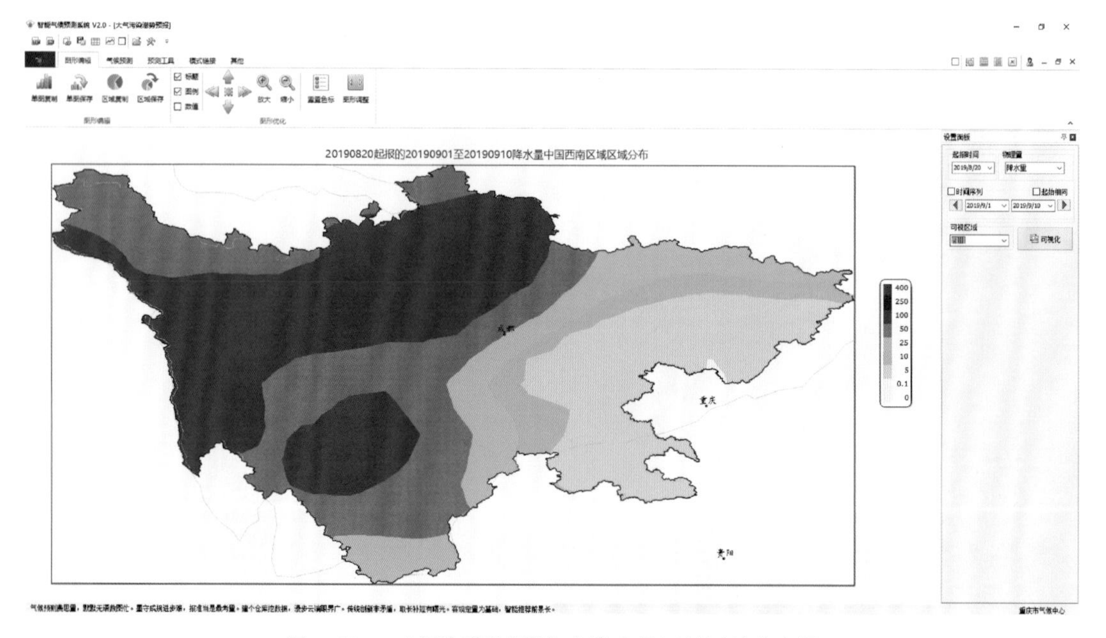


图 4.22.4 “污染潜势”模块中降水量四川区域分布图

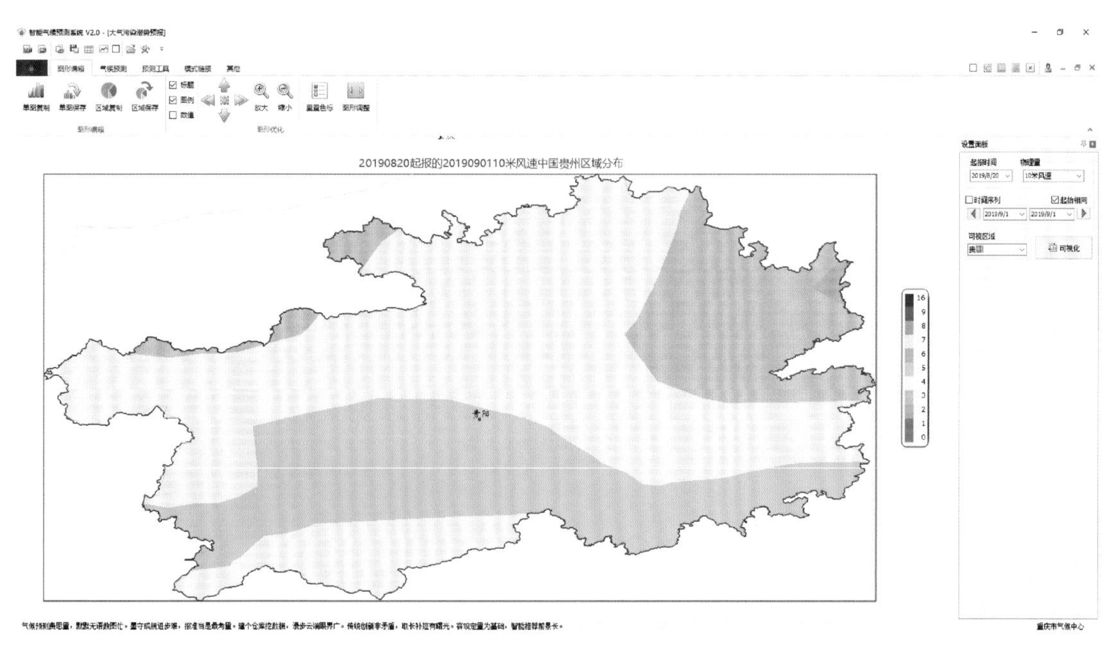


图 4.22.5　“污染潜势”模块中 10 m 风速贵州区域分布图

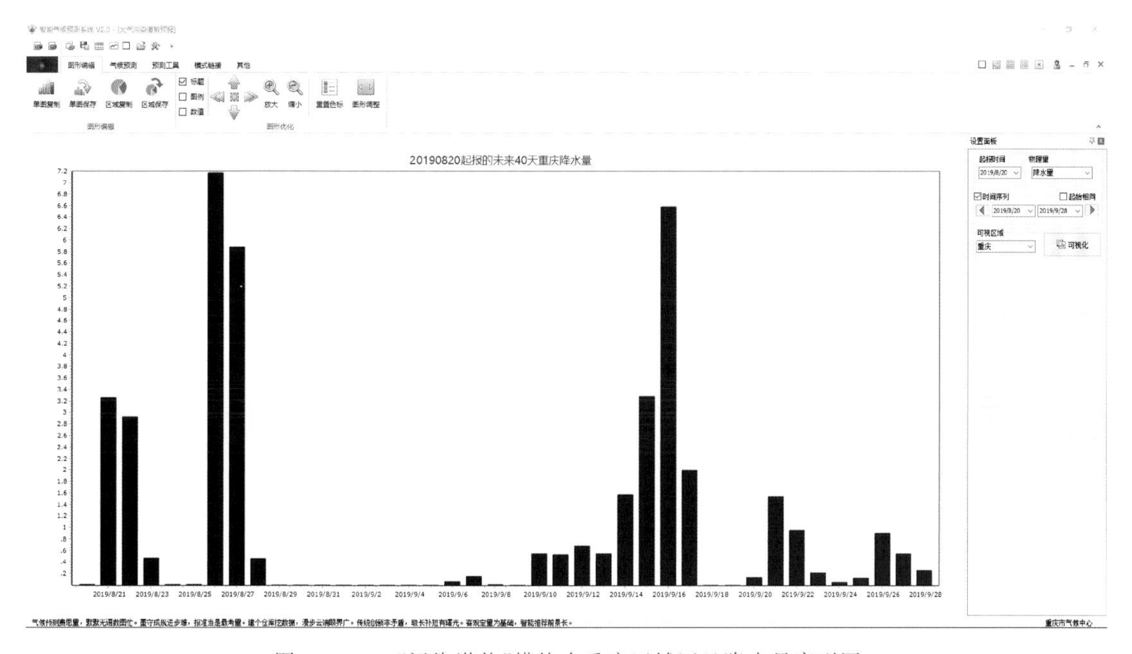


图 4.22.6　“污染潜势”模块中重庆区域逐日降水量序列图

## 4.23 智能延伸期

**“智能延伸期”**主要是通过统计和机器学习算法对 DERF2.0 数据进行过程和趋势两个方面的统计降尺度。具体使用方法包括概率百分位、区域匹配域、协同推荐的相似计算、K-Means 聚类分析和岭回归等。

主界面包括条件设置栏、可视化区域(图 4.23.1)。设置栏板对可视化内容进行设置，可视化区域包括三个部分:“数据列表”主要是显示 K-Means 聚类和相似度结果等;“模式解读”则是对模式直接解读的可视化及相关系数等客观化分析的参数;“释用结果”是将得到的相似年趋势、过程结果、K-Means 不同类别的结果以及不同释用方法得到的客观化结果可视化。

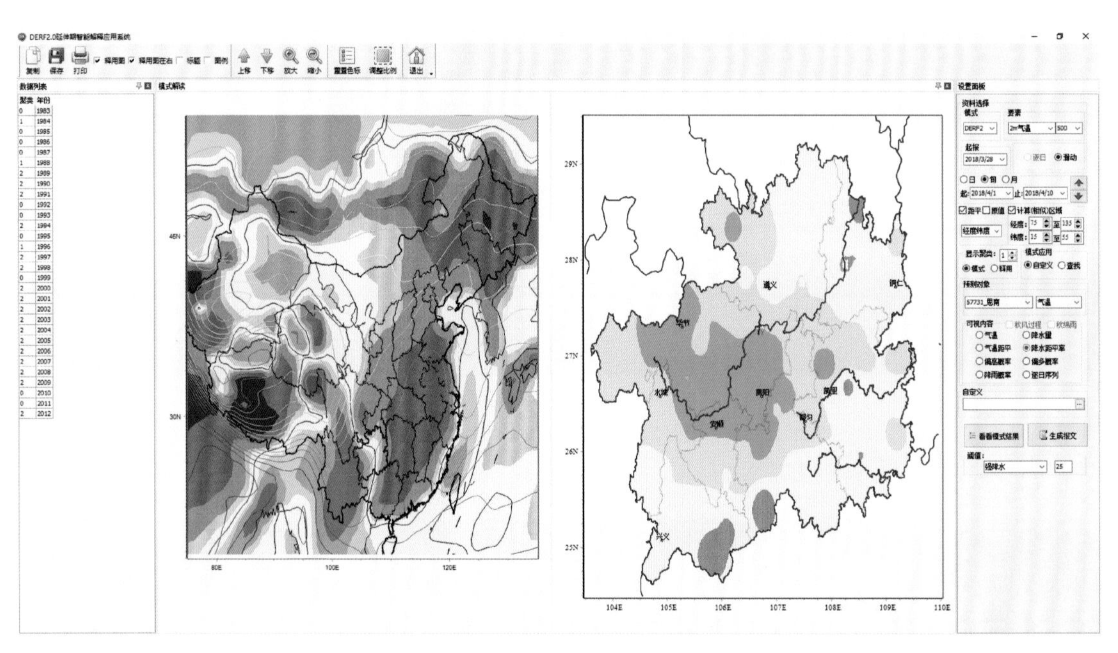


图 4.23.1 “智能延伸期”的功能界面

启动后，默认起报时间为 DERF2 目录下最新数据文件时间(也可自主选择不同的起报时间)，默认模式直接解读默认方式是“时间序列”，此选择将根据选定的要素插值到预测站点上，时间范围为 50 d,“时间序列”选定后，“○日 ◉旬 ○月 起:2018/4/1 止:2018/4/10”对后续的可视化结果不起作用。默认执行，得到图 4.23.2,“☑距平☑原值”复选框都选定，则如图 4.23.3,序列距平图以柱状图方式显示。

更改台站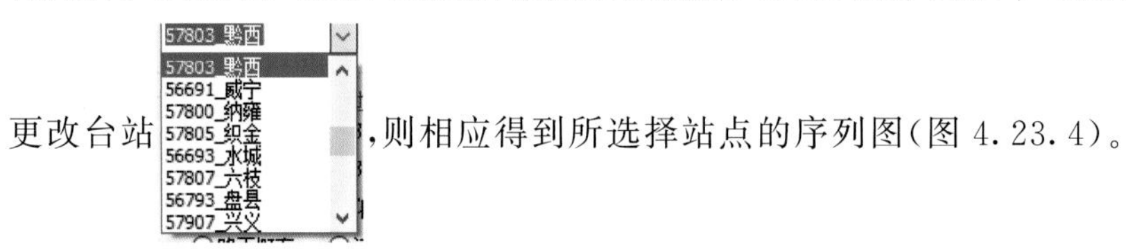

，则相应得到所选择站点的序列图(图 4.23.4)。

更改“时间序列”为“经度纬度”，则出现如图 4.23.5 所示结果，即“○日 ◉旬 ○月 起:2018/4/1 止:2018/4/10”时间范围的

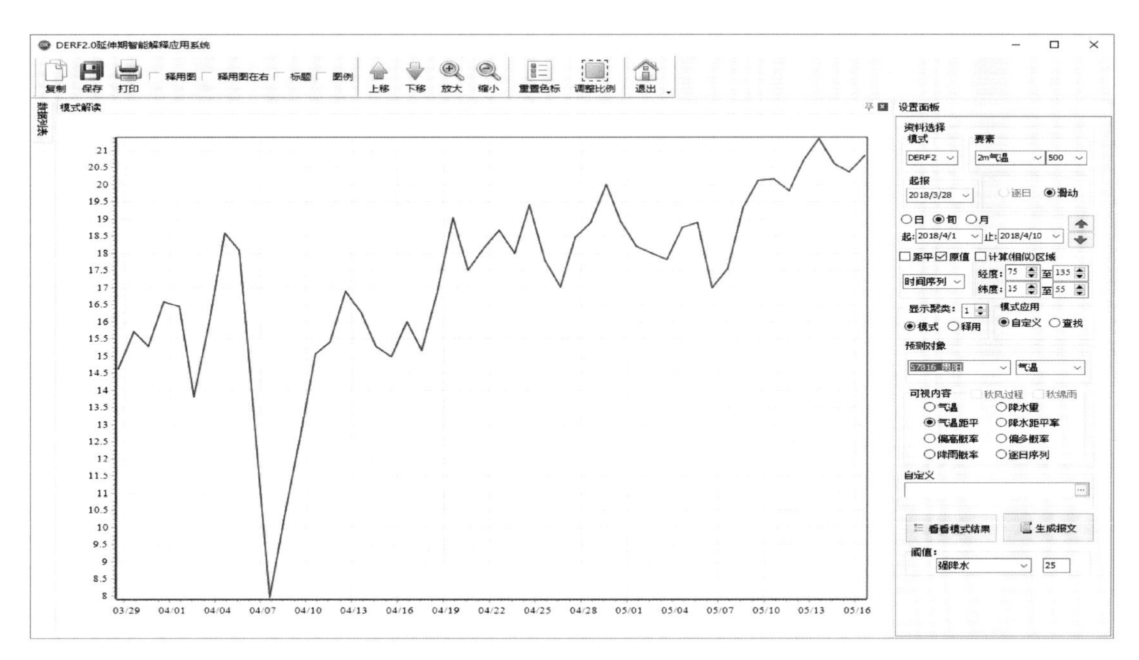


图 4.23.2 “智能延伸期”模块直接解读并插值到站点的 2 m 气温序列图

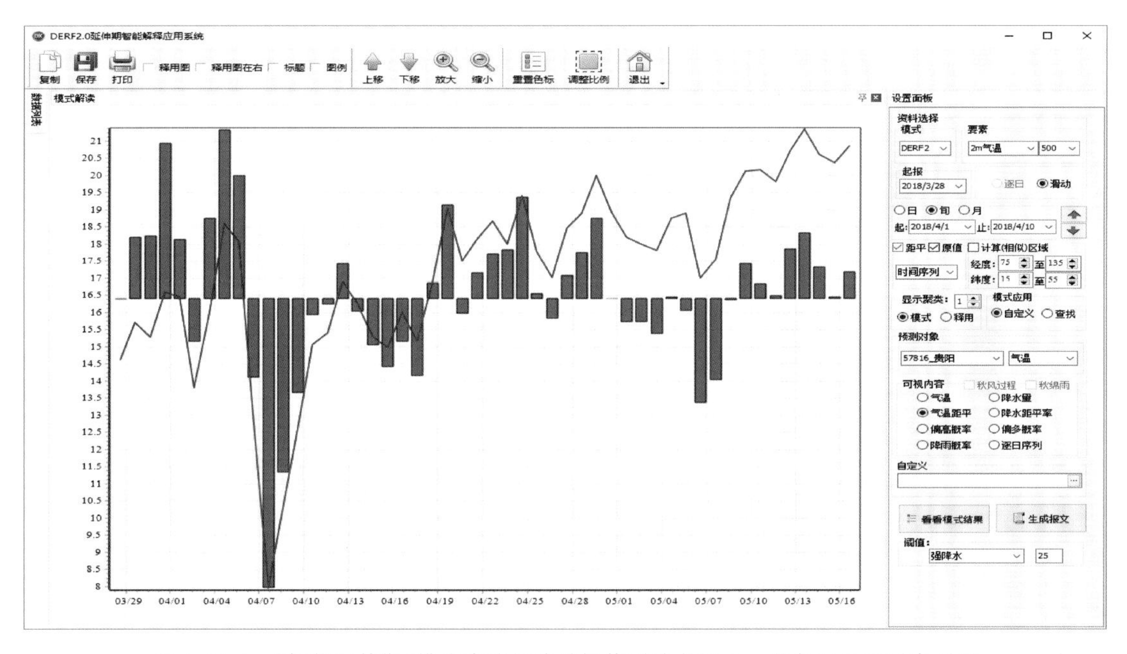


图 4.23.3 “智能延伸期”模块直接解读并插值到站点的 2 m 的气温及距平序列图

相应要素分布图，“☑距平☑原值”都选择则色斑图以距平绘制，模式原值以等值线方式展现，若只选择“□距平☑原值”，色斑图以原值绘制(图 4.23.6)。

选定“☑计算(相似)区域”或者在图中左上到右下矩形框选定范围，则分布图的范围相应得到限制(图 4.23.7)。

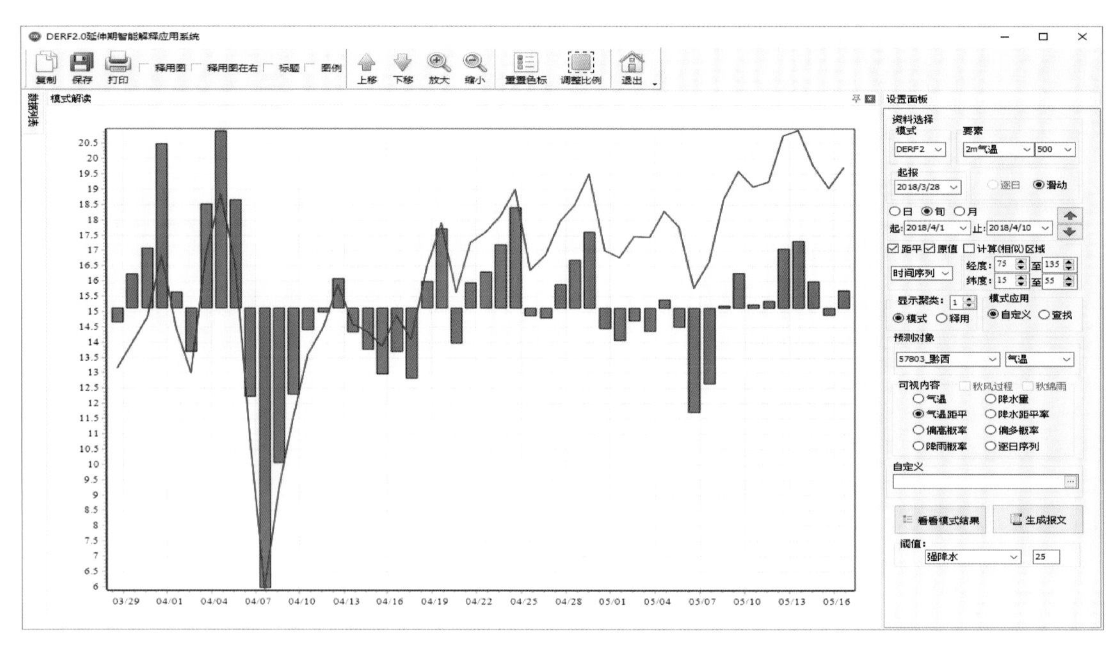


图 4.23.4 “智能延伸期”模块直接解读并更改台站的气温及距平序列图

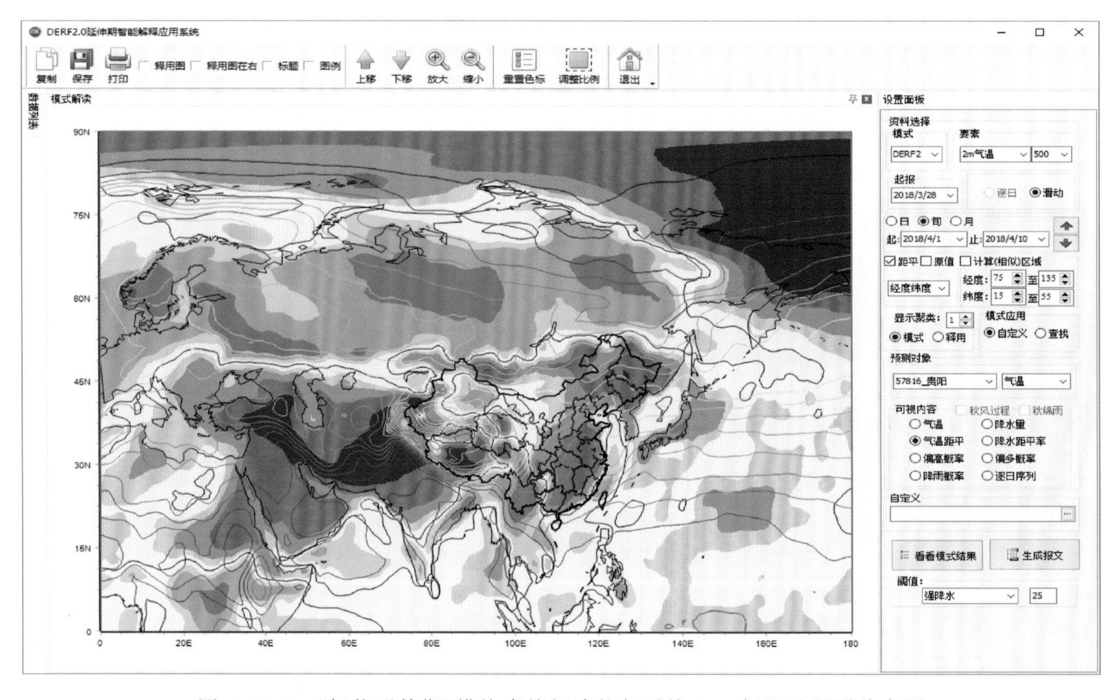


图 4.23.5 “智能延伸期”模块直接解读的旬平均 2 m 气温及距平分布图

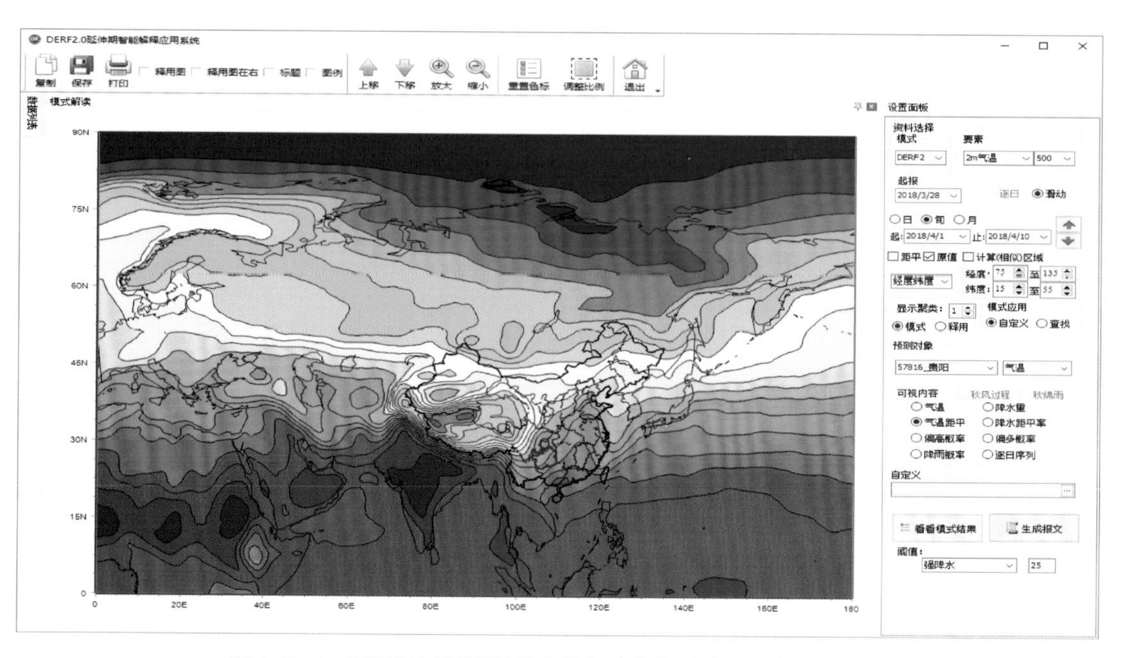


图 4.23.6　“智能延伸期”模块直接解读的旬平均 2 m 气温分布图

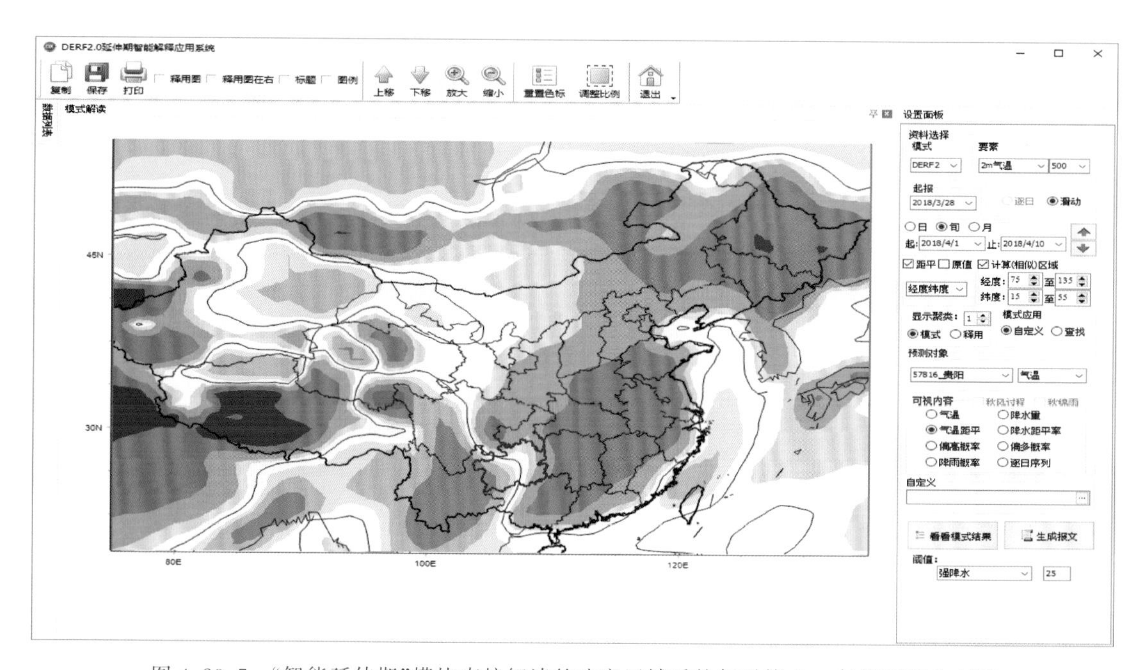


图 4.23.7　“智能延伸期”模块直接解读的改变区域后的旬平均 2 m 气温距平分布图

点击“▲”或“▼”，则相应旬月日改变，需要强调的是无论起始时间如何，旬月都是固定的 1、11、21 为开始。图 4.23.8、4.23.9 分别是 4 月下旬和 4 月全月不同可视范围的 2 m 气温分布图。

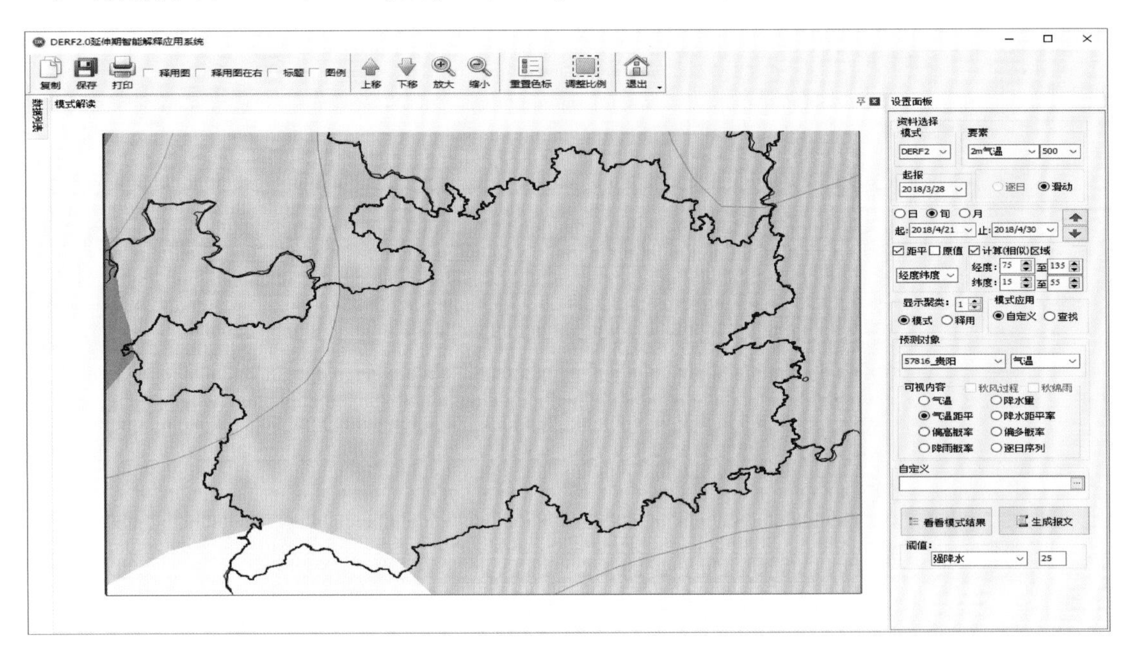


图 4.23.8 “智能延伸期”模块直接解读的贵州区域旬平均 2 m 气温距平分布图

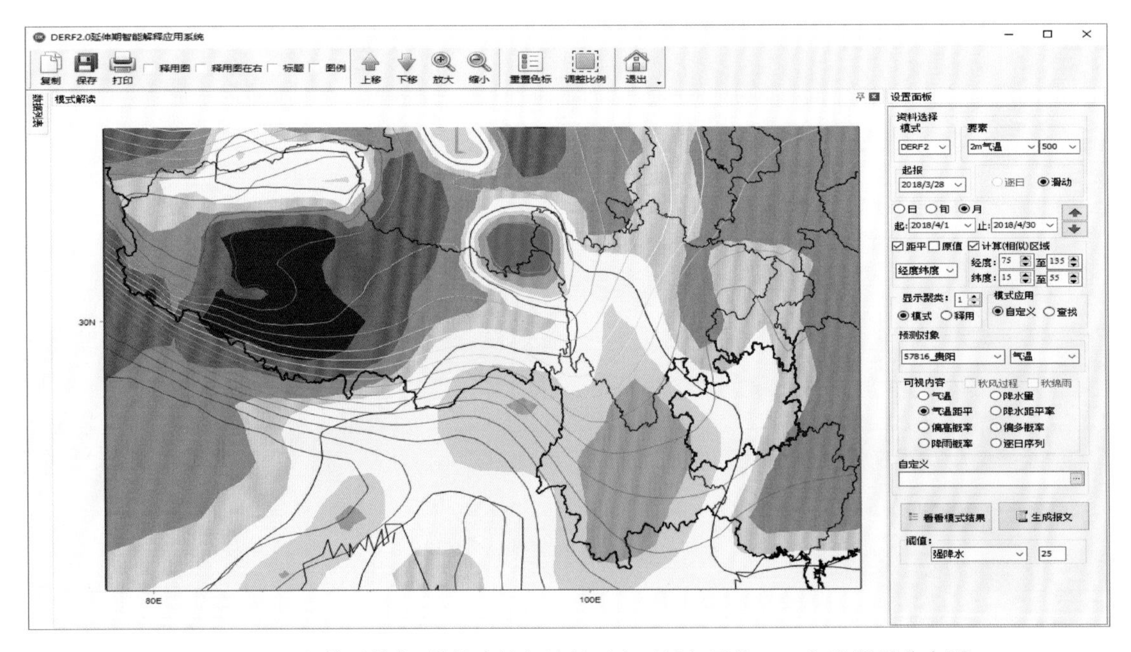


图 4.23.9 “智能延伸期”模块直接解读的西南区域旬平均 2 m 气温距平分布图

更改“时间序列 ▾（经度纬度 / 时间纬度 / 时间经度 / 时间序列）”为“时间经度”“时间纬度”，选择改选项后，如同“时间序列”一样，“○日 ◉旬 ○月 起:2018/4/1 止:2018/4/10”将不起作用。图 4.23.10、图 4.23.11 分别为经向和纬向剖面图，响应剖面计算的设置范围为“经度: 75 至 135 纬度: 15 至 55”。

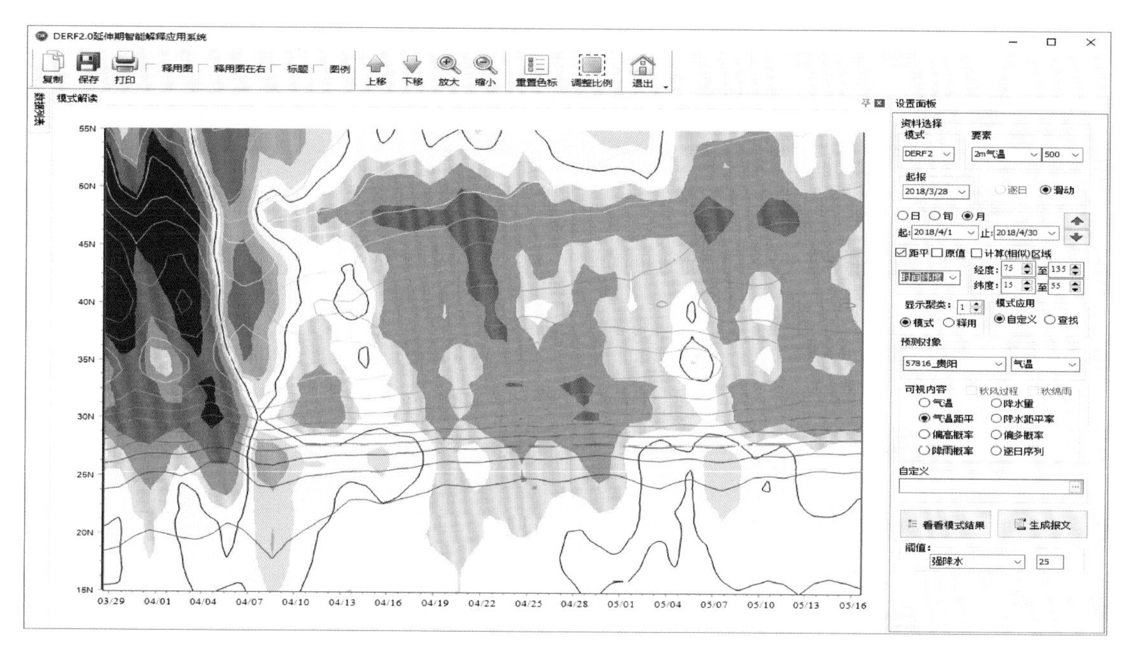


图 4.23.10　“智能延伸期”模块直接解读的 2 m 气温距平时间—经度剖面图

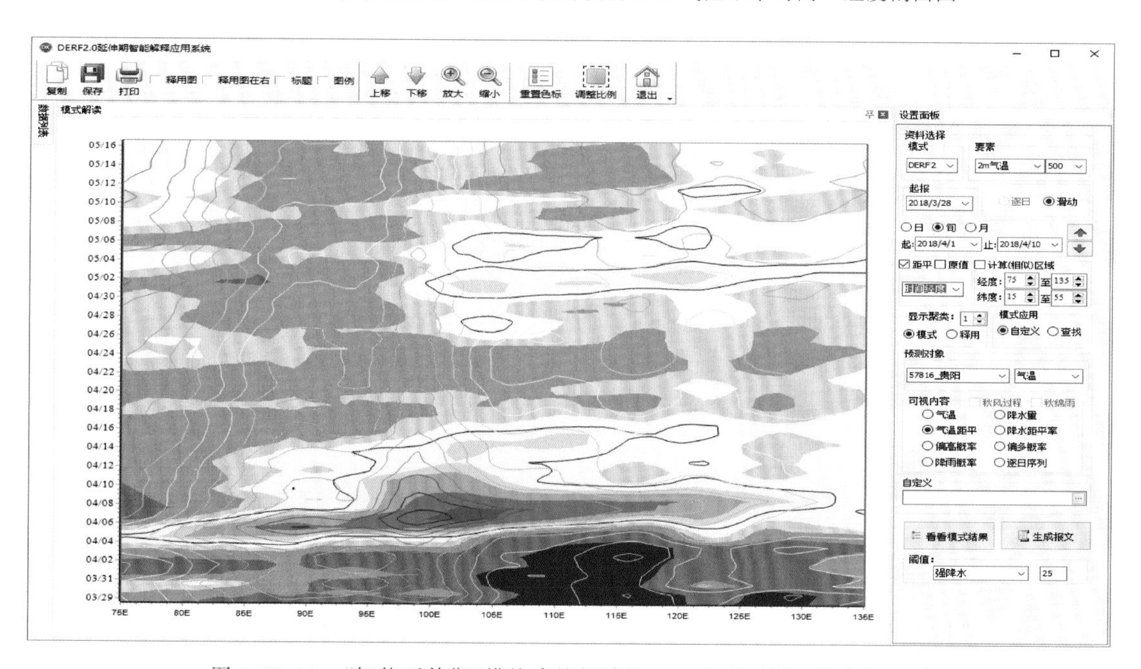


图 4.23.11　“智能延伸期”模块直接解读的 2 m 气温时间—纬度剖面图

在“时间序列”“经度纬度”“时间经度”“时间纬度”四种情况下，分别点击可视化区域，则会出现如图 4.23.12 的数据列表信息。“时间序列”情况下，数据列表分别是各种情况下的相似度计算结果(图 4.23.12 左侧)，分别是基于插值到站点的时间序列相似(simProc)、时间纬度相似(simLat)、时间经度相似(simLon)、集合相似(simMul)以及逐日场相似(D1、D2、…)。其中集合相似为时间序列相似、时间纬度相似、时间经度相似之和，即 simMul＝simProc＋simLat＋simLon。除“时间序列”外，其余情况下的数据都根据所选择的“经度纬度”“时间经度”“时间纬度”的历史回算数据进行 K-Means 聚类分析。

数据列表

| 年份 | simProc | simLat | simLon | simMul | D1 | D2 |
|---|---|---|---|---|---|---|
| 1983 | 0.40 | 0.35 | 0.35 | 1.10 | 0.32 | 0.33 |
| 1984 | 0.40 | 0.35 | 0.34 | 1.09 | 0.31 | 0.32 |
| 1985 | 0.40 | 0.34 | 0.35 | 1.09 | 0.30 | 0.31 |
| 1986 | 0.41 | 0.35 | 0.35 | 1.10 | 0.32 | 0.32 |
| 1987 | 0.39 | 0.34 | 0.35 | 1.08 | 0.31 | 0.32 |
| 1988 | 0.39 | 0.35 | 0.34 | 1.08 | 0.31 | 0.32 |
| 1989 | 0.41 | 0.35 | 0.35 | 1.11 | 0.33 | 0.33 |
| 1990 | 0.42 | 0.36 | 0.35 | 1.13 | 0.33 | 0.32 |
| 1991 | 0.37 | 0.35 | 0.34 | 1.06 | 0.30 | 0.31 |
| 1992 | 0.41 | 0.35 | 0.35 | 1.10 | 0.32 | 0.33 |
| 1993 | 0.39 | 0.35 | 0.35 | 1.09 | 0.31 | 0.31 |
| 1994 | 0.40 | 0.36 | 0.35 | 1.12 | 0.33 | 0.32 |
| 1995 | 0.41 | 0.36 | 0.33 | 1.10 | 0.33 | 0.33 |
| 1996 | 0.38 | 0.33 | 0.34 | 1.06 | 0.32 | 0.32 |
| 1997 | 0.40 | 0.35 | 0.35 | 1.10 | 0.34 | 0.33 |
| 1998 | 0.39 | 0.35 | 0.35 | 1.10 | 0.32 | 0.33 |
| 1999 | 0.38 | 0.35 | 0.35 | 1.08 | 0.30 | 0.31 |
| 2000 | 0.42 | 0.36 | 0.35 | 1.14 | 0.33 | 0.33 |
| 2001 | 0.41 | 0.36 | 0.35 | 1.12 | 0.31 | 0.32 |
| 2002 | 0.43 | 0.36 | 0.36 | 1.16 | 0.33 | 0.33 |
| 2003 | 0.44 | 0.35 | 0.36 | 1.15 | 0.33 | 0.34 |
| 2004 | 0.40 | 0.36 | 0.36 | 1.12 | 0.31 | 0.32 |
| 2005 | 0.40 | 0.35 | 0.35 | 1.10 | 0.33 | 0.32 |
| 2006 | 0.40 | 0.35 | 0.35 | 1.10 | 0.31 | 0.31 |
| 2007 | 0.41 | 0.35 | 0.35 | 1.11 | 0.32 | 0.33 |
| 2008 | 0.41 | 0.36 | 0.34 | 1.11 | 0.33 | 0.33 |
| 2009 | 0.40 | 0.36 | 0.34 | 1.10 | 0.32 | 0.32 |
| 2010 | 0.40 | 0.35 | 0.35 | 1.10 | 0.31 | 0.31 |
| 2011 | 0.40 | 0.36 | 0.34 | 1.10 | 0.32 | 0.33 |
| 2012 | 0.41 | 0.35 | 0.36 | 1.12 | 0.34 | 0.34 |

数据列表

| 聚类 | 年份 |
|---|---|
| 0 | 1983 |
| 1 | 1984 |
| 0 | 1985 |
| 0 | 1986 |
| 0 | 1987 |
| 1 | 1988 |
| 2 | 1989 |
| 2 | 1990 |
| 2 | 1991 |
| 0 | 1992 |
| 0 | 1993 |
| 2 | 1994 |
| 0 | 1995 |
| 1 | 1996 |
| 2 | 1997 |
| 2 | 1998 |
| 0 | 1999 |
| 2 | 2000 |
| 2 | 2001 |
| 2 | 2002 |
| 2 | 2003 |
| 2 | 2004 |
| 2 | 2005 |
| 2 | 2006 |
| 2 | 2007 |
| 2 | 2008 |
| 2 | 2009 |
| 0 | 2010 |
| 0 | 2011 |
| 2 | 2012 |

图 4.23.12 “智能延伸期”模块“时间序列”及其他方式下的数据列表

将数据列表状态栏的“ ⊲ ”点击为“ 卒 ”，则将数据列表固定而不是隐藏于可视化界面中。对数据列表的列名“年份 simProc simLat simLon sim ▽ D1 D2 D3”，可如同 Excel 一样进行排序或者筛选操作。如图 4.23.13，是根据 simMul 降序得到的相似年，相似度越大表示越相似。

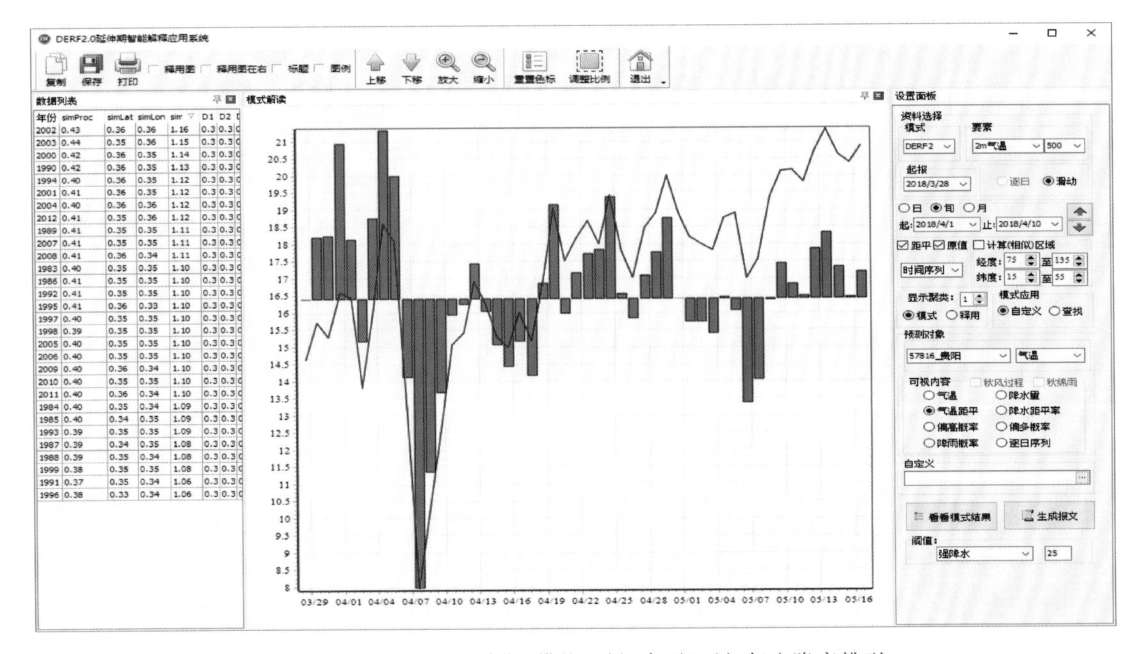


图 4.23.13 “智能延伸期”模块“时间序列”下相似度降序排列

选择“☑释用图”，如图 4.23.14，图中出现的柱状图为逐日选择站点的有雨概率图。

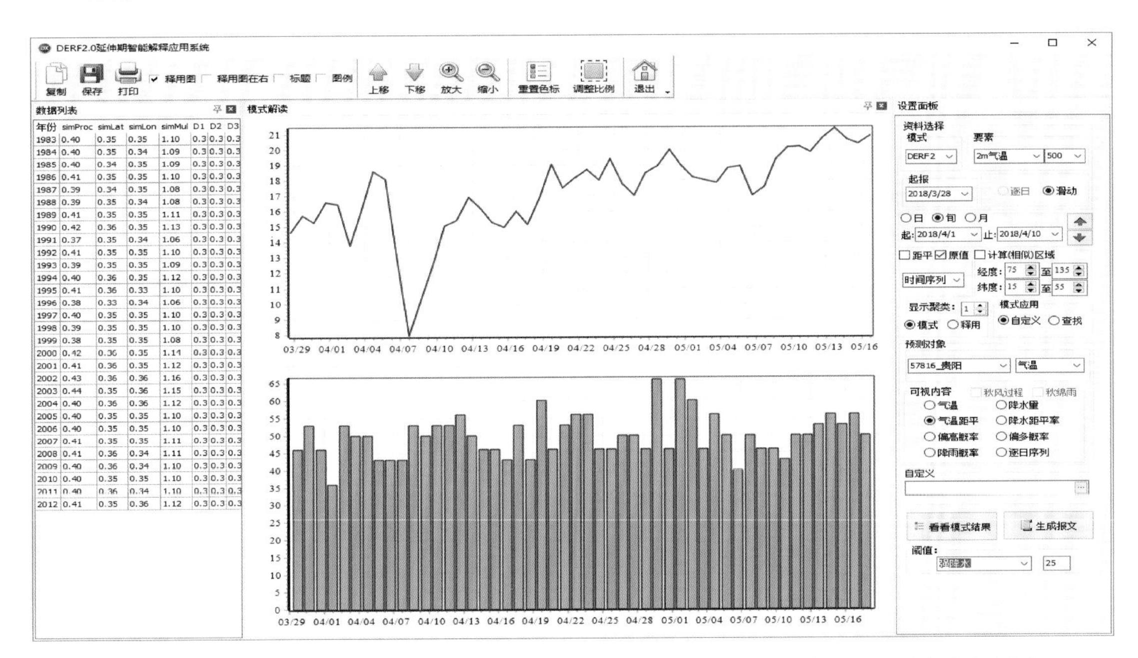


图 4.23.14 “智能延伸期”模块“时间序列”下默认选择站点的对应要素的正距平概率释用图

点击数据列表中任意数据，释用图则出现该行所在年份的相应实况，如图 4.23.15 至图 4.23.19 分别是所选择年的气温、降水量、气温距平、降水距平率(以上四个的时间可由“○日 ◉旬 ○月 起:2018/4/1 止:2018/4/10”限定)和逐日序列图，其中逐日序列包括平均气温、最高气温、最低气温和降水量。

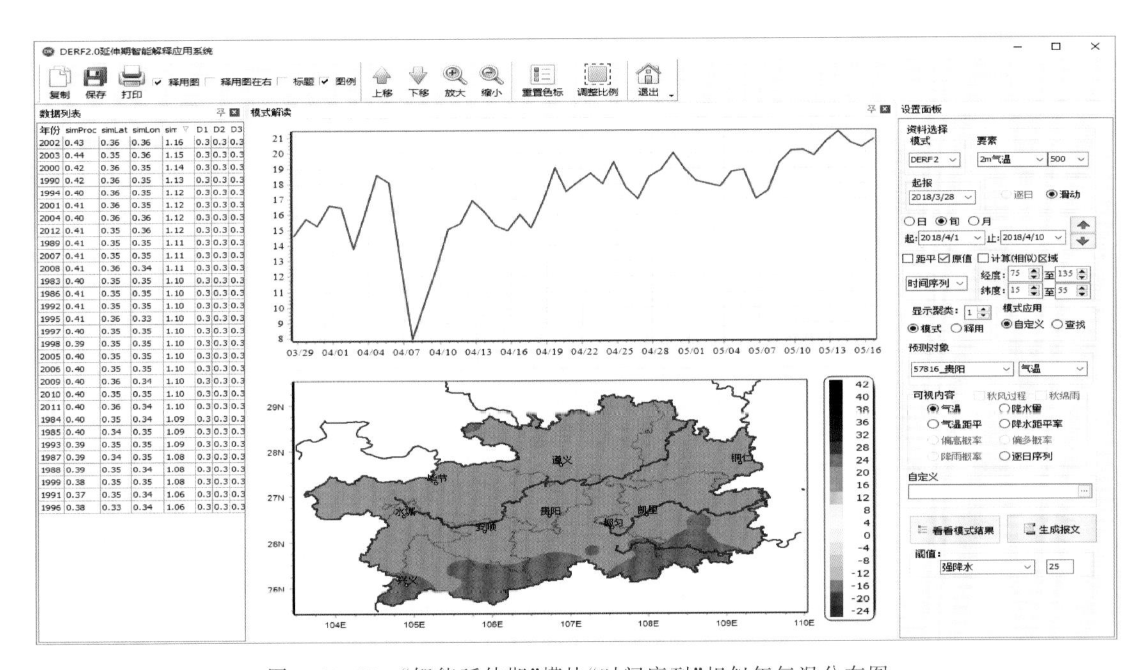


图 4.23.15 “智能延伸期”模块“时间序列”相似年气温分布图

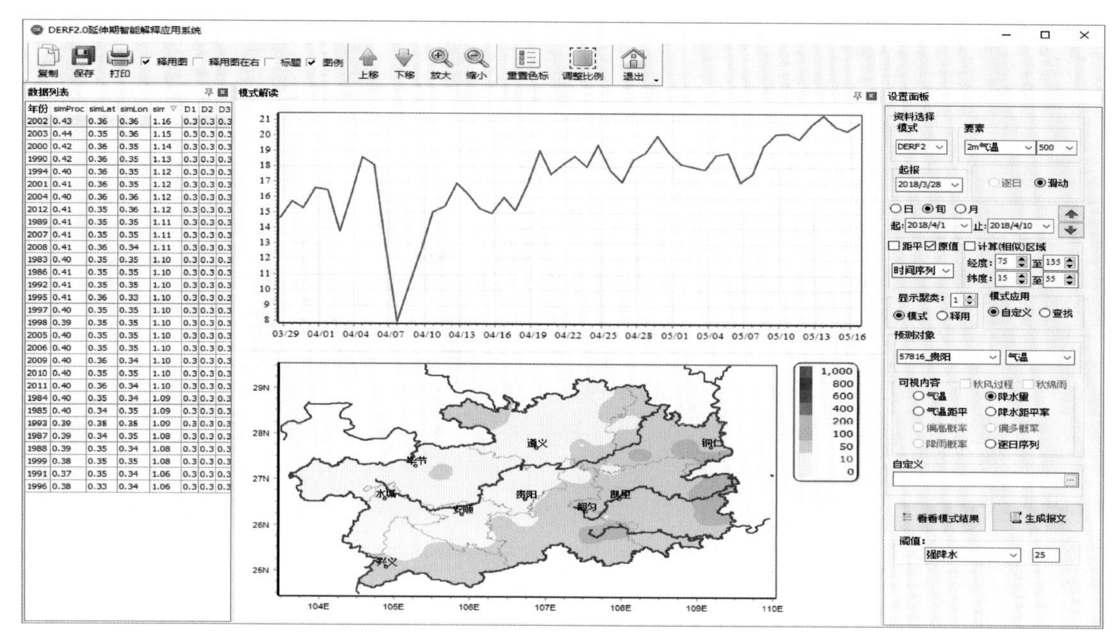


图 4.23.16 “智能延伸期”模块“时间序列”相似年降水量分布图

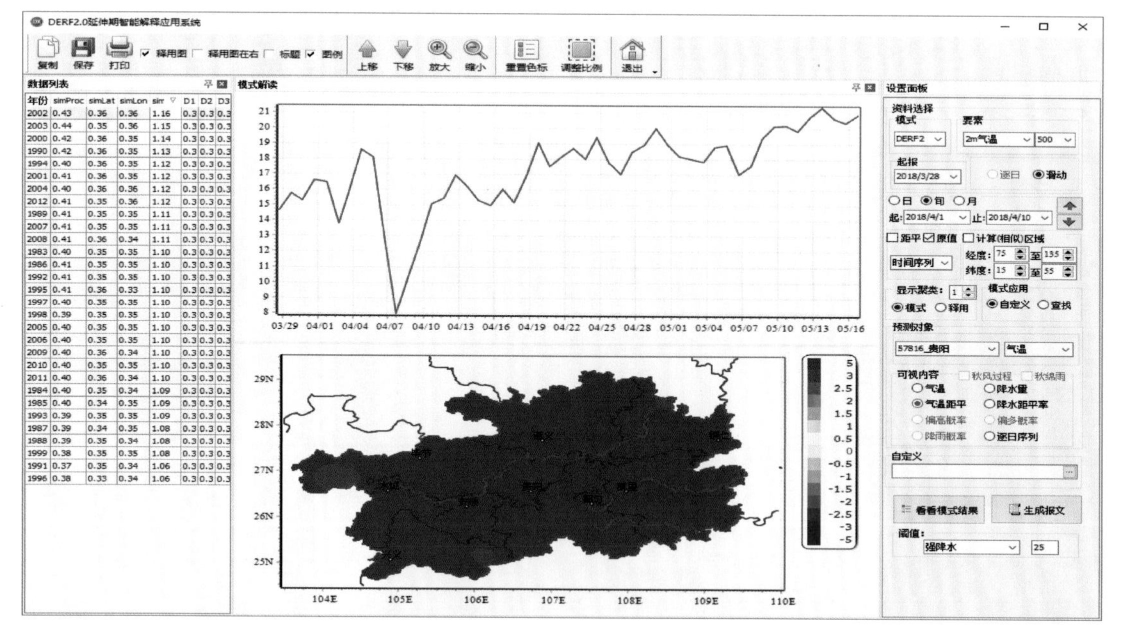


图 4.23.17 “智能延伸期”模块“时间序列”相似年气温距平分布图

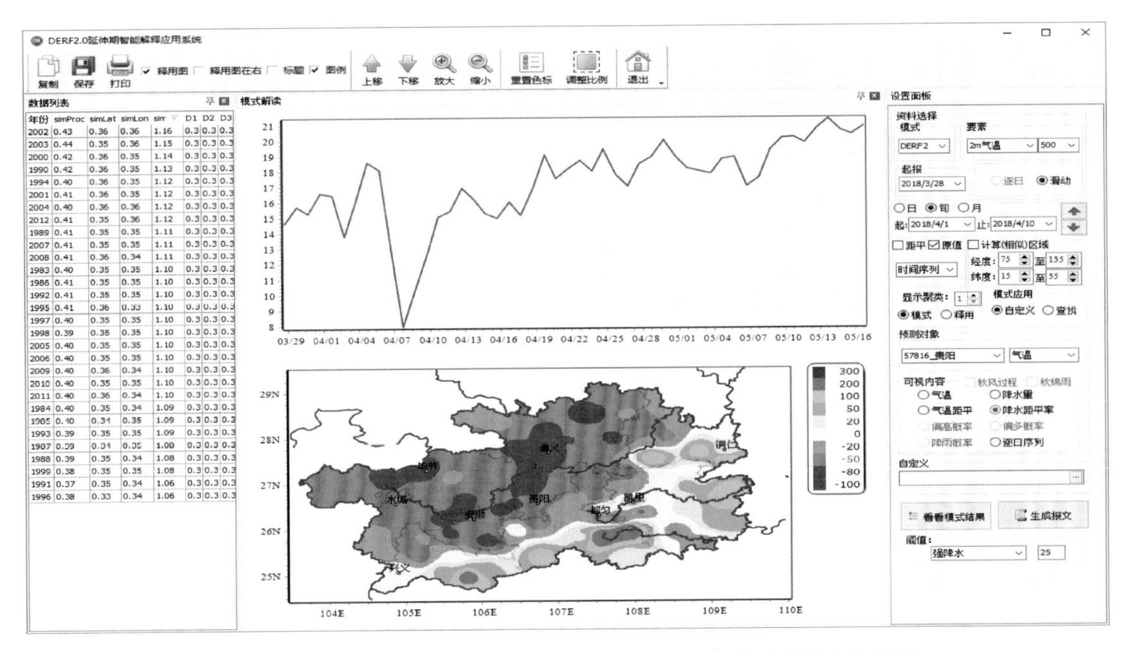

图 4.23.18 “智能延伸期”模块“时间序列”相似年降水距平率分布图

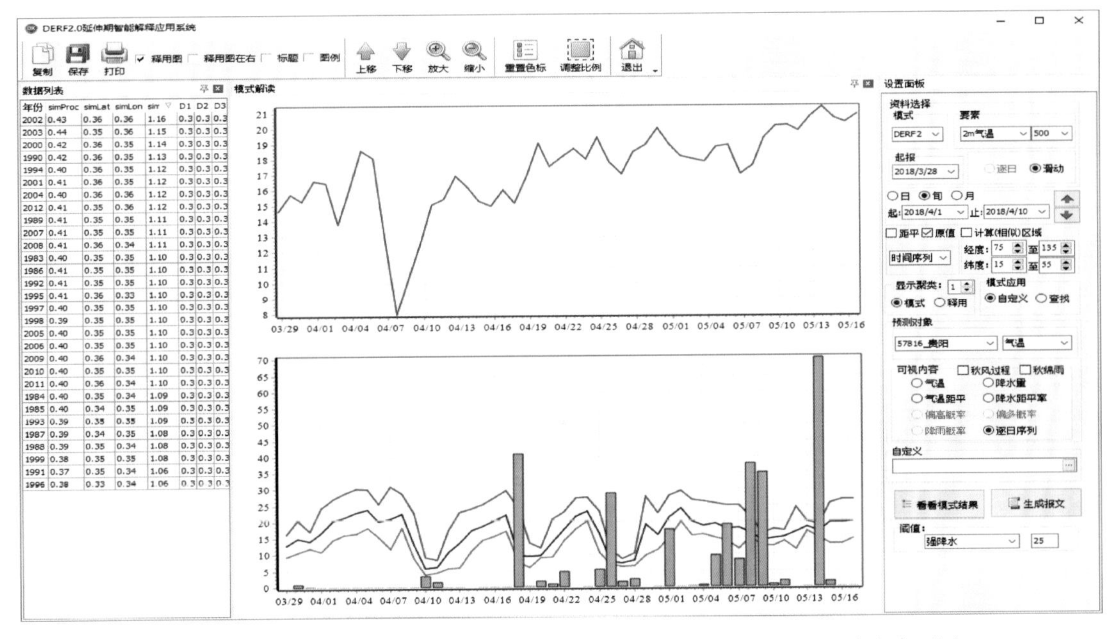

图 4.23.19 “智能延伸期”模块“时间序列”相似年台站的逐日气温、降水序列图

在可视化内容选择“逐日序列”下，有“秋风过程”和“秋绵雨”过程可供选择，图 4.23.20、图 4.23.21 分别是做“☑秋风过程 ☐秋绵雨 ”“ ☑秋风过程 ☑秋绵雨 ”选择时的可视化效果。

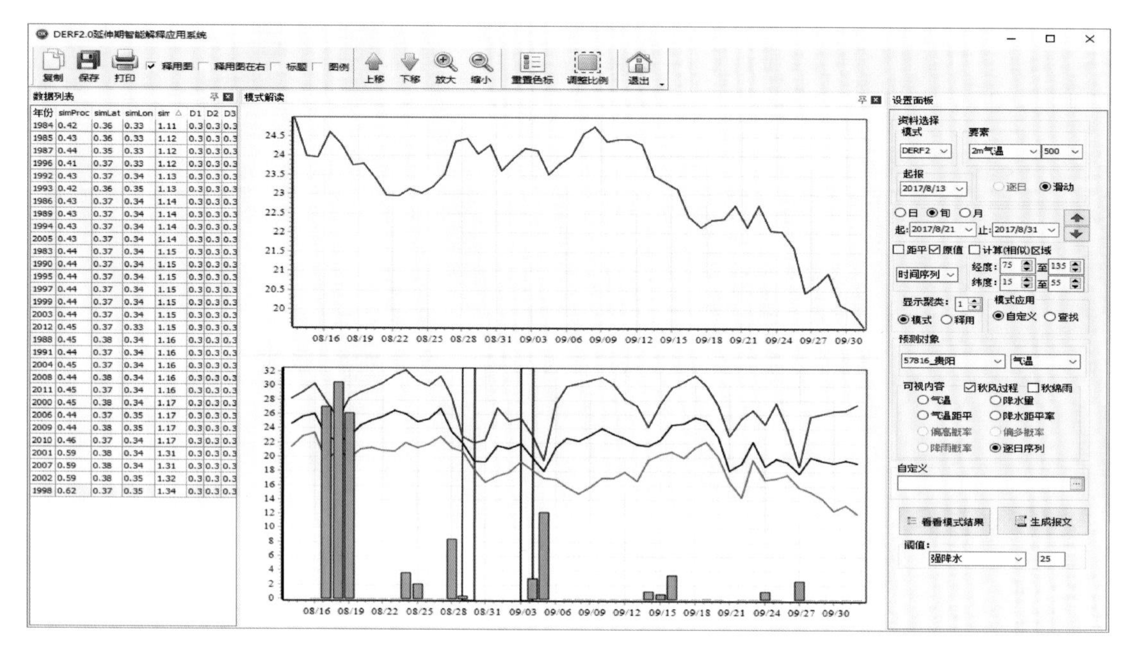

图 4.23.20 “智能延伸期”模块“时间序列”相似年台站逐日气温降水序列叠加秋风过程图

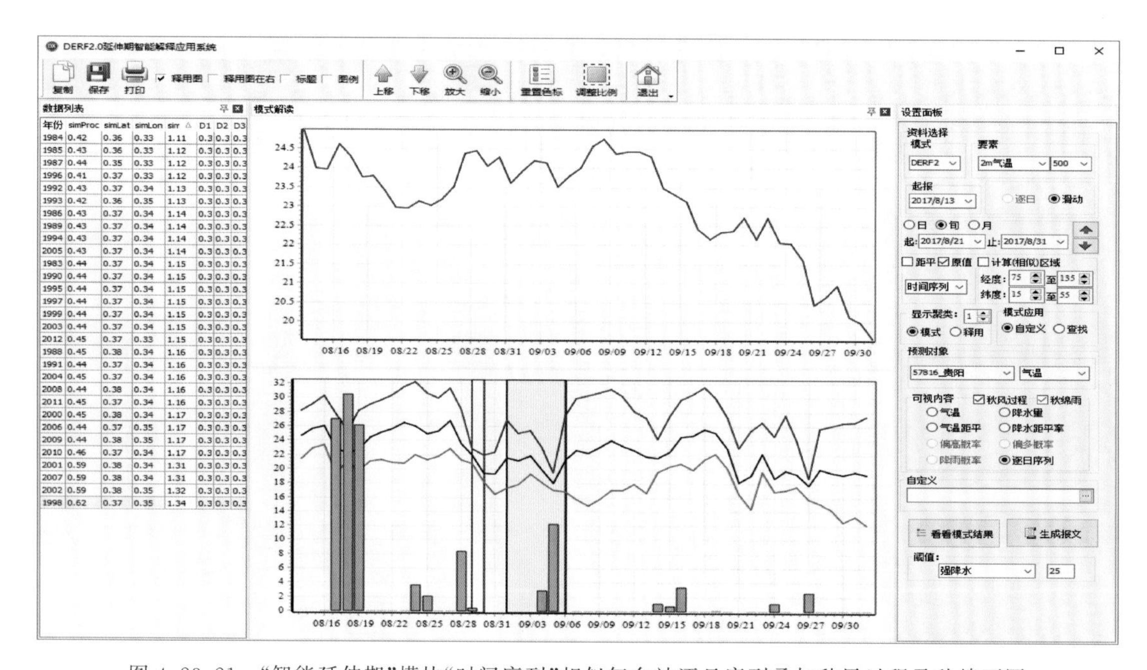

图 4.23.21 “智能延伸期”模块“时间序列”相似年台站逐日序列叠加秋风过程及秋绵雨图

在“经度纬度”选择下，默认“释用图”为计算区域内 K-Means 聚类的第一类合成图(图 4.23.22)，系统默认做 3 个聚类，操作“ 显示聚类: 1 ”可对聚类结果进行选择可视化处理，如图 4.23.23 为聚类第二类合成，以此和模式解读结果进行对比分析。

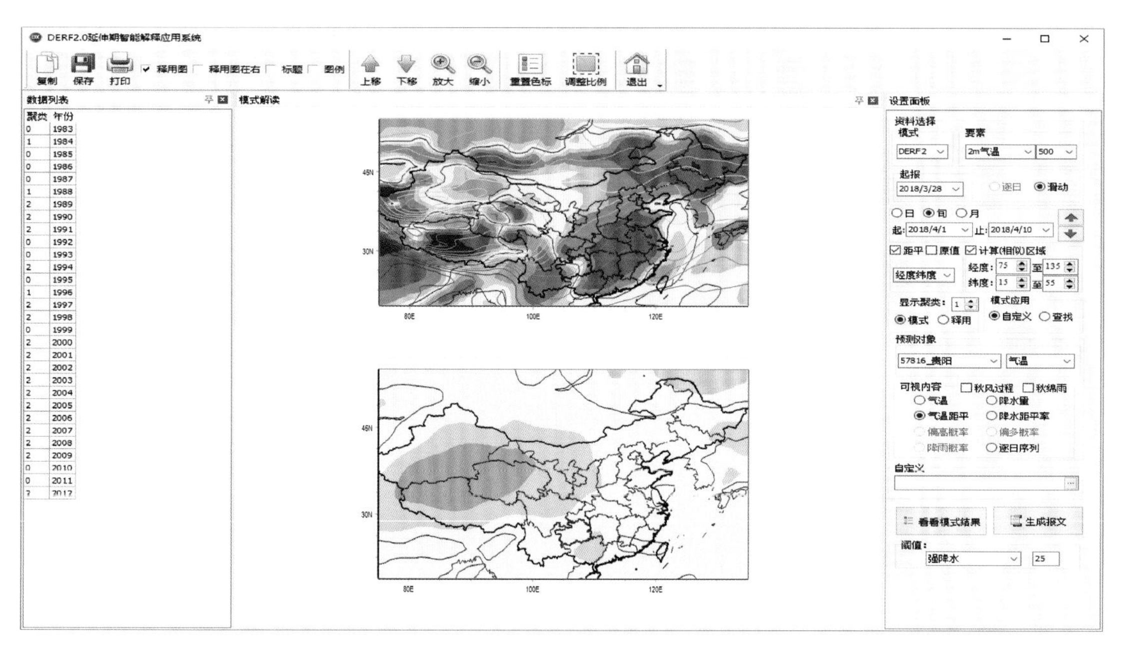


图 4.23.22 “智能延伸期”模块“经度纬度”默认释用图为 K-Means 聚类 1 型合成图与模式结果对比图

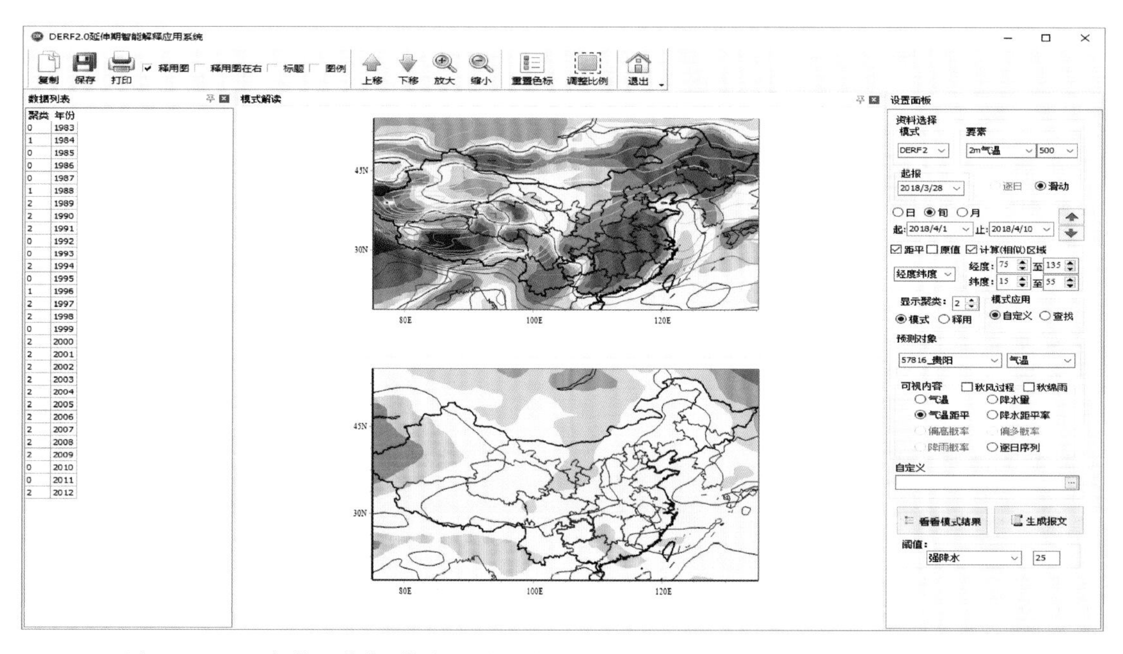


图 4.23.23 “智能延伸期”模块“经度纬度”K-Means 聚类 2 型合成图与模式结果对比图

可点击数据列表中不同的列，其含义也不同。如年份列，是释用图呈现的所点击年份的相应实况图；点击聚类列，则呈现的是该聚类所包括年份实况合成图。偏高概率、偏多概率、降雨概率仅在聚类合成图时可用。图 4.23.24 至图 4.23.26 分别为聚类 2 型时的气温偏高概率、降水偏多概率和聚类 1 型逐日降雨概率图。

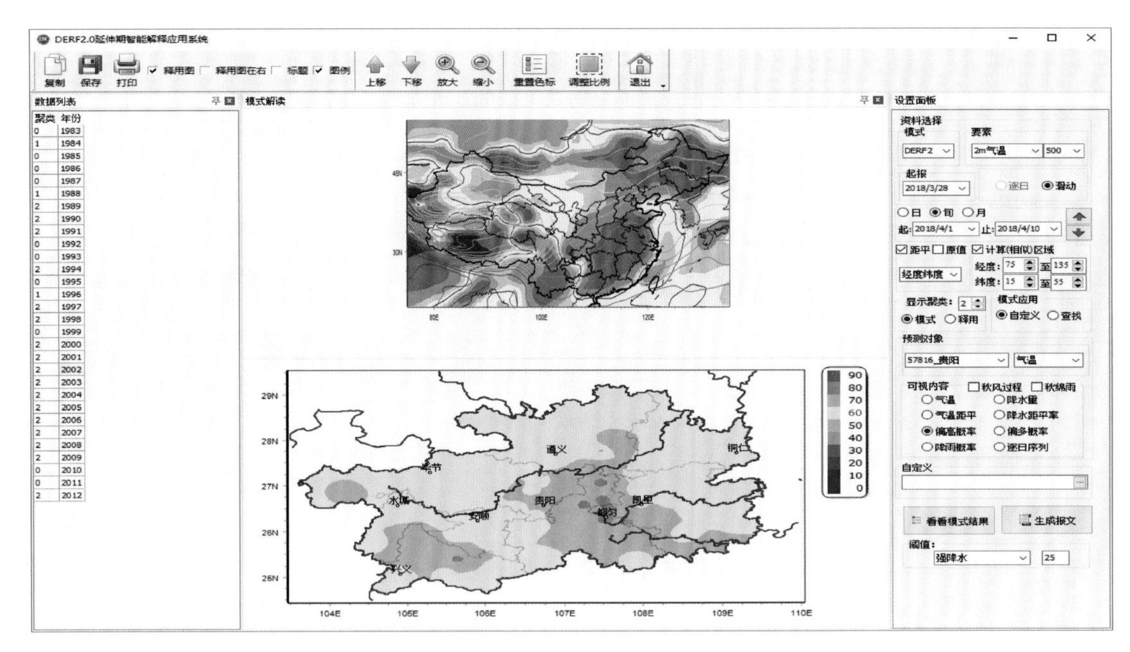

图 4.23.24 “智能延伸期”模块“经度纬度”聚类 2 型气温偏高概率分布图

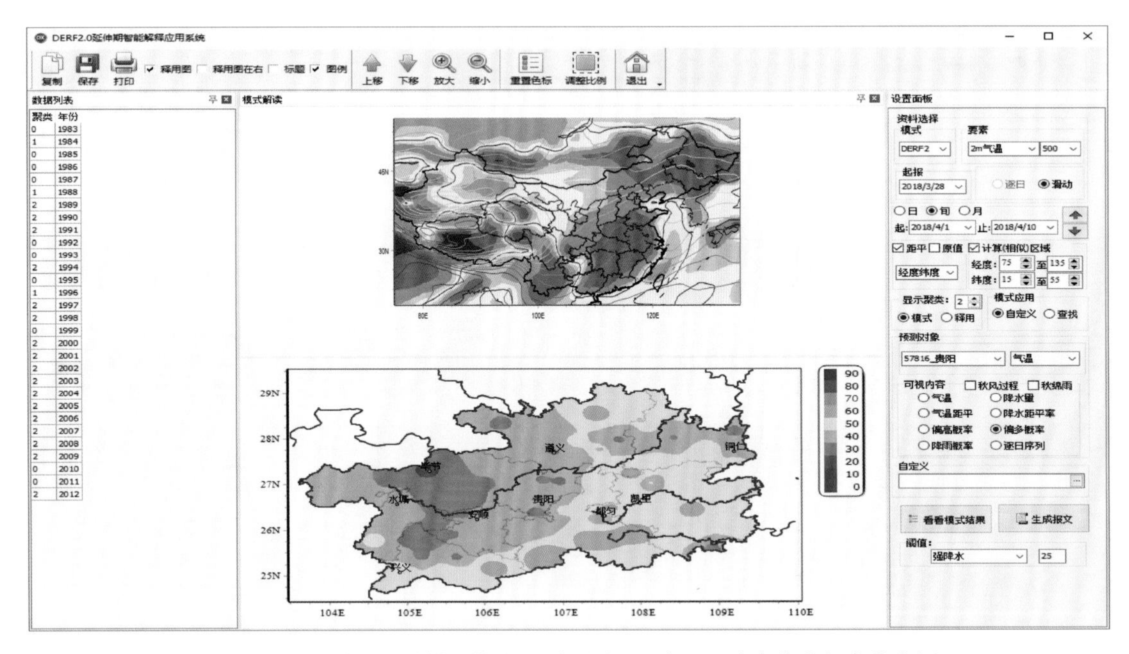

图 4.23.25 “智能延伸期”模块“经度纬度”聚类 2 型降水偏多概率分布图

在“时间经度”及“时间纬度”选择下，默认“释用图”为分别以历史回算的时间经度场和时间纬度场进行 K-Means 聚类的第一类以及等类合成图(图 4.23.27、图 4.23.28)。系统默认做 3 个聚类，与“经度纬度”一样可操作“二 显示聚类: 1”，对聚类结果进行选择可视化，并和模式解读结果进行对比分析。

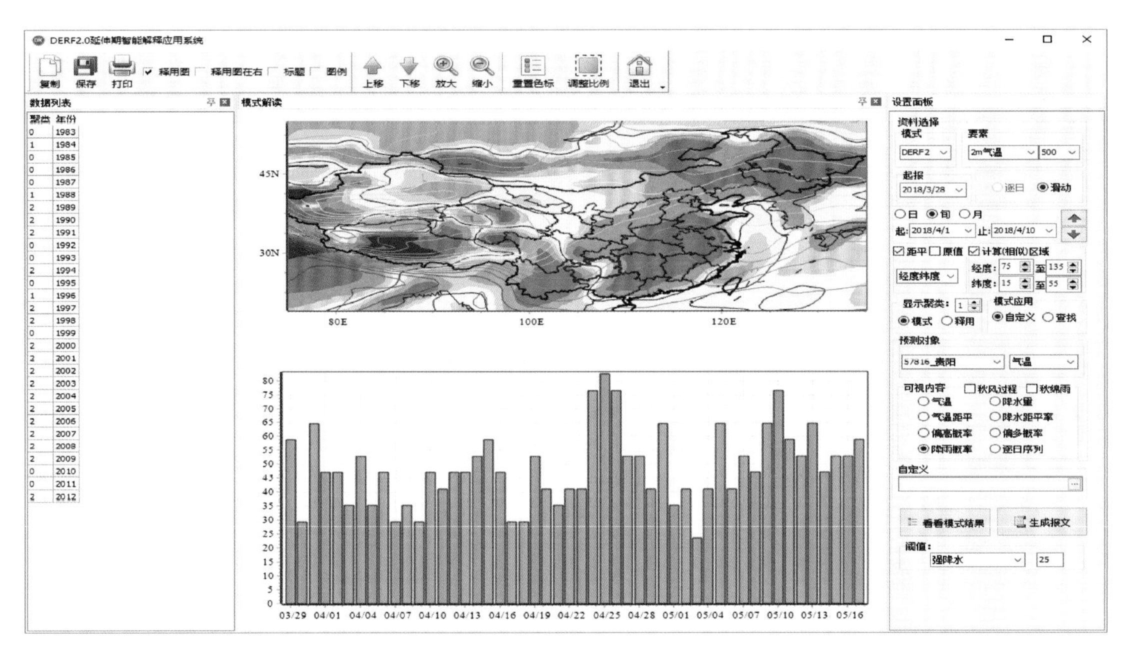


图 4.23.26 “智能延伸期”模块“经度纬度”下聚类 1 型逐日降雨概率序列图

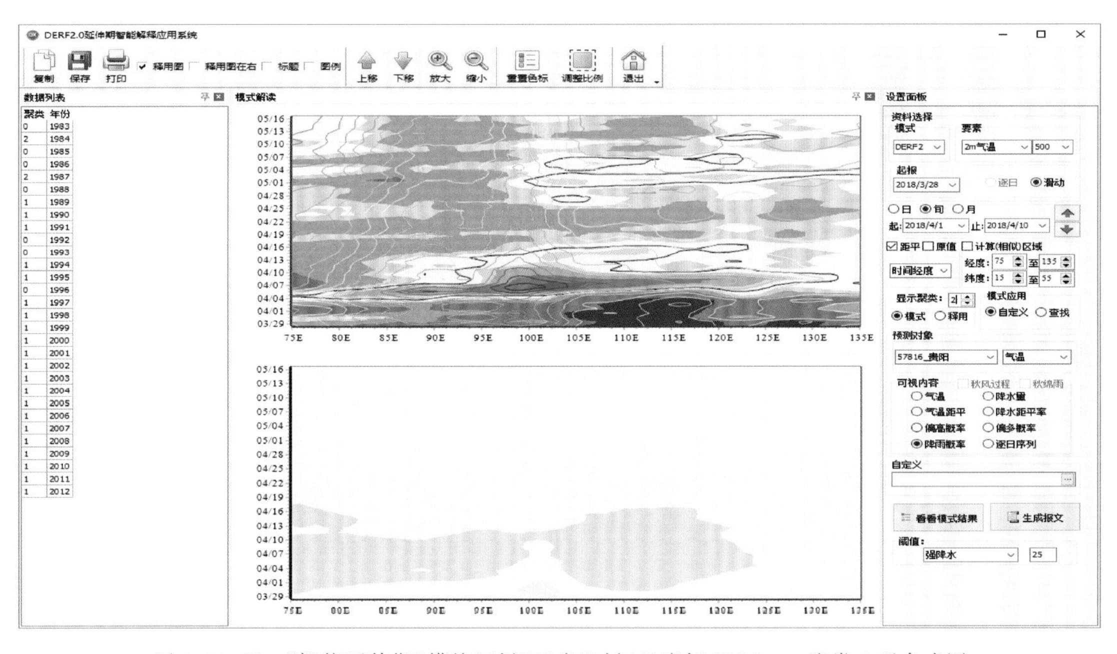


图 4.23.27 “智能延伸期”模块“时间经度”时间经度场 K-Means 聚类 2 型合成图

与“经度纬度”相同，“时间经度”“时间纬度”选择下，在数据列表中点击不同列，会有不同的含义：点击年份列，则释用图呈现的是所点击年份的相应实况图；点击聚类，则呈现的是该聚类所包括年份实况合成图。偏高概率、偏多概率、降雨概率仅在聚类合成图时可用。图 4.23.29 至图 4.23.30 分别是“时间经度”聚类 2 型时和时间纬度聚类 1 型时的逐日降雨概率图。

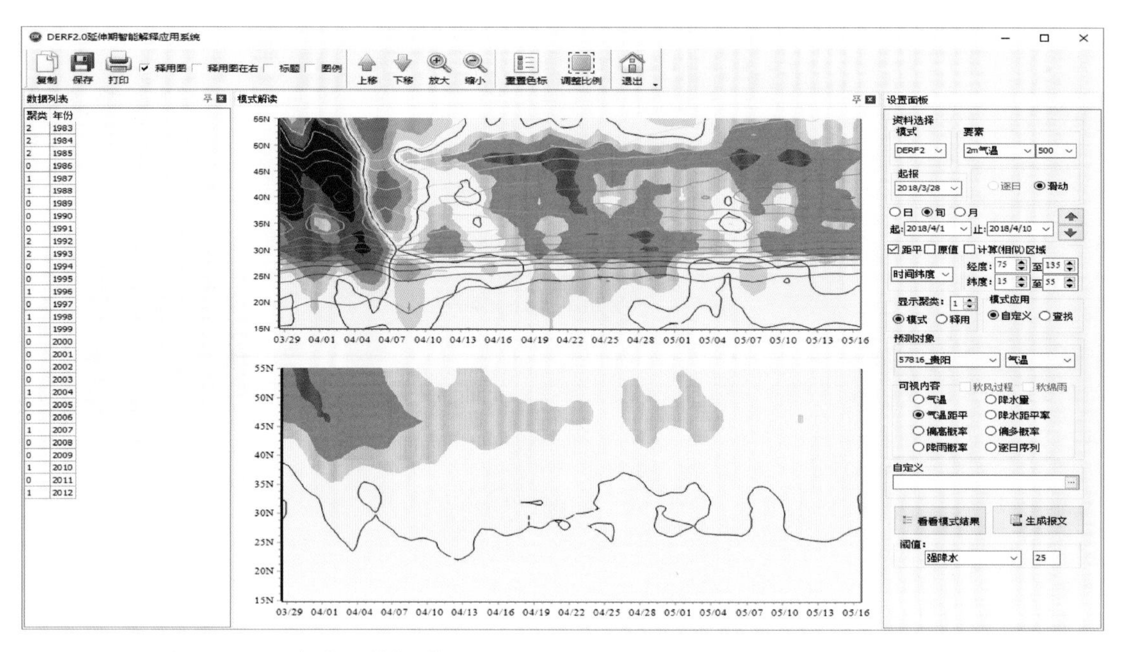


图 4.23.28 “智能延伸期”模块“时间经度”时间经度场 K-Means 聚类 1 型合成图

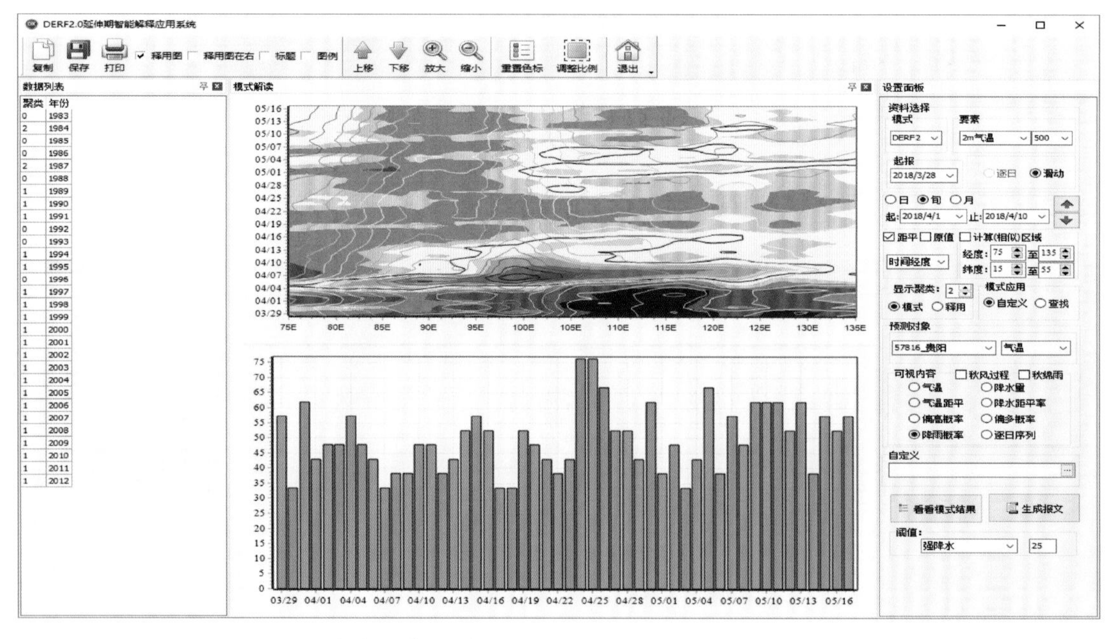


图 4.23.29 “智能延伸期”模块“时间经度”聚类 2 型逐日降水概率序列图

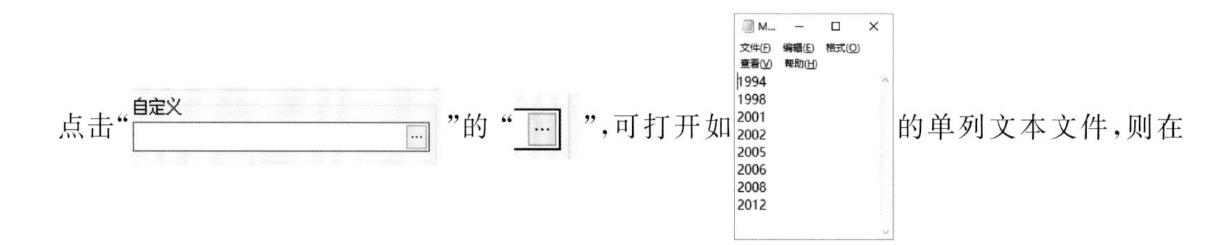


点击“ ”的“ ”，可打开如 的单列文本文件，则在

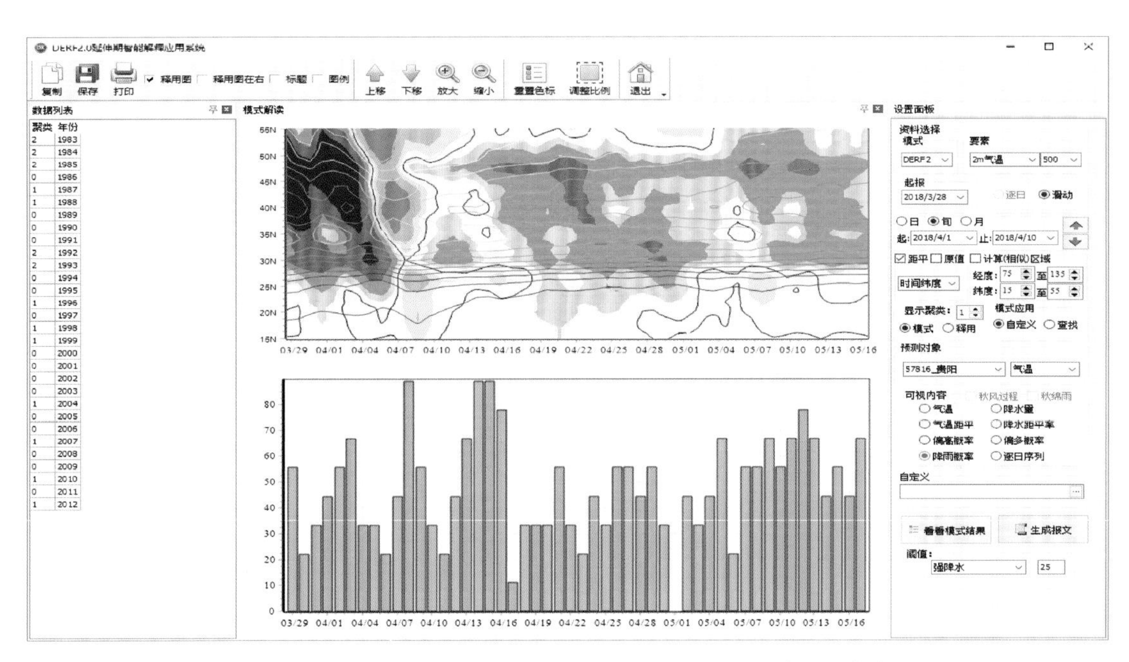


图 4.23.30　“智能延伸期”模块“时间纬度”聚类 1 型逐日降水概率序列图

“时间序列”“经度纬度”“时间纬度”“时间经度”选择下，分别出现选择年份的相应要素的合成图(图 4.23.31 至图 4.23.34)。

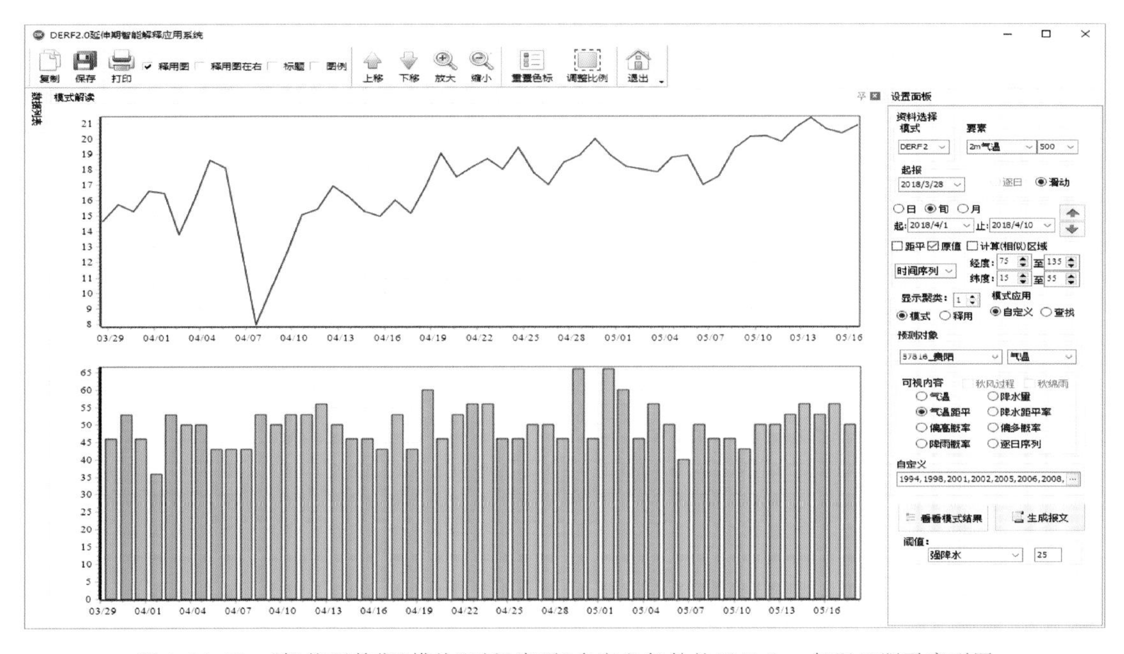


图 4.23.31　“智能延伸期”模块“时间序列”自定义年份的逐日 2 m 气温正距平序列图

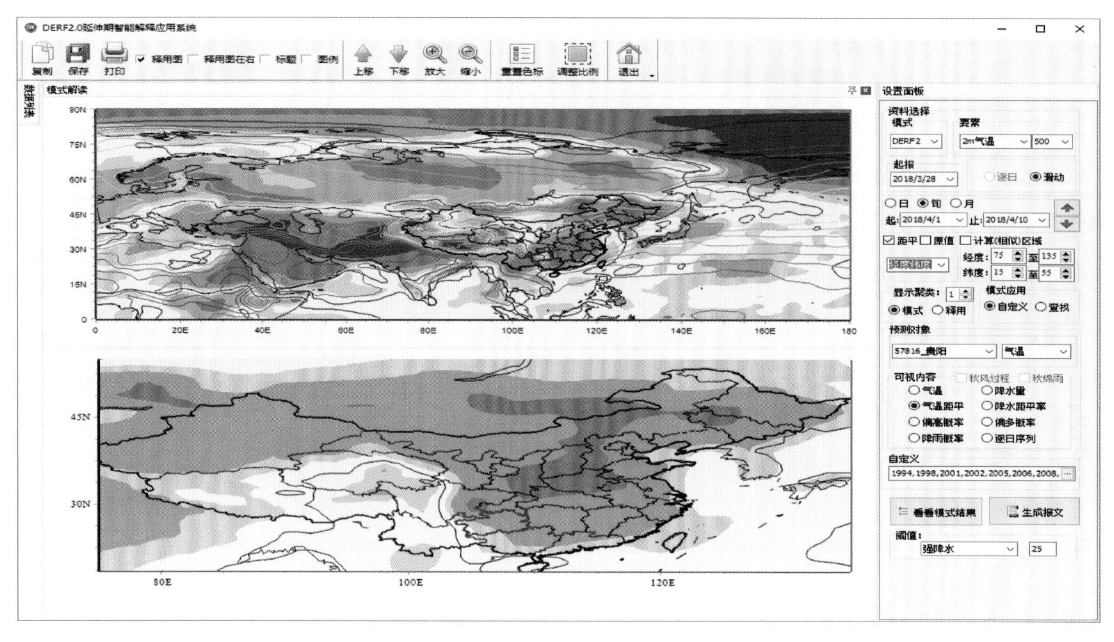

图 4.23.32 “智能延伸期”模块“经度纬度”自定义年份的气温正距平分布图

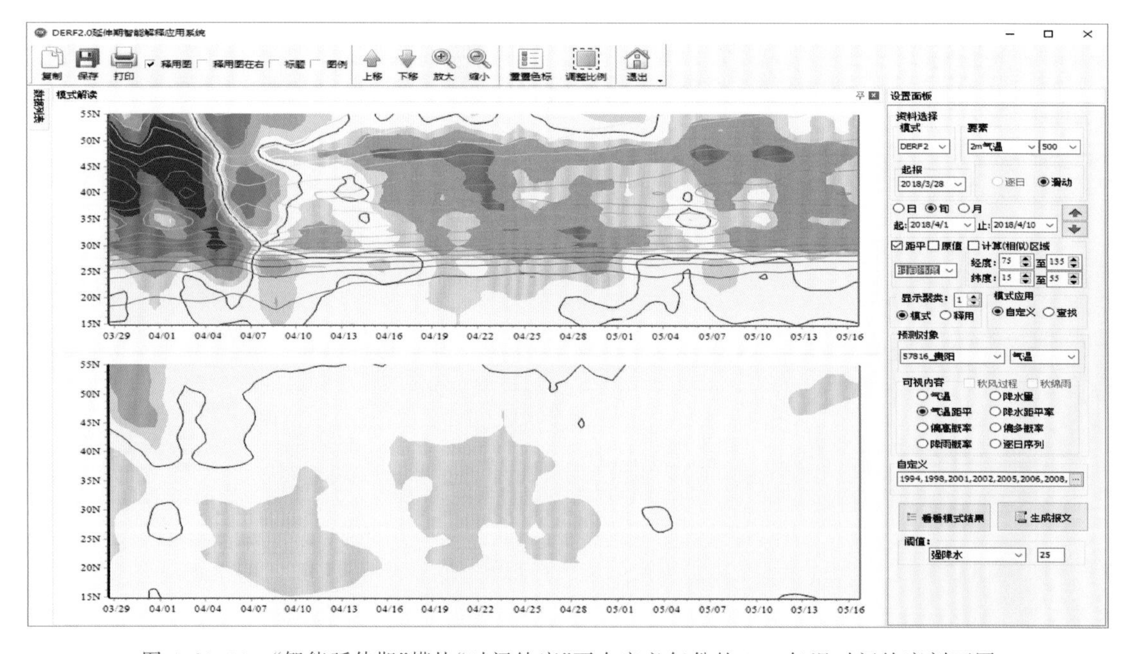

图 4.23.33 “智能延伸期”模块“时间纬度”下自定义年份的 2 m 气温时间纬度剖面图

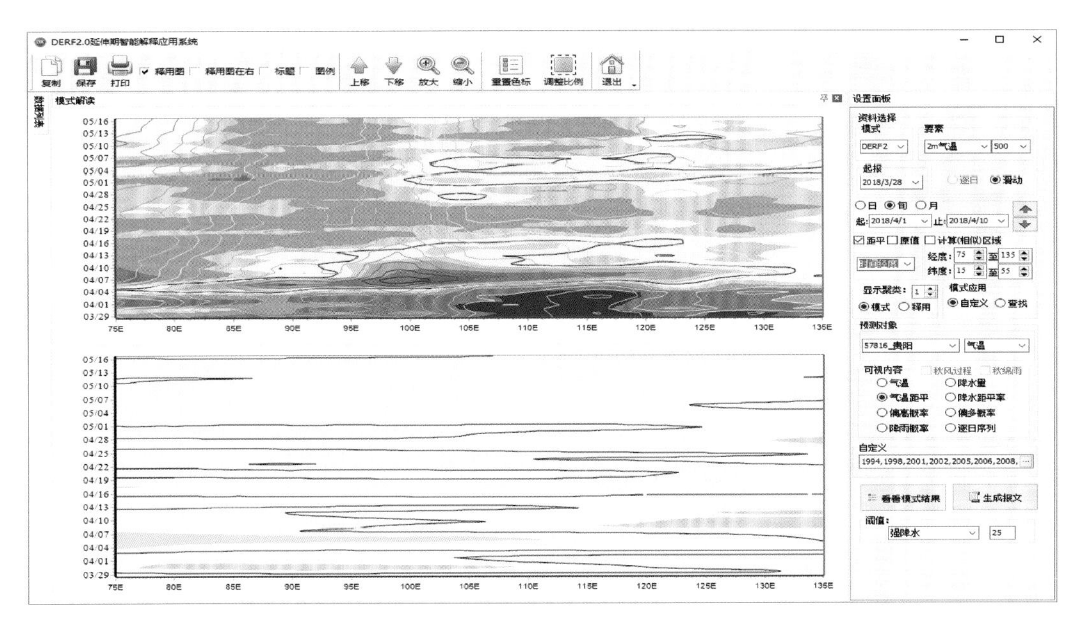


图 4.23.34 “智能延伸期”模块“时间经度”下自定义年份的 2 m 气温时间经度剖面图

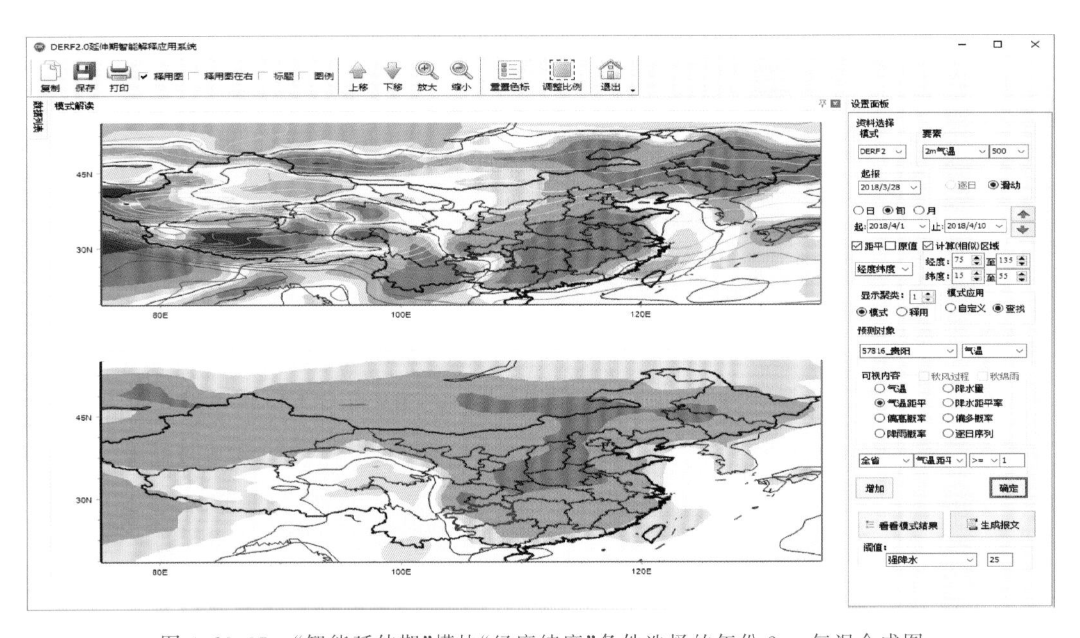


图 4.23.35 “智能延伸期”模块“经度纬度”条件选择的年份 2 m 气温合成图

在“模式应用 ○自定义 ◉查找”下，在设置“经度纬度”与“时间经度”“时间纬度”“时间序列”在条件后，分别再选择“全省 气温距平 >= 1”和“57816_贵 日雨量 >= 20”，可得到相应年份下的不同合成图(图 4.23.35 至图 4.23.38)。

选择“显示聚类: 1 ○模式 ◉释用”“模式应用 ○自定义 ◉查找”部分转变为“释用方法 显著相关回归”，释用方法因为释用对象的不同而有所差异，选择“经度纬度”时，可针对不同时段的气温降水趋势进行解释应用，选择“时间经度”“时间纬度”和“时间序列”时则可针对强降水、强降温等过程进行解释应用。

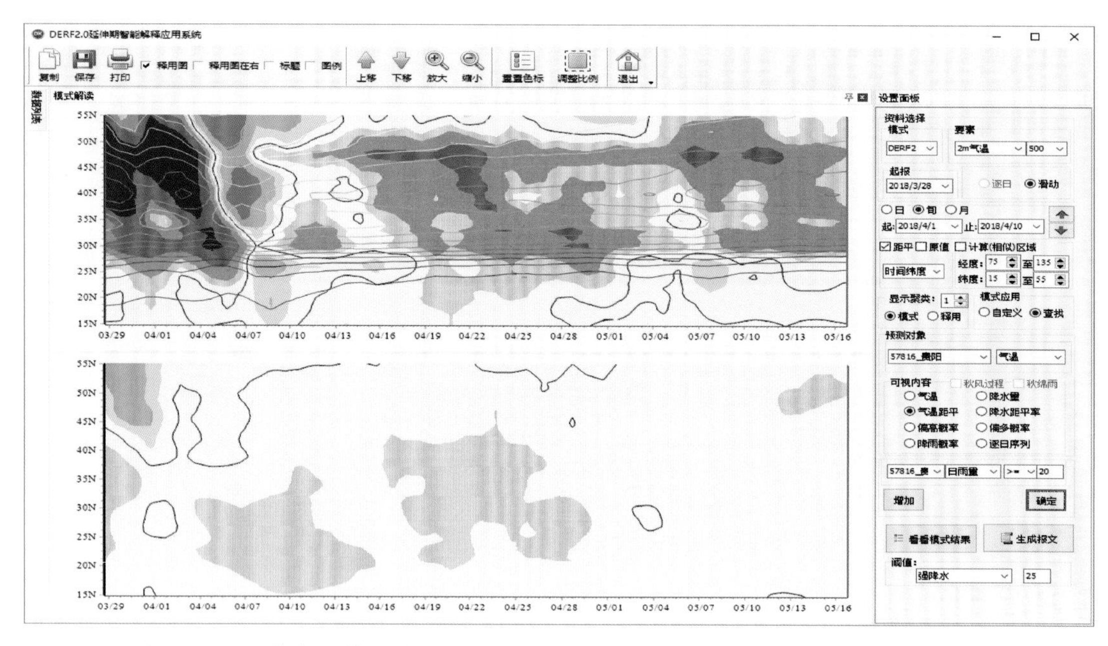


图 4.23.36 “智能延伸期”模块“时间纬度”条件选择年份的 2 m 气温时间纬度剖面图

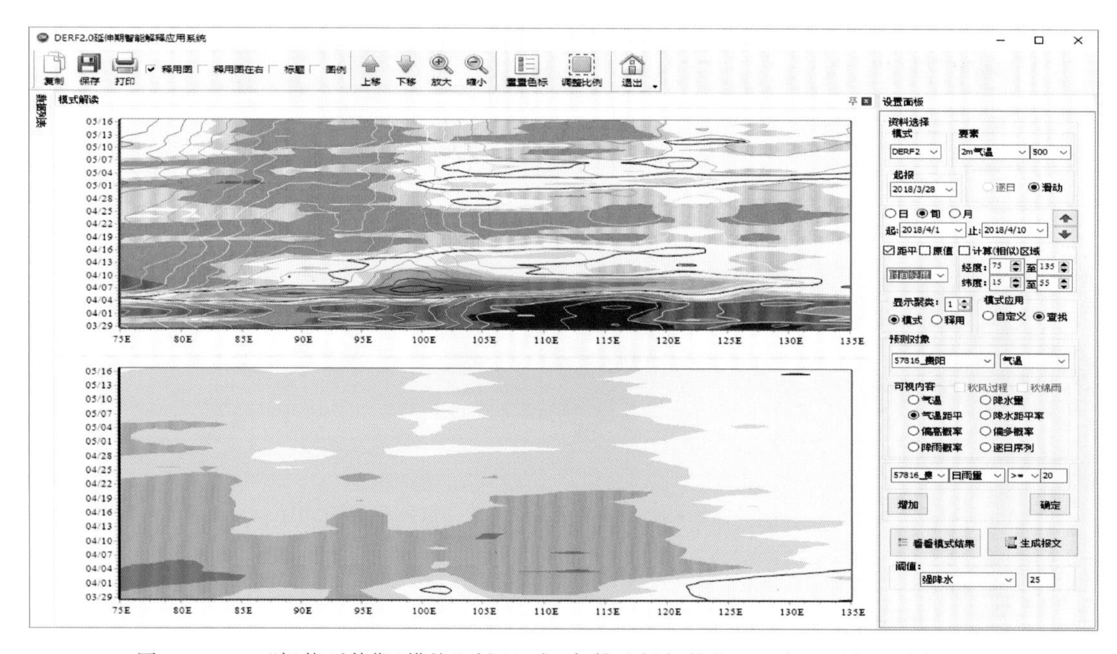


图 4.23.37 “智能延伸期”模块“时间经度”条件选择年份的 2 m 气温时间经度剖面图

选择“经度纬度”，则释用方法包括““显著相关回归”“最优子集回归”“偶极子集回归”“百分位映射法”，当选择“时间经度”“时间纬度”以及“时间序列”时，释用方法则包括“最优子集回归”和“百分位映射法”，其中“百分位映射法”仅在释用对象和 DERF. 2.0 的物理量相同时出现。

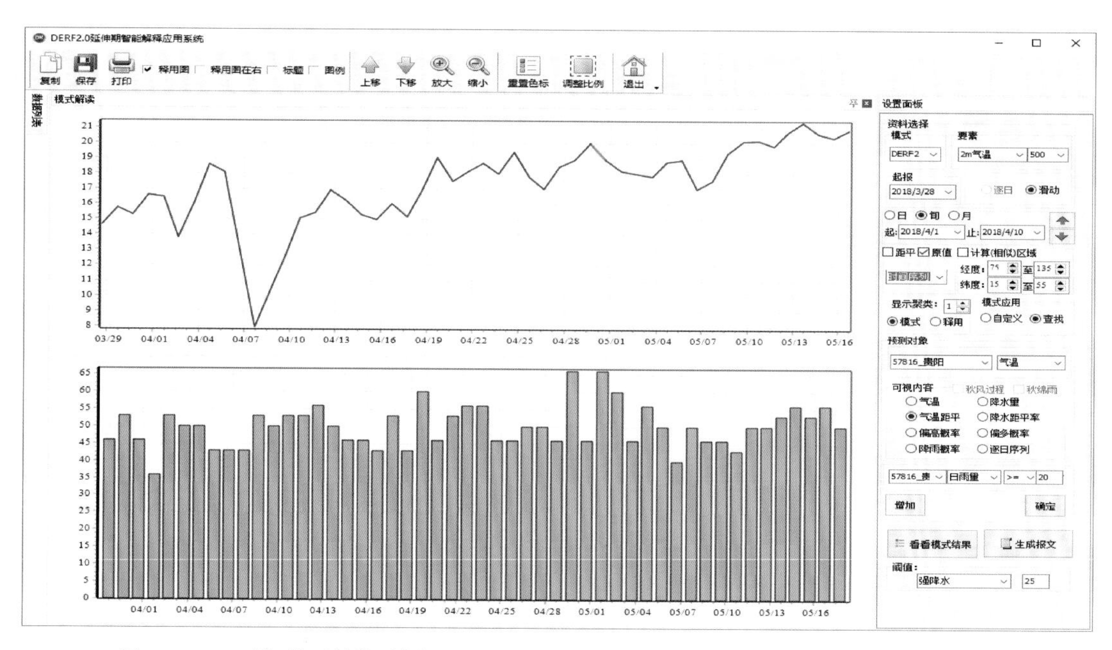

图 4.23.38 “智能延伸期”模块“时间序列”条件选择年份的 2 m 气温正距平概率序列图

选择“经度纬度”，默认释用方法为“显著相关回归”，点击“ 模式释用结果 ”，得到如图 4.23.39，上图为 2 m 气温的模式选择要素与释用对象的相关系数分布图，下图为通过“显著相关回归”降尺度释用得到的贵州 4 月上旬气温距平。点击“ ☑ 释用图在右 ”，得到如图 4.23.40 的可视化效果，即解释应用图的位置从下转移到可视化区域的右边。

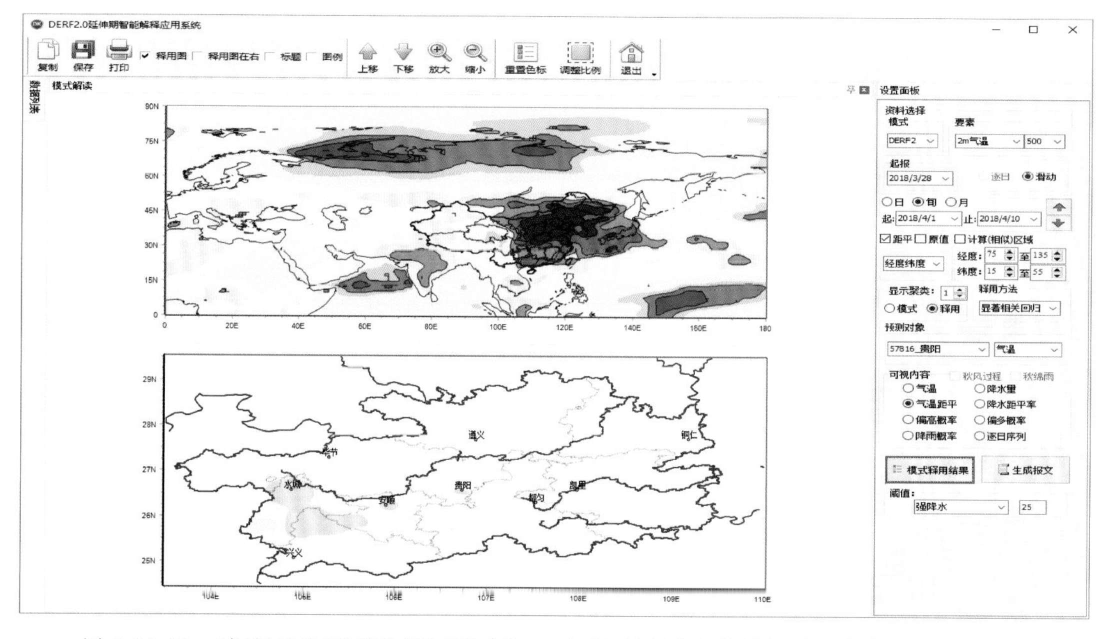

图 4.23.39 “智能延伸期”模块“经度纬度”2 m 气温以“显著相关回归”释用的气温距平分布图

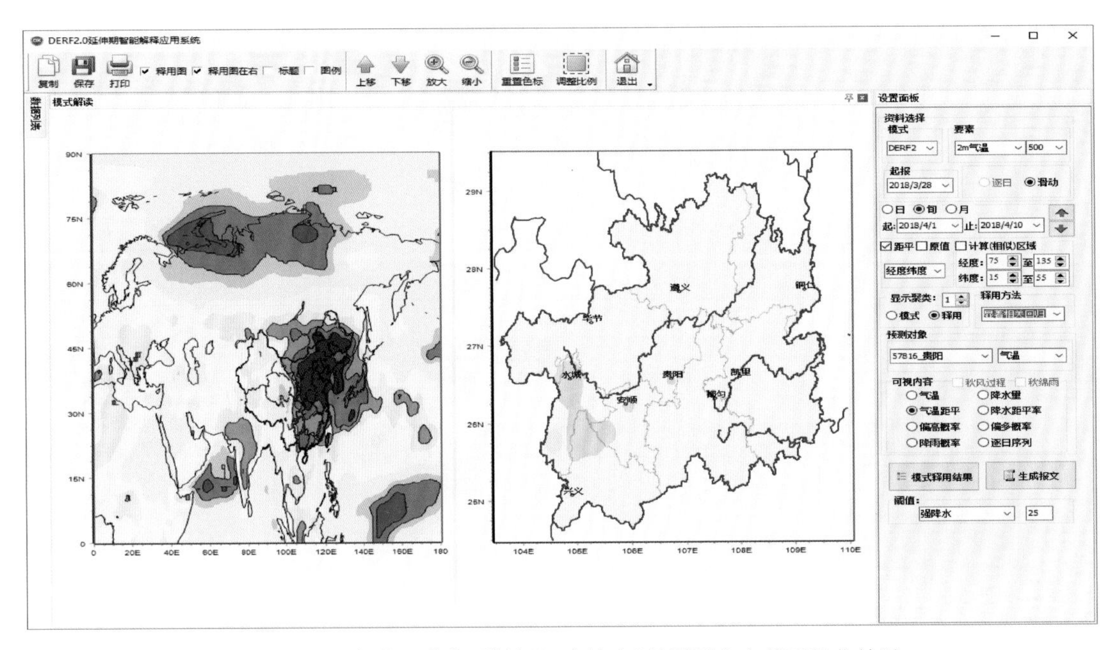


图 4.23.40　智能延伸期”模块“经度纬度”释用图在右的可视化效果

改变释用方法，图 4.23.41 至图 4.23.43 分别是采用“最优子集回归”“偶极子集回归”和“百分位映射法”得到的气温释用结果。

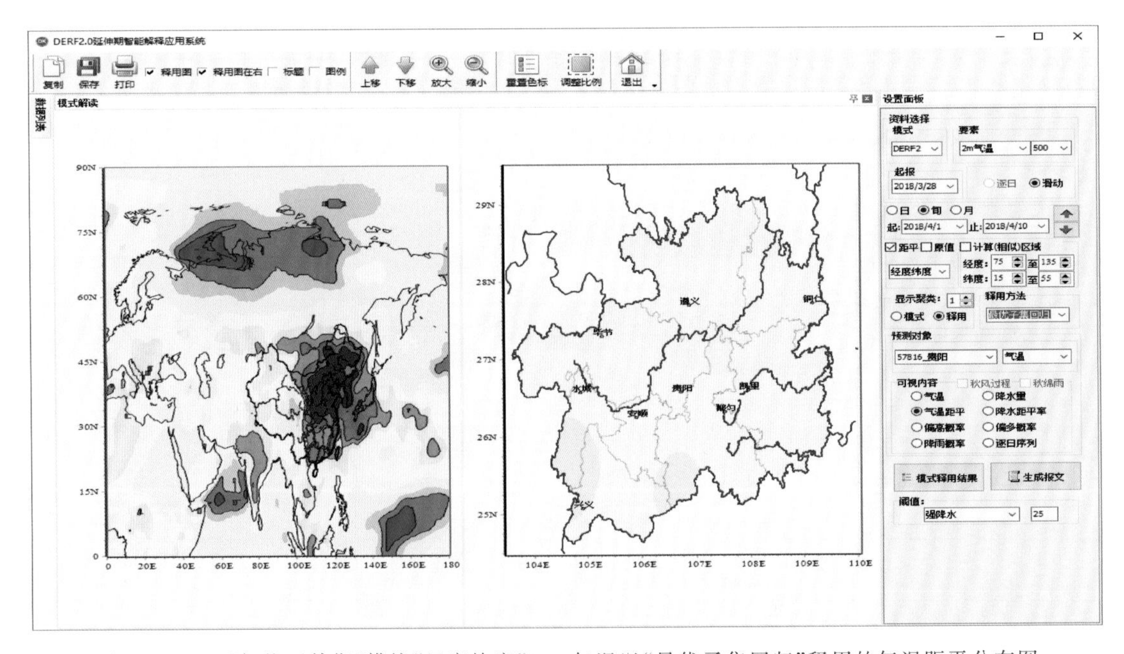


图 4.23.41　“智能延伸期”模块“经度纬度”2 m 气温以“最优子集回归”释用的气温距平分布图

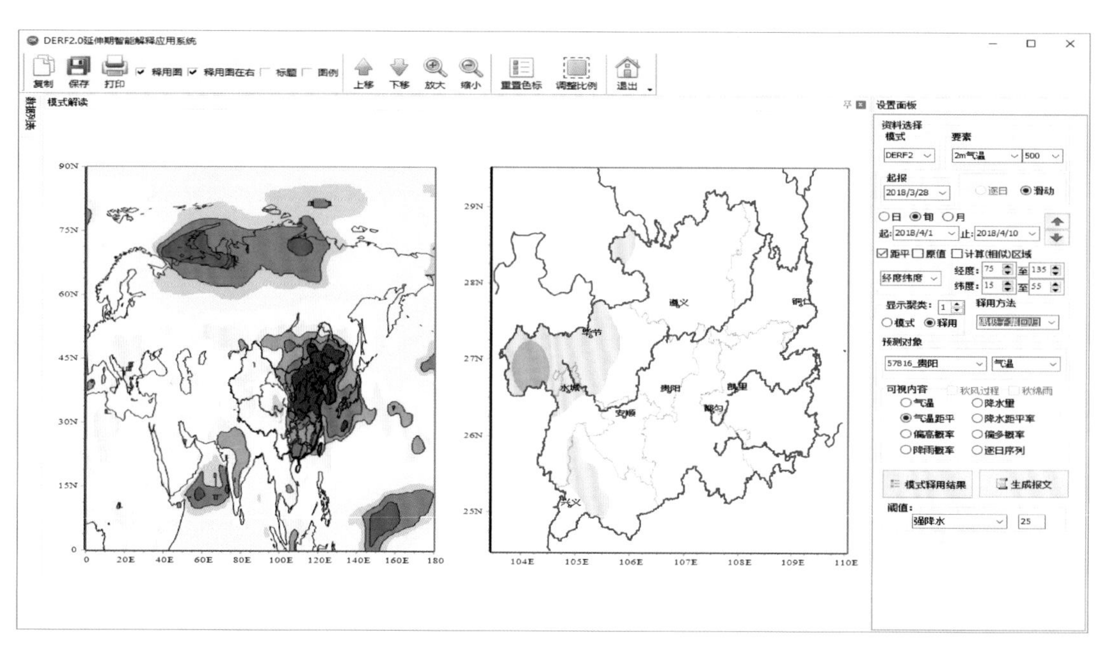


图 4.23.42　智能延伸期”模块“经度纬度”2 m 气温以“偶极子集回归”释用的气温距平分布图

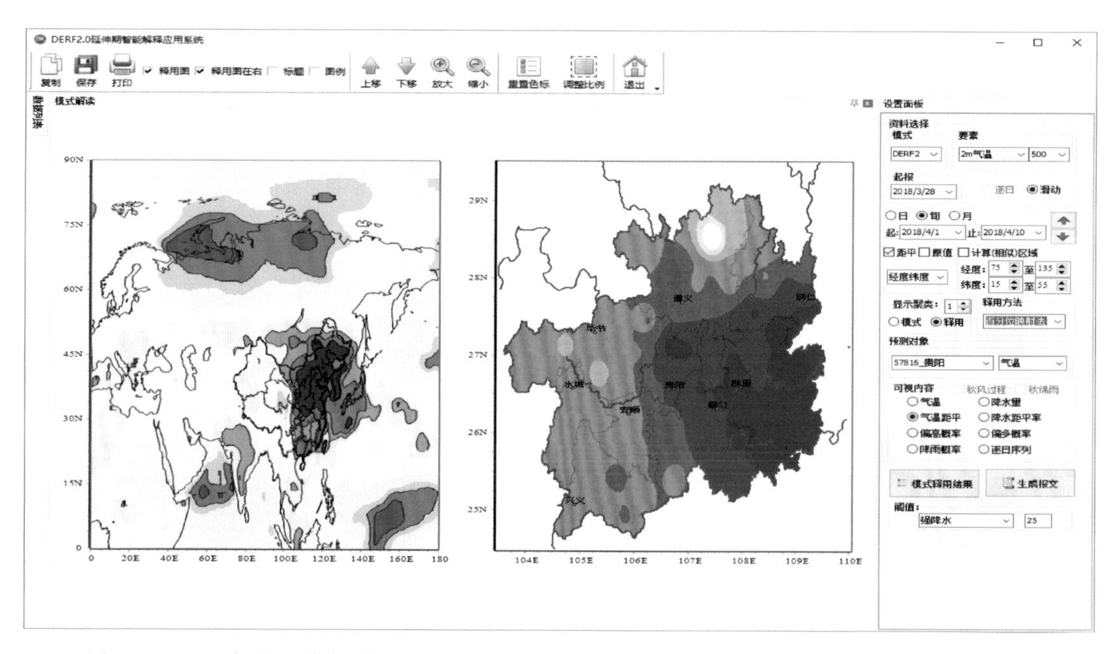


图 4.23.43　“智能延伸期”模块“经度纬度”2 m 气温以“百分位映射法”释用的气温距平分布图

改变释用对象，并把趋势释用时间改为 4 月中旬，图 4.23.44 至图 4.23.46 分别是采用“显著相关回归”“最优子集回归”和“偶极子集回归”得到的降水释用结果。

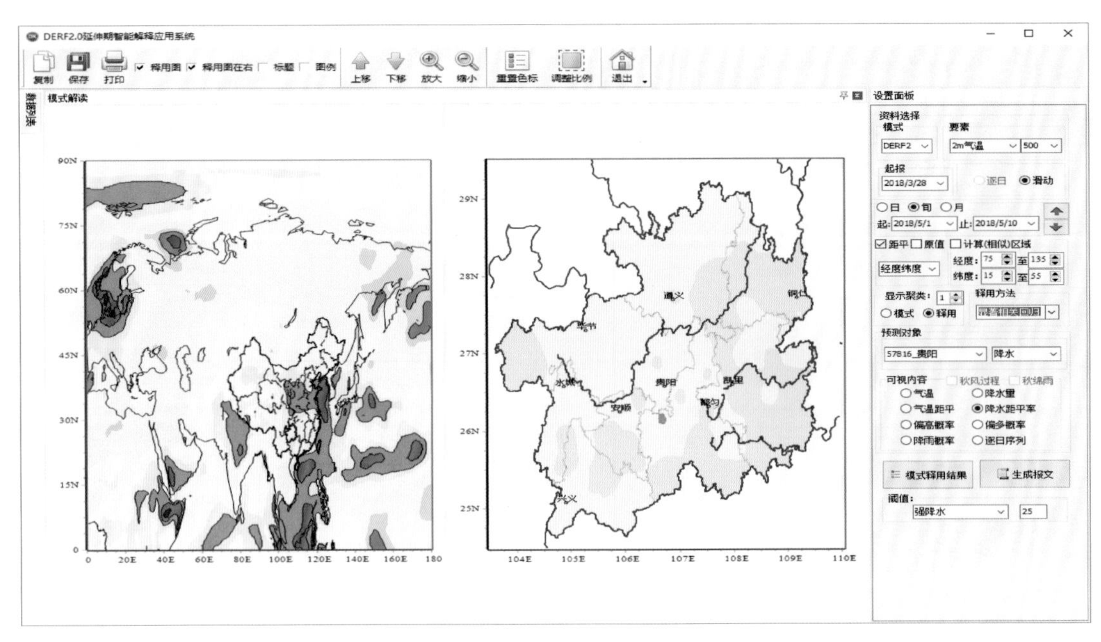


图 4.23.44 “智能延伸期”模块“经度纬度”2 m 气温以“显著相关回归”释用的降水距平率分布图

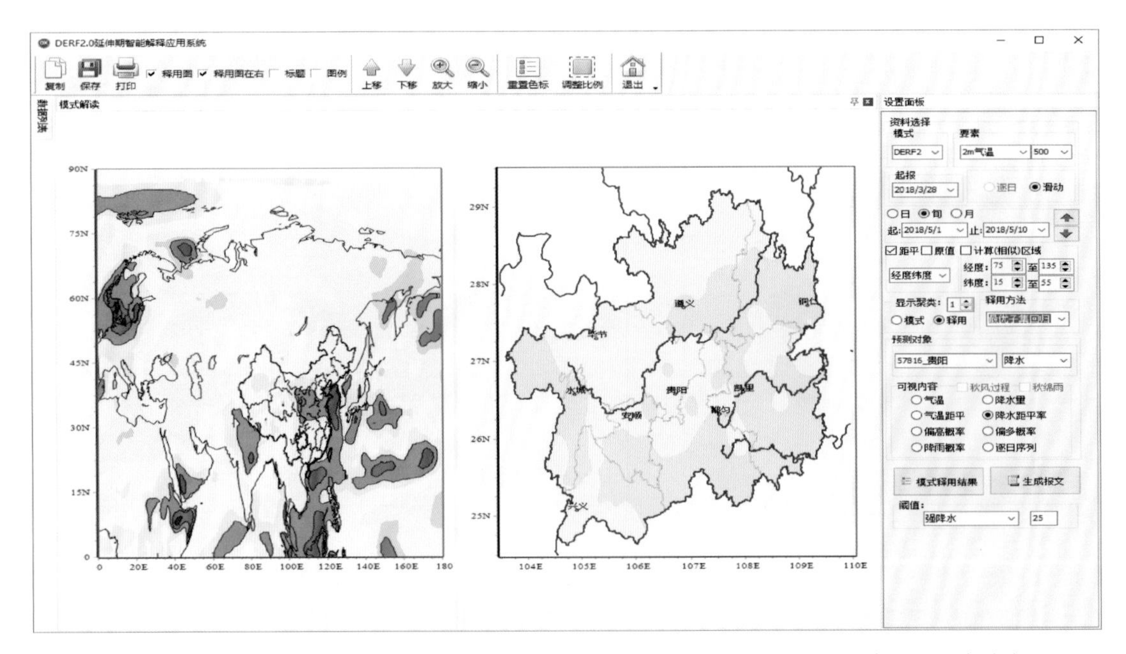


图 4.23.45 “智能延伸期”模块“经度纬度”2 m 气温以“最优子集回归”释用的降水距平率分布图

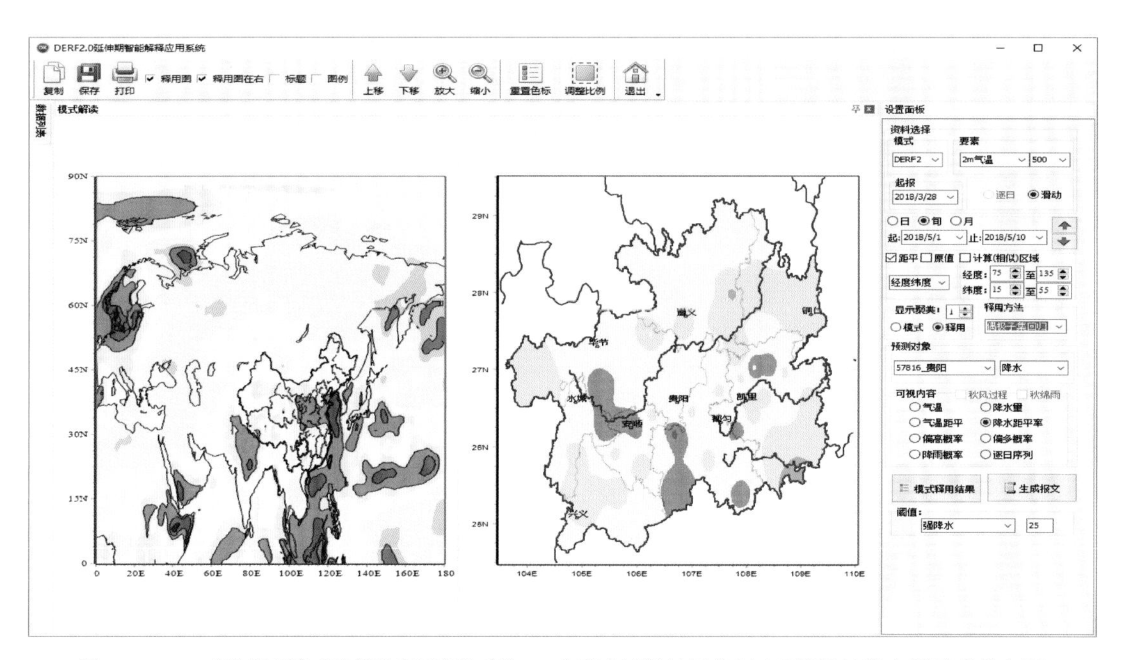


图 4.23.46 “智能延伸期”模块“经度纬度”2 m 气温以“偶极子集回归”释用的降水距平率分布图

当改变“经度纬度”为“时间纬度”时，则意味着通过时间纬度剖面的相关性对每个台站的气温和降水过程进行释用。释用方法则只采用“最优子集回归”。图 4.23.47、图 4.23.48 分别为对贵阳地区采用“最优子集回归”得到的逐日气温（平均、最高、最低）、降水过程的释用图。采用“百分位映射法”释用方法得到的逐日平均气温图可见图 4.23.49。各图中可视化区域上部分为逐日过程与相应纬度剖面的相关系数分布图，下部分为释用结果。

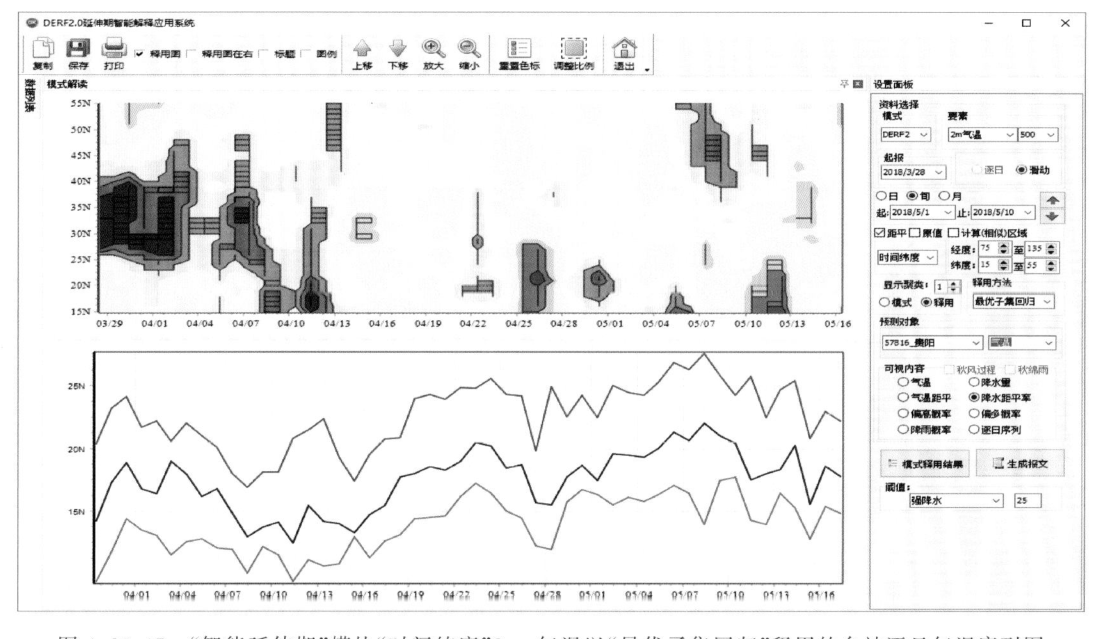


图 4.23.47 “智能延伸期”模块“时间纬度”2 m 气温以“最优子集回归”释用的台站逐日气温序列图

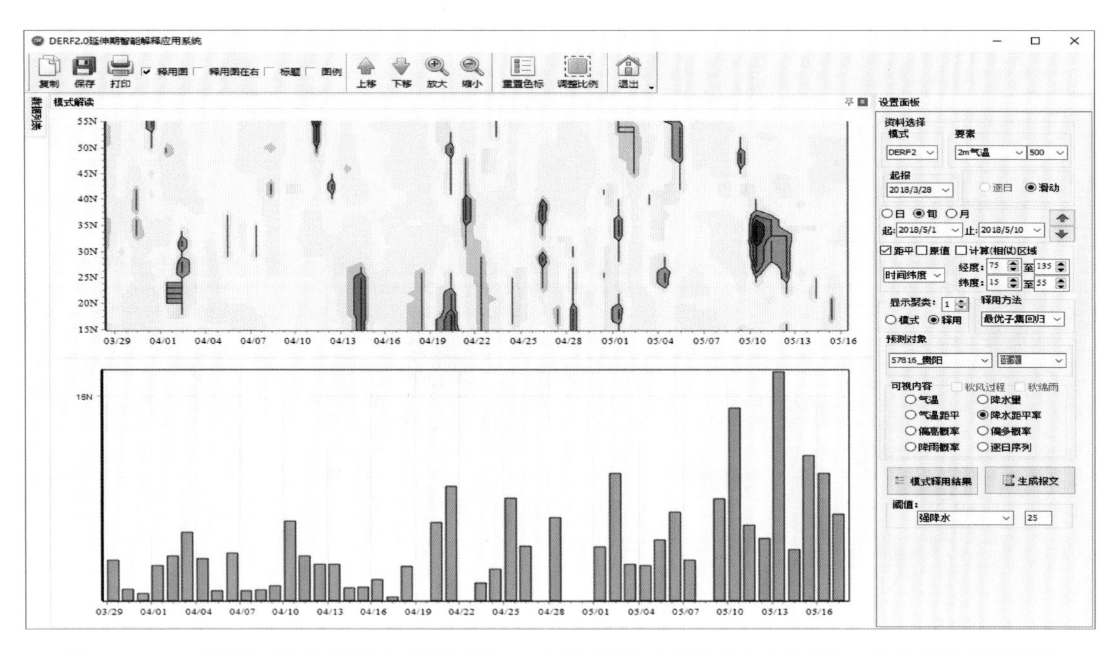


图 4.23.48 “智能延伸期”模块“时间纬度”2 m 气温以“最优子集回归”释用的台站逐日降水序列图

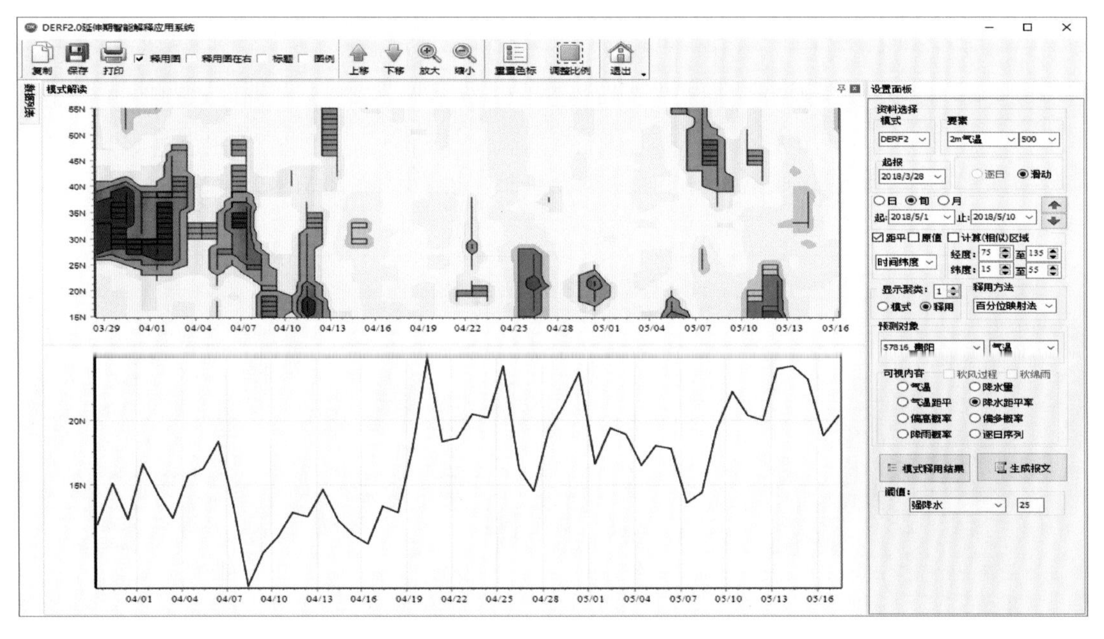


图 4.23.49 “智能延伸期”模块“时间纬度”2 m 气温以“百分位映射法”释用的台站逐日气温序列图

当改变“时间纬度”为“时间经度”时，则意味着通过时间经度剖面的相关性对每个台站的气温和降水过程进行释用。图 4.23.50、图 4.23.51 是据此得到的毕节区域的相应气温和降水逐日过程释用图，释用方法均为“最优子集回归”。

当改变“时间经度”为“时间序列”时，则意味着通过插值到站点的模式预报 2 m 气温与该站点实况相关性对气温和降水过程进行释用。图 4.23.52、图 4.23.53 分别是据此得到的毕节区域相应气温和降水逐日过程释用图。

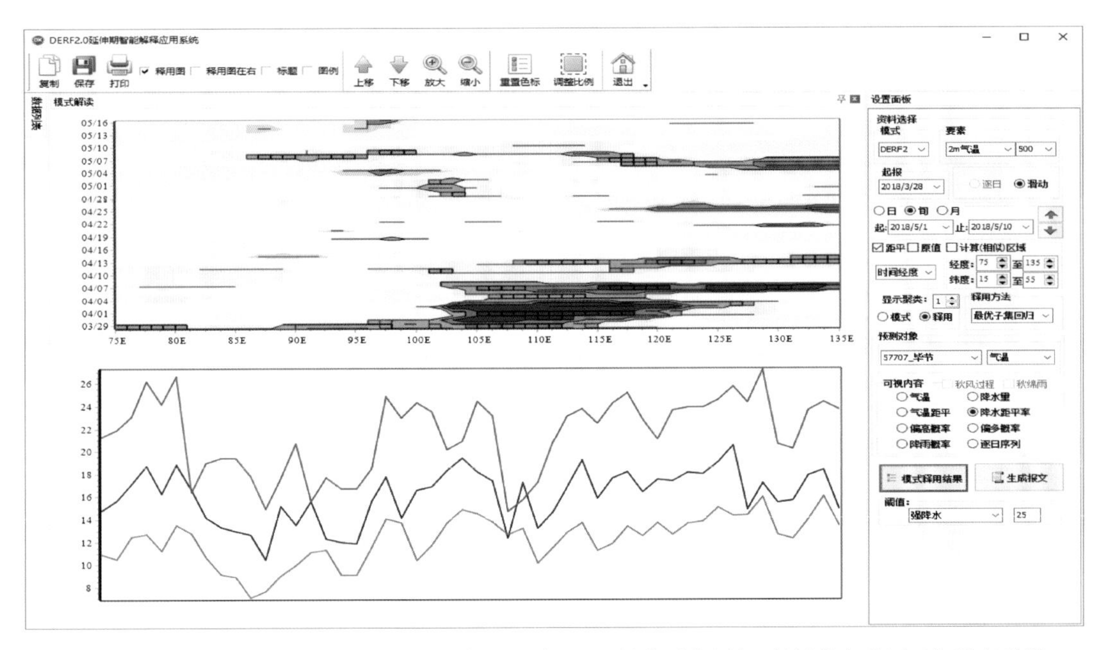


图 4.23.50　“智能延伸期”模块“时间经度”2 m 气温以“最优子集回归”释用的台站逐日气温序列图

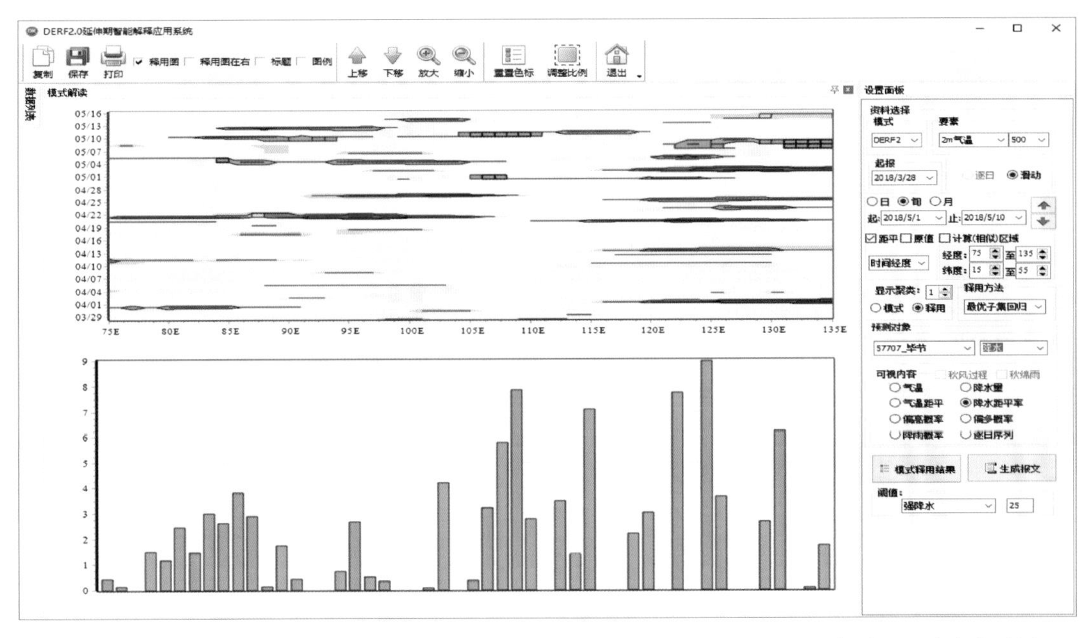


图 4.23.51　“智能延伸期”模块“时间经度”2 m 气温以“最优子集回归”释用的台站逐日降水序列图

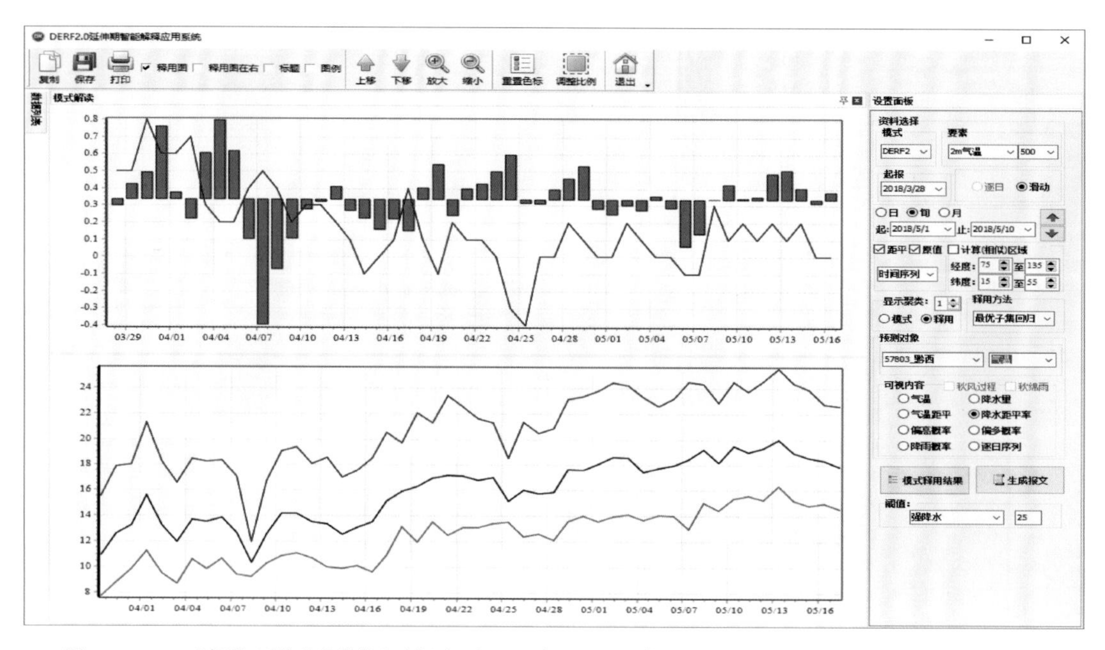


图 4.23.52 “智能延伸期”模块“时间序列”2 m 气温以“最优子集回归”释用的台站逐日气温序列图

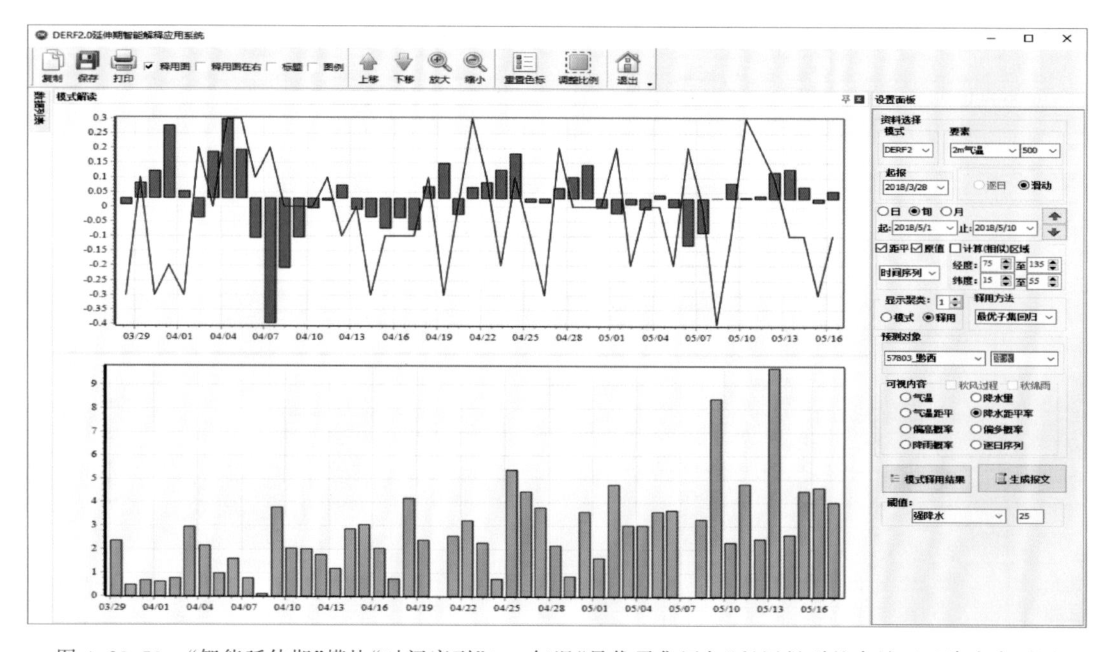


图 4.23.53 “智能延伸期”模块“时间序列”2 m 气温“最优子集回归”释用得到的台站逐日降水序列图

无论在显示聚类时选择“显示聚类：1 ◉模式 ○释用”还是“显示聚类：1 ○模式 ◉释用”，在选自相似年或者释用方法选择时点击“生成报文”，都直接生成当前选择时段的月趋势报文，并根据业务规定的时间，冬半年生成强降温报文、夏半年生成强降水和高温报文。其中，强降温、强降水和高温的报文可根据自定义阈值进行生成，见图 4.23.54 至图 4.23.56。报文生成在系统 baowen 目录下。

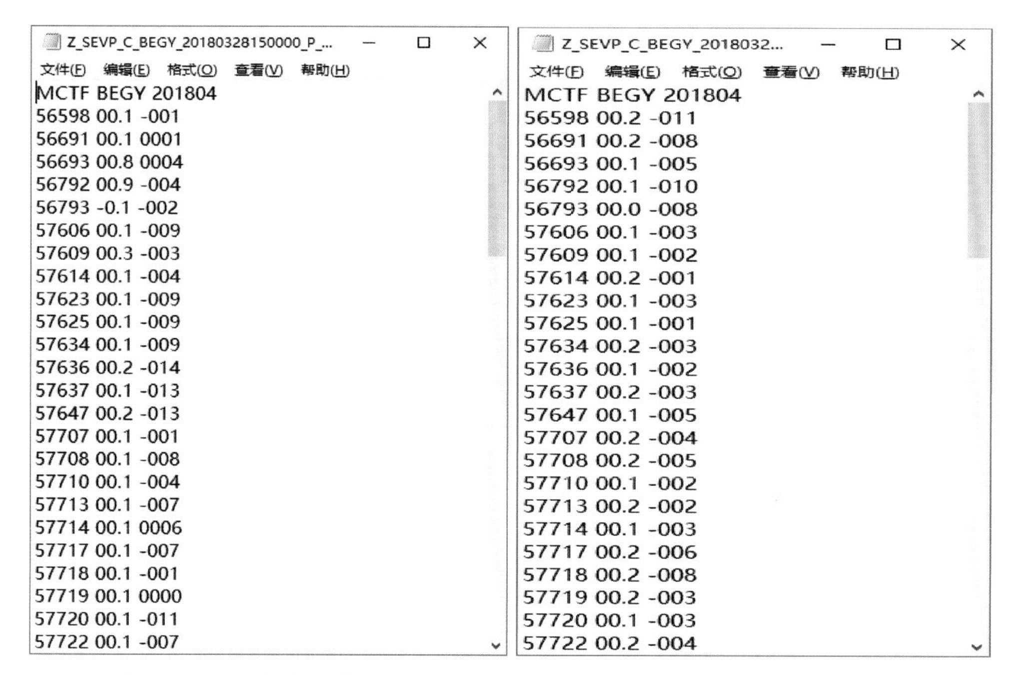

```
Z_SEVP_C_BEGY_20180328150000_P_...
文件(F) 编辑(E) 格式(O) 查看(V) 帮助(H)
MCTF BEGY 201804
56598 00.1 -001
56691 00.1 0001
56693 00.8 0004
56792 00.9 -004
56793 -0.1 -002
57606 00.1 -009
57609 00.3 -003
57614 00.1 -004
57623 00.1 -009
57625 00.1 -009
57634 00.1 -009
57636 00.2 -014
57637 00.1 -013
57647 00.2 -013
57707 00.1 -001
57708 00.1 -008
57710 00.1 -004
57713 00.1 -007
57714 00.1 0006
57717 00.1 -007
57718 00.1 -001
57719 00.1 0000
57720 00.1 -011
57722 00.1 -007
```

```
Z_SEVP_C_BEGY_2018032...
文件(F) 编辑(E) 格式(O) 查看(V) 帮助(H)
MCTF BEGY 201804
56598 00.2 -011
56691 00.2 -008
56693 00.1 -005
56792 00.1 -010
56793 00.0 -008
57606 00.1 -003
57609 00.1 -002
57614 00.2 -001
57623 00.1 -003
57625 00.1 -001
57634 00.2 -003
57636 00.1 -002
57637 00.2 -003
57647 00.1 -005
57707 00.2 -004
57708 00.2 -005
57710 00.1 -002
57713 00.2 -002
57714 00.1 -003
57717 00.2 -006
57718 00.2 -008
57719 00.2 -003
57720 00.1 -003
57722 00.2 -004
```

图 4.23.54 “智能延伸期”模块模式直接解读以及解释应用得到的月趋势报文

```
Z_SEVP_C_BEGY_20180328150000_P_CLFC-TCTF - 记事本
文件(F) 编辑(E) 格式(O) 查看(V) 帮助(H)
56598 20180328 015 00
56691 20180328 015 00
56693 20180328 015 01 20180425 20180427 016
56792 20180328 015 01 20180424 20180426 019
56793 20180328 015 00
57606 20180328 015 01 20180423 20180425 037
57609 20180328 015 01 20180422 20180424 018
57614 20180328 015 01 20180423 20180425 045
57623 20180328 015 03 20180420 20180422 016 20180423 20180425 023 20180426 20180428
019
57625 20180328 015 02 20180420 20180422 016 20180423 20180425 037
57634 20180328 015 03 20180420 20180422 017 20180423 20180425 040 20180426 20180428
019
57636 20180328 015 02 20180410 20180412 018 20180422 20180424 045
57637 20180328 015 01 20180423 20180425 046
57647 20180328 015 03 20180417 20180419 019 20180420 20180422 017 20180423 20180425
047
57707 20180328 015 00
57708 20180328 015 02 20180413 20180415 016 20180424 20180426 024
57710 20180328 015 01 20180423 20180425 019
57713 20180328 015 01 20180422 20180424 015
57714 20180328 015 01 20180423 20180425 056
57717 20180328 015 00
57718 20180328 015 00
57719 20180328 015 03 20180410 20180412 016 20180413 20180415 016 20180423 20180425
```

```
Z_SEVP_C_BEGY_20180328150000_P_CLFC-TCTF - 记事本
文件(F) 编辑(E) 格式(O) 查看(V) 帮助(H)
56598 20180328 025 00
56691 20180328 025 00
56693 20180328 025 00
56792 20180328 025 00
56793 20180328 025 00
57606 20180328 025 01 20180423 20180425 037
57609 20180328 025 00
57614 20180328 025 01 20180423 20180425 045
57623 20180328 025 00
57625 20180328 025 01 20180423 20180425 037
57634 20180328 025 01 20180423 20180425 040
57636 20180328 025 01 20180422 20180424 045
57637 20180328 025 01 20180423 20180425 046
57647 20180328 025 01 20180423 20180425 047
57707 20180328 025 00
57708 20180328 025 00
57710 20180328 025 00
57713 20180328 025 00
57714 20180328 025 01 20180423 20180425 056
57717 20180328 025 00
57718 20180328 025 00
57719 20180328 025 00
57720 20180328 025 00
57722 20180328 025 01 20180423 20180425 027
57723 20180328 025 01 20180423 20180425 033
```

图 4.23.55 “智能延伸期”模块“时间纬度”释用的分别以 15 mm 和 25 mm 为阈值的强降水报文

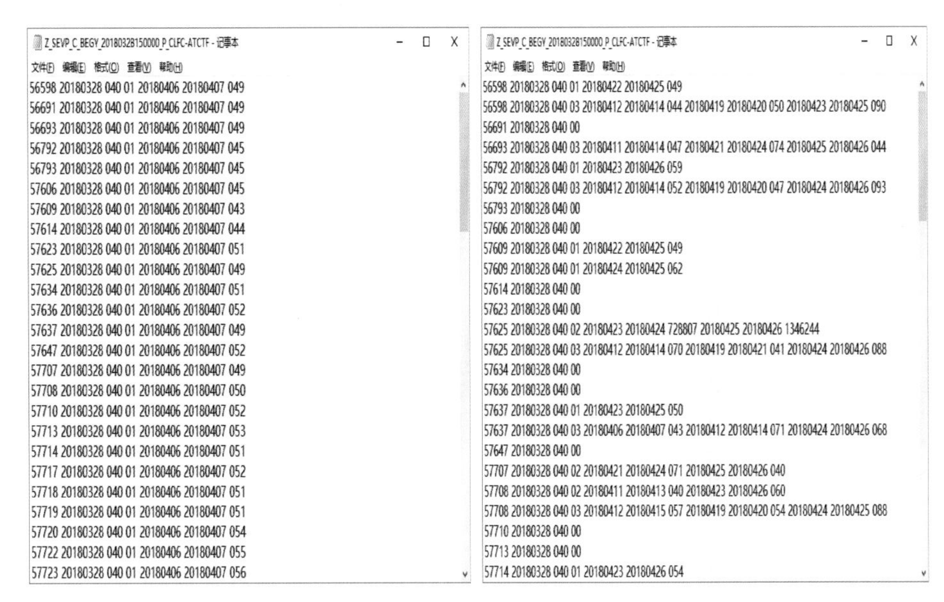
Z_SEVP_C_BEGY_20180328150000_P_CLFC-ATCTF - 记事本
文件(F) 编辑(E) 格式(O) 查看(V) 帮助(H)
56598 20180328 040 01 20180406 20180407 049
56691 20180328 040 01 20180406 20180407 049
56693 20180328 040 01 20180406 20180407 049
56792 20180328 040 01 20180406 20180407 045
56793 20180328 040 01 20180406 20180407 045
57606 20180328 040 01 20180406 20180407 045
57609 20180328 040 01 20180406 20180407 043
57614 20180328 040 01 20180406 20180407 044
57623 20180328 040 01 20180406 20180407 051
57625 20180328 040 01 20180406 20180407 049
57634 20180328 040 01 20180406 20180407 051
57636 20180328 040 01 20180406 20180407 052
57637 20180328 040 01 20180406 20180407 049
57647 20180328 040 01 20180406 20180407 052
57707 20180328 040 01 20180406 20180407 049
57708 20180328 040 01 20180406 20180407 050
57710 20180328 040 01 20180406 20180407 052
57713 20180328 040 01 20180406 20180407 053
57714 20180328 040 01 20180406 20180407 051
57717 20180328 040 01 20180406 20180407 052
57718 20180328 040 01 20180406 20180407 051
57719 20180328 040 01 20180406 20180407 051
57720 20180328 040 01 20180406 20180407 054
57722 20180328 040 01 20180406 20180407 055
57723 20180328 040 01 20180406 20180407 056

Z_SEVP_C_BEGY_20180328150000_P_CLFC-ATCTF - 记事本
文件(F) 编辑(E) 格式(O) 查看(V) 帮助(H)
56598 20180328 040 01 20180422 20180425 049
56598 20180328 040 03 20180412 20180414 044 20180419 20180420 050 20180423 20180425 090
56691 20180328 040 00
56693 20180328 040 03 20180411 20180414 047 20180421 20180424 074 20180425 20180426 044
56792 20180328 040 01 20180423 20180426 059
56792 20180328 040 03 20180412 20180414 052 20180419 20180420 047 20180424 20180426 093
56793 20180328 040 00
57606 20180328 040 00
57609 20180328 040 01 20180422 20180425 049
57609 20180328 040 01 20180424 20180425 062
57614 20180328 040 00
57623 20180328 040 00
57625 20180328 040 02 20180423 20180424 728807 20180425 20180426 1346244
57625 20180328 040 03 20180412 20180414 070 20180419 20180421 041 20180424 20180426 088
57634 20180328 040 00
57636 20180328 040 00
57637 20180328 040 01 20180423 20180425 050
57637 20180328 040 03 20180406 20180407 043 20180412 20180414 071 20180424 20180426 068
57647 20180328 040 00
57707 20180328 040 02 20180421 20180424 071 20180425 20180426 040
57708 20180328 040 02 20180411 20180413 040 20180423 20180426 060
57708 20180328 040 03 20180412 20180415 057 20180419 20180420 054 20180424 20180425 088
57710 20180328 040 00
57713 20180328 040 00
57714 20180328 040 01 20180423 20180426 054

图 4.23.56 “智能延伸期”模块模式直接解读及解释应用的强降温报文

要素选择“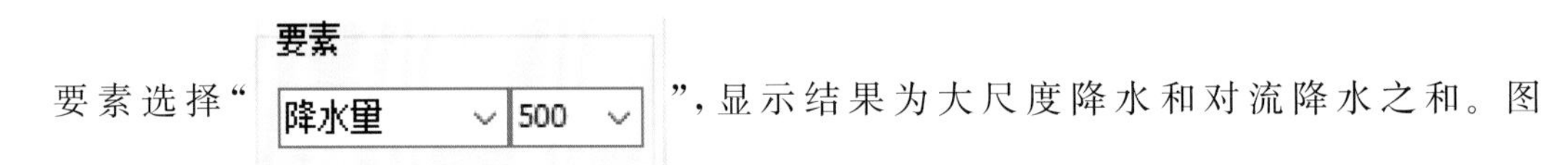

”，显示结果为大尺度降水和对流降水之和。图 4.23.57、图 4.23.58 分别是 2018 年 3 月 28 日起报的 4 月上旬降水分布图以及插值到贵阳的降水序列图。图 4.23.59 是采用“百分位映射法”得到的逐日降水序列图。一般情况下，“百分位映射法”可以有效过滤模式自身预测有降水的情况。而“百分位映射法”也仅在要素选为 2 m 气温、释用对象为气温以及要素为降水量、释用对象为降水时可以使用。

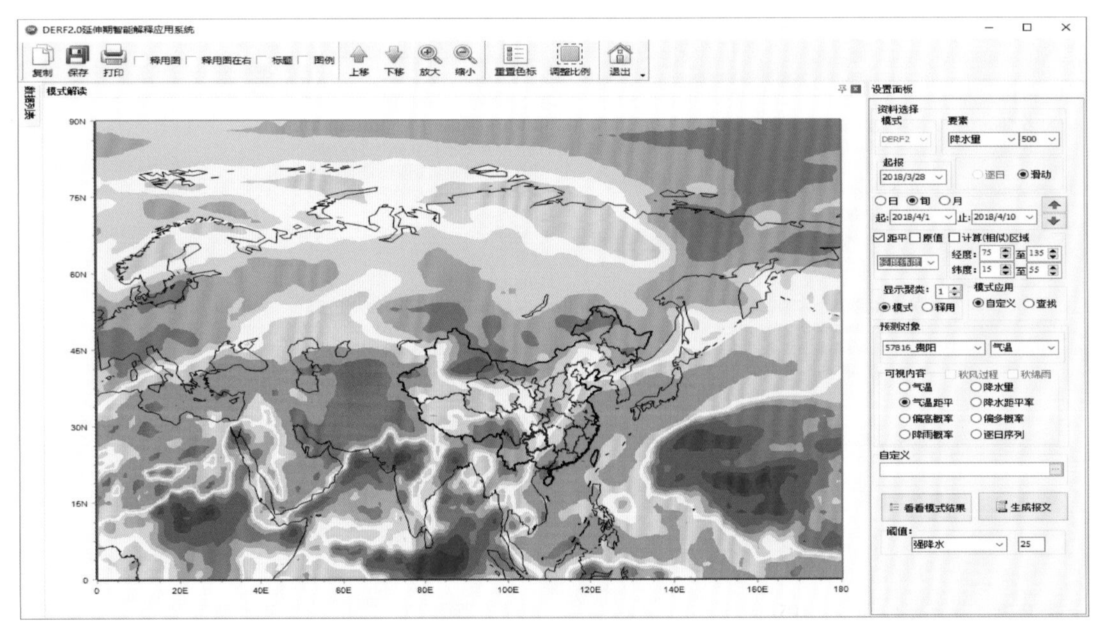

图 4.23.57 “智能延伸期”模块直接解读的旬降水量分布图

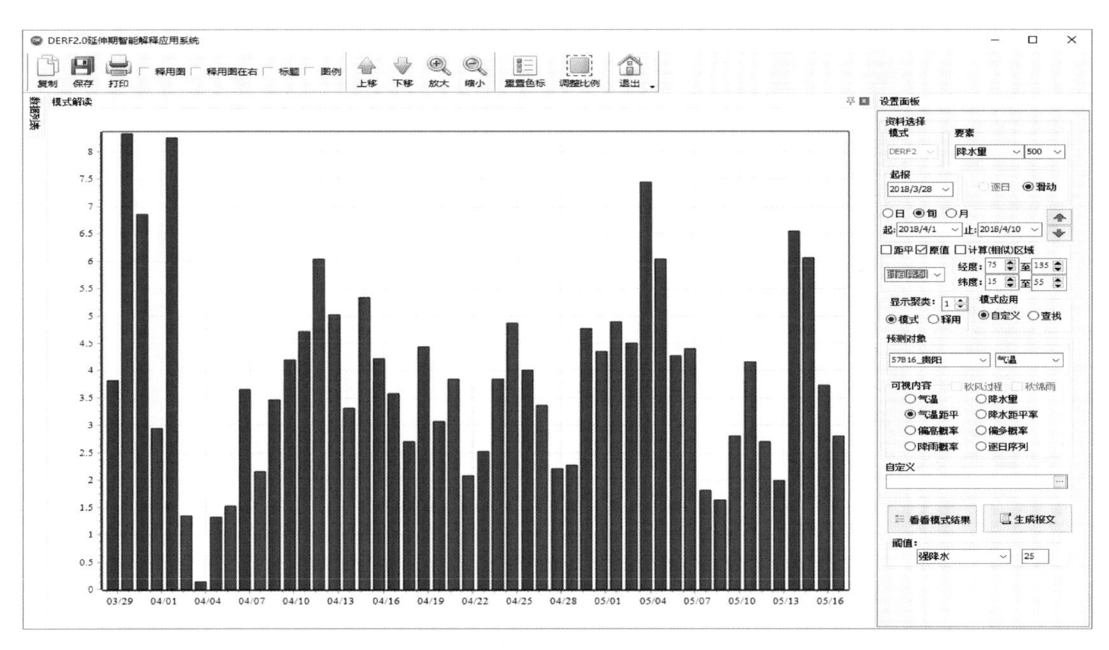


图 4.23.58 “智能延伸期”模块直接解读的降水量并插值到站点的降水序列图

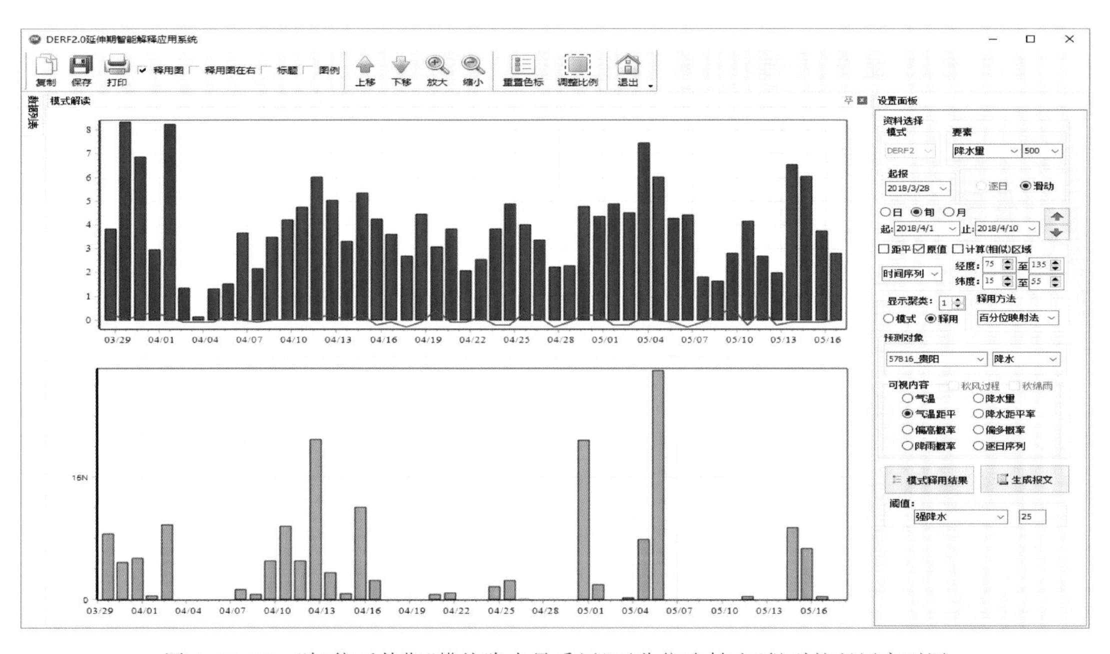


图 4.23.59 “智能延伸期”模块降水量采用“百分位映射法”得到的释用序列图

## 4.24 模式检验

**“模式检验”**是对 ECMWF、CFS2 和 CSM 的 500 hPa 高度场和 T2M(2 m 温度场)、RAIN(降水场)进行检验,其中对 500 hPa 高度场与其他再分析场进行相关分析,对于 T2M 和 RAIN 则是将模式预测值插值到站点上,再与站点数据进行相关分析。

模块界面包括“图形可视化”和“设置面板”。“图形可视化”是将体现模式检验效果的相关信息、得分信息等进行图形可视化；“设置面板”包括了不同模式的模式名、预报量、预报时间以及实况的相应内容，其中也包括了可视化操作的设置选项。

图 4.24.1 表示 ECMWF 资料于 4 月起报的夏季高度场与 NCEP 再分析场的相关系数分布图，图中比较清晰地反映了在中低纬度预报效果较好。

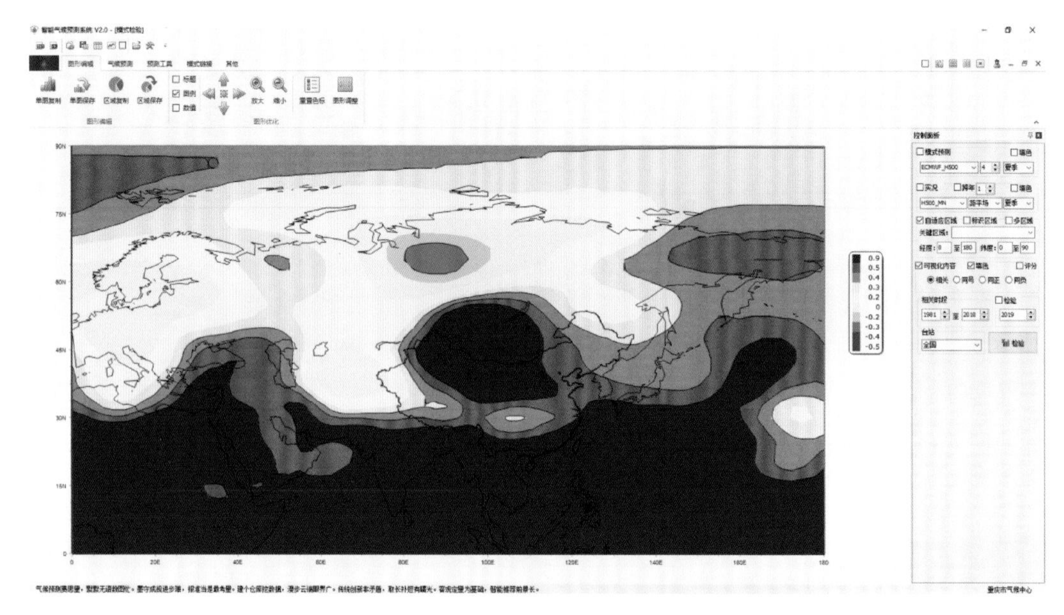

图 4.24.1 “模式检验”模块高度场检验分布图

在该模块中，选择“☑模式预测”并“☑填色”，可得到相应模式的预测结果，图 4.24.2 为 2019 年 4 月起报的夏季 H500 预测结果图。去除以上选择，选择“☑实况”和实况栏的“☑填色”，得到如图 4.24.3 所示的 NCEP 再分析资料的 2019 年夏季 H500 实况图。

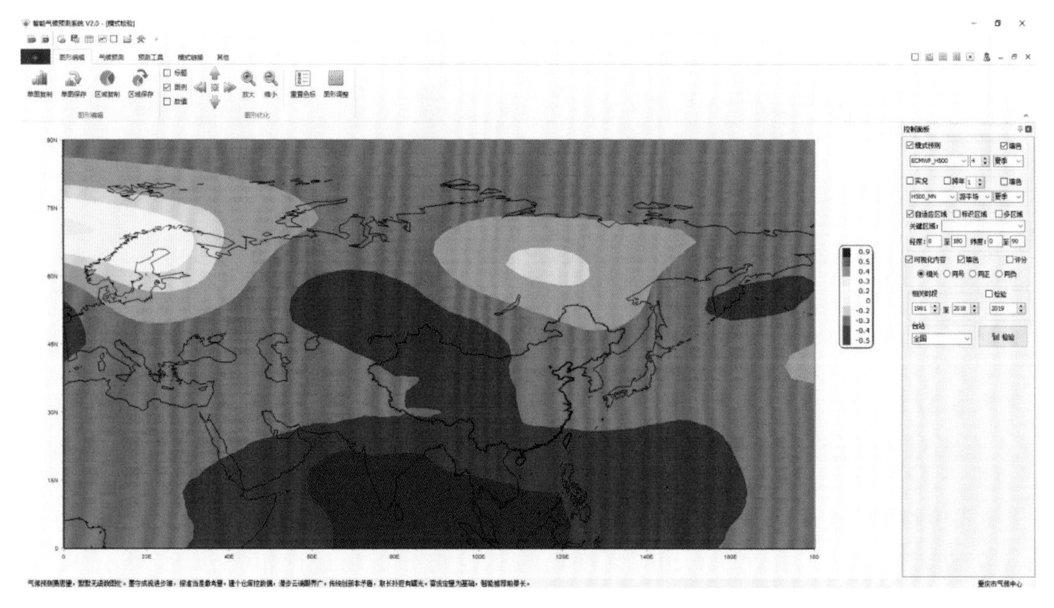

图 4.24.2 “模式检验”模块高度场模式预测分布图

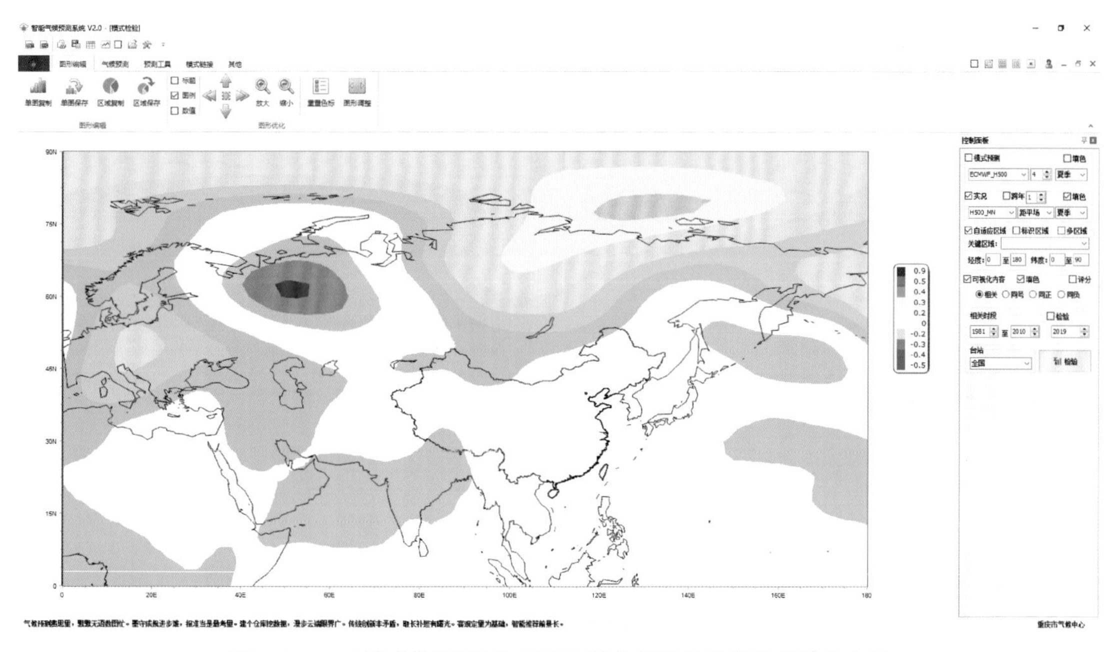

图 4.24.3　“模式检验”模块 NCEP 再分析资料高度场实况分布图

切换检验对象为“ECMWF_T2M”,可将用于检验模式预测的数据更改为地面观测资料,默认得到如图 4.24.4 的检验分布图,图中分布图填色为地面观测站的 2019 年夏季气温距平。红点和黑点分别表示模式趋势预测准确和错误的站点。

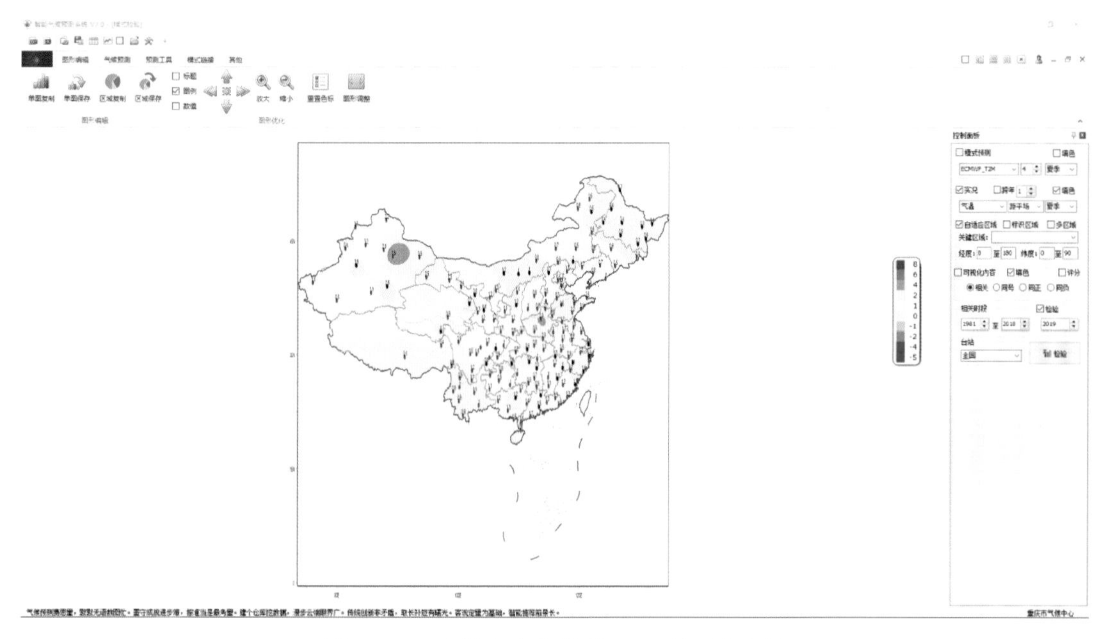

图 4.24.4　“模式检验”模块 T2M 检验分布图

选择“☑评分”,得到如图 4.24.5 的历年 $Ps$ 得分柱状图,其反映的是模式插值到站点后的 $Ps$ 评分。

此时选择“☑评分”并“☑模式预测”,也会得到相应模式要素预测的结果,图 4.24.6 即为 2019 年

4月起报的夏季T2M预测分布图。

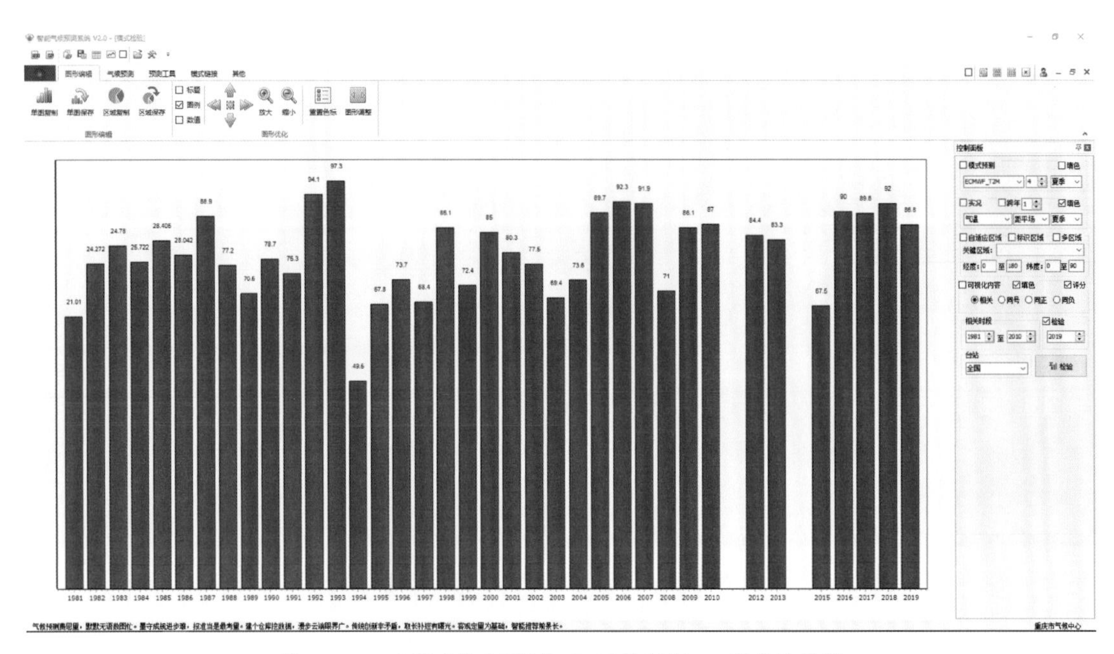

图 4.24.5 “模式检验”模块 T2M 的历年 $Ps$ 得分柱状图

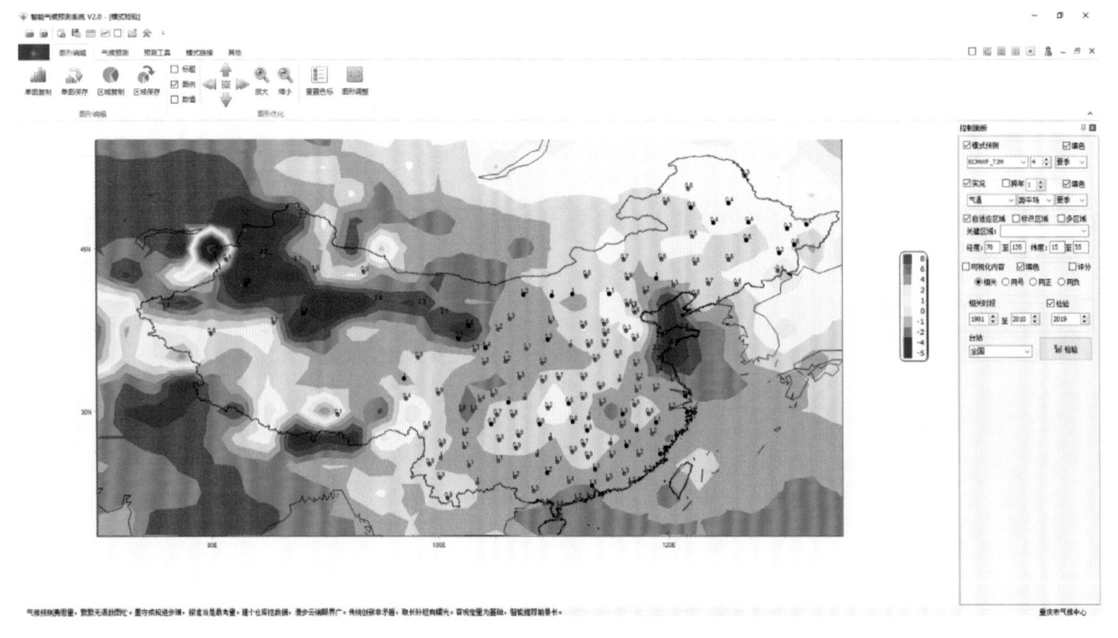

图 4.24.6 “模式检验”模块 T2M 模式预测分布图

## 4.25 MJO 可视化

**“MJO 可视化”**模块主要是对澳大利亚的逐日大气低频振荡(Madden Julian Oscillation),

即 MJO 指数以及 ISV/MJO 监测和预测系统(IMPRESS2.1)的 MJO 预测数据，即 GRAPES+FY3C+BCC_AGCM2.2、GRAPES+FY3C+BCC_CSM1.2、GRAPES+FY3C+BCC 集合、NCEP+BCC_AGCM2.2 以及 NCEP+BCCCSM1.2 等预测的 MJO 数据进行图形可视化。

模块包括“图形可视化”和“设置面板”，“图形可视化”即为数据的可视化窗口，“设置面板”是对 MJO 数据的来源以及起报时间和显示的起止时间进行设置。

Wheeler 和 Hendon(2004)利用近赤道地区(15°S～15°N)850 hPa、200 hPa 平均纬向风以及向外长波辐射资料做联合 EOF，取前两个主分量(PC)时间序列组成 MJO 指数向量，两个分量分别记为 RMM1 和 RMM2，RMM1 和 RMM2 相差四分之一位相(Phase)，变化时间尺度为 30～80 d，利用 RMM1、RMM2 可确定 MJO 的八个不同位相，从而确定 MJO 的空间位置。而定义 $\sqrt{RMM1^2+RMM2^2}$ 为 amplitude，即 MJO 的强度。

图 4.25.1 是 2019 年 8 月 1 日到 9 月 30 日的 MJO 演变趋势，图中实线表示采用的是澳大利亚的 MJO 的实况监测数据，虚线表示采用的是 IMPRESS2.1 提供的预测数据，图中表示数据来源为 GRAPES+FY3C+BCC_AGCM2.2。

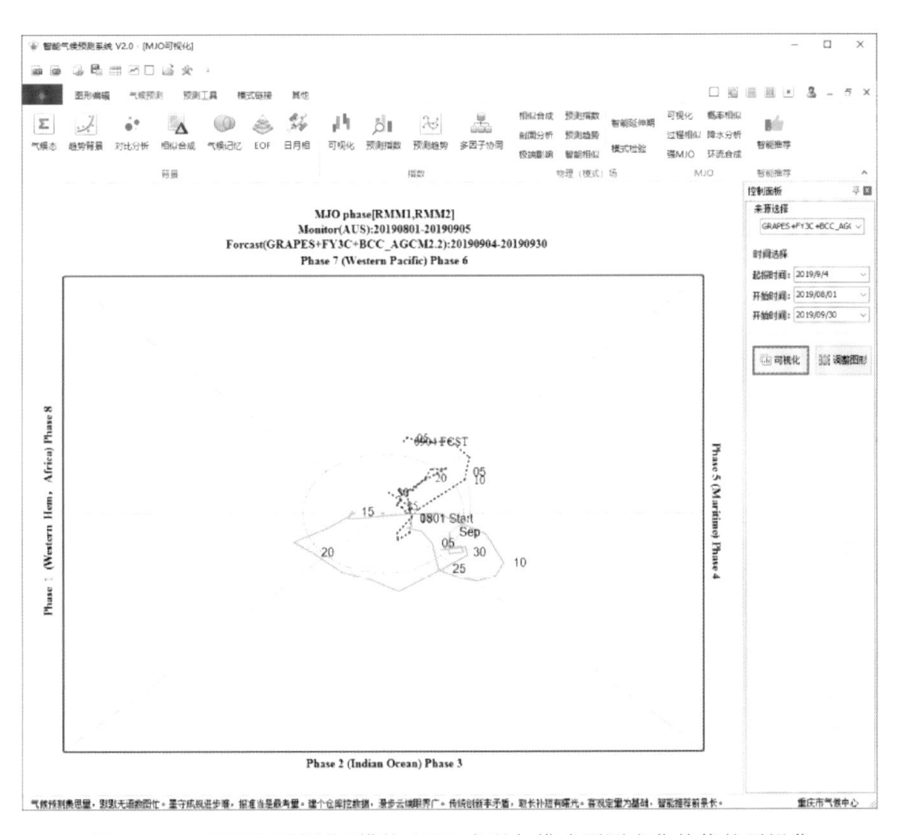


图 4.25.1 “MJO 可视化”模块 MJO 实况与模式预测变化趋势的可视化

通过拉框对图形显示范围进行操作，并通过“调整图形”进行居中设置，如图 4.25.2 就是进行相关操作后的结果图。

改变数据来源，相应来源的最近起报时间自动进行调整，图形可视化窗口也相应调整为所选择来源的 MJO 数据，如图 4.25.3 所示。

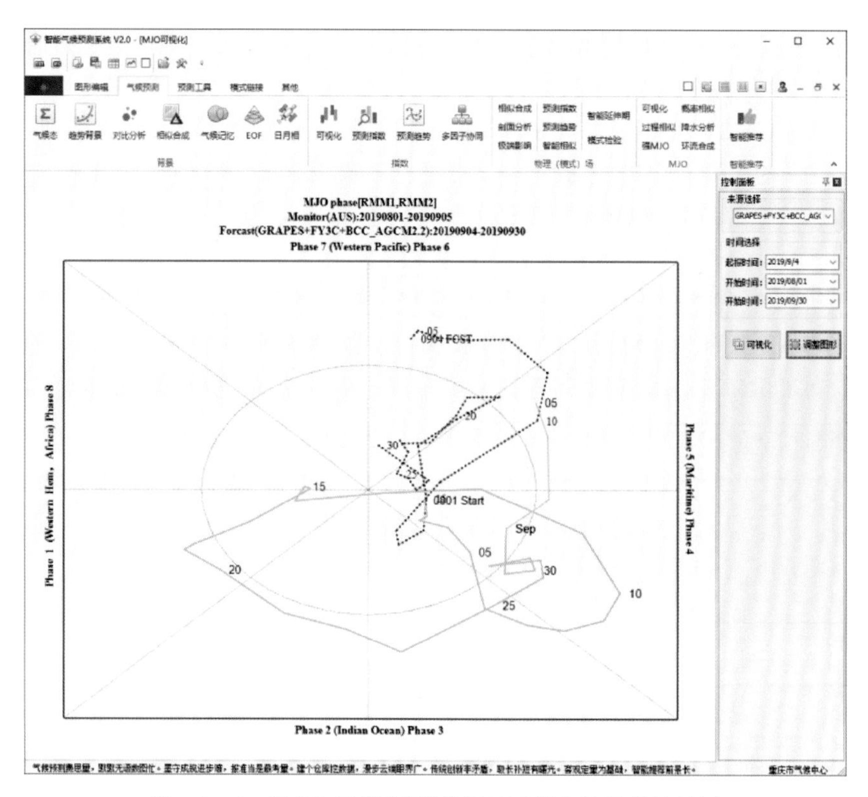


图 4.25.2 “MJO 可视化”模块调整可视化效果的结果图

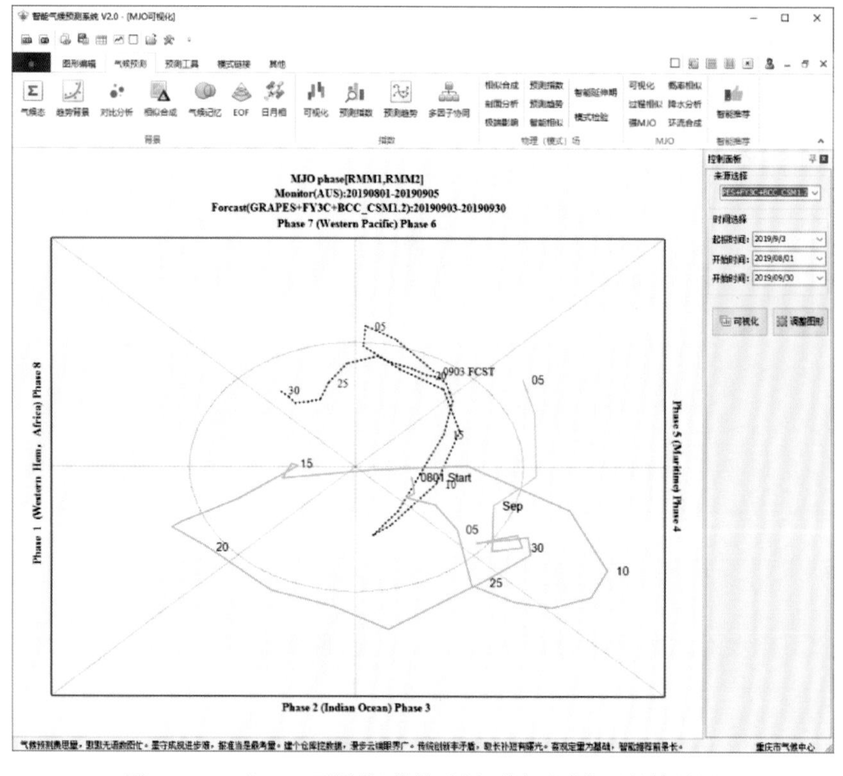


图 4.25.3 “MJO 可视化”模块选择不同预测来源的结果图

## 4.26　MJO 过程相似

**“MJO 过程相似”**模块主要是针对 IMPRESS2.1 的 MJO 预测资料，通过比较选择与历史 MJO 实况的演变过程相似的时段，以此作为降水过程的相似时段。相似时段的选择如下方式取得。

假设 $p(x,di)(i=1,2,3,\cdots,n)$ 为 IMPRESS2.1 预测年 $x$ 从 $d1$ 开始 $n$ 天的逐日位相(phase)，$a(x,di)$ 为对应的逐日强度(amplitude)，$P(y,d1+j,i)(y=1979,\cdots,x-1;i=1,2,3,\cdots,n;j=-30,-29,\cdots,29,30)$ 为 1979 年开始到预测年 $x$ 前一年历年从 $d1+j$ 开始的 $n$ 天的逐日位相，$A(y,d1+j,i)$ 为对应的逐日强度。定义：$Rp(y,j)=\sum_{i=1}^{n}|P(y,d1+j,i)-p(x,di)|$，$Sp(y,j)=\sum_{i=1}^{n}X$，其中 $X=\begin{cases}1,P(y,d1+j,i)=p(x,di)\\0,P(y,d1+j,i)\neq p(x,di)\end{cases}$，$Ra(y,j)=\sum_{i=1}^{n}|A(y,d1+j,i)-a(x,di)|$。$Rp(y,j)$ 为判别相似 MJO 演变过程的首要依据，在 $Rp(y,j)$ 相同的情况下，再根据 $Sp(y,j)$ 和 $Ra(y,j)$ 进行判别。需要说明的是，MJO 的位相是从 1 到 8 闭合的演变过程，1 和 8 之间只是 1 个位相的差别，$|P(y,d1+j,i)-p(x,di)|$ 的取值区间是 $[0,4]$。

模块包括“MJO 平均状况”“MJO 演变”“相似时段”“预测过程”和“设置面板”这五个部分。其中，“MJO 平均状况”用对选择时段的逐日 MJO 的 RMM1、RMM2 和强度进行统计平均；“MJO 演变”是对选择时段及相似时段 MJO 的位相图形可视化；“相似时段”即为根据 $Rp(y,j)$ 和 $Ra(y,j)$ 排序得到的相似时段的统计结果；“预测过程”为相似时段中选择台站或地区的降水、降水概率和高温实况的图形可视化；“设置面板”包括了 MJO 来源选择、时段选择、预测地区和内容选择等选项。

图 4.26.1 为 2019 年 9 月 4 日 GRAPES＋FY3C＋BCC_AGCM2.2 预测的 2019 年 9 月

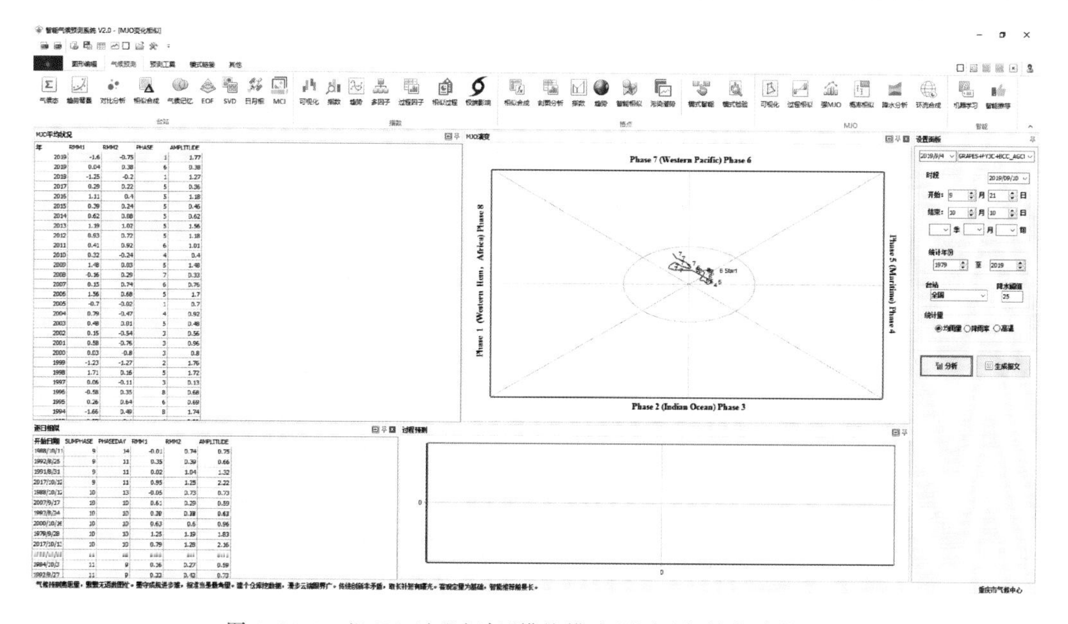


图 4.26.1　“MJO 过程相似”模块模式预测及初始统计结果图

21 日到 10 月 10 日的相似结果图。“逐日相似”的结果表明，1988 年 10 月 11 日开始的 20 d 与模式预测的结果最为相似。点击该日期，“MJO 演变”增加了相似时段的位相演变图，“预测过程”是自动将选中时段的实况转化为 2019 年 9 月 21 日到 10 月 10 日的预测过程，如图 4.26.2 所示。也可对排序得到的多个过程进行合成后再将其转换为预测结果，如图 4.26.3 所示。在选择“◉降雨率”时，可设置阈值得到相应雨量级的降水概率，如图 4.26.4 所示。同时，该阈值也是强降水、强降温的报文阈值。

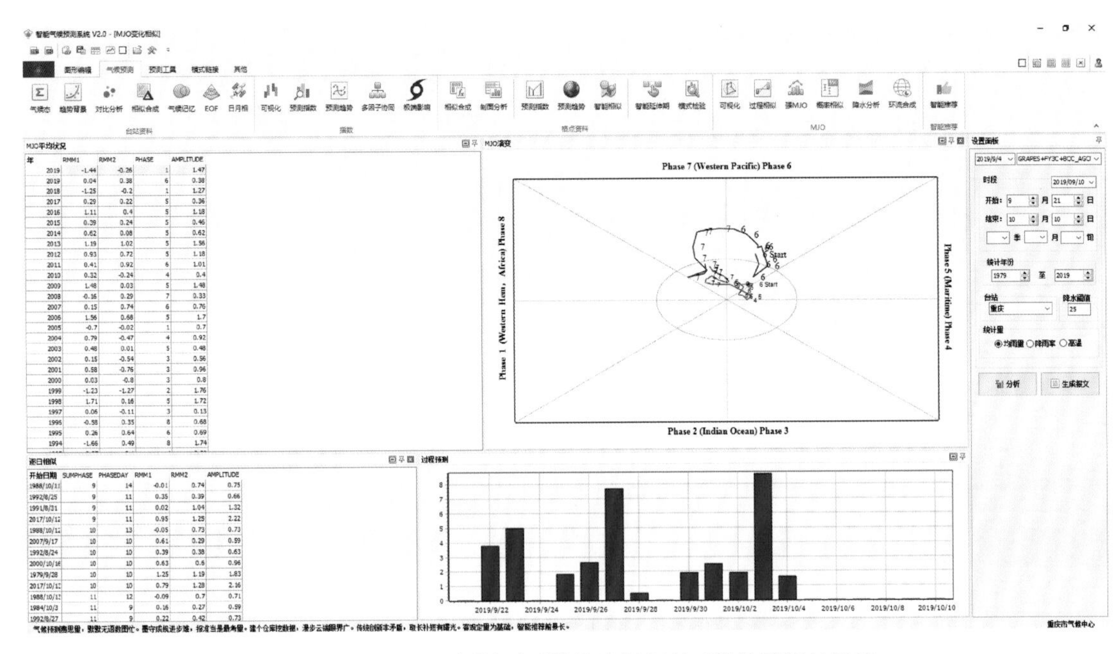


图 4.26.2 “MJO 过程相似”模块选择相似时段的预测结果图

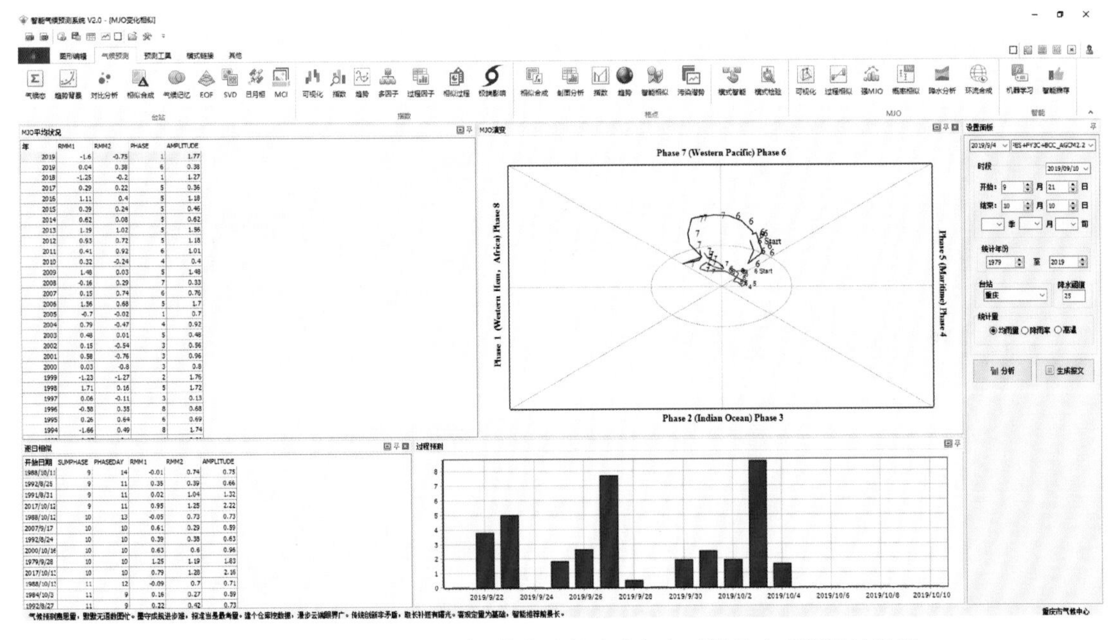


图 4.26.3 “MJO 过程相似”模块选择多个相似时段的合成预测结果图

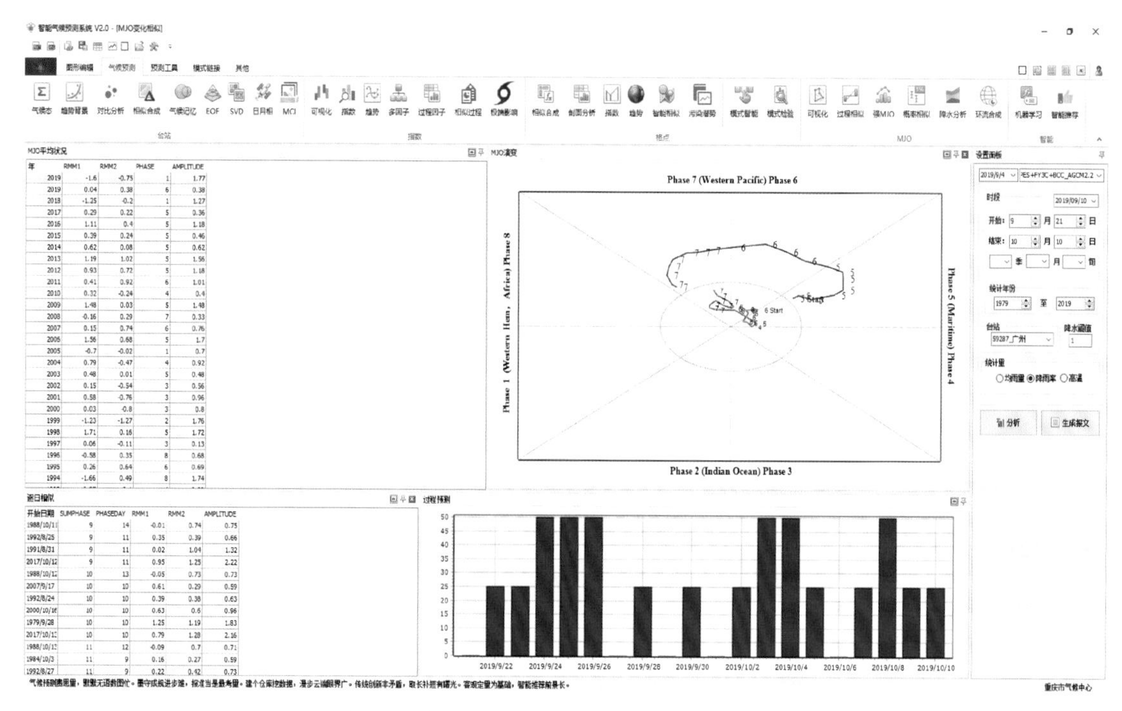

图 4.26.4 "MJO 过程相似"模块选择多个相似时段降雨率改变阈值预测结果图

## 4.27 MJO 强活动

**"MJO 强活动"**部分主要是通过统计选择时段内 MJO 的最强活动的基础上，分析出最强 MJO 活动后的降水情况。

假设 $date(y,x)$为历年 [date_1,date_n]中强度或 RMM1 或 RMM2(可选择)最大值出现的日期，定义每年 $date(y,x)$为 0，统计最大日期出现后 $N$ 天逐日不同台站和地区的平均雨量和降雨概率。

模块包括"历年强 MJO""RMM 演变""过程降水"和"设置面板"4 个部分。"历年强 MJO"表格数据是统计得到的选择时段内历年 MJO 最强日出现的日期、位相和强度等信息；"RMM 演变"是选择年选择时段的强度和 RMM1、RMM2 演变情况的图形可视化；"过程降水"是统计得到的平均降雨量以及不同阈值的降水概率的图形可视化；"设置面板"包括 MJO 来源、时段、统计时段、强 MJO 选择依据以及台站和区域的选择设置。

图 4.27.1 是 2019 年 9 月 4 日 GRAPES+FY3C+BCC_AGCM2.2 预测的 2019 年 9 月 1—30 日 MJO 强活动影响重庆的逐日降水趋势。图 4.27.2 为对应的逐日 10 mm 以上的降雨概率趋势，更改降雨阈值，得到 1 mm 以上降水的概率趋势，如图 4.27.3。图 4.27.4 是改变影响区域的结果图。

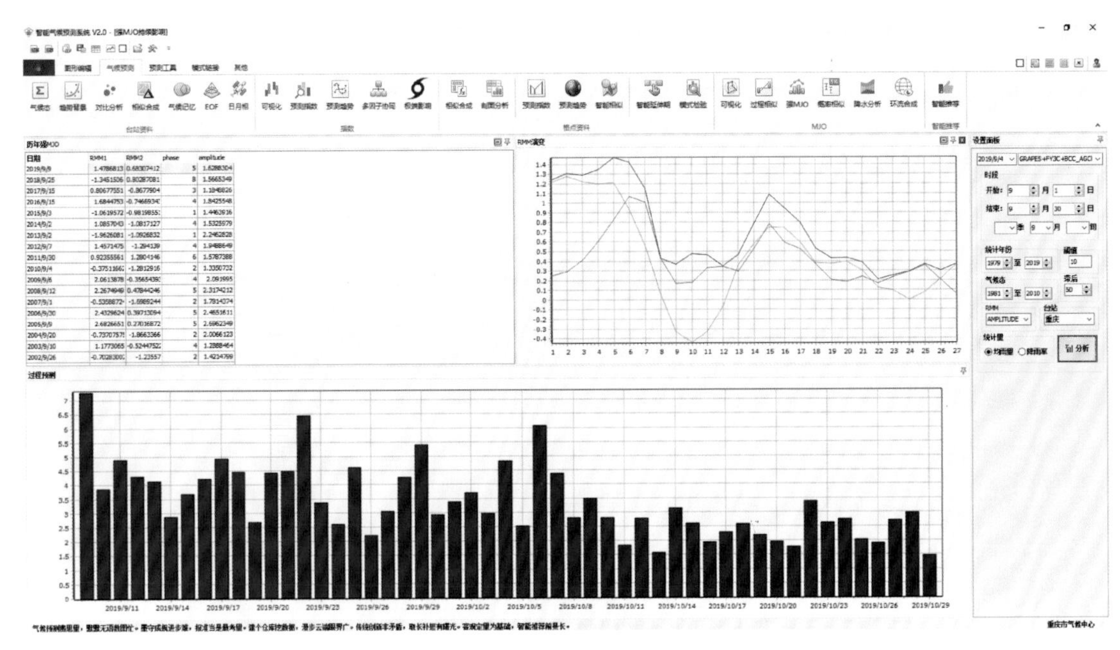

图 4.27.1 “MJO 强活动”模块强 MJO 后 50 d 区域逐日降水趋势

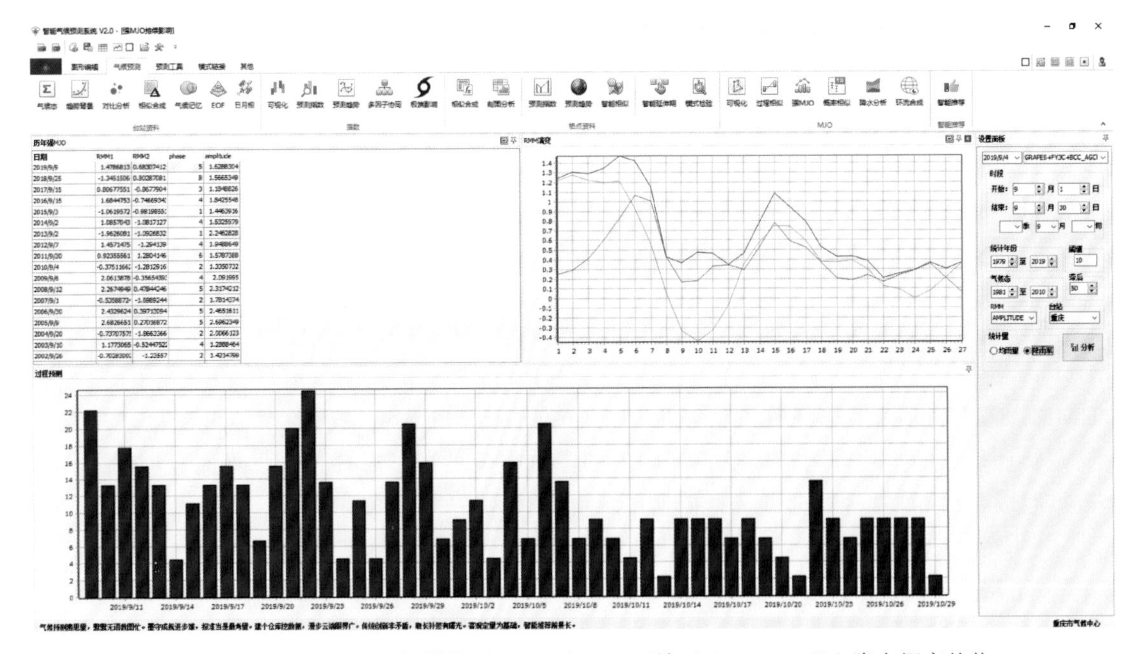

图 4.27.2 “MJO 强活动”模块强 MJO 后 50 d 区域逐日 10 mm 以上降水概率趋势

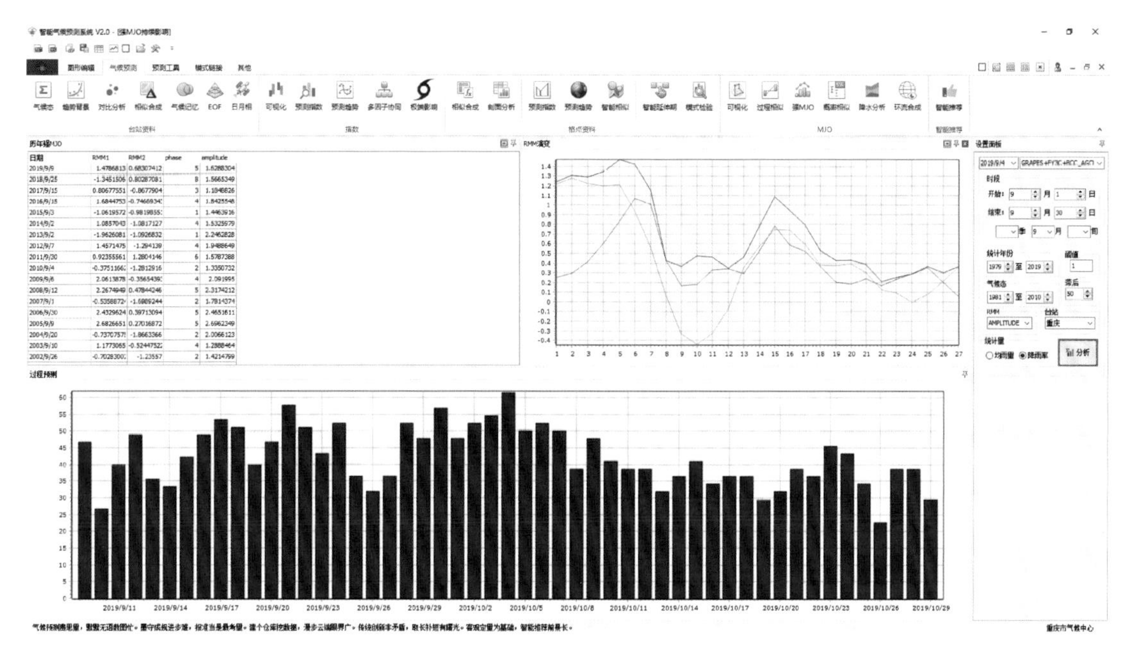


图 4.27.3　"MJO 强活动"模块强 MJO 后 50 d 区域逐日 1 mm 以上降水概率趋势

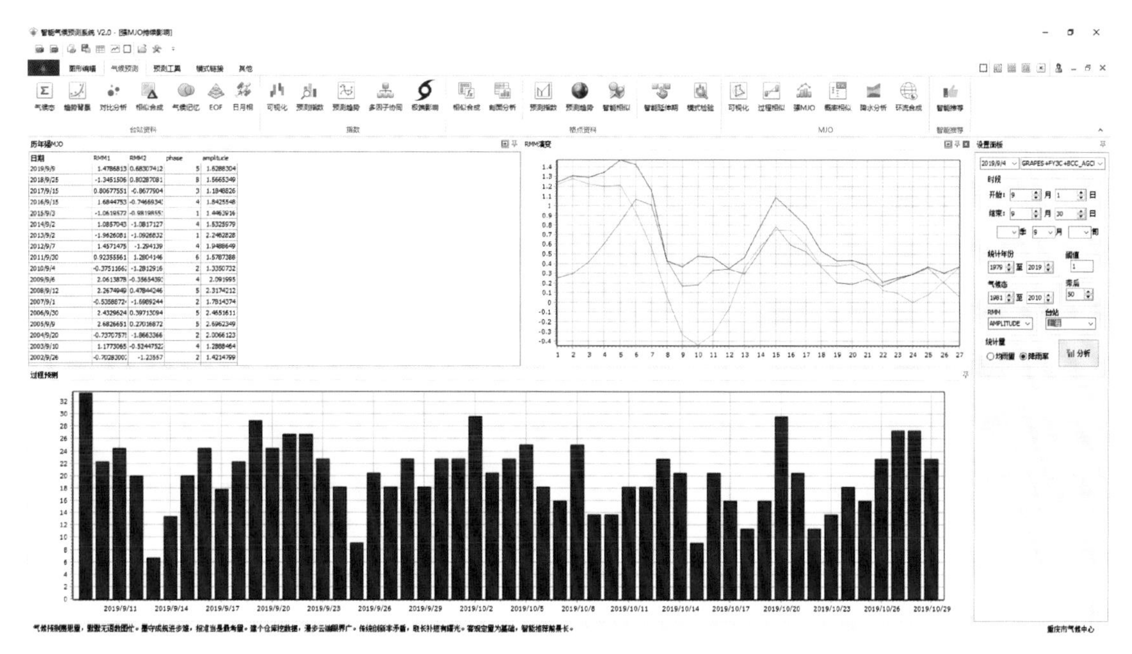


图 4.27.4　"MJO 强活动"模块强 MJO 后 50 d 更改影响区域的结果图

## 4.28 MJO 概率相似

**“MJO 概率相似”**部分主要是通过统计最终选择时段内 MJO 各个位相概率在不同强度下最为相似的年份作为相似年，并以相似年作为基本预测。

假设 $p(x,i)(i=1,2,3,\cdots,8)$ 为 IMPRESS2.1 预测的 $x$ 年选择时段[date_1，date_n]各个位相的统计概率，$P(y,i)(y=1979,\cdots,x-1;i=1,2,3,\cdots,8)$ 为历年相同时段[date_1，date_n]各个位相的统计概率。定义：$Rp(y)=\sum_{i=1}^{8}(P(y,i)-p(x,i))$。依据 $Rp(y)$ 得到与预报年最为相似的年份，自动转化相似年实况的降水特征为预测值。

模块包括“MJO 平均状况”“概率统计”“概率相似年”“过程预测”和“设置面板”5 个部分。其中，“MJO 平均状况”用对选择时段 MJO 的 RMM1、RMM2 和强度进行平均统计；“概率统计”是对选择时段每个位相的概率统计；“概率相似年”即为根据 $Rp(y)$ 排序得到的相似年的统计结果；“预测过程”为相似时段的选择台站或地区的降水、降水概率的图形可视化。“设置面板”包括了 MJO 来源选择、时段选择、预测地区和内容选择等设置选项。

图 4.28.1 是 2019 年 9 月 4 日 GRAPES＋FY3C＋BCC_AGCM2.2 预测的 2019 年 9 月 11—30 日 MJO 各个位相的概率相似结果图。从图中可见，2001 年相似度最高，点击“概率相似年”中的对应行，则“过程预测”自动将 2001 年的实况转换为预测时段的预测值。对年份进行多重选择，则是多个相似年的过程降水合成当做预测值，如图 4.28.2。

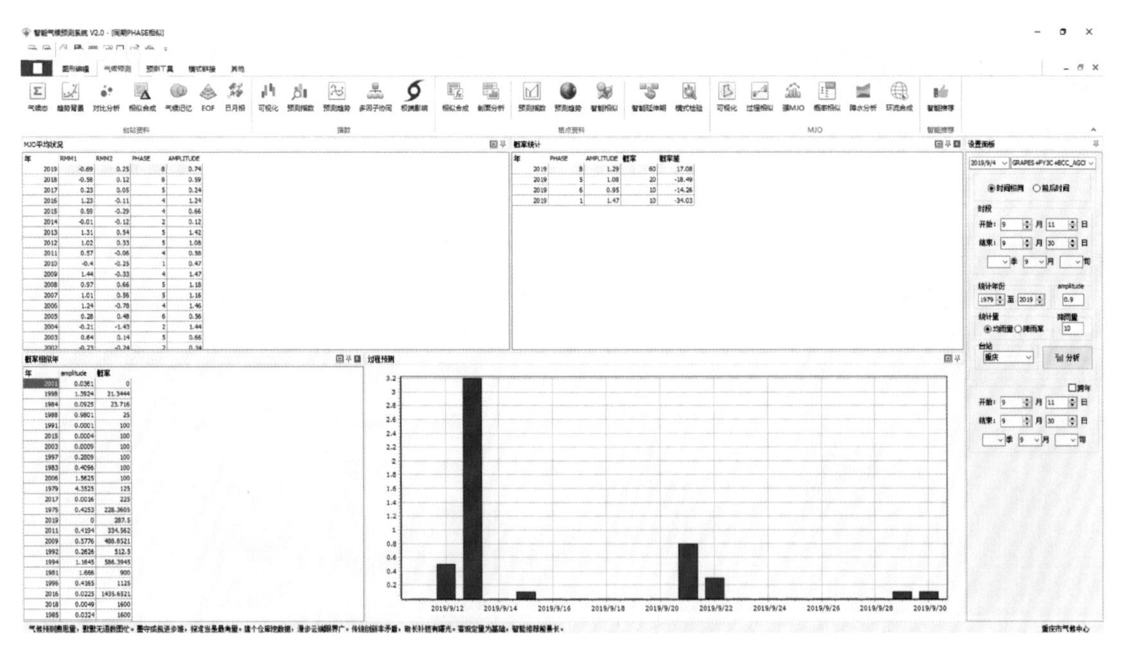

图 4.28.1 “MJO 概率相似”模块默认执行得到的最相似年的预测结果图

模块默认对较强的 MJO(即强度≥0.9)进行概率统计，如果要设定不同强度下的概率统计，改变“设置面板”中“amplitude 0.1”为对应数值，则重新根据设定的强度计算各个位相的出现

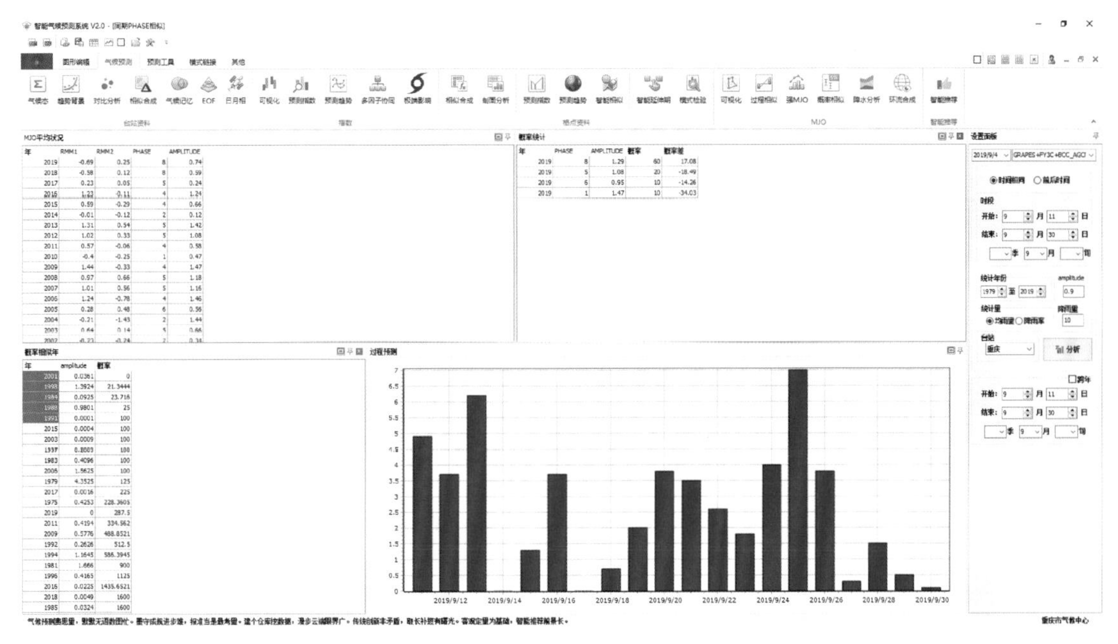

图 4.28.2　“MJO 概率相似”模块多个相似年合成结果图

概率,并基于新的条件进行相似年的查找,如图 4.28.3 即为强度≥0.1 下的统计结果。

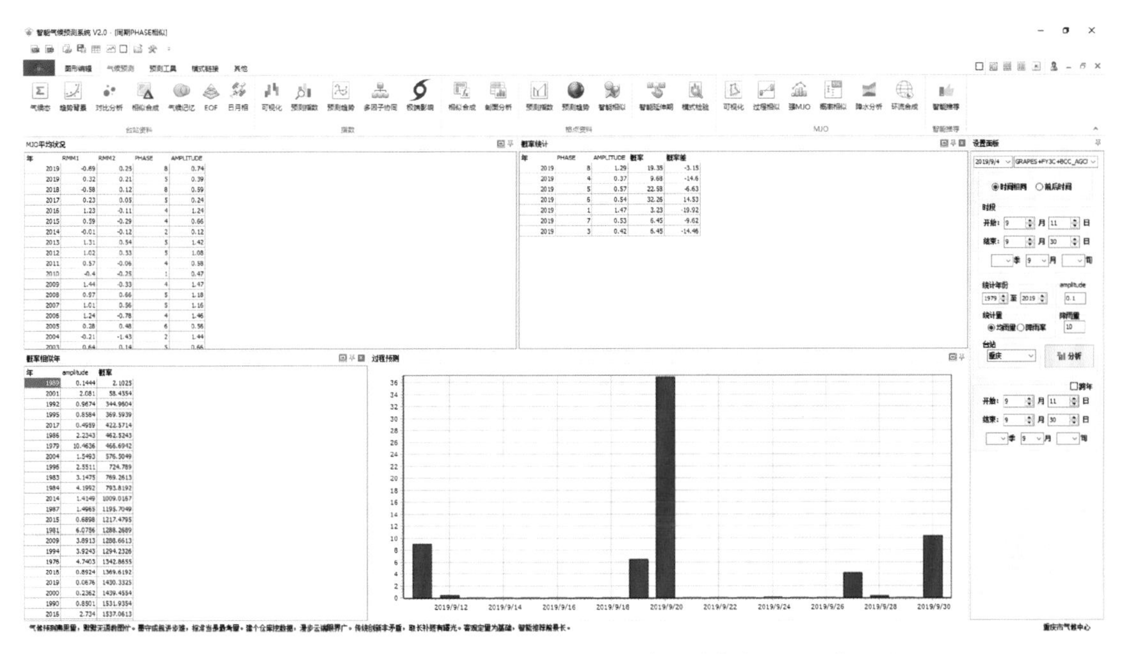

图 4.28.3　“MJO 概率相似”模块改变概率统计条件的预测结果图

默认情况下,MJO 统计时段与过程预测时段为同一时段,选择“◉前后时间”,则在得到相似年的情况下,将与 MJO 统计时段不一样的预测时段的相似年实况值当做预测值,得到的预测结果如图 4.28.4。

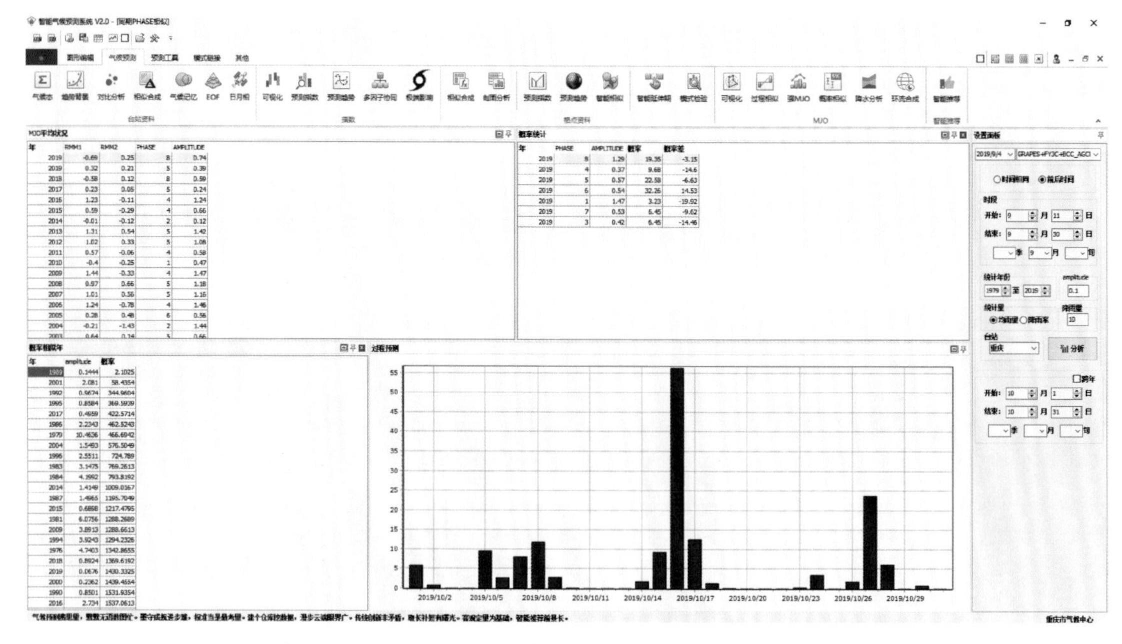

图 4.28.4 “MJO 概率相似”模块“前后时间”的预测结果图

## 4.29 MJO 降水分析

**“MJO 降水分析”**部分主要是通过统计的选择时段内 MJO 基于不同强度下各个位相下的统计区域内的降水情况，并对包括距平率、降水偏多概率、降水的变率，降雨概率以及平均雨量的统计量进行可视化。

模块包括“MJO 平均状况”“Phase 统计”“区域分布”和“设置面板”。“MJO 平均状况”数据表格是对选择时段 MJO 的 RMM1、RMM2 和强度进行平均统计后数据的显示；“Phase 统计”是选择“MJO 平均状况”中任意一年得到的该年各个位相的概率及其与历史概率之间的差异；“区域分布”是不同位相下的选择台站的统计量柱状图和选择位相下的区域分布图；“设置面板”主要设置 MJO 时段、强度、统计年份以及降水统计时段、统计量、区域选择、降雨率阈值等。

图 4.29.1 是选择 2019 年 9 月 20 日 GRAPES＋FY3C＋BCC_AGCM2.2 预报的 10 月强度≥0.9 下默认执行“统计”后各个位相的出现概率及其概率差的统计结果图。从“Phase 统计”表格中可知第 1 位相出现概率最大，为 28%。双击“Phase 统计”中的对应 Phase 或者“设置面板”中的“PHASE 1”后点击“分析”，得到如图 4.29.2 的结果。“区域分布”的上部分为选择位相为 1 的 10 月降水距平率分布图，下部分为各个位相的“台站 重庆”的距平率。

改变统计量，则“区域分布”可视化的变量即为所选择的统计量，如图 4.29.3 即为位相为 1 的情况下，全国降水偏多的概率分布和位相为 1～8 的广东平均降水偏多概率。改变位相，则“区域分布”相应调整为选择的位相的统计结果，如图 4.29.4 至图 4.29.6 分别是位相为 1，统计量为降水变率、降雨率和均雨量的统计结果。对于统计量的含义，见表 4.29.1。

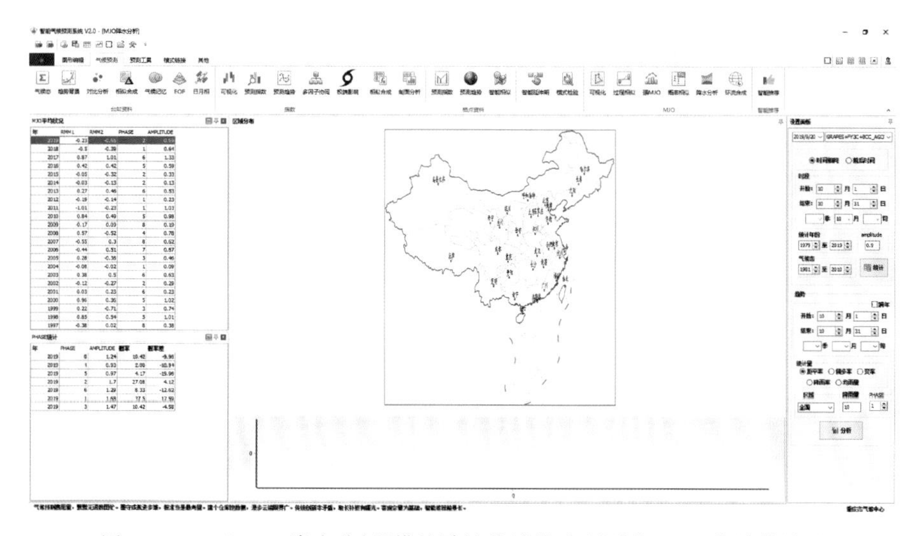

图 4.29.1 “MJO 降水分析”模块默认统计模式预测的 MJO 统计结果图

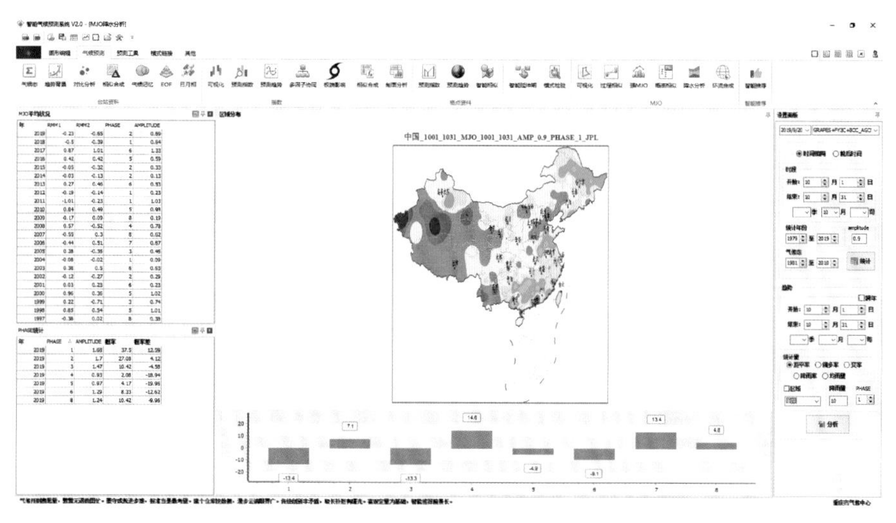


图 4.29.2 “MJO 降水分析”模块选择位相的降水距平率统计结果图

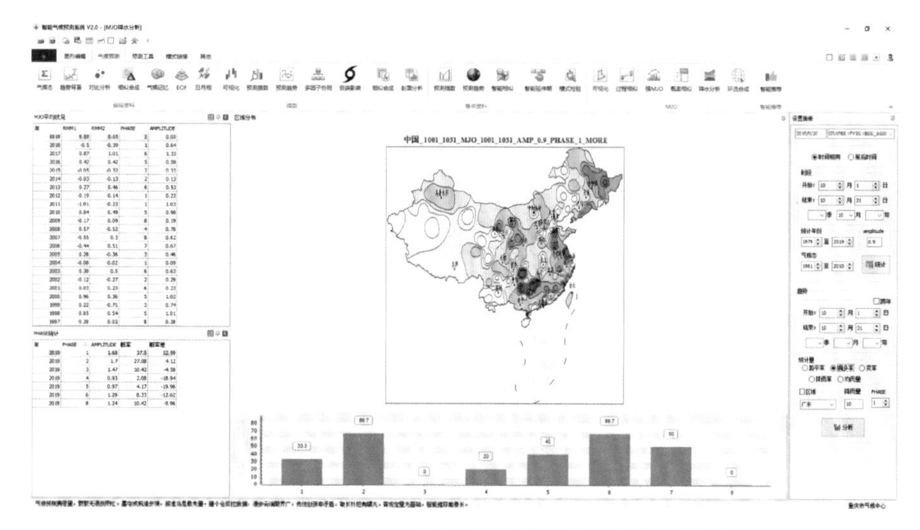


图 4.29.3 “MJO 降水分析”模块降水偏多率统计结果图

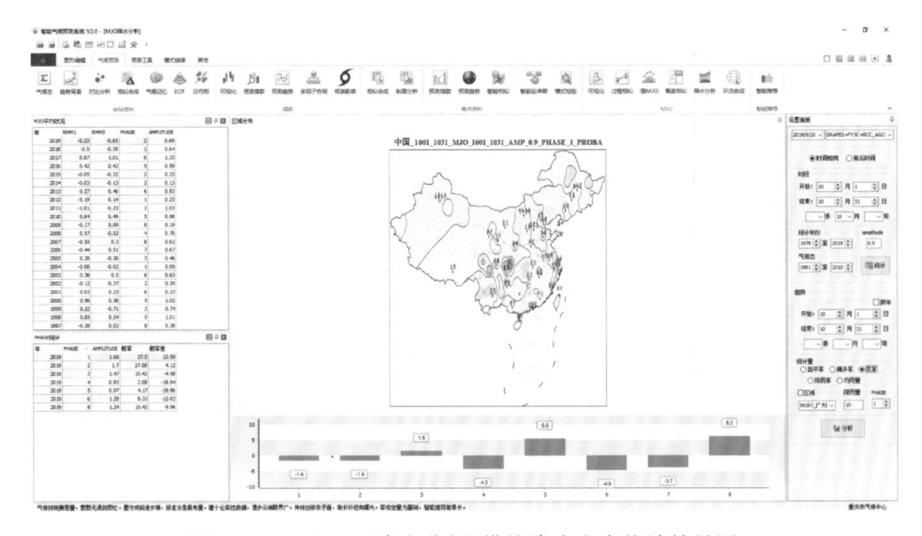

图 4.29.4 “MJO 降水分析”模块降水变率统计结果图

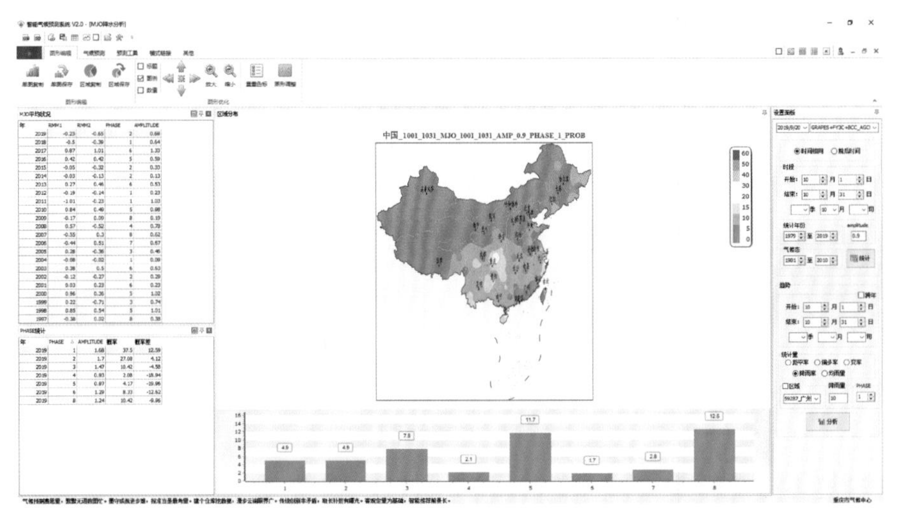

图 4.29.5 “MJO 降水分析”模块降雨率统计结果图

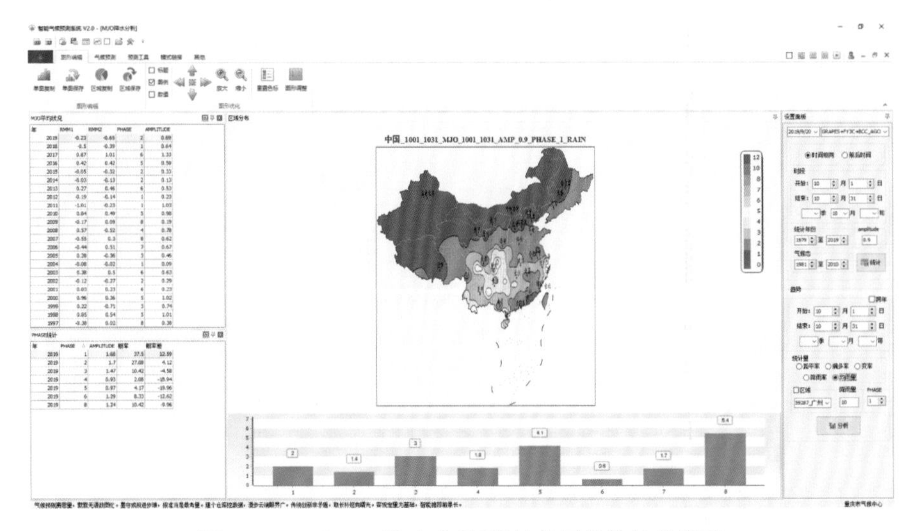

图 4.29.6 “MJO 降水分析”模块均雨量统计结果图

表 4.29.1 “MJO 降水分析”统计量释义

| 统计量 | 说明 |
| --- | --- |
| 距平率 | 基于统计时段的统计量，即所选择位相是概率最大的年份的降水距平率合成 |
| 偏多率 | 基于统计时段的统计量，即所选择位相是概率最大的年份的降水偏多的概率合成 |
| 变率 | 基于统计时段逐日的统计量，相对于统计时段降水日的出现概率，在选定条件下降水口相对平均概率的变率 |
| 降雨率 | 基于统计时段逐日的统计量，选定条件下出现降水的概率 |
| 均雨量 | 基于统计时段逐日的统计量，选定条件下平均降水量 |

## 4.30 MJO 环流合成

**“MJO 环流合成”**部分主要是对统计时段内不同强度下的不同位相的 UV850、SLP、OLR 和 H500 等逐日再分析资料进行合成。

模块包括“图形可视化”和“设置面板”两个部分。“图形可视化”是对逐日再分析资料的可视化；“设置面板”包括 MJO 时段、强度、统计年份、位相及可视环流场等内容的设置。

图 4.30.1 是 1979—2019 年 6 月位相＝1 且强度≥0.9 的日再分析资料的合成，默认为 UV850 和 OLR 的叠加。改变位相，复选框选中“☑自适应区域”，则图形可视化自动适应所选择的范围，如图 4.30.2 为位相＝2，显示区域为北半球的合成结果图。

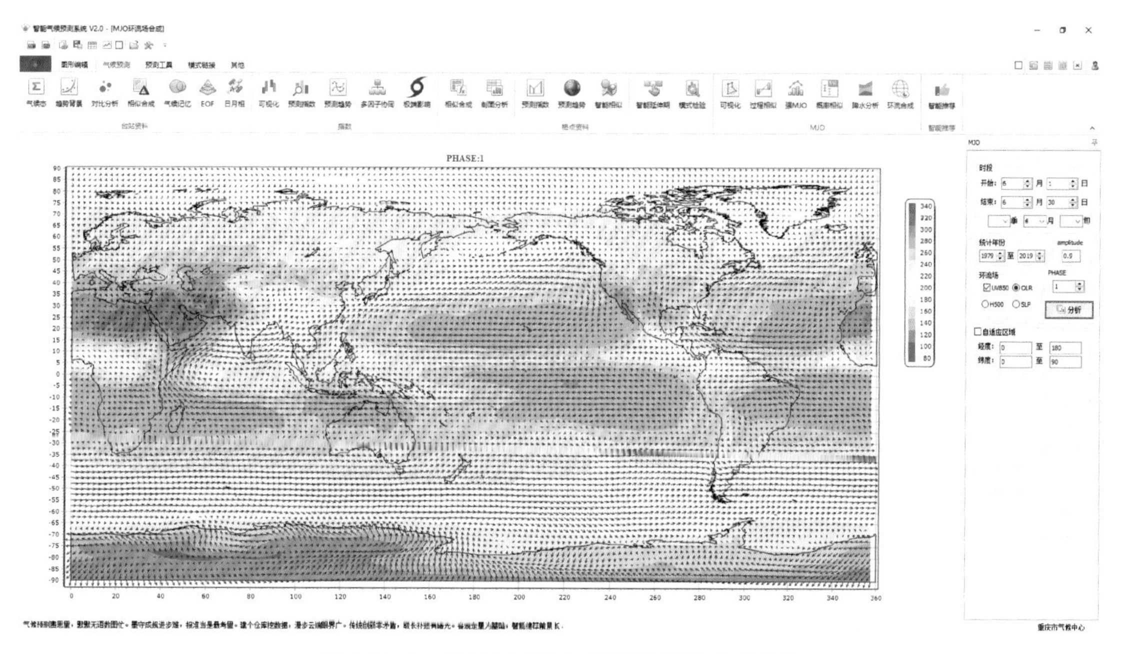


图 4.30.1 “MJO 环流合成”模块默认合成结果

UV850 场可与 OLR、H500 和 SLP 分别叠加显示，如图 4.30.3 为 UV850 叠加 H500 的合成结果。

改变强度，则统计合成强度≥0.1 下不同位相的日再分析场合成，如图 4.30.4。

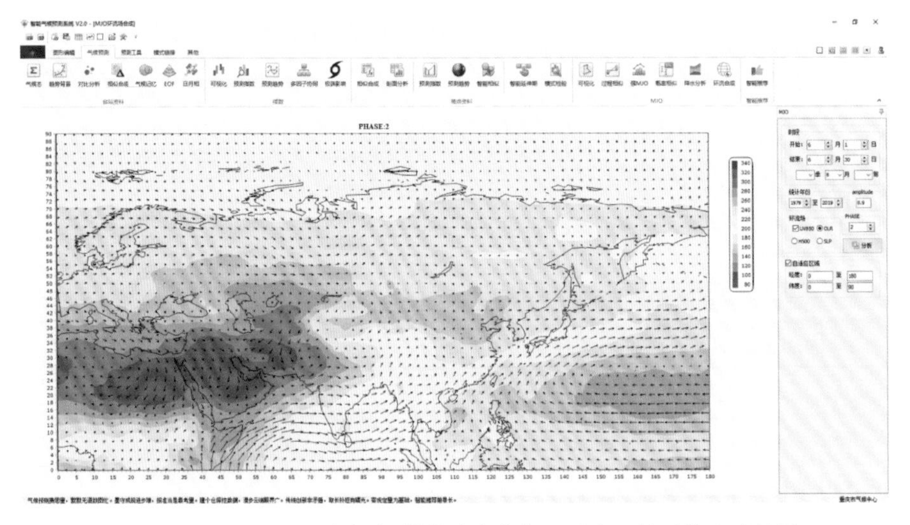

图 4.30.2 “MJO 环流合成”模块改变位相和适应区域后的合成结果

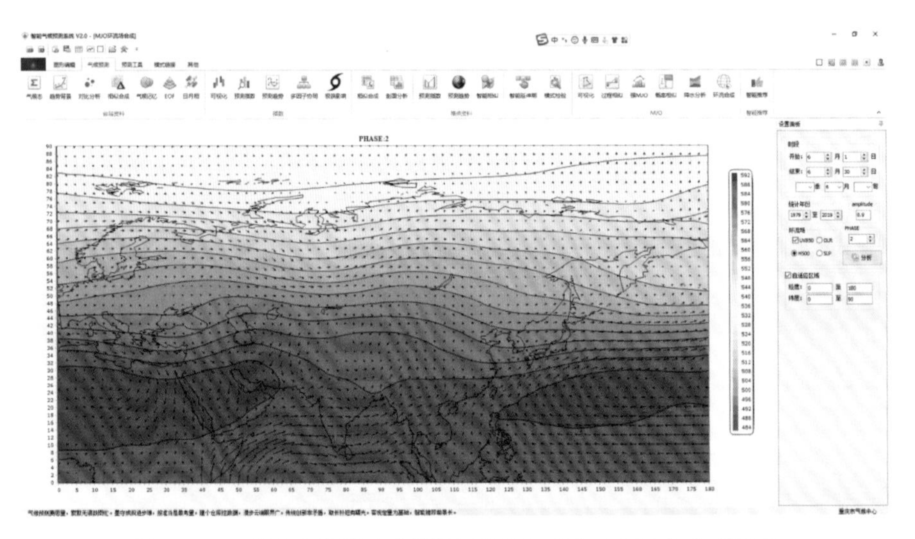

图 4.30.3 “MJO 环流合成”模块 UV850 叠加 H500 的合成结果

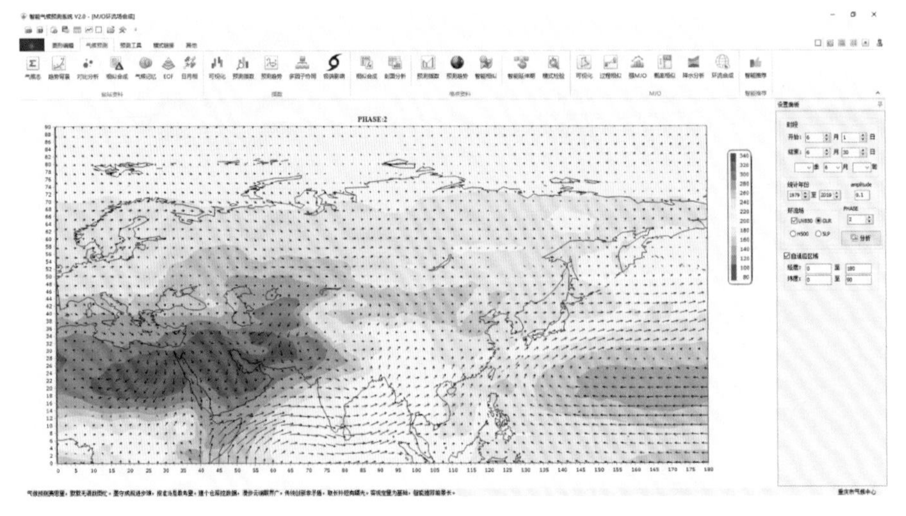

图 4.30.4 “MJO 环流合成”模块改变强度的 UV850 叠加 H500 的合成结果

## 4.31 机器学习

**“机器学习”**模块是针对气温、降水等气象要素和暴雨、洪涝、高温等气候事件等预测对象运用台站资料、环流指数和 NCEP 再分析资料及多模式预测产品等格点资料作为自变量，采用 1.4.3 节中介绍的机器学习算法，以得到客观化预测结果。

模块包括“预测结果”和“设置面板”两个部分。“预测结果”为对采用机器学习算法得到的客观化结果以及历年 *Ps* 评分结果的可视化显示。需要说明的是，*Ps* 得分图中最后一年的 *Ps* 得分为独立检验时段（2011—2018 年）的平均得分；“设置面板”提供对自变量和因变量以及机器学习算法等的设置选项。

图 4.31.1 和图 4.31.2 分别是用随机森林和决策树法，并采用 2018 年及 2019 年冬季海温预测为自变量得到的 2019 年夏季全国气温距平和降水距平率分布图。通过选择 学习方法 决策树 ，可以查看同样的自变量在采用不同机器学习算法情况下得到的不同结果，如图 4.31.3 为采用随机森林算法得到 2019 年夏季全国降水距平率预测结果。

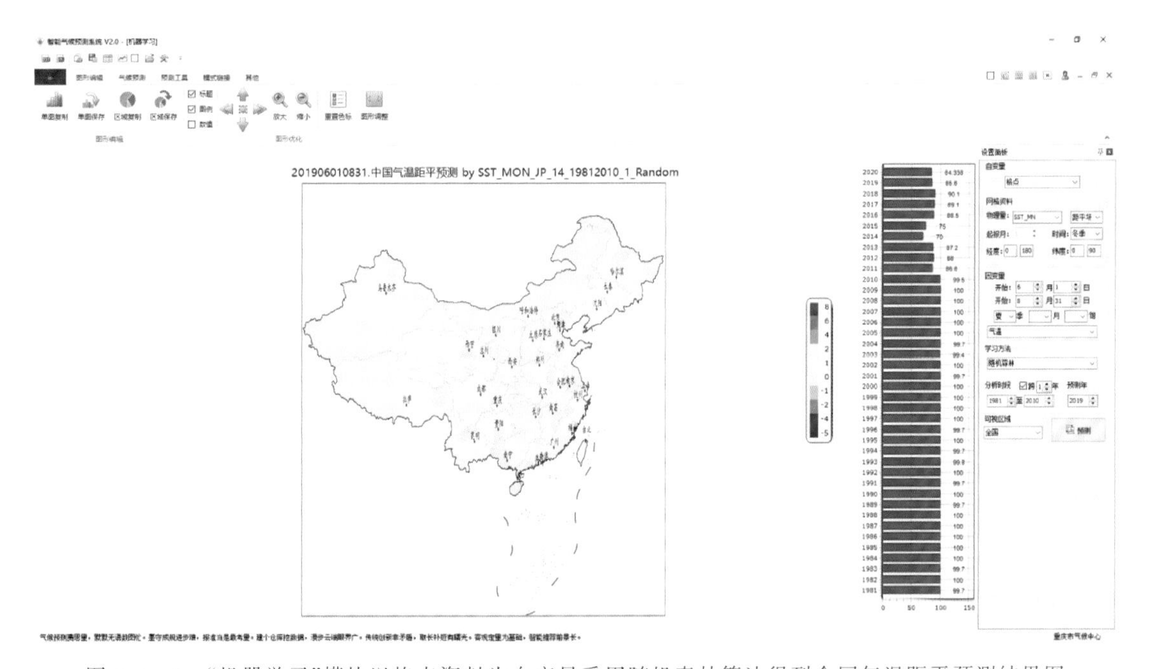


图 4.31.1 “机器学习”模块以格点资料为自变量采用随机森林算法得到全国气温距平预测结果图

改变自变量为“指数”，选择 2018 年及 2019 年冬季的外强迫指数为自变量，图 4.31.4 和 4.31.5 分别是采用逻辑回归算法和支持向量机算法得到的 2019 年夏季全国气温距平和降水距平率预测结果。

改变自变量为“台站”，选择 2018 年及 2019 年冬季的全国气温为自变量，图 4.31.6 和 4.31.7 分别是采用 K 最近邻算法和渐进梯度回归树算法得到的 2019 年夏季全国气温距平和降水距平率预测结果。

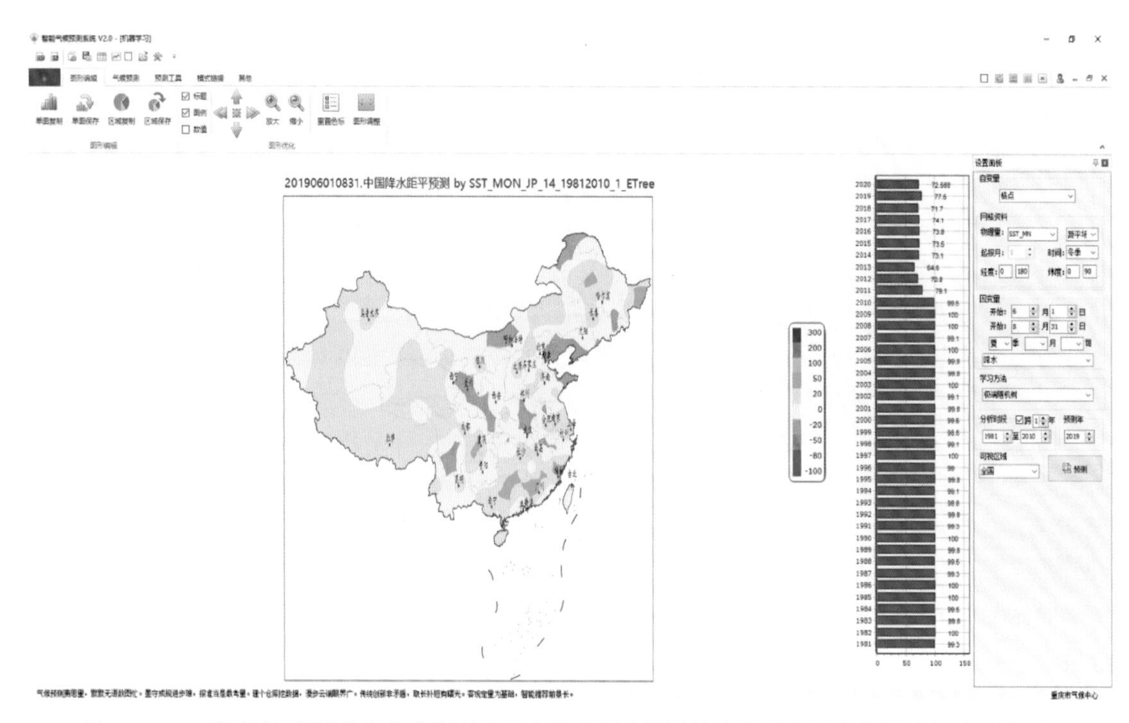


图 4.31.2 “机器学习”模块以格点资料为自变量采用决策树算法得到全国降水距平率预测结果图

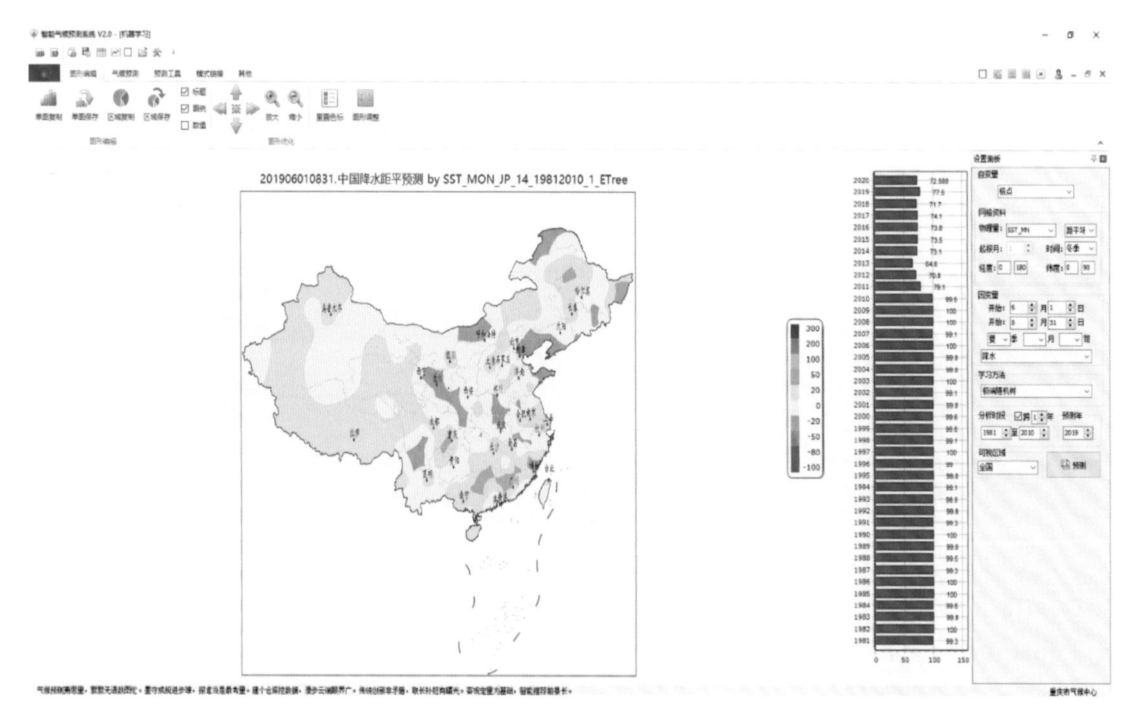


图 4.31.3 “机器学习”模块以格点资料为自变量采用极端随机树算法得到全国降水距平率预测结果图

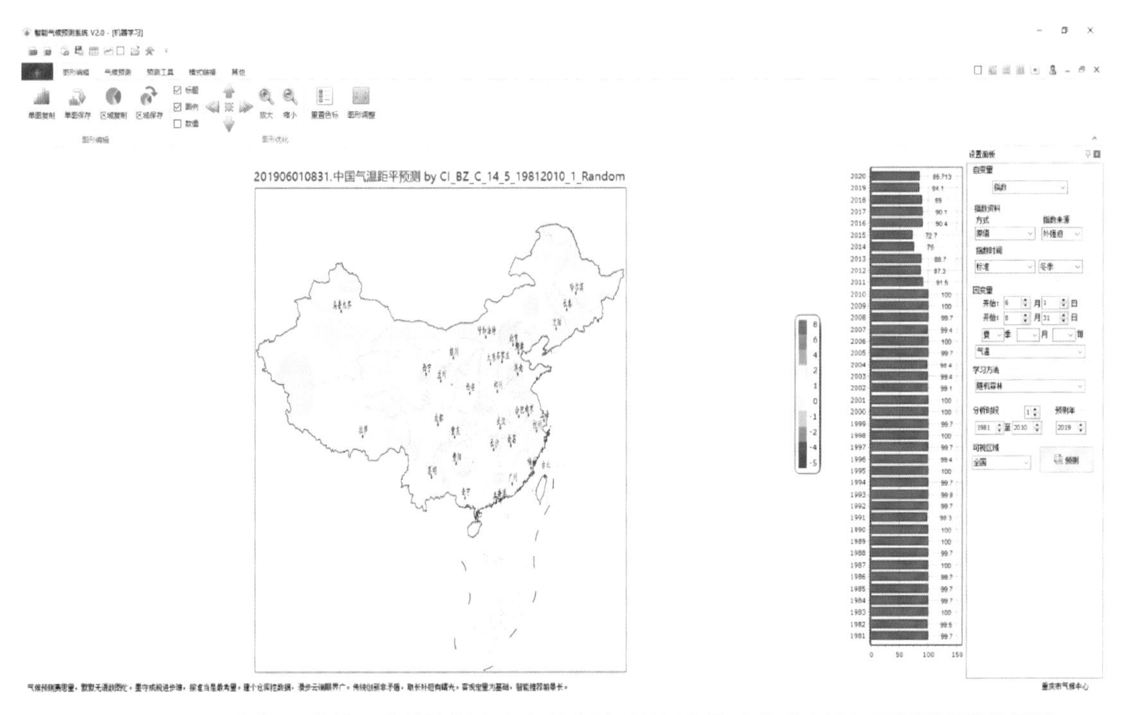


图 4.31.4 “机器学习”模块以指数资料为自变量采用逻辑回归算法得到全国气温距平预测结果图

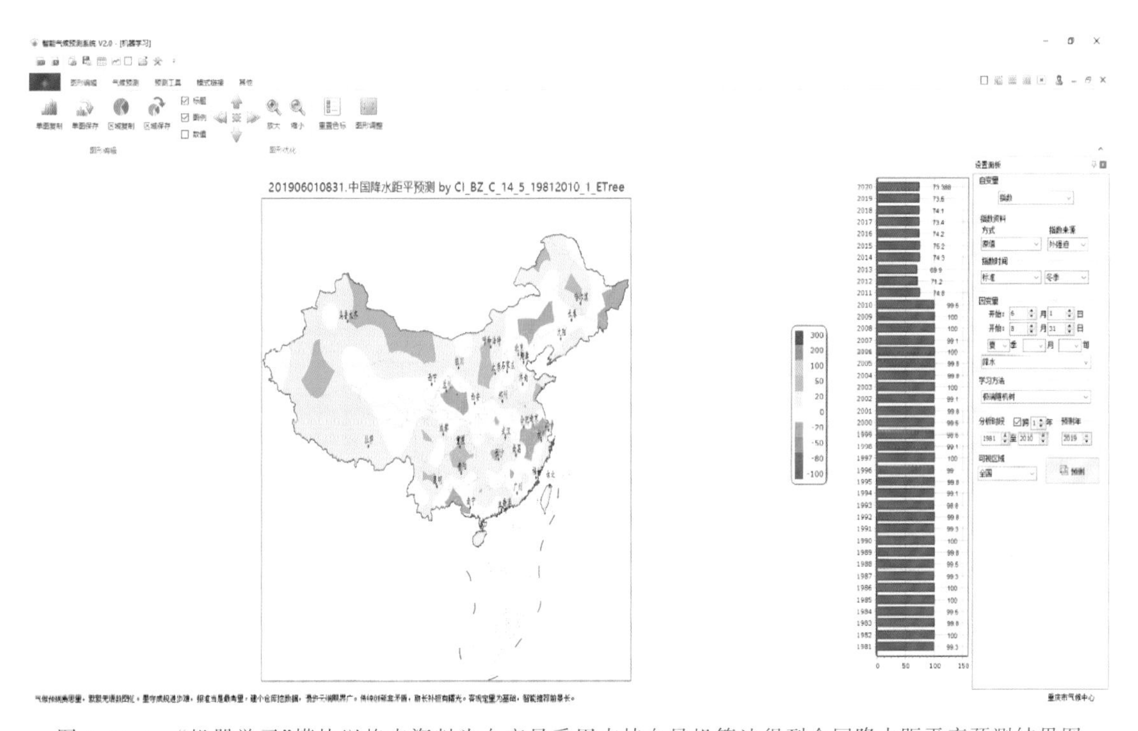


图 4.31.5 “机器学习”模块以格点资料为自变量采用支持向量机算法得到全国降水距平率预测结果图

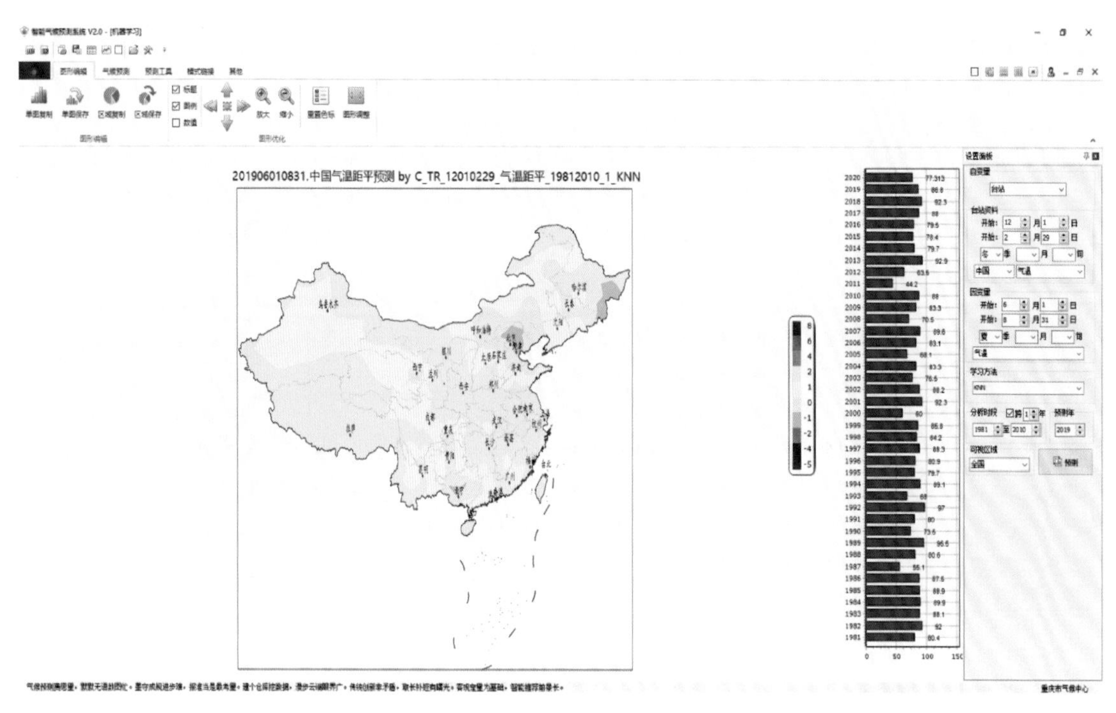


图 4.31.6 “机器学习”模块以台站资料为自变量采用 K 最近邻算法得到全国气温距平预测结果图

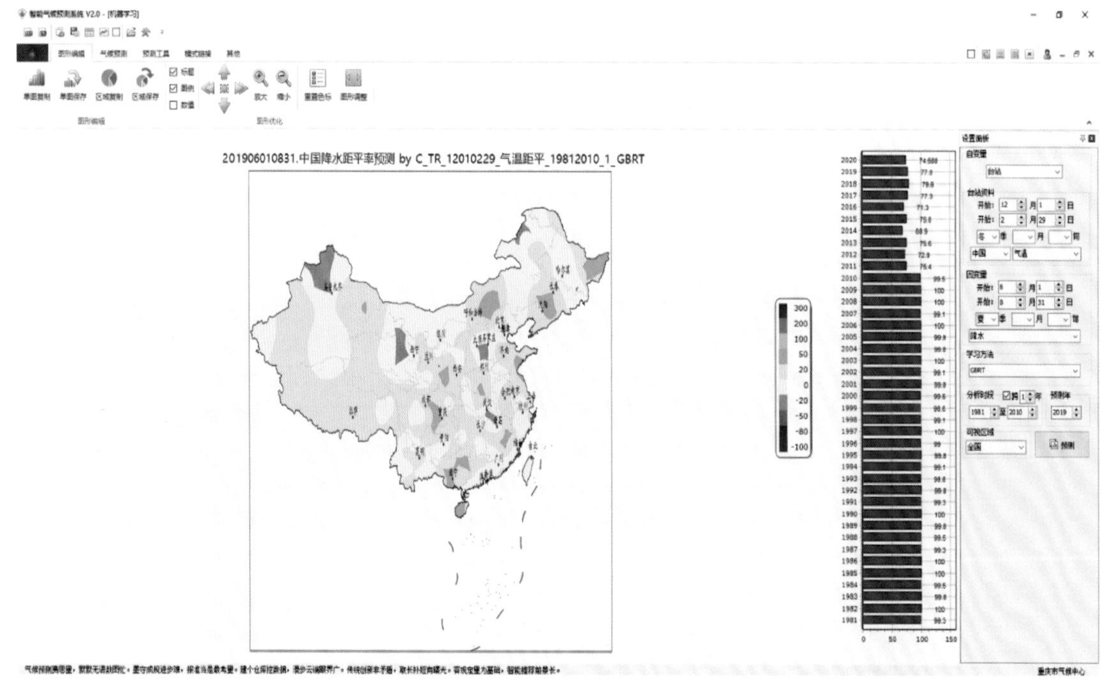


图 4.31.7 “机器学习”模块以台站资料为自变量用支持渐进梯度回归树算法得到全国降水距平率预测结果图

# 4.32 智能推荐

**“智能推荐”**是智能预测系统的核心之一，其原理在前面的章节已经有完整介绍，简单概述起来就是在前文所述各类自变量释用得到的上万种客观化预测结果的基础上，对所有客观化结果从 *Ps* 评分、*Cc* 评分、预测误差以及稳定度等方面进行检验评估，结合本地化天气气候特点，发现预测与不同数据、不同方法之间的规律，精准捕捉不同数据、不同方法、不同要素、不同站点、不同时间导致的预报误差，应用概率计算、超级集合等统计方法计算并去除预报偏差，形成纠偏后的客观化预测结果，在对这些纠偏后的客观化结果再次评估的基础上，智能推荐得到相对稳定且效果较好的预测结果。

模块包括“智能推荐”“概率统计”“预测及实况”“评估检验”以及“设置面板”5 个部分。“智能推荐”表格窗口是基于不同评估规则得到的推荐指数，默认根据指数的大小排序；“概率统计”反映的是预测所用的数据和方法评估后的推荐结果；“预测及实况”是预测结果及实况(有实况的情况下)的图形可视化；“评估检验”是所选中方法的历年或者逐月的评估结果；“设置面板”是预测时段、预测对象、预测年、评估推荐时段、评估推荐规则等内容的设置选项。

设置面板的设置选项中，评估推荐时段分为同期、近期两种选择，同期表示采用预测时段的历年前期年份，－3 至－1 表示预测年的前 3 年至前 1 年，近期表示采用预测时段的前期月份，－3 至－1 表示预测时段的前 3 个月至前 1 个月，同期和近期前面的数值表示采用两者组合时各自的权重；评估推荐规则有“得分高”“分型准”“预报稳”和“差值小”4 个选项，分别表示 *Ps* 评分、*Cc* 评分、预测得分的标准差和均方根误差，后面的数值表示 4 个评估推荐规则任意组合时各自的权重。其中，“得分高”取决于选项“按异常”，如果不选择，则直接采用预测结果的 *Ps* 评分，如果选择“按异常”，则根据预测结果全部设置为对应一级异常或二级异常的评分进行评估；“分型准”是评估的预测结果与实况的空间相关系数，其取值范围是[－1,1]，所以在与其他规则组合时需要乘 100。标准差是评估预测对象的稳定度，均方根误差是评估预测与实况之间的差异，标准差越小表示越稳定，均方根误差越小表示预测效果越好，因此在与其他规则组合时均需要乘－1。

图 4.32.1 是 2019 年 3 月重庆降水推荐的默认执行结果图。默认评估推荐时段是采用“☑同期”，即预测年(2019 年)的－3 至－1 年(2016—2018 年)；评估推荐规则默认采用“☑得分高 2”和“☑分型准 1”，权重分别取 2 和 1，即 $RI$(推荐指数)$=2Ps+100Cc$。默认的推荐结果中，默认“☑网格预报”，即预测图中叠加数据网格，可通过左上到右下拉框实现最大 5 km 的数据插值结果，如图 4.32.2 即为实现局部拉框后的效果。

点击可视化区域左边的“智能推荐”，则智能推荐表格中则会列出所有方法及其推荐指数，默认按推荐指数的大小进行排序，点击表格中任意一个方法，预测图中显示对应选择方法的预测结果，如图 4.32.3 即为选中“CI_BZ_C_09_大西洋欧洲区极涡强度_19812010_1_Reg”得到的结果。选中“☑得分图”，在预测图下方出现该方法历年的 *Ps* 得分，如图 4.32.4 所示。如果已经有实况数据，选中“☑实况图”，预测图左边显示对比实况，不选择“□网格预报”，则预测图不叠加数据网格，并只显示预测区域内的色斑图，如图 4.32.5 所示。

在智能推荐表格中点击“方法”栏排序，在前面会出现一系列“1_PROB”和“1_Superen-

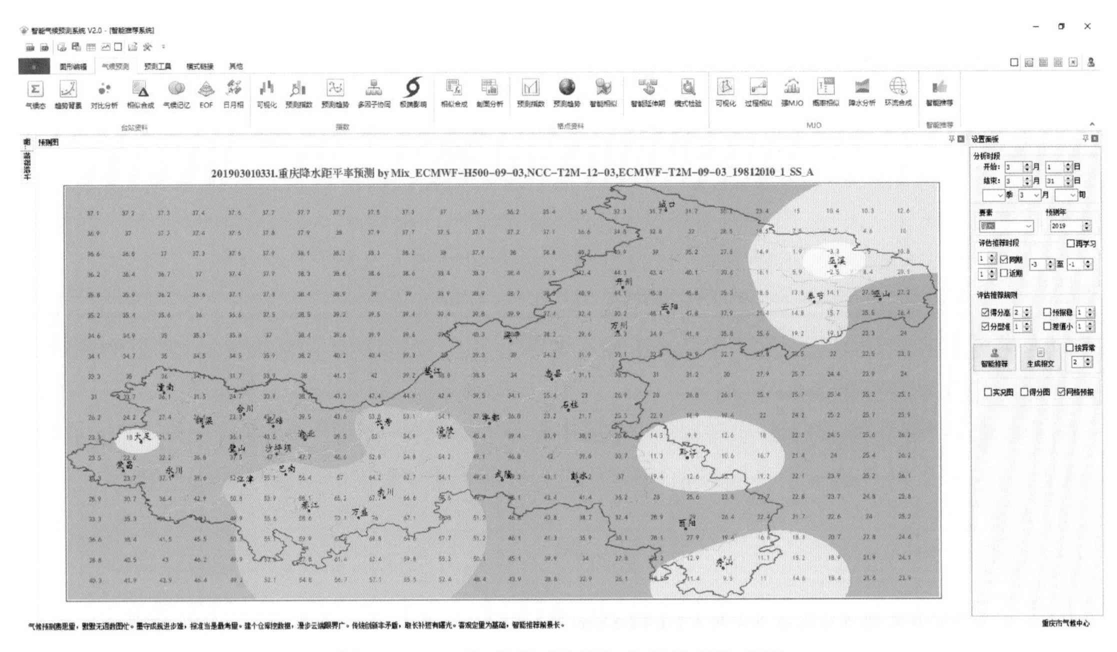


图 4.32.1 “智能推荐”模块默认推荐结果图

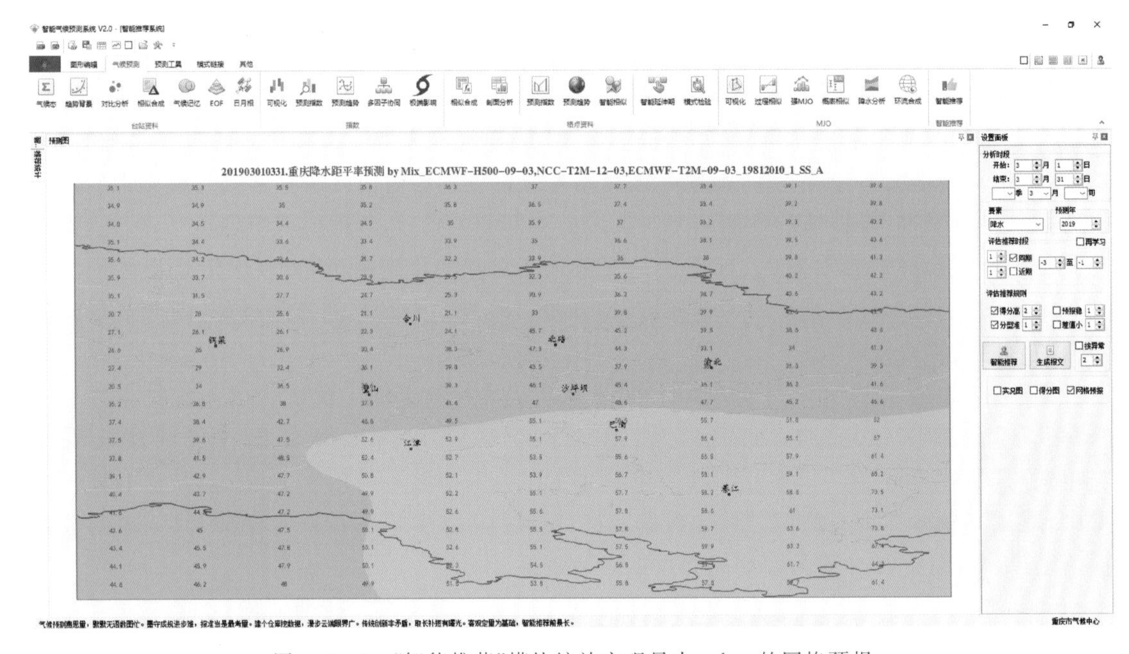


图 4.32.2 “智能推荐”模块缩放实现最大 5 km 的网格预报

semble”的预测结果，这些是根据基于台站数据、指数、再分析资料以及模式预测产品得到的客观化预测结果进行再学习后得到的概率预报和超级集合预报的结果。其详细内容如表 4.32.1 所示。默认对气温和降水的推荐分别可从超级集合和概率预报中选择，如图 4.32.6 是概率预报中推荐指数（按 2 级异常评分）最高的“1_PROB_Recent_TH_TR”的预测结果及实况对比。

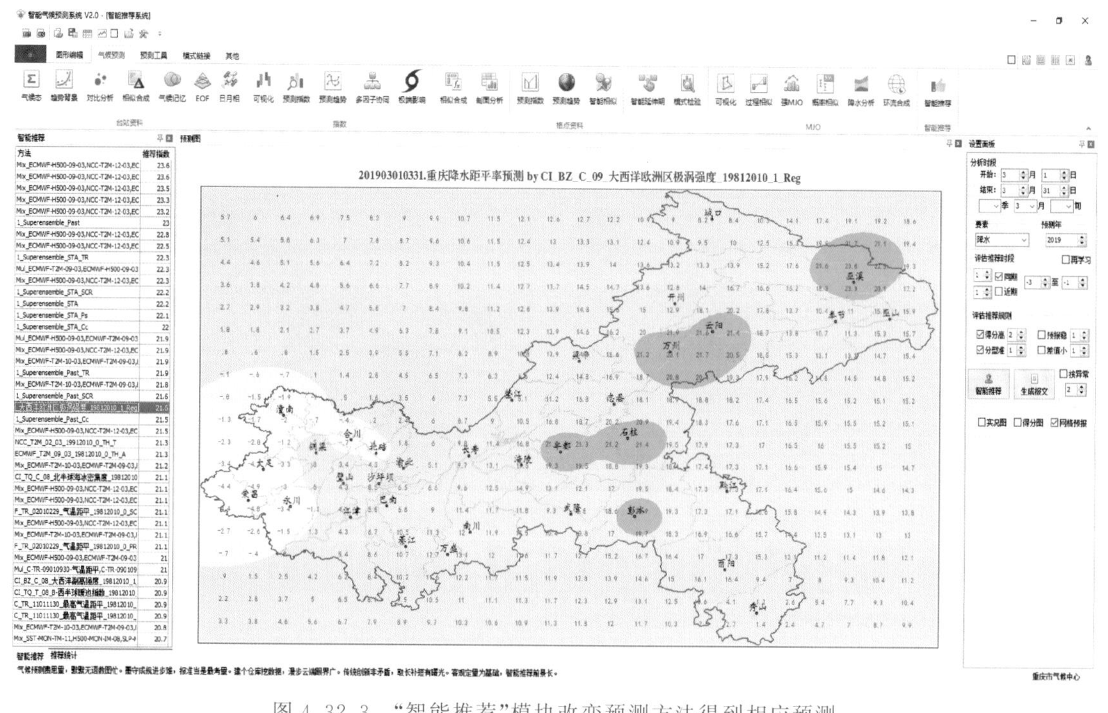

图 4.32.3　“智能推荐”模块改变预测方法得到相应预测

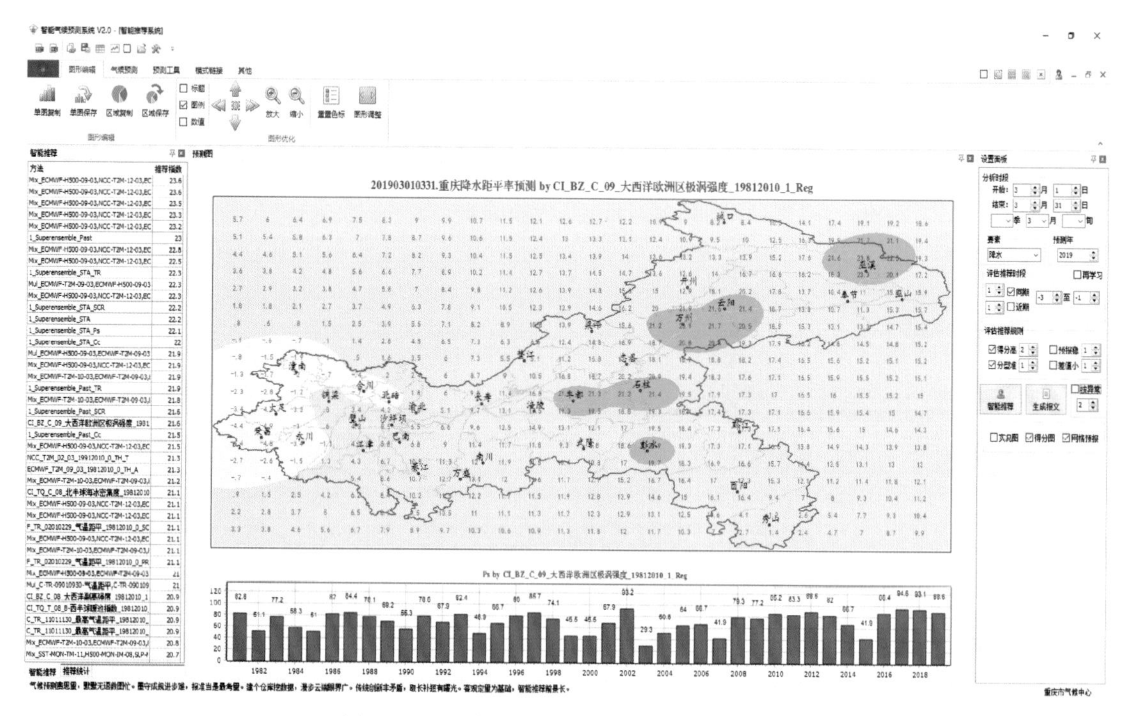

图 4.32.4　“智能推荐”模块显示历年得分图

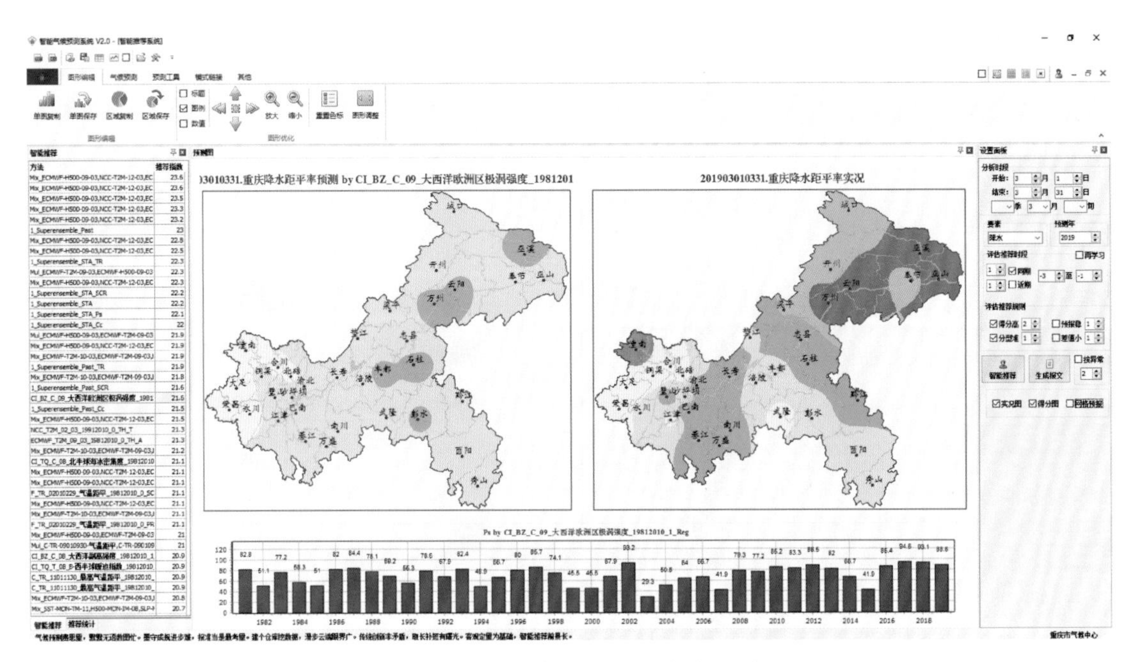


图 4.32.5 “智能推荐”模块预测与实况对比图

表 4.32.1 “智能推荐”模块概率预报和超级集合预报计算规则

| 名称 | 描述 |
|---|---|
| 1_PROB | 所有方法的概率 |
| 1_PROB_TURN | 满足转折条件(最近 1 个月的符号一致率和 *Cc* 评分都较前 2 个月有明显的增加趋势，并且最近 1 个月的符号一致率满足条件气温≥70%或降水≥60%)的指数回归得到的客观化预测的概率 |
| 1_PROB_* | 过去十年平均符号一致率满足条件(气温≥70%，降水≥60%，下同)的所有基于不同资料(*)释用得到的客观化预测的概率。“*”有“CI”“OBJ”“MDL”“NCEP”“SST”“FORCINGS”等选项，分别表示指数、台站资料、模式、再分析资料、再分析的海温资料以及海温、海冰、积雪等外强迫指数 |
| 1_PROB_& | 过去十年平均符号一致率满足条件的所有基于不同释用方法(&)得到的客观化预测的概率。“&”有“EOF”“RF”“SVM”“OSR”“PCA”“MIX”“MUL”“XG”“TH”“SS”“PROB”等选项，分别表示 EOF 重构、随机森林、支持向量机、最优子集、主成分分析、融合释用、优势因子提取、相关型区域匹配、同号型区域匹配、相关同号兼顾型区域匹配、概率预报等不同释用方法 |
| 1_PROB_PRE* | 过去十年平均符号一致率满足条件的不同提前时间的客观化预测的概率 |
| 1_PROB_MDL_PRE* | 过去十年平均符号一致率满足条件的不同提前时间起报的模式预测产品及其释用得到的客观化预测的概率 |
| 1_PROB_NCEP_PRE* | 过去十年平均符号一致率满足条件的不同提前时间的再分析资料释用得到的客观化预测的概率 |
| 1_PROB_CI_PRE* | 过去十年平均符号一致率满足条件的不同提前时间的指数释用得到的客观化预测的概率 |
| 1_PROB_OBJ_PRE* | 过去十年平均符号一致率满足条件的不同提前时间的台站资料释用得到的客观化预测的概率 |

续表

| 名称 | 描述 |
| --- | --- |
| 1_PROB_FORCINGS_PRE | 过去十年平均符号一致率满足条件的不同提前时间的外强迫指数回归得到的客观化预测的概率 |
| 1_%_#_Ps | “%”有 Superensemble 和 PROB 两种选项，分别表示超级集合和概率预报；“#”有 Recent、Past、RP 和 Sta 四种情况，分别表示评估规则是针对最近 $N$ 个月、最近 $N$ 年、最近 $N$ 个月和 $N$ 年兼顾、最近 $N$ 年的每个站（以下同）<br>评估时段内平均 $Ps$ 评分前 20 位的客观化预测的超级集合、前 200 位的客观化预测的概率 |
| 1_%_#_Cc | 评估时段内平均 $Cc$ 评分前 20 位客观化预测的超级集合、前 200 位的客观化预测的概率 |
| 1_%_#_SCR | 评估时段内平均 $Ps+50Cc$ 前 20 位客观化预测的超级集合、前 200 位的客观化预测的概率 |
| 1_%_#_TR | 评估时段内平均 $TPs+RPs$ 前 20 位客观化预测的超级集合、前 200 位的客观化预测的概率 |
| 1_%_# | 评估时段内平均 $TPs+RPs+50\times TCc+50\times Rcc$ 前 20 位客观化预测的超级集合、前 200 位的客观化预测的概率 |
| 1_%_#_CI | 评估时段内指数释用得到的平均 $Ps+50\times Cc$ 前 20 位的客观化预测的超级集合、前 200 位的客观化预测的概率 |
| 1_%_#_OBJ | 评估时段内台站资料释用得到的平均 $Ps+50\times Cc$ 前 20 位的客观化预测的超级集合、前 200 位的客观化预测的概率 |
| 1_%_#_NCEP | 评估时段内再分析资料释用得到的平均 $Ps+50\times Cc$ 前 20 位的客观化预测的超级集合、前 200 位的客观化预测的概率 |
| 1_%_#_MDL | 评估时段内模式预测产品及释用得到的平均 $Ps+50\times Cc$ 前 20 位的客观化预测的超级集合、前 200 位的客观化预测的概率 |

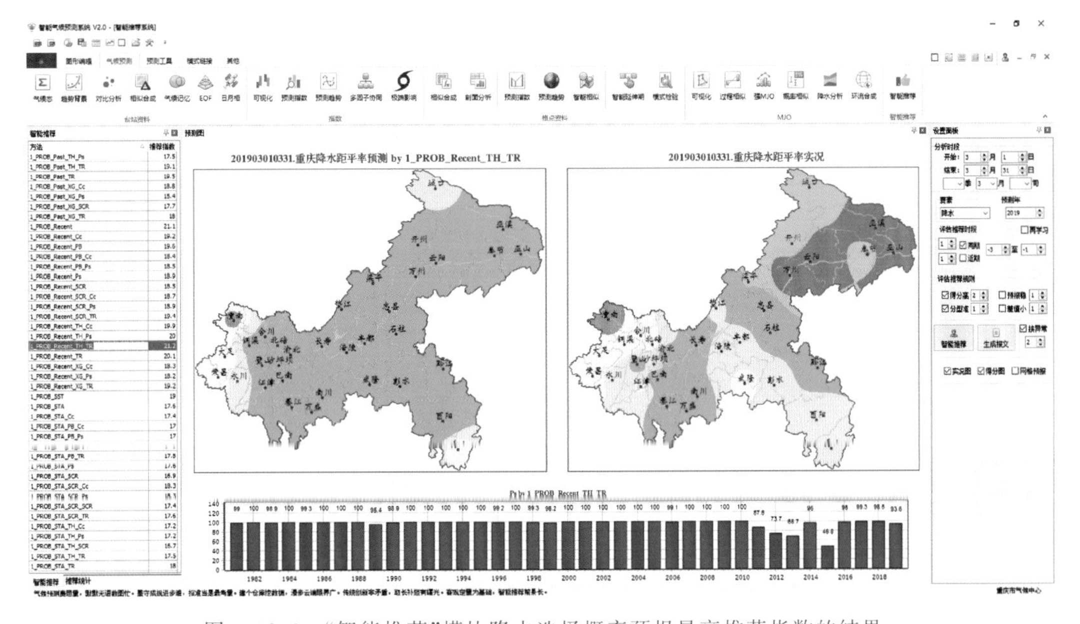


图 4.32.6　“智能推荐”模块降水选择概率预报最高推荐指数的结果

如果对评估推荐时段和规则进行修改，如推荐时段选择为－8 至－1（即 2011 年至 2018 年），评估推荐规则为如图 4.32.7 中设置，即可得到不同的推荐结果。

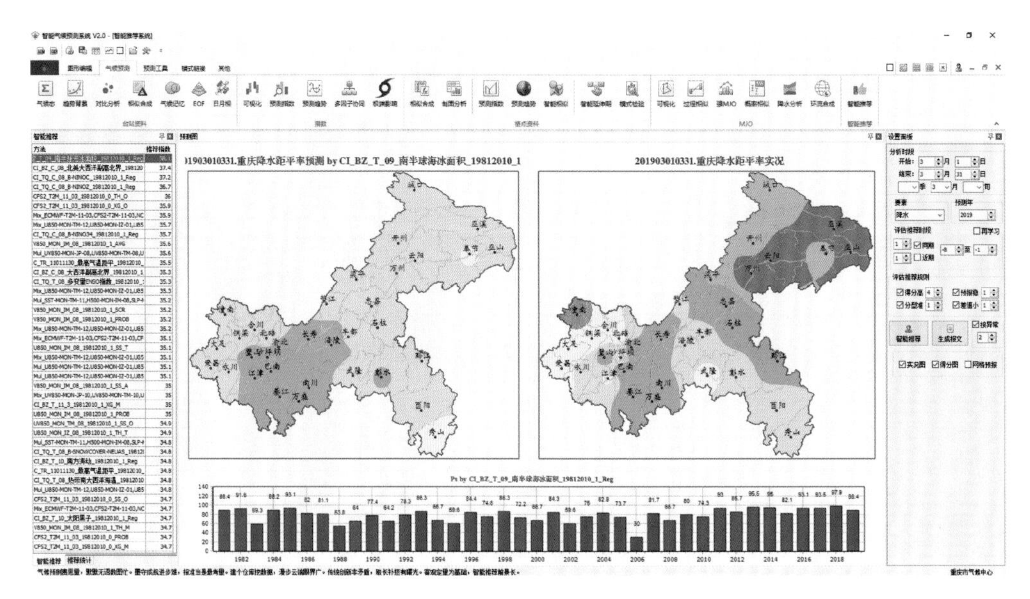


图 4.32.7 “智能推荐”模块更改推荐时段和推荐规则重新评估推荐

更改预测年“预测年 2018”，可得到对应方法对应预测年的预测结果和实况，如图 4.32.8 为 2018 年选择的“CI_BZ_T_09_南半球海冰面积_19812010_1_Reg”的预测结果，如需对该年进行评估推荐，则需要在设置预测年后，点击“智能推荐”得到相应结果，图 4.32.9 即为 2018 年推荐首位的预测结果。

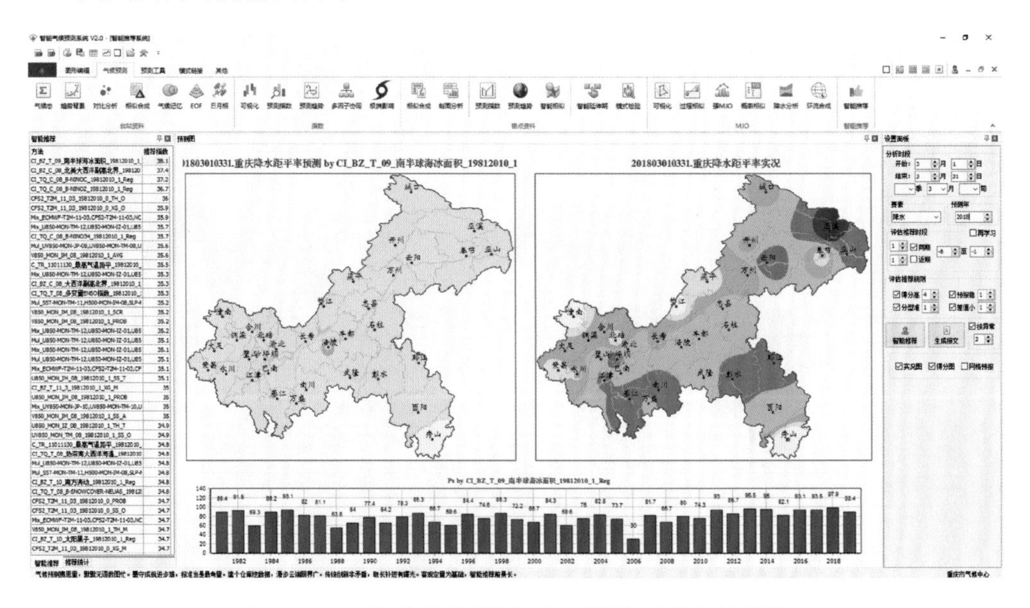


图 4.32.8 “智能推荐”模块更改预测年的默认效果图

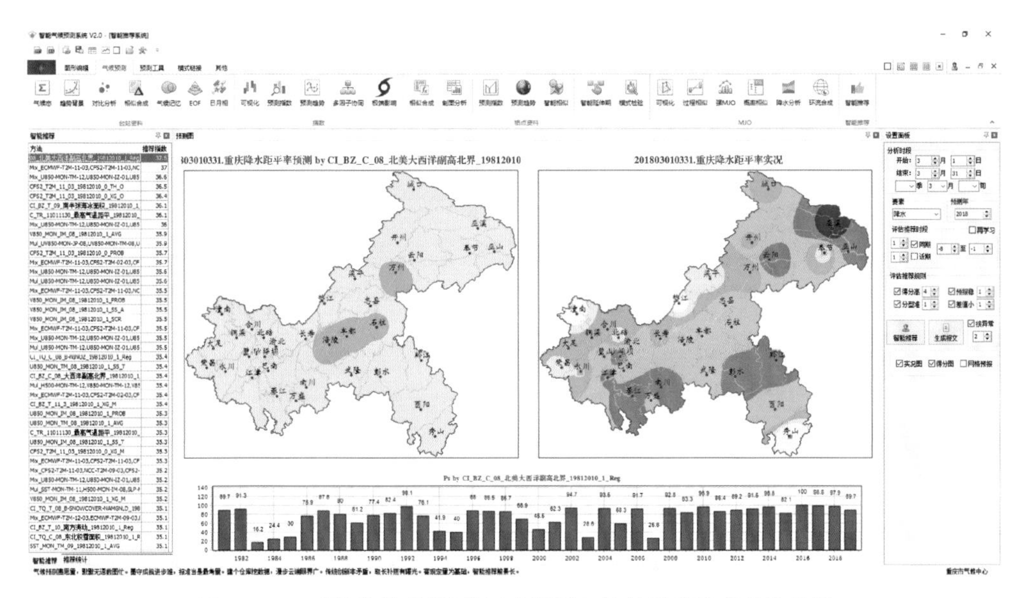


图 4.32.9 “智能推荐”模块更改预测年执行智能推荐的效果图

更改评估推荐时段为“☑近期”，−3 至 −1 表示预测时段(2019 年 3 月)的前 3 个月至前 1 个月(即 2018 年 12 月至 2019 年 2 月)，图 4.32.10 为选择近期 −3 至 −1，推荐规则为只选择得分高和分型准得到的结果及实况进行对比。这里需要说明的是，由于近期评估推荐的设想是对当前影响系统的动态选择，“智能推荐”表格中的方法均对相应数据做了变动，比如，“CI_BZ_C_10_3_19812010_1_XG_D”对应 12 月和 1 月的方法分别为“CI_BZ_C_07_3_19812010_1_XG_D”和“CI_BZ_C_08_3_19812010_1_XG_D”。图下方的 Ps 得分图即为做相应改变后的方法的近一年得分实况。

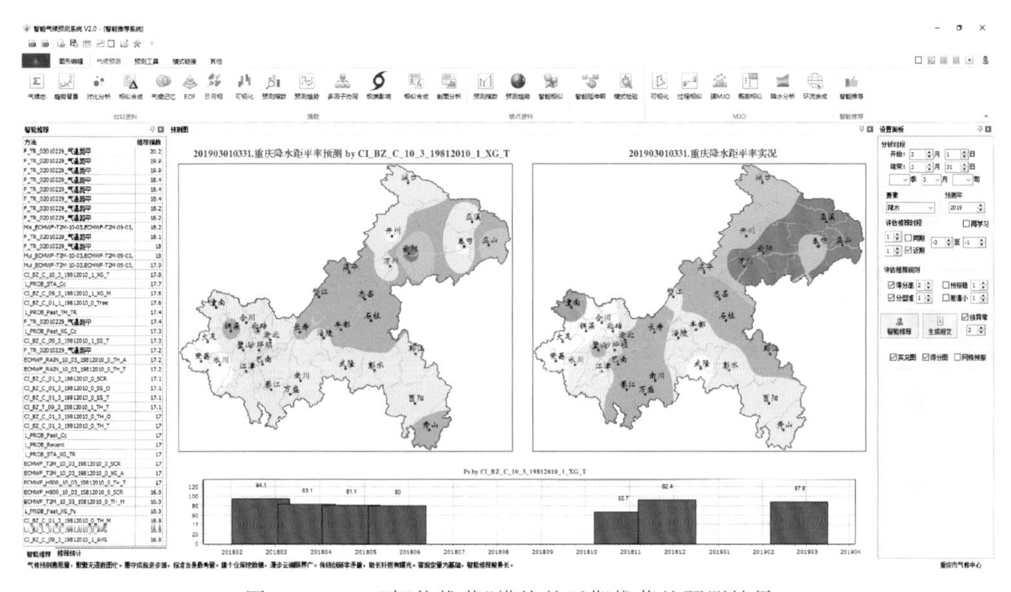


图 4.32.10 “智能推荐”模块的近期推荐的预测结果

更改评估推荐时段为“☑同期 ☑近期”，权重设置为 1∶1，即表示对综合预测年前 3 年和预测时段前 3 个月的评估进行推荐,图 4.32.11 即为对应的推荐预测结果。

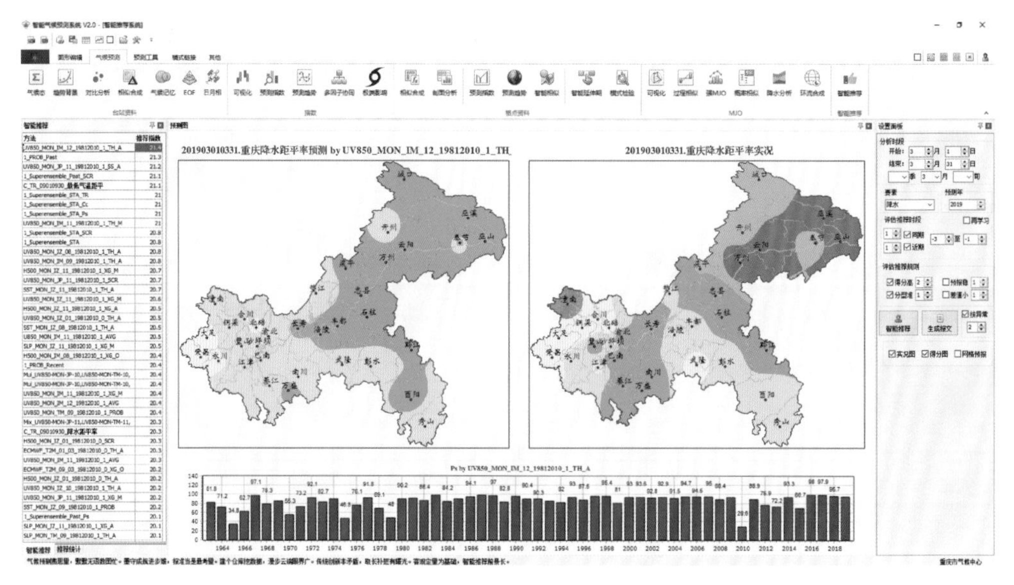


图 4.32.11 “智能推荐”模块同期和近期综合推荐的预测结果

点击“推荐统计”,结果显示的是不同数据和方法在统计时段出现 80 分以上的概率,如图 4.32.12 所体现的是用预测年前 3 年(即 2016—2018 年)1 月的全国日照距平率释用的客观化方法 80 分以上概率为 100%,所有方法中多变量融合释用后的概率预报结果中 80 分以上的概率为 94.4%。

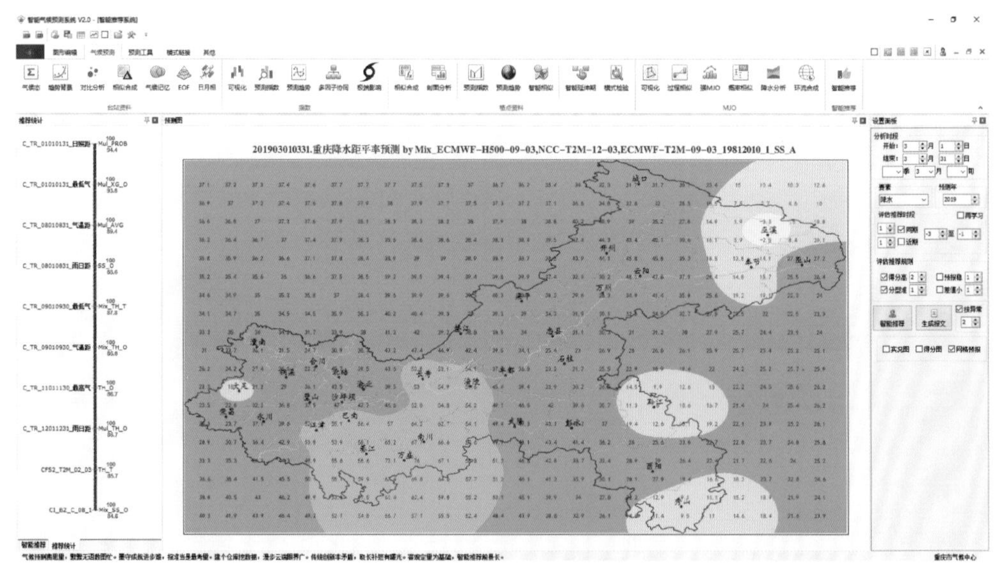


图 4.32.12 “智能推荐”模块推荐统计的结果

根据用户需要,在分别选择了气温和降水的预测结果后,点击“生成报文”,则根据是否勾选“☑按异常 2”,按照方法计算的客观化结果或者是按照异常等级生成预测报文。

# 第五章　智能气候预测系统的绘图及检验

## 5.1　实用画图工具

在预测过程中为方便画图、提高工作效率而提供的实用工具，可实现重现期计算、批量绘图、定制绘图以及逐步回归、K-Means聚类分析、数据检验和数据拟合(图5.1.1)。

图5.1.1　预测工具的主要功能模块

### 5.1.1　重现期

**"重现期"**是通过计算打开文件的特征量，检验其数据分布类型，根据概率分布函数，计算不同重现期可能遇到的极端气候值。数据分为两列，分别为年(或者编号)、数值，中间以Tab间隔。

模块分为"基础计算"和"重现期计算"两大部分。"基础计算"统计所要计算的数据的方法、偏态系数等特征，并进行分布型检验，如图5.1.2为重庆主城区1892年至2016年日最大降水量的基础计算，并给出了分布型检验后的结果。

在分布型检验之后，切换到重现期计算，默认显示为海森概率格纸。选择"☑图解"，可在格纸坐标系中点绘出实况数据的概率分布，如图5.1.3所示。然后根据"基础计算"中得到的数据分布类型，相应选择对应的分布函数进行重现期计算，如图5.1.4所示为根据平均值等概率特征采用P-III型分布得到的概率拟合。

通过调整Cs/Cv、Cv以及平均值等，可对拟合曲线进行适配，以更好适应图解法的各个点，如图5.1.5为多次采用适线法后的结果图。

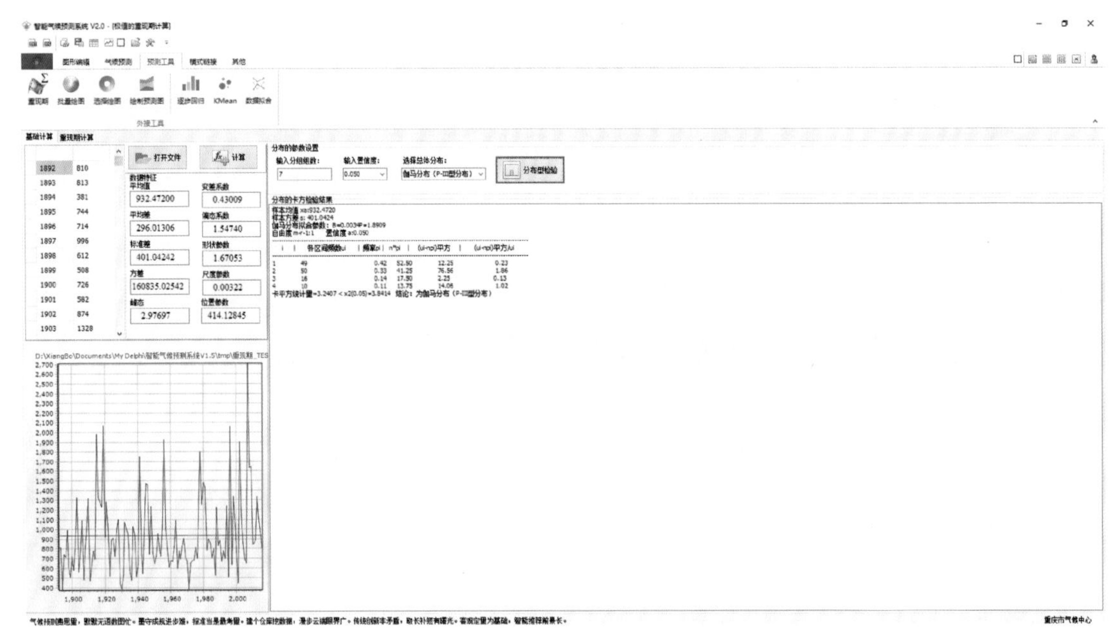

图 5.1.2 “重现期”模块基础计算的统计显示

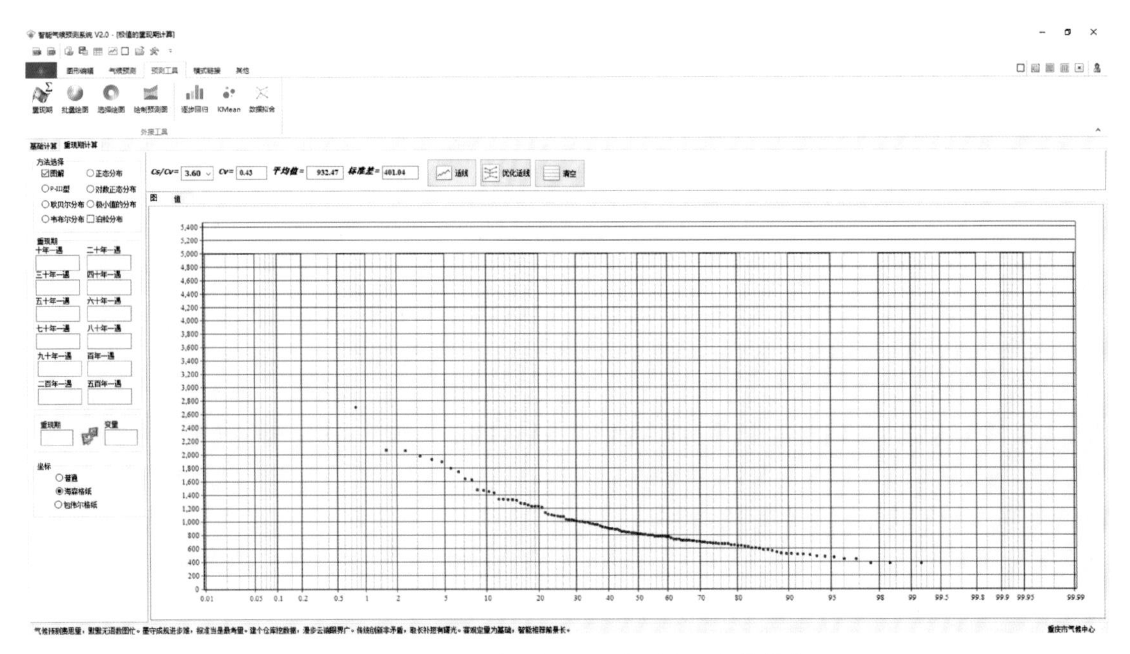

图 5.1.3 “重现期”模块重现期计算的初始状态

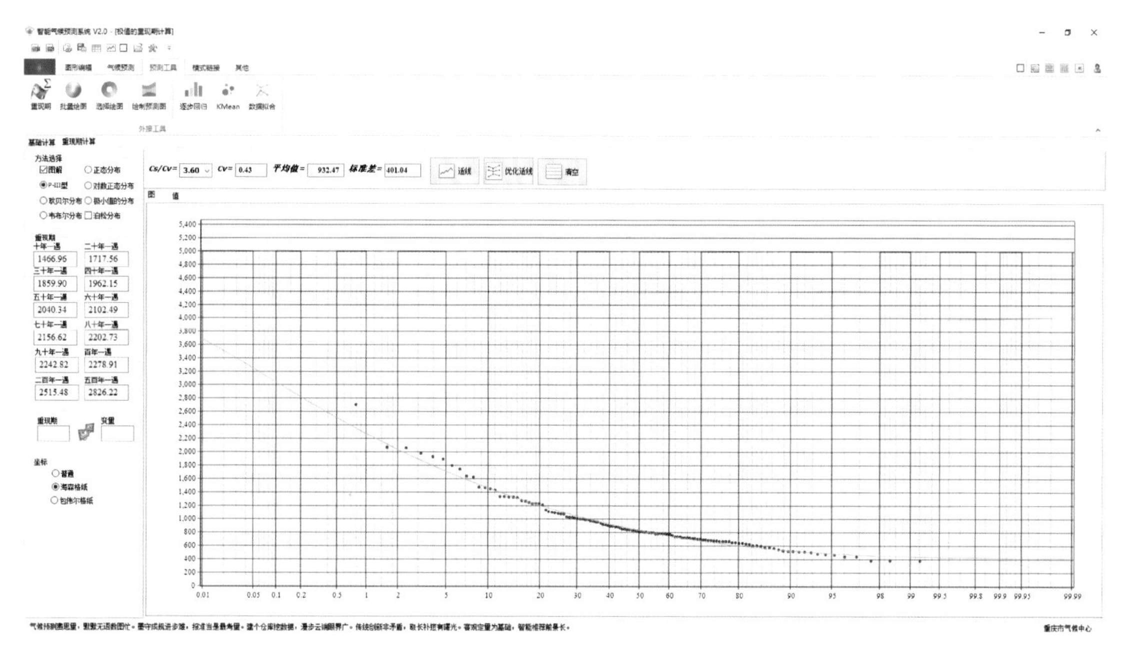


图 5.1.4 “重现期”模块 P-III 型概率拟合的结果图

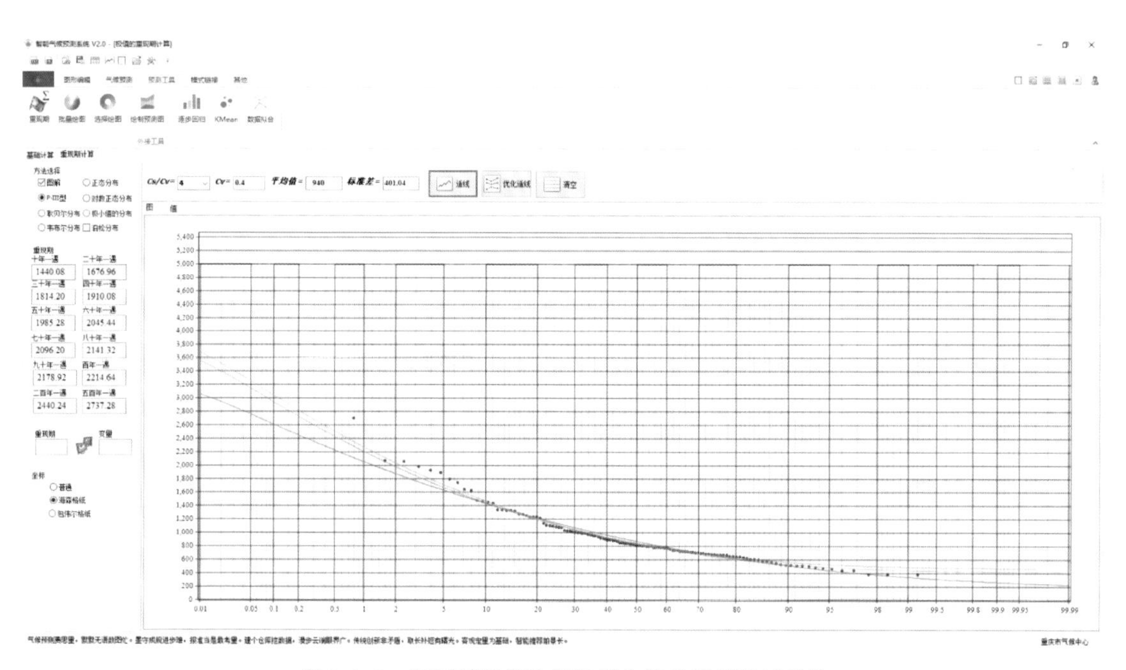


图 5.1.5 “重现期”模块根据拟合结果进行适线操作

通过适线得到拟合曲线后，右侧的统计结果即为对应重现期的计算结果，可以在设置栏的“重现期 变量 ”部分，输入重现期，实现任意重现期的计算结果。当然，也可以在如图 5.1.6 的“值”输出的积分结果中找到对应的结果。

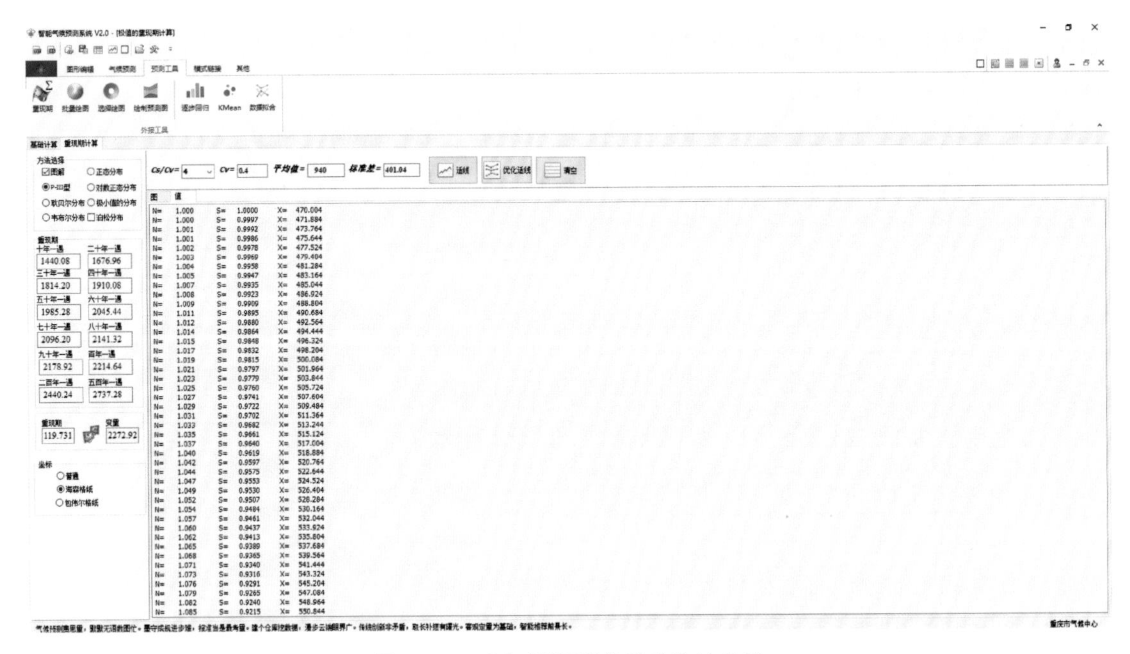

图 5.1.6 “重现期”模块积分统计结果

## 5.1.2 批量绘图

**“批量绘图”**通过调用 Surfer 显示目录下所有文件(确保文件夹内为同一类型文件),可批量选择及单选需要作图文件,绘制基于以重庆市、西南区域、中国、东北半球、北半球以及全球为底图的各类分布图,以实现北半球极地投影方式的绘图,可选择是否突出显示高相关区、是否生成图片等功能,并能根据需要进行任意地区图形的拓展。具体执行界面见图 5.1.7。

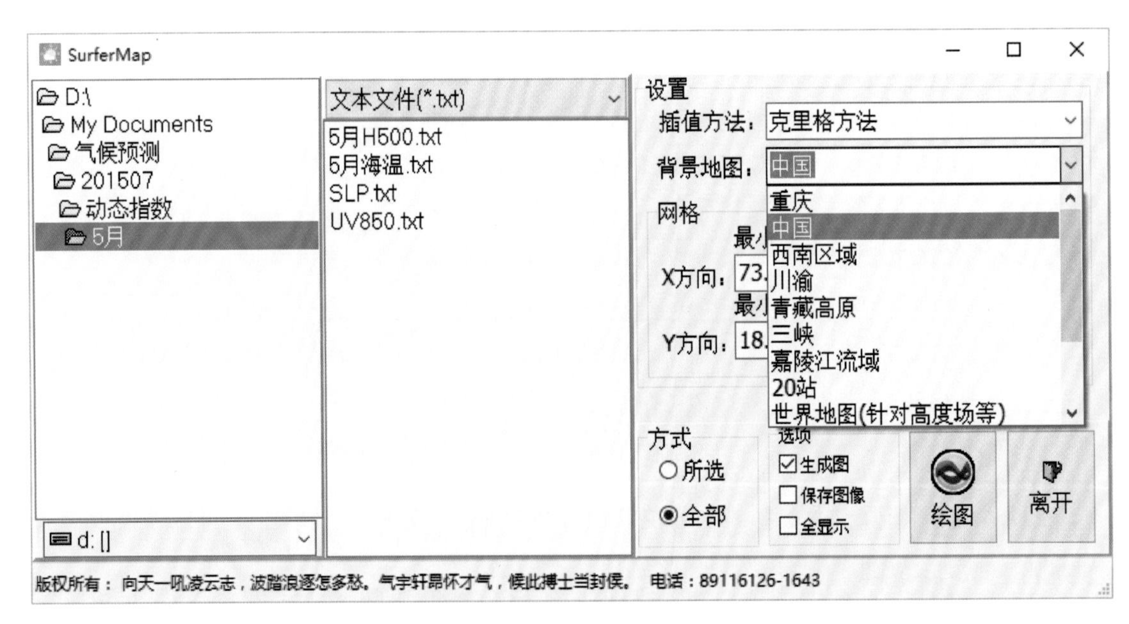


图 5.1.7 “批量绘图”模块执行界面

模块可对所选目录下的单一文件或者多个文件执行不同背景地图下的分布图绘制,数据文件格式如图 5.1.8 所示，只要确保第一列和第二列为经纬度，从第三列开始可以是只有一列，也可以有多列。执行“绘图”后，如选择“☑生成图”，则直接将所有的图形绘制结果生成“.srf”，可直接使用 Surfer 打开，如图 5.1.9；如选择“☑保存图像”，则将生成的图形逐一保存为“.jpg”的图形文件；如选择“□全显示”，则绘制分布图时，只填色高相关区域，将相关系数未通过 95%检验的区域设置为透明。

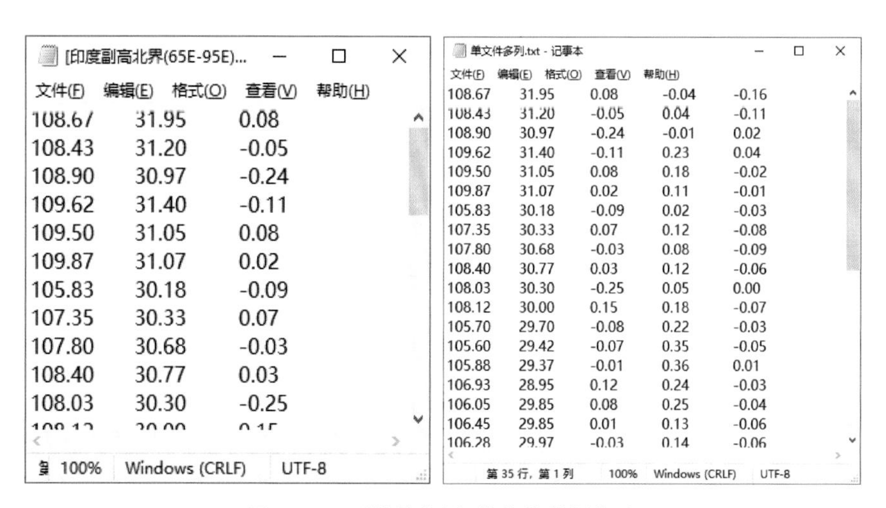

[印度副高北界(65E-95E)...

文件(F) 编辑(E) 格式(O) 查看(V) 帮助(H)

| | | |
|---|---|---|
| 108.67 | 31.95 | 0.08 |
| 108.43 | 31.20 | -0.05 |
| 108.90 | 30.97 | -0.24 |
| 109.62 | 31.40 | -0.11 |
| 109.50 | 31.05 | 0.08 |
| 109.87 | 31.07 | 0.02 |
| 105.83 | 30.18 | -0.09 |
| 107.35 | 30.33 | 0.07 |
| 107.80 | 30.68 | -0.03 |
| 108.40 | 30.77 | 0.03 |
| 108.03 | 30.30 | -0.25 |

100%　Windows (CRLF)　UTF-8

单文件多列.txt - 记事本

文件(F) 编辑(E) 格式(O) 查看(V) 帮助(H)

| | | | | |
|---|---|---|---|---|
| 108.67 | 31.95 | 0.08 | -0.04 | -0.16 |
| 108.43 | 31.20 | -0.05 | 0.04 | -0.11 |
| 108.90 | 30.97 | -0.24 | -0.01 | 0.02 |
| 109.62 | 31.40 | -0.11 | 0.23 | 0.04 |
| 109.50 | 31.05 | 0.08 | 0.18 | -0.02 |
| 109.87 | 31.07 | 0.02 | 0.11 | -0.01 |
| 105.83 | 30.18 | -0.09 | 0.02 | -0.03 |
| 107.35 | 30.33 | 0.07 | 0.12 | -0.08 |
| 107.80 | 30.68 | -0.03 | 0.08 | -0.09 |
| 108.40 | 30.77 | 0.03 | 0.12 | -0.06 |
| 108.03 | 30.30 | -0.25 | 0.05 | 0.00 |
| 108.12 | 30.00 | 0.15 | 0.18 | -0.07 |
| 105.70 | 29.70 | -0.08 | 0.22 | -0.03 |
| 105.60 | 29.42 | -0.07 | 0.35 | -0.05 |
| 105.88 | 29.37 | -0.01 | 0.36 | 0.01 |
| 106.93 | 28.95 | 0.12 | 0.24 | -0.03 |
| 106.05 | 29.85 | 0.08 | 0.25 | -0.04 |
| 106.45 | 29.85 | 0.01 | 0.13 | -0.06 |
| 106.28 | 29.97 | -0.03 | 0.14 | -0.06 |

第 35 行，第 1 列　100%　Windows (CRLF)　UTF-8

图 5.1.8　“批量绘图”模块的数据格式

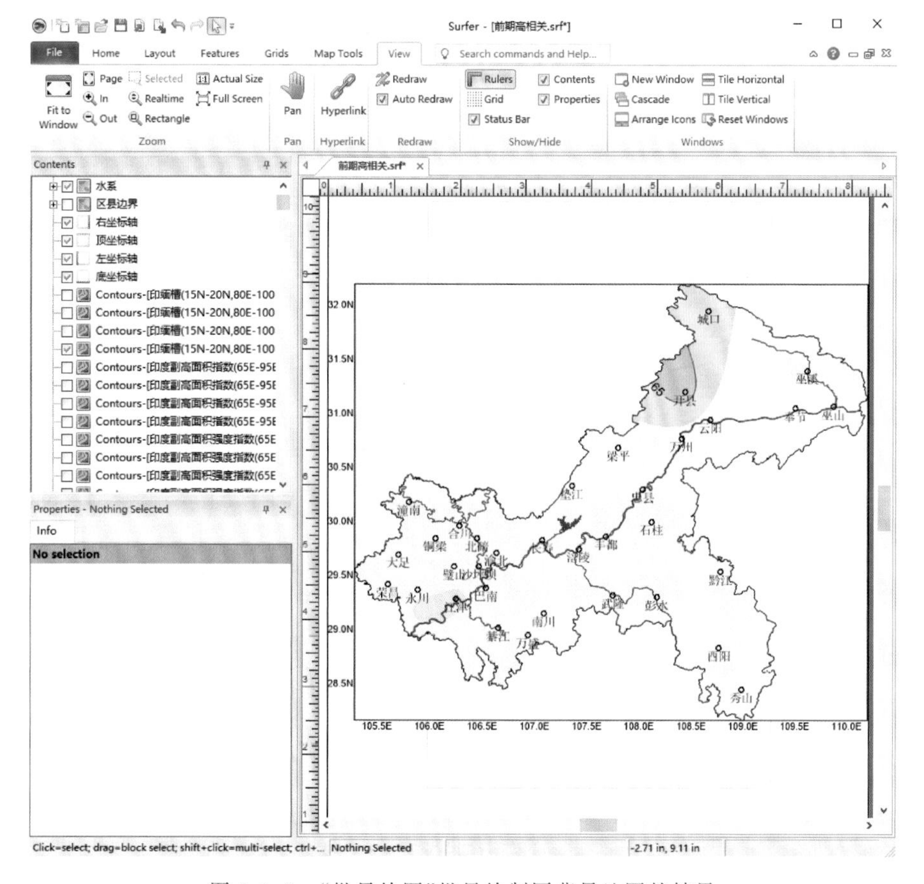


图 5.1.9　“批量绘图”批量绘制同背景地图的结果

通过选择不同的背景地图，可以实现基于不同背景的分布图绘制（图 5.1.10），并可在 system.ini 中如 Map1 的设置（图 5.1.11），自由添加所需要的地图并在 count 处数字做相应增加。

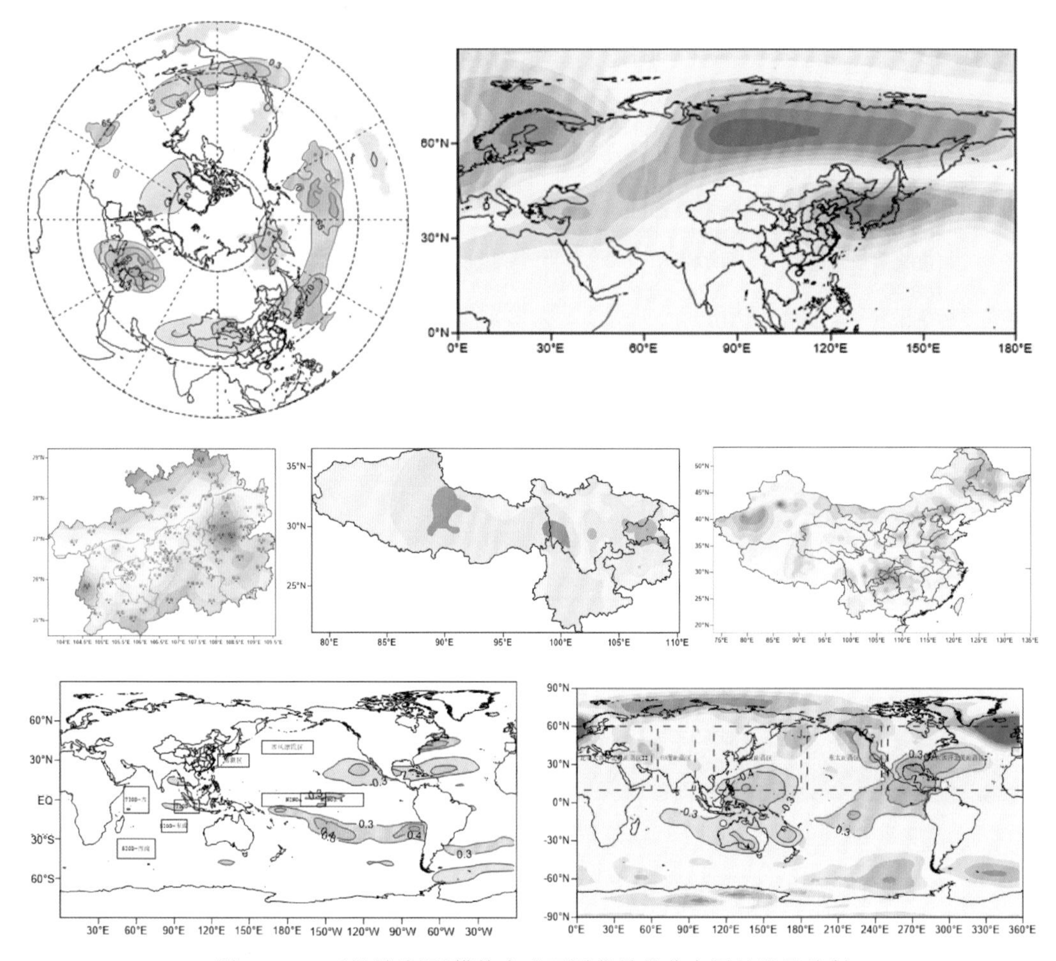


图 5.1.10 “批量绘图”模块实现不同背景的分布图的批量绘制

```
[Maps]
zone =1
count = 16
gridding method = 1
```

```
[Map1]
name = 重庆
stainf = map\区县.txt
showzone = map\ShowZone.txt
border = map\border.bln
boundary = map\cq_os.bln
district = map\cq.bln
river = map\river.bln
xmin = 105.2849
xmax = 110.1942
ymin = 28.1636
ymax = 32.2031
xcount = 100
ycount = 82
mapfile = CQ.srf
maplvl = NCC_相关.lvl
```

图 5.1.11 “批量绘图”模块可扩展任意区域的分布图批量绘制

## 5.1.3　选择绘图

**“选择绘图”**和批量绘图类似，差别在于它只能打开文件绘制分布图，但不需要 Surfer 的运行环境。除此之外，便是可以绘制区域色斑图(图 5.1.12)。

图 5.1.12 至图 5.1.16 分别为重庆市 2019 年夏季降水距平率分布图、西南地区 2019 年夏季气温距平分布图、全球 2019 年夏季海温分布图、2019 年夏季 500 hPa 高度场距平的北半球极地投影以及 2011 至 2019 年 CFS2 数据预测得到的冬季各省平均 Ps 得分的绘制结果。

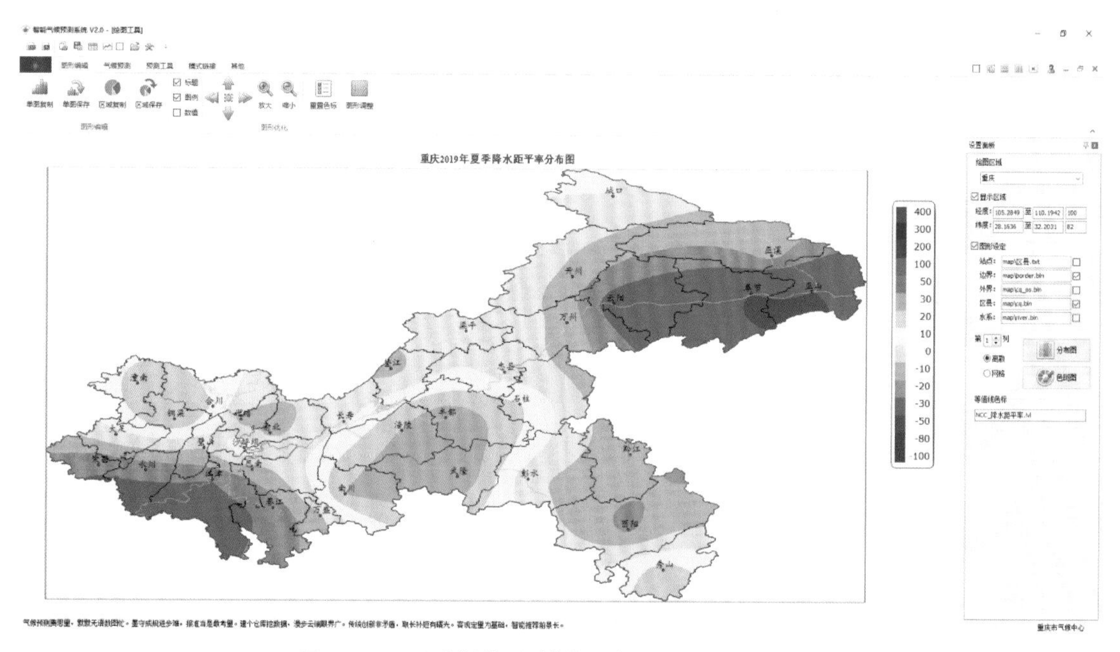


图 5.1.12　“选择绘图”模块重庆地区分布图的绘制

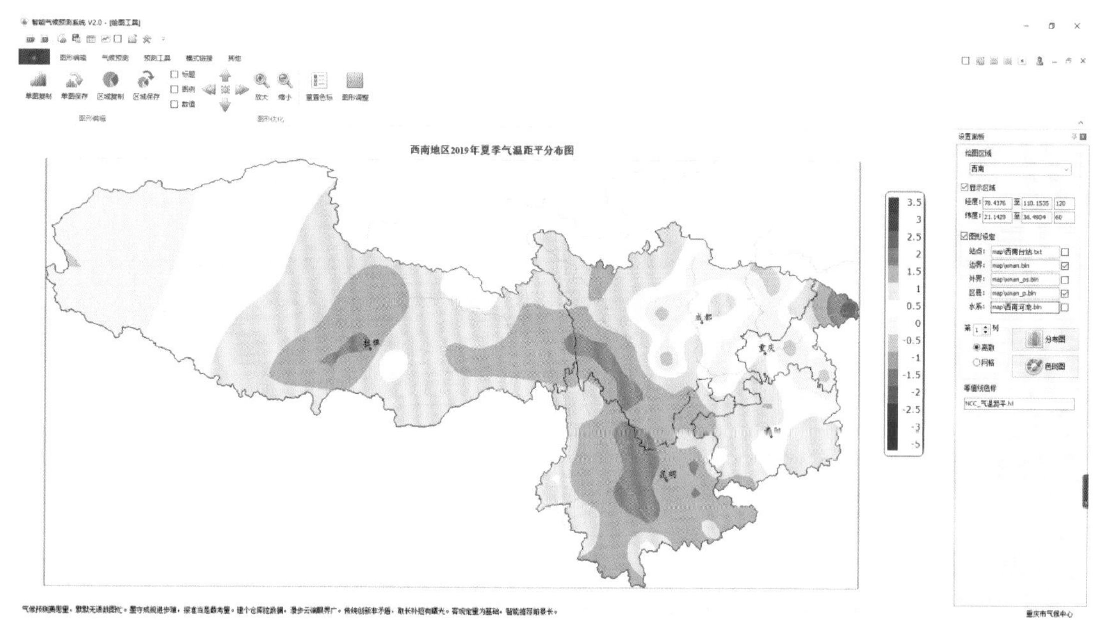


图 5.1.13　“选择绘图”模块西南地区分布图的绘制

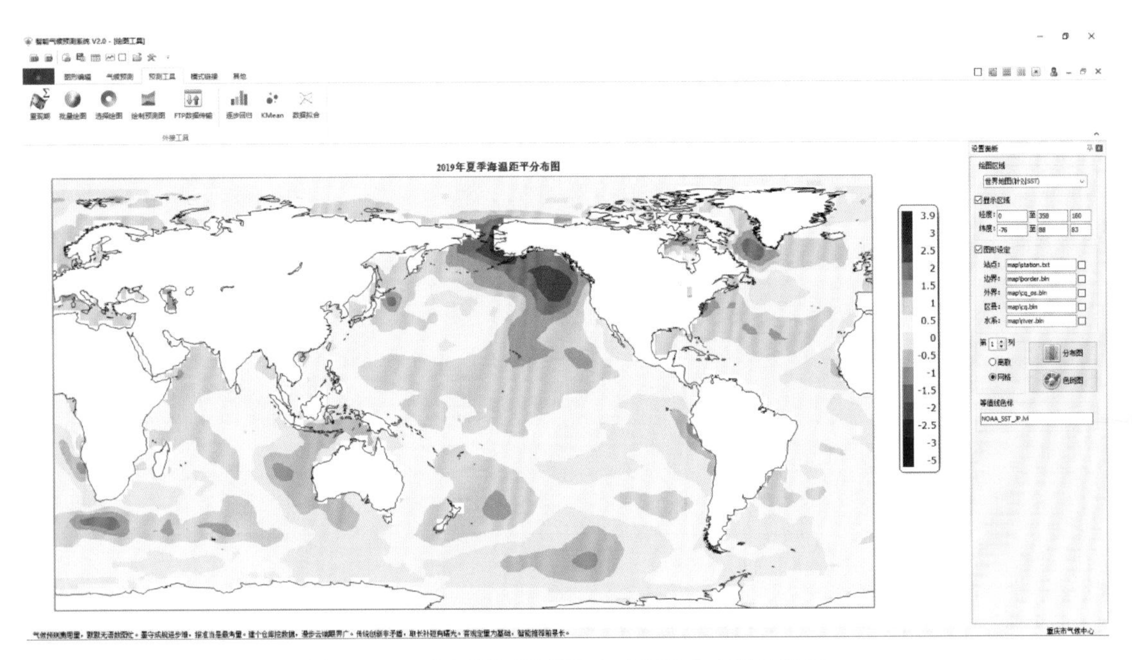


图 5.1.14 “选择绘图”模块全球海温分布图的绘制

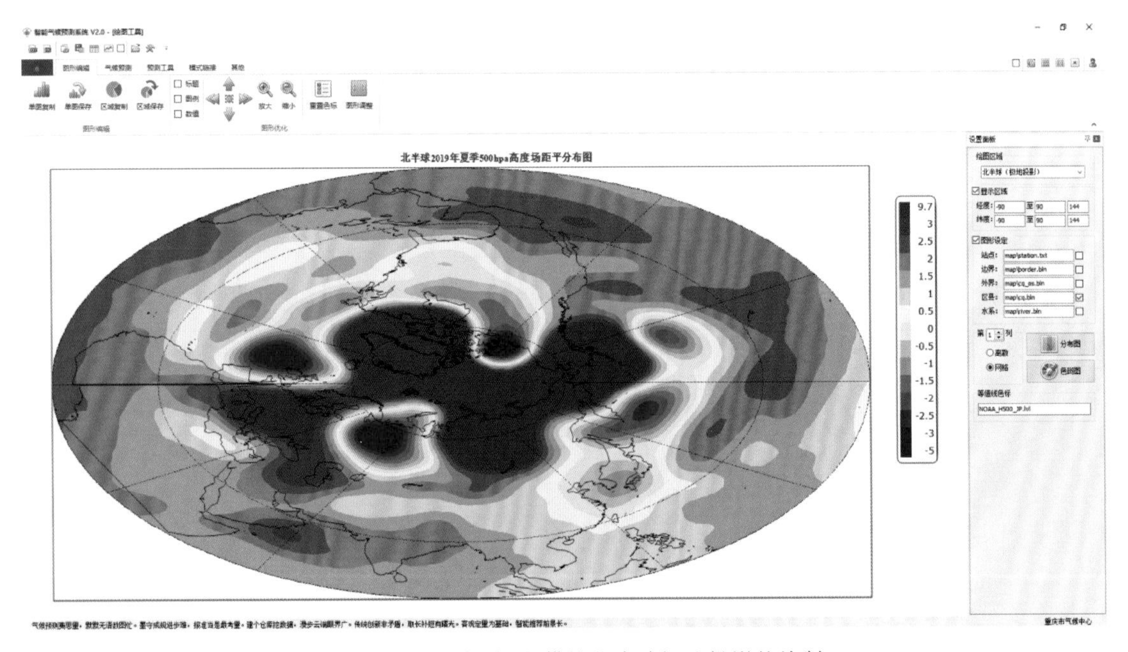


图 5.1.15 “选择绘图”模块北半球极地投影的绘制

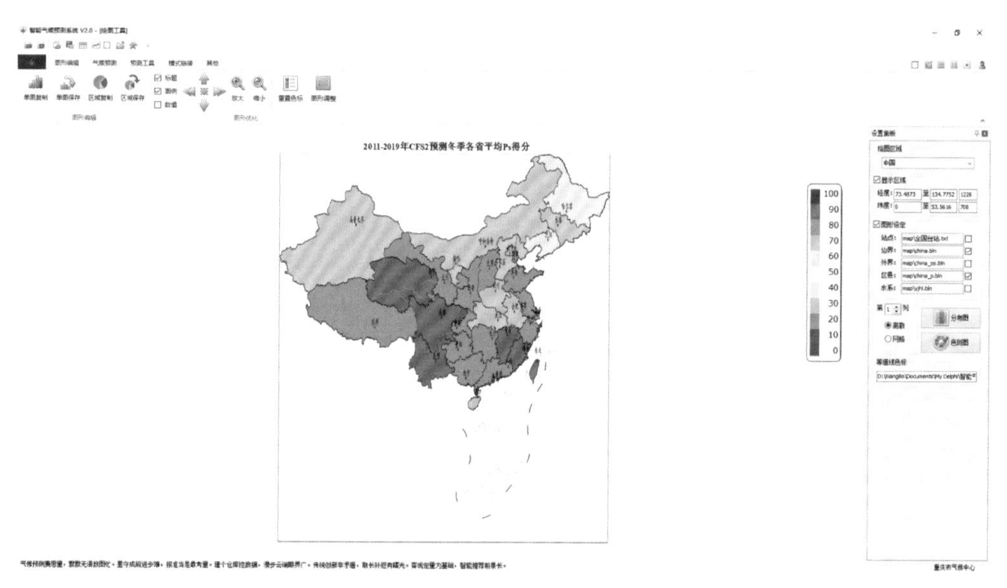


图 5.1.16　“选择绘图”模块色斑图的绘制(2011—2019 年 CFS2 数据预测冬季各省平均 Ps 得分)

## 5.1.4　绘制预测图

**“绘制预测图”**模块可根据预测报文及手工调整区域或单个台站的数据,实现预测图形的绘制,并可根据结果调整,从而实现报文的制作。

点击“导入报文”,选择重庆本地制作的预测报文或者国家气候中心的指导报文导入,可得到重庆地区的预测图。如图 5.1.17 为导入国家气候中心 2019 年 7 月 25 日下发的 2019 年 8 月指导预报后自动筛选出重庆各个台站的预测结果。导入数据后,点击数据表格中的“气温”或“降水”列名,得到相应要素的分布图,图 5.1.18 为点击“降水”得到的降水预测图。

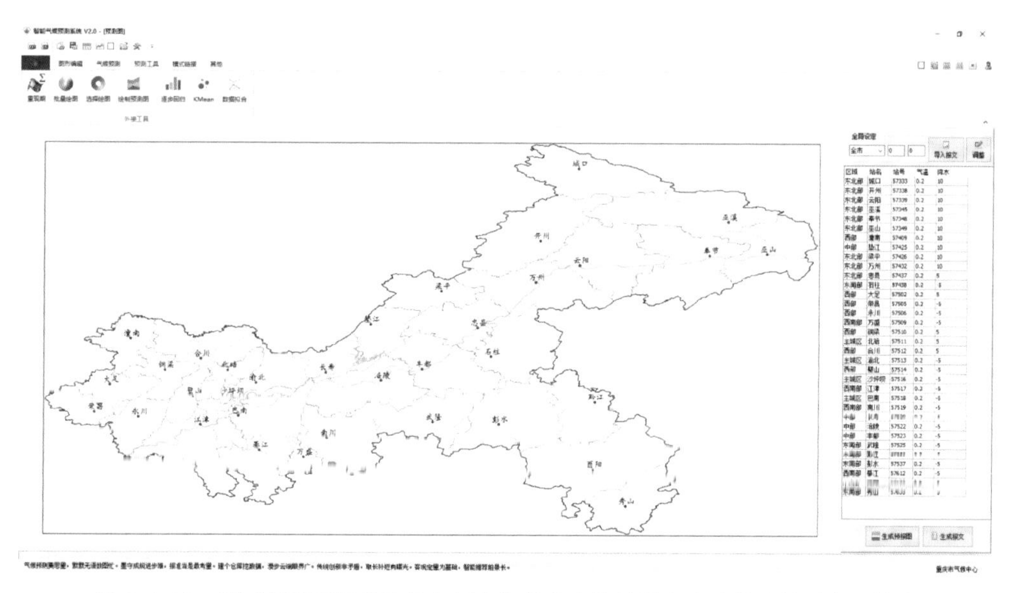

图 5.1.17　“绘制预测图”模块导入国家气候中心指导报文自动筛选得到本地结果

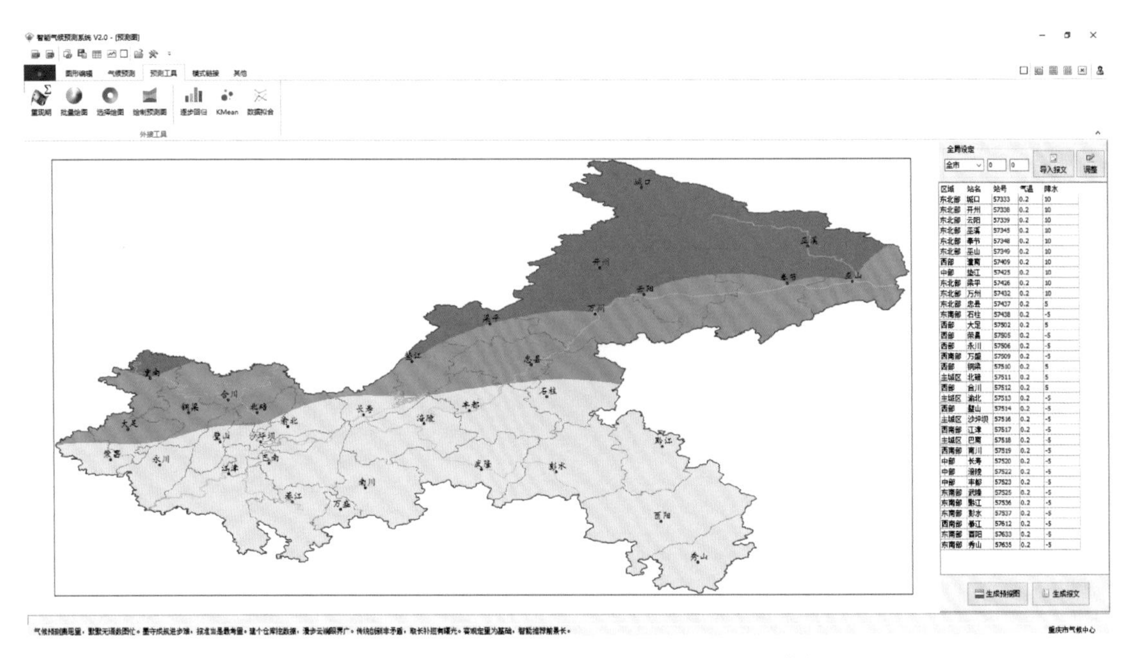

图 5.1.18 “绘制预测图”模块绘制表格选中列数据

如果需要对预测进行调整，以上图为例，需要将重庆西部调整为气温偏高 0.5 ℃，降水量偏少 5%，则如图“西部 0.5 -5”进行设置后，点击调整，对应区域的所有台站将做出相应改变，图 5.1.19 为调整后的降水预测图。如还需对某一个单独的台站进行调整，则在表格中选择该站的气温或者降水数据为所需的数值，图形也会相应调整，图 5.1.20 为调整北碚降水为－5%后的预测图。

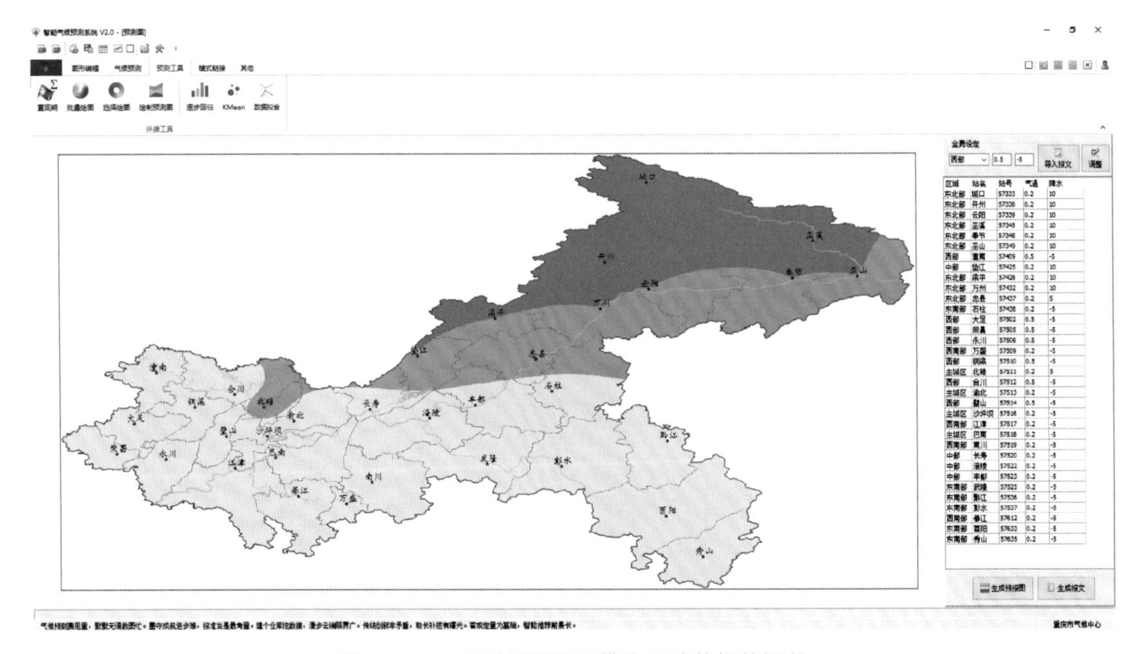

图 5.1.19 “绘制预测图”模块区域数据的调整

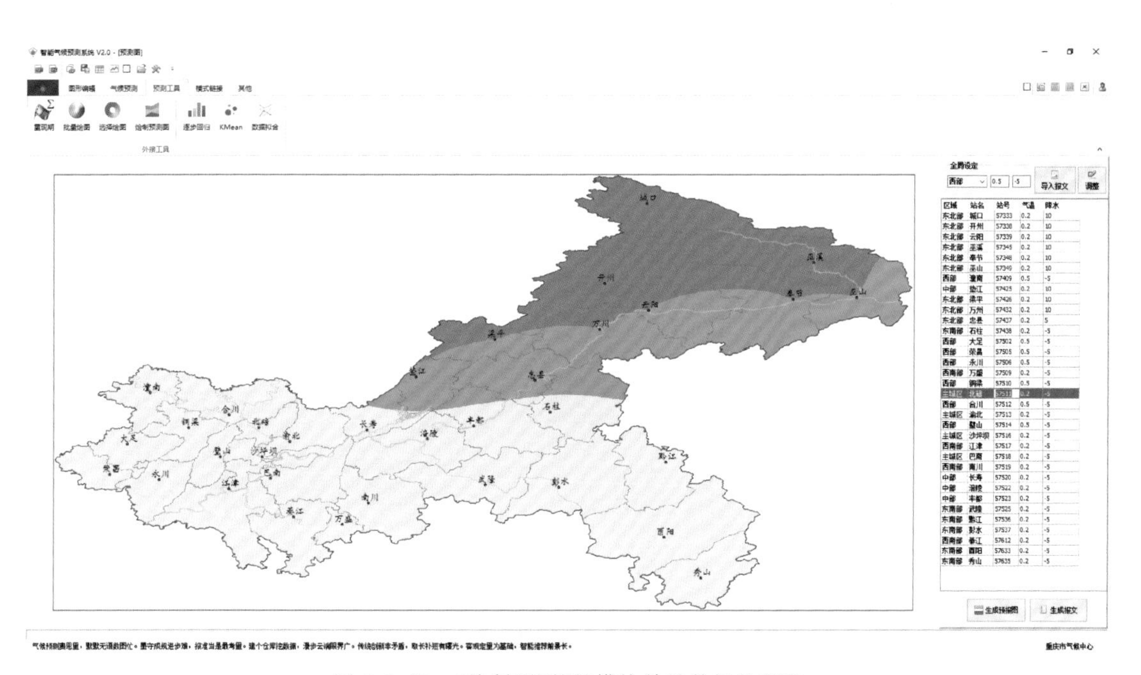


图 5.1.20　“绘制预测图”模块单站数据的调整

在数据调整完毕后，点击“生成预报图”和“生成报文”，可得到对应的“.jpg”预测图和重庆地区的预测报文。

## 5.1.5　逐步回归

**“逐步回归”**是打开文件(至少 3 列数据，无列名，以 tab 分隔，第 1 列为序列标识，第 2 列为因变量，第 3 列后 N 列为自变量)，如图 5.1.21 所示，根据不同的 F 检验信度采用逐步回归得到回归方程。

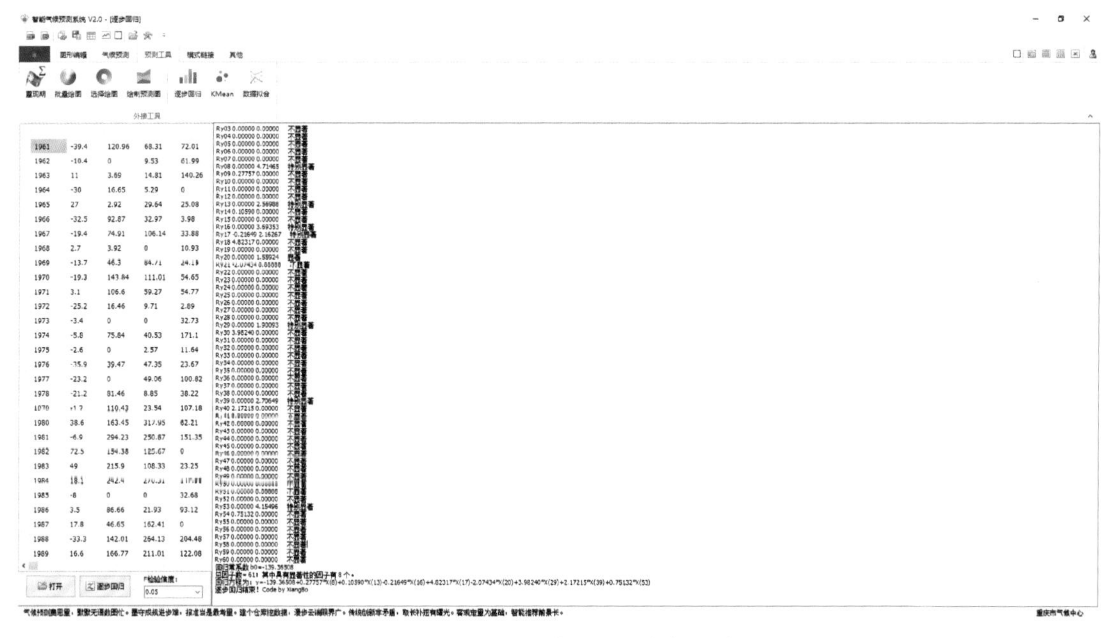


图 5.1.21　“逐步回归”模块导入数据计算示意图

### 5.1.6 K-Means 聚类

**“K-Means 聚类”**是打开文件(至少 3 列数据,无列名,以 tab 分隔,第 1 列为序列标识,第 2 列后 N 列为聚类变量列),如图 5.1.22 所示,根据设定的聚类数采用 K-Means 聚类法得到聚类相似年。

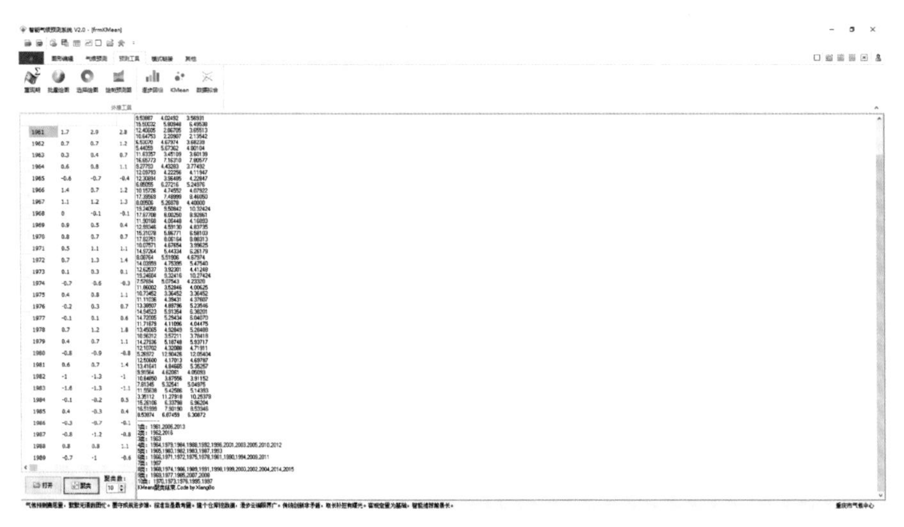

图 5.1.22 “K-Means 聚类”模块导入数据计算示意图

## 5.2 模式链接

**“模式链接”**模式是在收集整理了常用的月、季等模式预测及著名组织、机构的网络链接以及一些集成地址的基础上,实现相应网页的快速链接(图 5.2.1)。

图 5.2.1 “模式链接”模块各个网页快捷链接集合

## 5.3 其他设置

其中包括了预测评分及区域设定。区域设定可将系统中预测区域设定为本地、区域、流域及全国台站。

图 5.3.1 预测评分及区域设定的界面

### 5.3.1　评分可视化

**“评分可视化”**是对选择目录下的所有报文，自动根据报文名称，匹配进行月、季的趋势预测的 $Ps$ 和 $Cc$ 评分，以及高温、强降水、强降温等延伸期的 $Zs$ 和 $Cs$ 评分。可针对单一文件或者目录下的所有文件执行操作。

模块包括“评分”和“显示”两个部分，“评分”是对报文执行评分的操作；“显示”是对所有的评分结果进行可视化操作。

图 5.3.2 和图 5.3.3 分别是对目录下所有的月预测报文和延伸期高温报文进行批处理及评分的结果。

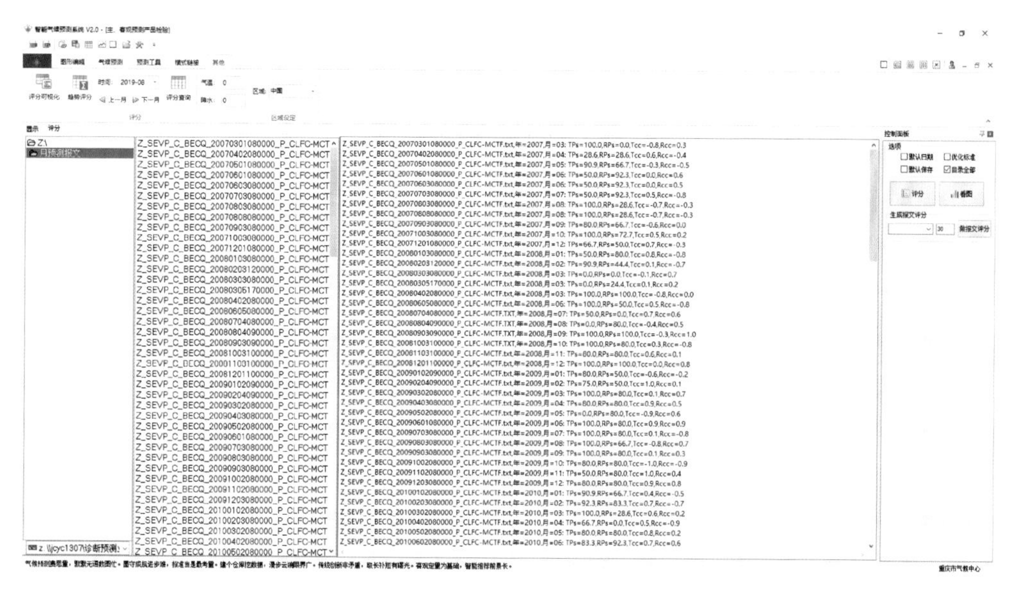

图 5.3.2　“评分可视化”模块月预测报文的批量评分

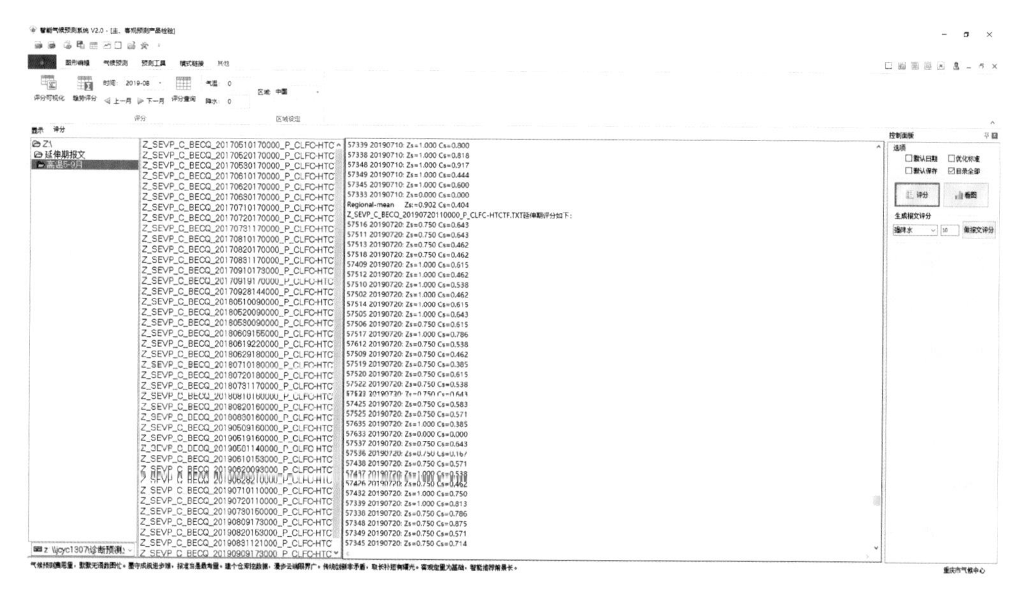

图 5.3.3　“评分可视化”模块延伸期高温报文的批量评分

在执行了报文评分后，可根据需要查看近期或历年同期的得分情况，如图 5.3.4 和图 5.3.5 分别是 2018 年 12 月至 2019 年 9 月的气温 $Ps$ 评分和历年 9 月的气温 $Ps$ 评分。图 5.3.6 和图 5.3.7 分别为 2019 年延伸期的高温预测报文的 $Zs$ 评分和历年 7 月 20 日预测的高温 $Zs$ 评分。

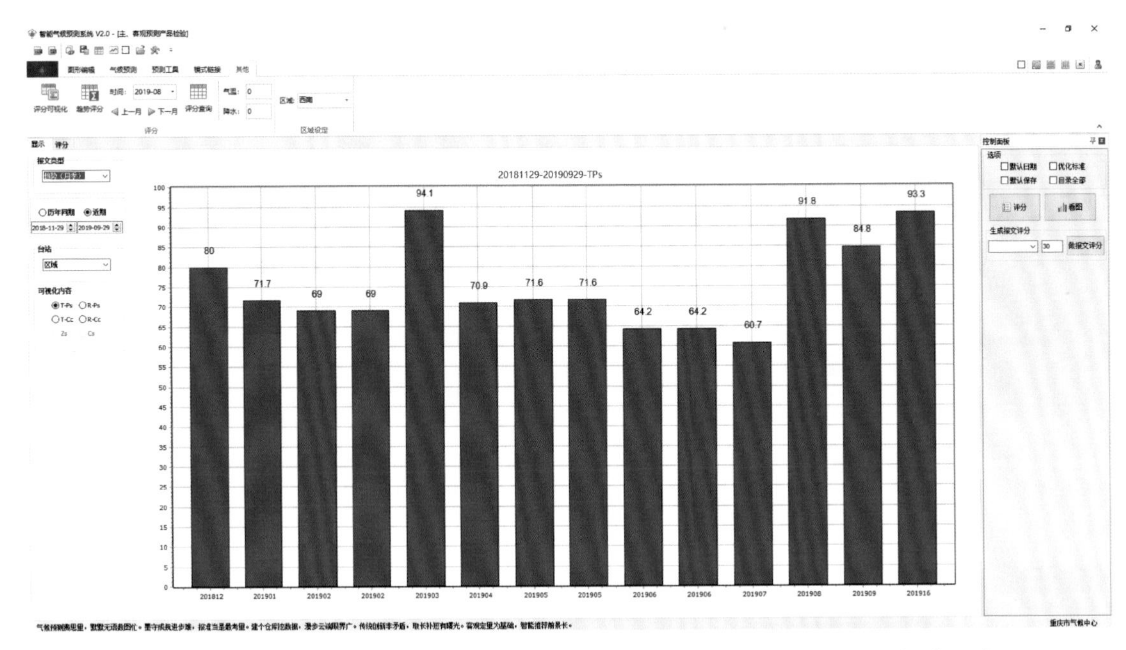


图 5.3.4 “评分可视化”模块 2018 年 12 月至 2019 年 9 月的月、季气温 $Ps$ 评分显示

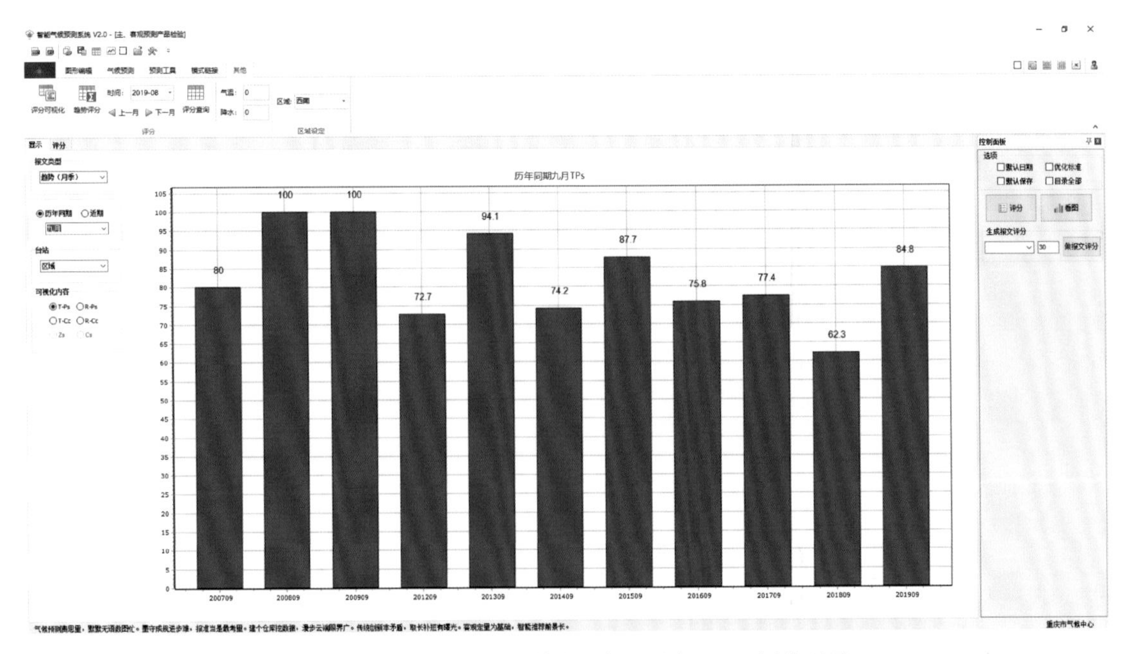


图 5.3.5 “评分可视化”模块历年 9 月气温 $Ps$ 评分显示

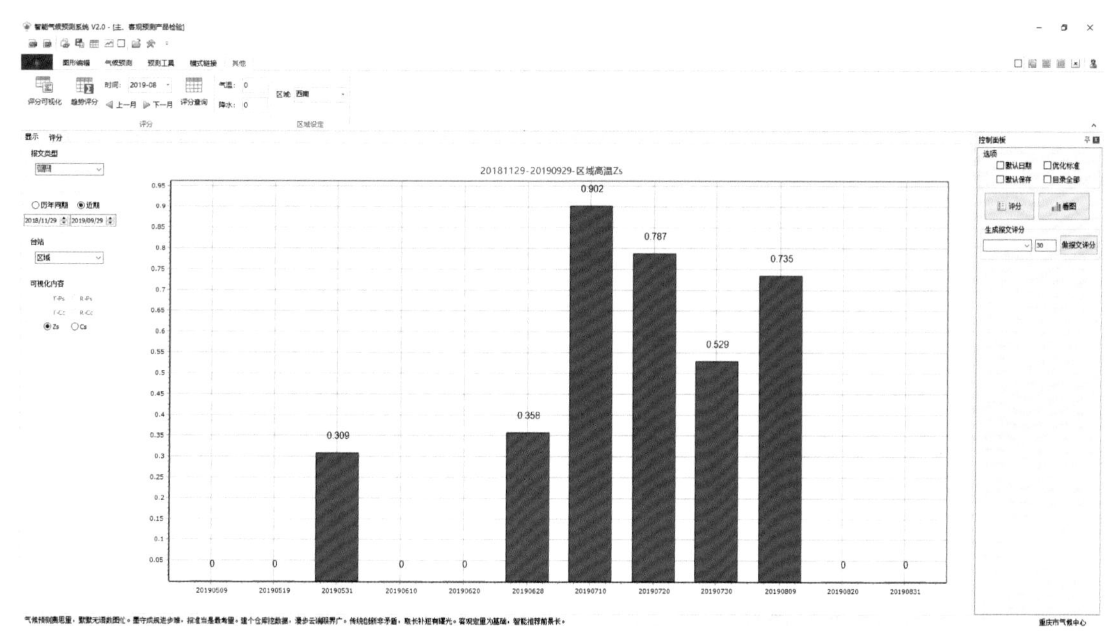


图 5.3.6　“评分可视化”模块 2018 年 12 月至 2019 年 9 月的高温延伸期预报的 $Zs$ 评分显示

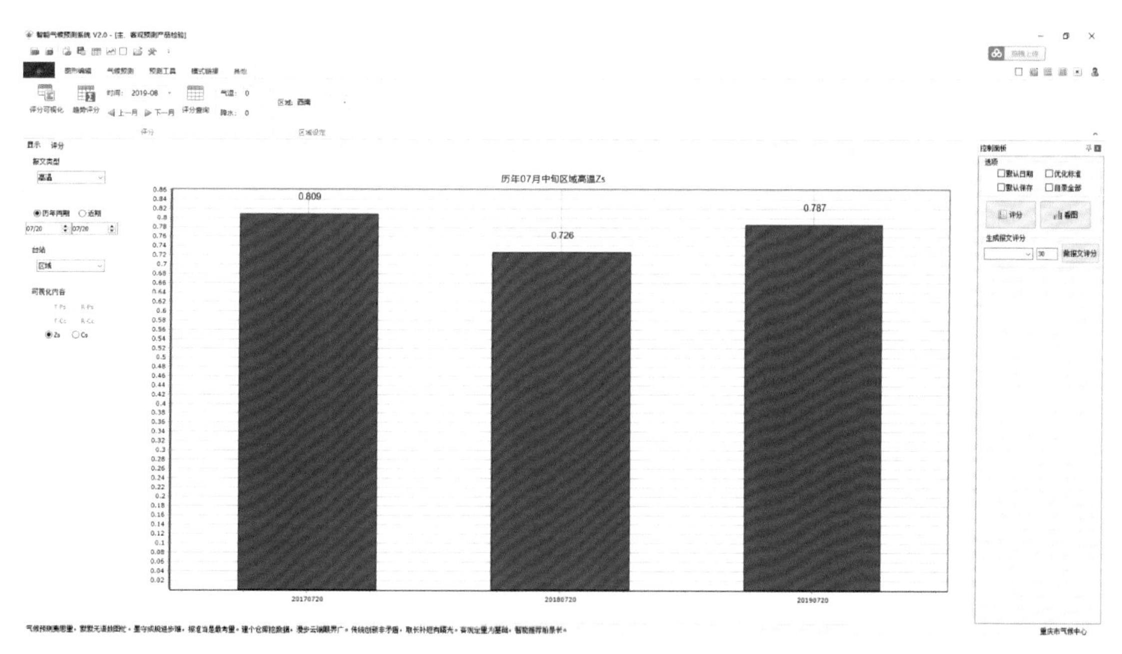


图 5.3.7　“评分可视化”模块历年 7 月 20 日的高温延伸期预报 $Zs$ 评分显示

## 5.3.2　区域设定

“区域设定”不是单独的一个操作模块，而是通过区域的切换设定使得智能预测系统整体能够实现多个区域的扩展应用，即预测区域可以是区域设定所包括的重庆（任意省（区、市））、西南地区（任意区域）、长江上游（任意流域）和全国。这里的区域切换与系统的各个模块间的区域切换区别在于，系统各个模块中的区域切换均是在此处设置的整体区域里截取显示局部区域，而本处的区域设定则是直接改变整体区域，切换后所采用的气象站点也相应得到调整。

以台站资料的“相似合成”模块为例，智能预测系统可分别针对四个区域进行合成分析，如图 5.3.8 所示。

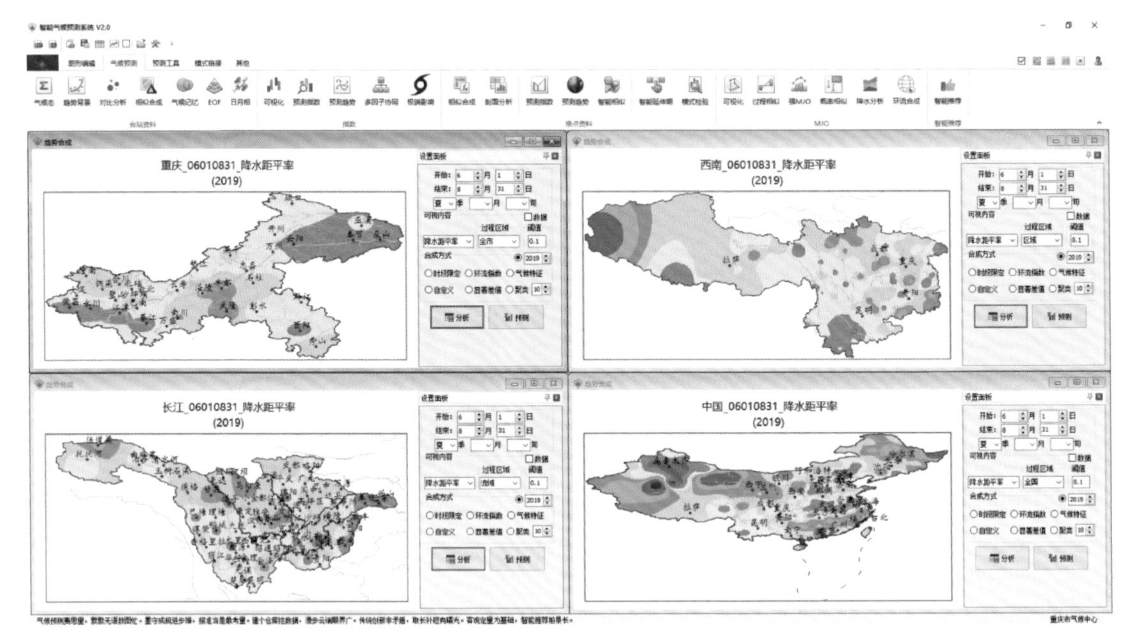


图 5.3.8 “区域设定”模块实现四个区域范围的切换

## 5.4 预测试验

本节给出的是一次具体的预测过程。本次预测以 2019 年 3 月重庆为例，针对重庆市 34 个气象台站的逐站资料与预测发布前能得到的最近 6 个月各类型自变量进行建模。ECMWF、CFS2、BCC-CSM 等模式产品分别使用前一年 9 月至次年 2 月起报的 4 月预测产品；再分析资料、环流指数以及全国地面气象要素则都采用前一年 8 月至次年 1 月资料。通过 1.4.2 节和 1.4.3 节所介绍的常规预测方法和机器学习方法得到客观定量化的预测结果，考虑到气候预测的复杂性和非线性，在定量预测过程中，不只是对单一的要素（场）进行释用，更多考虑多因子协同及多场综合释用。比如对 500 hPa 高度场，需要同时考虑高度场的距平、时间变率、纬向变化和经向变化；对多模式预测场，需要同时考虑三个模式的高度场；对环流指数，需要同时考虑指数的距平和时间变率；对前期台站资料，需要同时考虑气温、降水、日照等多个气象要素。在对多场（环流指数及 160 个台站数据也可以理解为场）释用过程中，采用了 2 个不同的方案：第一种是融合，就是在对多个场标准化的前提下，将多个场融合成一个场进行解释应用；第二种方案是优势因子提取，就是把多个场与预测对象相关性都显著相关的区域提取出来进行解释应用。通过以上定量化过程，得到的客观化结果达到 10000 多个，在这上万多个的预测结果中，我们能确保有与实况相对吻合的客观化结果。图 5.4.1 是 2011—2018 年历年 3 月气温和降水预测的最高 $Ps$ 和 $Cc$ 得分。

从图 5.4.1 可以看到，气温、降水的客观化 $Ps$ 得分大多在 90 分以上，平均分别达到 98.2 和 98.4 分；二者的 $Cc$ 平均分分别是 0.88 和 0.80，由此可见，我们的客观定量预测中具备有

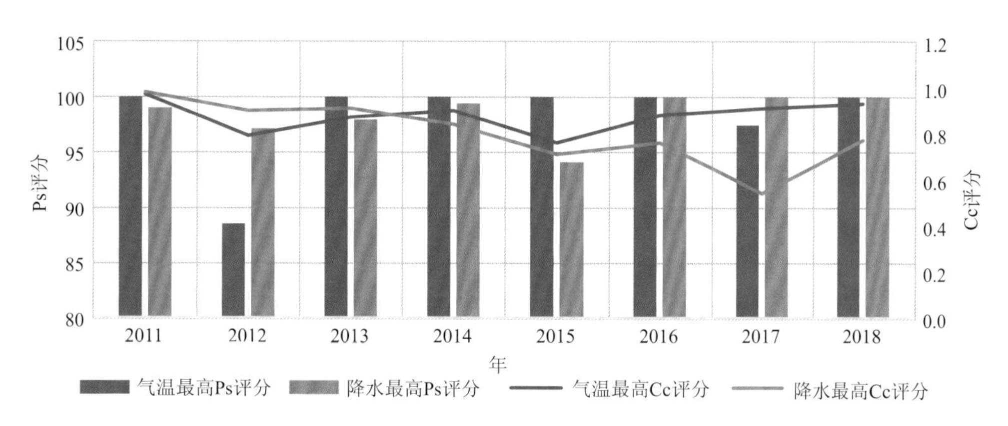

图 5.4.1 2011—2018 年 3 月客观化结果最高 *Ps* 和 *Cc* 评分

和实况异常吻合的结果。下面我们所要做的就是在这 100000 多个预测中得到我们希望的预测结果。我们分别从“得分高”(*Ps* 评分)、“分型准”(*Cc* 评分)、“预测稳”(标准差)、“差值小”(*RMSE*)等四个方面对同期(历年 3 月预测)、近期(前面 3 个月的预测)每种客观化结果进行评估。同期、近期各自标准及综合四个标准下的最好的评估结果如表 5.4.1、表 5.4.2(以降水为例,多个相同推荐只列出一个)。

**表 5.4.1 不同评估标准下 2019 年 3 月气温预测推荐结果**

| | 同期 | | 近期 | |
|---|---|---|---|---|
| | 资料 | 方法 | 资料 | 方法 |
| 得分高 | ECMWF_T2M_09_03 | EOF 重构 | SST_ JP_01 | 多元回归 |
| 分型准 | SST_TM_08 | 多元回归 | SST_IZ_10 | 多元回归 |
| 预测稳 | ECMWF_H500_09_03 | 多元回归 | ECMWF-H500-02-03<br>CFS2-H500-02-03<br>BCC-H500-02-03 | 融合回归 |
| 差值小 | SST_TM_11 | 模式 | BCC-H500-01-03<br>BCC-T2M-01-03<br>BCC-RAIN-01-03 | 融合回归 |
| 综合 | ECMWF_T2M_09_03 | 多元回归 | SST_JP_01 | 多元回归 |

**表 5.4.2 不同评估标准下 2019 年 3 月降水预测推荐结果**

| | 同期 | | 近期 | |
|---|---|---|---|---|
| | 资料 | 方法 | 资料 | 方法 |
| 得分高 | ECMWF-H500-09-03<br>ECMWF-T2M-09-03<br>ECMWF-RAIN-09-03 | 融合回归 | SST-JP-10<br>SST-TM-10<br>SST-IZ-10<br>SST-IM-10 | 融合回归 |
| 分型准 | SLP_TM_09 | 多元回归 | SST_IM_08 | 多元回归 |
| 预测稳 | H500_IM_11 | 多元回归 | ECMWF-T2M-10-03<br>CFS2-T2M-10-03<br>BCC-T2M-10-03 | 融合回归 |
| 差值小 | ECMWF_T2M_11_03 | 多元回归 | V850_TM_12 | 多元回归 |
| 综合 | SST_IZ_01 | 多元回归 | V850_JP_12 | 多元回归 |

表 5.4.1、表 5.4.2 中，JP 表示场的距率，TM 表示时间变率，IM 表示经向变化，IZ 表示纬向变化。结果显示，资料基本集中在模式和再分析场的解释应用上，方法基本就是对模式的解读、EOF 重构以及回归分析。其中，多模式场融合、单一模式多物理场融合以及单一场多变量融合释用在推荐结果中都有较好的体现。

表 5.4.1、表 5.4.2 推荐方法的预测图分别如图 5.4.2、图 5.4.3 所示。对气温来说，除 BCC-CSM 预测气温偏低外，其余方法均较预测正常略高。对降水来说，各个推荐结果都显示降水大部偏多，且降水偏多的程度都比较异常。而降水偏少的地区大多预报在重庆西部偏西地区。

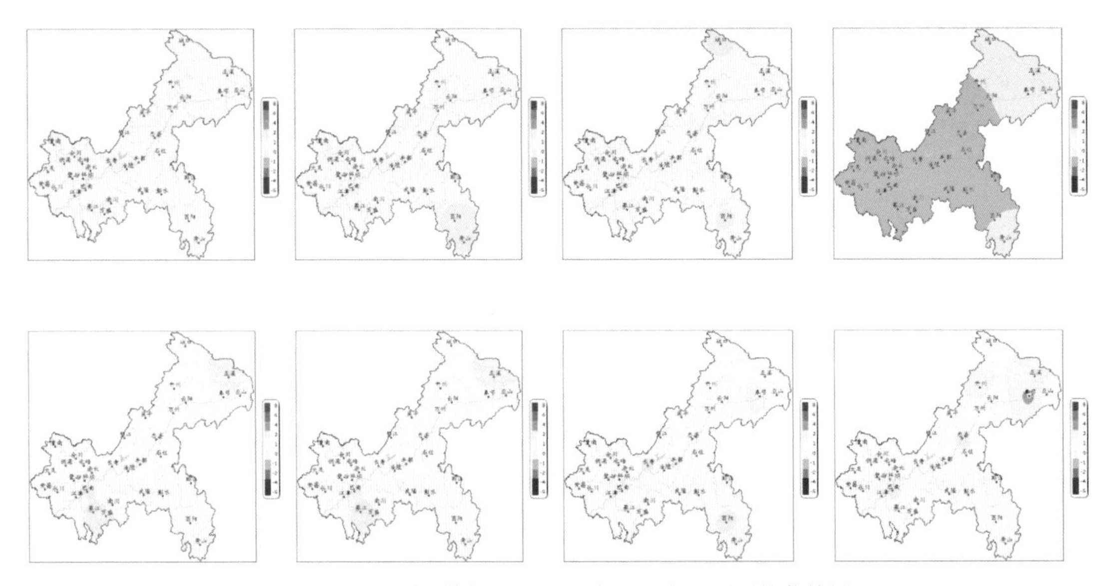

图 5.4.2　不同评估标准下 2019 年 3 月气温预测推荐结果

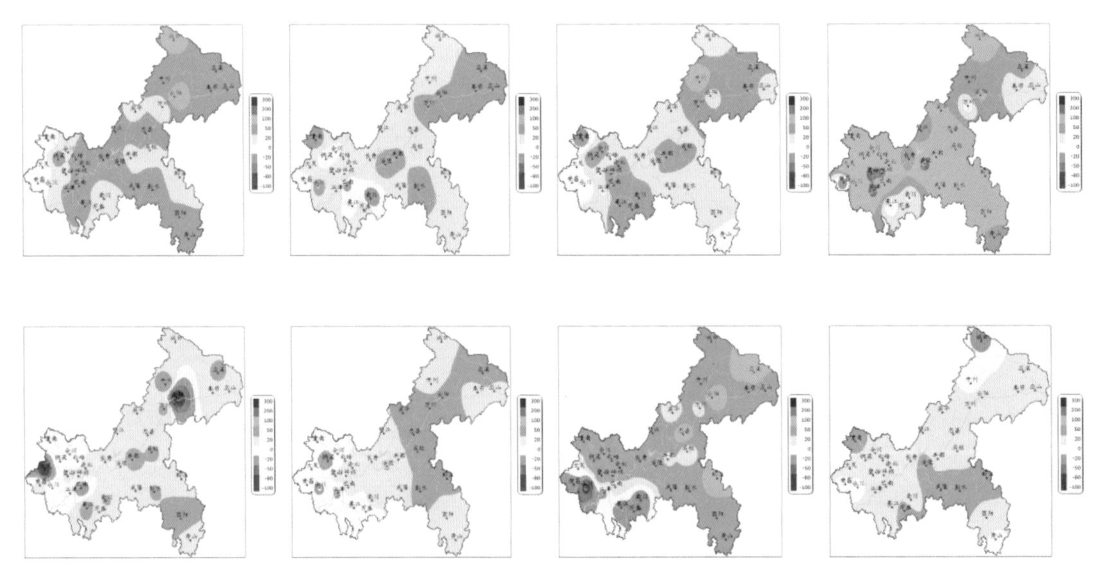

图 5.4.3　不同评估标准下 2019 年 3 月降水预测推荐结果

由于气候系统的非线性和混沌性，采用单一的算法或者资料最大问题是方差很大，不稳定。数据很小的扰动或变动会得到完全不同的结果，为了解决这一个问题及提高预测准确性，我们采用集成学习(Ensemble Learning)来解决，通过动态选择各种评估标准下排名前200的预测结果，并将各自的预测结果组合起来，得到最终的预测。鉴于气温和降水的不同，我们分别用超级集合和概率预报来解决气温和降水的问题。图5.4.4分别是通过同期和近期以综合评估的方式推荐得到的超级集合和概率预报的预测结果。

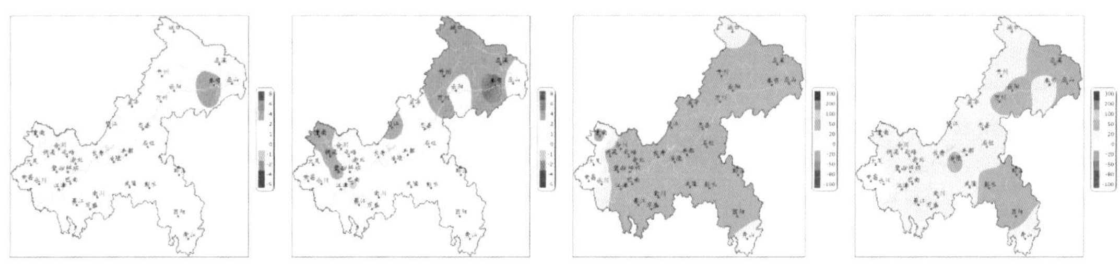

图5.4.4　集合平均推荐得到的2019年3月气温和降水预测结果
(从左到右依次是同期气温、近期气温、同期降水、近期降水的集合平均推荐结果)

综合以上的推荐结果，我们最终做出以下的发布预报，与实况较为吻合(图5.4.5)。

图5.4.5　2019年3月发布预测结果与实况对比
(从左到右依次是气温发布、气温实况、降水发布、降水实况)

## 5.5　预测检验

按照上一节的步骤，我们对1—12月逐月结果进行检验，首先我们检验客观化结果中的最高得分，确保有智能推荐的必要。

### 5.5.1　最高分检验

表5.5.1统计了2011—2018年逐月平均的客观化最高分及集合平均最高分，统计量包括了Ps、Cc、PC。

表5.5.1　逐月客观化最高分和概率预报(超级集合)最高分统计表

| | 气温 | | | | | | 降水 | | | | | |
|---|---|---|---|---|---|---|---|---|---|---|---|---|
| | *Ps*1 | *Ps*2 | *Cc*1 | *Cc*2 | *PC*1 | *PC*2 | *Ps*1 | *Ps*2 | *Cc*1 | *Cc*2 | *PC*1 | *PC*2 |
| 1月 | 98.7 | 96.7 | 0.88 | 0.76 | 97.1 | 90.5 | 98.7 | 94.3 | 0.78 | 0.56 | 95.6 | 86.0 |
| 2月 | 98.4 | 96.1 | 0.85 | 0.78 | 96.7 | 92.3 | 98.0 | 95.0 | 0.83 | 0.53 | 93.4 | 84.9 |
| 3月 | 98.2 | 92.2 | 0.88 | 0.76 | 96.7 | 85.3 | 98.4 | 95.7 | 0.80 | 0.55 | 95.2 | 88.1 |
| 4月 | 99.0 | 96.8 | 0.87 | 0.77 | 97.8 | 93.4 | 95.7 | 90.3 | 0.77 | 0.50 | 89.0 | 77.6 |
| 5月 | 95.0 | 91.7 | 0.84 | 0.74 | 90.5 | 84.9 | 95.3 | 89.2 | 0.70 | 0.44 | 89.4 | 77.2 |

续表

| | 气温 | | | | | | 降水 | | | | | |
|---|---|---|---|---|---|---|---|---|---|---|---|---|
| | $Ps1$ | $Ps2$ | $Cc1$ | $Cc2$ | $PC1$ | $PC2$ | $Ps1$ | $Ps2$ | $Cc1$ | $Cc2$ | $PC1$ | $PC2$ |
| 6月 | 97.7 | 92.8 | 0.85 | 0.76 | 95.2 | 85.3 | 95.6 | 90.2 | 0.69 | 0.45 | 89.7 | 77.6 |
| 7月 | 98.0 | 94.1 | 0.87 | 0.77 | 95.6 | 87.9 | 97.4 | 94.1 | 0.74 | 0.54 | 92.7 | 84.6 |
| 8月 | 99.5 | 97.8 | 0.86 | 0.76 | 98.7 | 94.5 | 96.9 | 92.4 | 0.69 | 0.46 | 90.1 | 76.5 |
| 9月 | 97.5 | 93.8 | 0.81 | 0.72 | 94.9 | 87.5 | 98.4 | 95.8 | 0.77 | 0.52 | 94.1 | 85.7 |
| 10月 | 97.5 | 88.6 | 0.80 | 0.74 | 95.2 | 81.6 | 96.3 | 91.4 | 0.78 | 0.53 | 90.8 | 79.0 |
| 11月 | 97.5 | 95.8 | 0.83 | 0.74 | 94.5 | 90.8 | 98.7 | 96.1 | 0.75 | 0.53 | 96.0 | 87.9 |
| 12月 | 95.4 | 91.0 | 0.85 | 0.76 | 90.5 | 82.0 | 98.6 | 94.7 | 0.82 | 0.58 | 95.2 | 83.5 |
| 平均 | 97.7 | 93.9 | 0.85 | 0.75 | 95.3 | 88 | 97.3 | 93.3 | 0.76 | 0.52 | 92.6 | 82.4 |

备注：表中 $Ps1$（$Cc1$、$PC1$）、$Ps2$（$Cc2$、$PC2$）分别是采用所有客观化预测的最高 $Ps$（$Cc$、$PC$）评分及概率预报（超级集合）的得分。

从统计结果来看，客观定量的最好预测结果的气温与降水 $Ps$ 平均评分分别达到 97.7 和 97.3，距平同号率评得分分别为 95.3 和 92.6，$Cc$ 评分也分别达到 0.85 和 0.76，从 2011—2018 年历年 1—12 月的统计结果来看，最好客观化结果评分无论是气温和降水都在 90 分以上，距平同号率除 4—6 月的降水略低于 90 分外，其余也都在 90 分以上，$Cc$ 的最高分气温都在 0.8 以上，降水除 6 月和 8 月是 0.69，略低于 0.7 以外，其余都在 0.7 以上，这些都表明基于大数据的客观化结果在每个月都有很好的预报效果，目前采用的方法和数据对实况已经有较好的体现。

由于预测中我们最终采用的智能推荐结果主要采用集成学习的方法，在比较集成学习的统计结果后发现，虽然与最佳客观化结果有所差距，但多年 $Ps$、$PC$ 和 $Cc$ 评分，也都各自达到 93.9/93.3、88/82.4 以及 0.75/0.52。而历年集成学习 $Ps$ 评分在 80、90 分以上的概率分别是气温为 93.8%和 78.1%，降水为 97.9%和 76%。

从图 5.5.1 来看，模式场和再分析场的解释应用比例较高，气温分别是 40.8%、31.1%，降水分别是 50.6%和 25.3%。与对应资料的样本比例相比，对气温而言，前期气候特点的解释释用比例有显著增加，而再分析资料的解释应用有较明显的减少；对降水来说，模式的解释应用减少较为明显，而环流指数和再分析资料会有较大幅度增加。这说明对降水预测而言，通过分析前期的海陆气等物理场，动态得到影响不同时间不同地点气象要素的“关键场、关键区、关键指数、关键时间”，继而进行解释应用，对降水预测起到至关重要的作用。而气温的预测、气候的持续性分析依然非常重要。

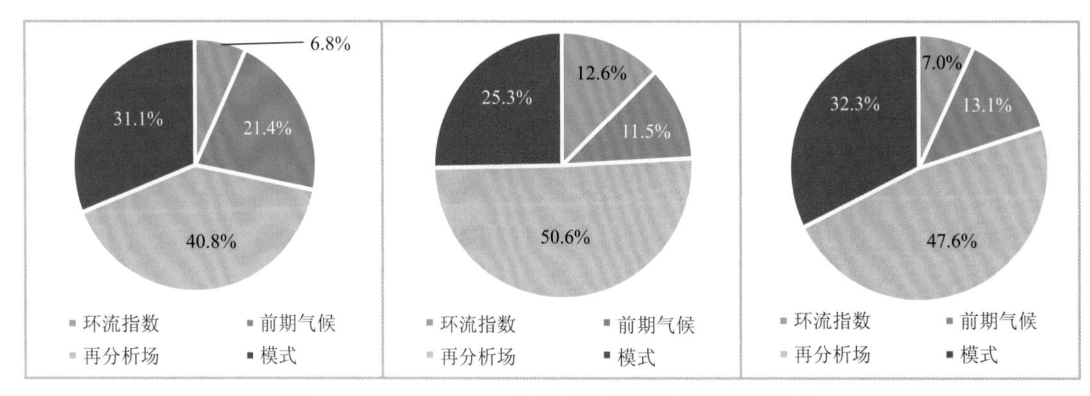


图 5.5.1 2011—2018 年客观化最高分采用资料分布
（从左至右分别是气温、降水及相应类别的自然概率分布）

比较单一因子(场)释用及多场融合和优势因子提取(图 5.5.2),最高分中融合预测的比例分别达到 24.3%和 26.8%,都较样本比例有一定程度增加,尤其是降水增加较为明显;优势因子提取释用的比例在气温预测是比例有所增加,但降水下降明显;综合考虑两种多场(因子)释用的情况,气温相比降水受多场(因子)影响更为明显,比例增加达 8.1%。

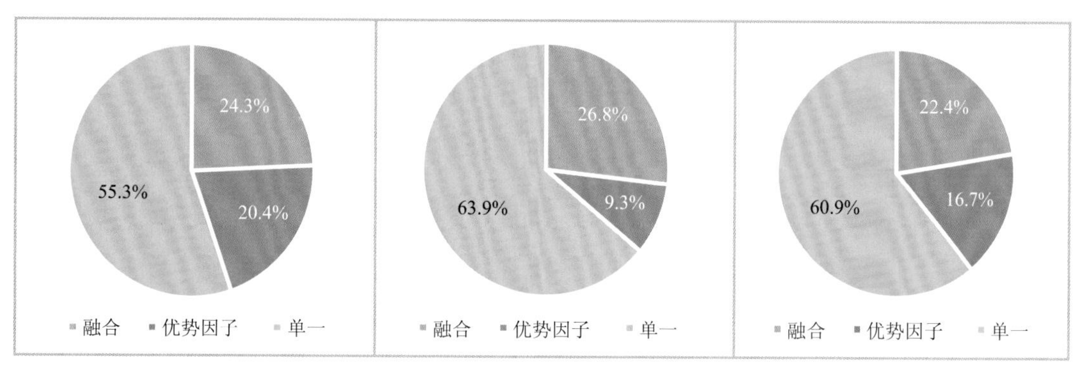


图 5.5.2　2011—2018 年客观化最高分分布
(从左到右分别是气温、降水以及相应类别的自然概率分布)

最高分的方法评估来看,在所有的最高分方法统计中没有机器学习算法,一方面可能是目前所选择的机器学习算法还有不足,且在定量预测方面主要是采用二分类的趋势预测,另一方面也说明在解释应用方面,采用更能体现机理分析的算法在预测业务中更为重要。

### 5.5.2　智能推荐检验

客观化最高分只能说明在我们大数据方法得到客观化结果中有和实况非常吻合的预测结果,但实际的预测业务中我们能否得到这个结果?考虑具体的业务需求,我们针对每个方法的评估结果,采用 $Ps$ 和 $Cc$ 相结合进行推荐,即 $Rs=2\times Ps+100\times Cc$。由于我们采用同期(近 3 年同月)以及近期(最近有评分的 2 个月)的结果进行推荐,2011—2013 年前均会使用到建模时段的预测结果,所以我们智能推荐的检验使用 2014—2018 年,该时段也正好可以对比发布预测的结果。从 2014—2018 年的智能推荐得分来看(表 5.5.2),气温近期、同期及概率预报的得分平均为 74.2、81.5 和 81.9,相较发布预报,除通过近期推荐低于发布预报外,同期推荐和集成学习均略高于发布预报;对降水而言,无论是通过近期推荐、同期推荐还是集成学习,均远高于发布预报,集成学习高于发布预报达到 11.3 分。从表中我们可以看到智能推荐在气温预测上的优势不明显。受台站迁站影响应该是一个重要的原因。

**表 5.5.2　历年平均发布预报与智能推荐得分统计表**

| | 气温 | | | | 降水量 | | | |
|---|---|---|---|---|---|---|---|---|
| | 发布 | 近期 | 同期 | 集成 | 发布 | 近期 | 同期 | 集成 |
| 2014 | 61.2 | 61.9 | 77.6 | 78.2 | 68 | 72.9 | 80.9 | 85 |
| 2015 | 89.4 | 79.9 | 89 | 82.4 | 69.2 | 69.6 | 69 | 76.8 |
| 2016 | 86.5 | 79.7 | 80.2 | 86.1 | 70.8 | 67.3 | 72.4 | 77 |
| 2017 | 82.1 | 74.8 | 69.6 | 75.3 | 72.1 | 84 | 84.6 | 85.1 |
| 2018 | 84.5 | 74.5 | 91 | 87.5 | 73.8 | 81.1 | 84.8 | 86.9 |
| 平均 | 80.7 | 74.2 | 81.5 | 81.9 | 70.8 | 75.0 | 78.4 | 82.1 |

分月来看，相比于发布预报，智能推荐的优势主要体现在稳定，平均分超过 80 分的月份发布预报有 7 个，而智能预测的结果达到 9 个；降水除 10 月外，均高于发布预报，均分超过 80 分的月份发布预报只有 2 个，而智能预测达到 7 个(表 5.5.3)。

**表 5.5.3 逐月平均发布预报与智能推荐得分统计表**

| | 气温 | | | | 降水量 | | | |
|---|---|---|---|---|---|---|---|---|
| | 发布 | 近期 | 同期 | 集成 | 发布 | 近期 | 同期 | 集成 |
| 1 月 | 89.1 | 86.2 | 85.6 | 87.3 | 57.4 | 59.6 | 82.3 | 79 |
| 2 月 | 68.4 | 54.6 | 84.3 | 80 | 77.6 | 78.3 | 75.9 | 84.4 |
| 3 月 | 71.8 | 75.8 | 82.7 | 83.2 | 68 | 91.5 | 89.7 | 88.8 |
| 4 月 | 96.7 | 75.5 | 92.6 | 92.2 | 74.3 | 66.5 | 77.3 | 74 |
| 5 月 | 68.9 | 72.9 | 72.5 | 80.9 | 68.5 | 64 | 64.5 | 74.8 |
| 6 月 | 67.7 | 74.6 | 78.6 | 68.3 | 80.2 | 82.2 | 79.8 | 83.7 |
| 7 月 | 83 | 83 | 92 | 90.4 | 71.6 | 84.8 | 77.5 | 89.1 |
| 8 月 | 85.3 | 74.3 | 76.8 | 69.3 | 60.5 | 82.4 | 82.3 | 73.8 |
| 9 月 | 75.6 | 87.7 | 79.7 | 86.1 | 71.2 | 70.9 | 91.3 | 90.1 |
| 10 月 | 86.6 | 60.3 | 80.6 | 77.7 | 83.3 | 66.3 | 67.1 | 76.7 |
| 11 月 | 86.9 | 67.5 | 71.1 | 85.5 | 59.5 | 61.7 | 72.6 | 88.6 |
| 12 月 | 88.5 | 77.8 | 81.6 | 81.7 | 77.3 | 91.6 | 80.1 | 82.6 |
| 平均 | 80.7 | 74.2 | 81.5 | 81.9 | 70.8 | 75.0 | 78.4 | 82.1 |

再分析 2014—2018 年逐月合计 60 个月中的 $Ps$ 得分，气温除近期推荐外，90 分以上概率最大，同期和概率预报分别达到 40.0％和 41.7％，与发布预报大致相当(图 5.5.3)；降水预报 90 分以上的概率无论近期、同期还是集成推荐都远超过发布预报，分别达到 23.3％、31.7％和 28.3％，概率预报有超过 60％达到 80 分以上，60 分以下仅出现过 1 次(图 5.5.4)。

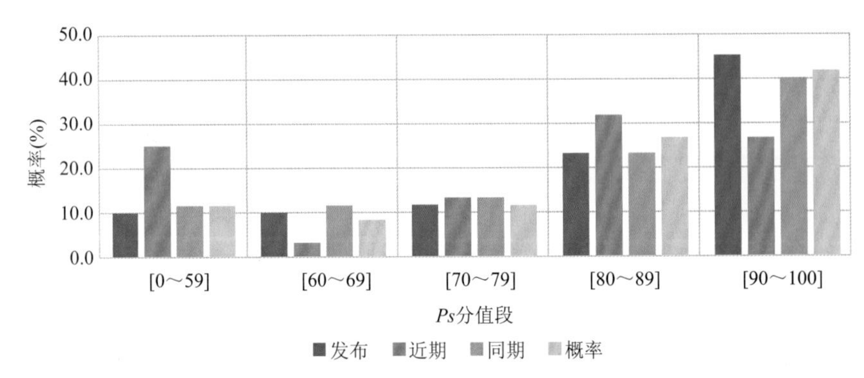


图 5.5.3 2014—2018 年逐月发布预测与智能推荐预测气温分布

无论气温还是降水，近期推荐的效果相对较差，可能的原因在于其在实际预测过程中，无

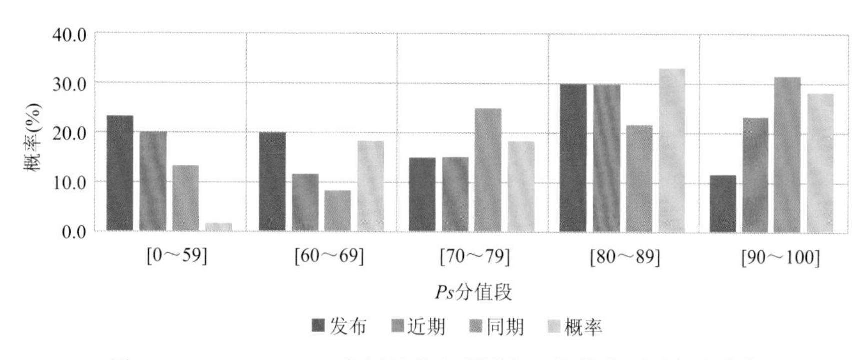


图 5.5.4 2014—2018 年逐月发布预测与智能推荐预测降水分布

法使用就近一个月的动态信息，对形势转化把握不足。同期、近期虽然都有推荐极端高分的情况，但无论从稳定性还是出现高分的频率都比较高，因此其在实际业务过程中可看作最主要的参考预测。

# 参考文献


黄瑞芳,周国春,2017. 气象与大数据[M]. 北京:科学出版社.

李文娟,赵放,郦敏杰,等,2018. 基于数值预报和随机森林算法的强对流天气分类预报技术[J]. 气象,44(12):1555-1564.

吕晓玲,宋捷,2016. 大数据挖掘与统计机器学习[M]. 北京:中国人民大学出版社.

沈文海,2017. 云时代下的气象信息化与管理[M]. 北京:电子工业出版社.

史蒂芬·卢奇,丹尼·科佩,2018. 人工智能(第二版)[M]. 北京:人民邮电出版社.

孙全德,焦瑞莉,夏江江,等,2019. 基于机器学习的数值天气预报风速订正研究[J]. 气象,45(03):426-436.

维克托·迈尔·舍恩伯格,2012. 大数据时代[M]. 杭州:浙江人民出版社.

修媛媛,韩雷,冯海磊,2016. 基于机器学习方法的强对流天气识别研究[J]. 电子设计工程,24(09):4-7.

章大全,陈丽娟,2016. 基于 DERF2.0 的月平均温度概率订正预报[J]. 大气科学,40(05):1022-1032.

赵志勇,2017. Python 机器学习算法[M]. 北京:电子工业出版社.

周志华,2015. 机器学习[M]. 北京:清华大学出版社.

Arthur M. Greene,TracyHolsclaw,et al. ,2015. A Bayesian Multivariate Nonhomogeneous Markov Model[M]. Machine Learning and Data Mining Approaches to Climate Science. Springer.

Breiman L,1996. Bagging predictors[J]. Machine Learning,24(2):123-140.

Imme Ebert-Uphoff I,Deng Y,2015. Using Causal Discovery Algorithms to Learn About Our Planet's Climate [M]. Machine Learning and Data Mining Approaches to Climate Science. Springer.

Glahn H R,Lowry D A. ,1972. The use of model output statistics(MOS) in objective weather forecasting [J]. Journal of Application Meteorology,11(8):1203-1211.

Kuzin D ,Yang L ,Isupova O ,et al. ,2018. Ensemble Kalman Filtering for Online Gaussian Process Regression and Learning[J]. Machine Learning.

Iverson L R,Prasad A M,Mattews S N,et al. ,2008. Estimating potential habitat for 134 eastern US tree species under six climate scenarios[J]. Forest Ecology & Management,254(3):390-406.

Panofsky H A,Brier G W. 1965. Some Applications of Statistics to Meteorology[M]. Pennsylvania State University Press.

Mcginnis S,Nychka D,Mearns L O,2015. A New Distribution Mapping Technique for Climate Model Bias Correction[M]. Machine Learning and Data Mining Approaches to Climate Science,Springer International Publishing.

Stephan R,Pritchard M S,Pierre G,2018. Deep learning to represent subgrid processes in climate models[J]. Proceedings of the National Academy of Sciences,115 (39): 9684-9689.

Wheeler M C,Hendon H H,2004. An All-Season Real-Time Multivariate MJO Index: Development of an Index for Monitoring and Prediction[J]. Monthly Weather Review,2004,132(8):1917-1932.